300MW级火力发电厂培训丛书

电气控制及保护

山西漳泽电力股份有限公司　编

中国电力出版社
CHINA ELECTRIC POWER PRESS

内 容 提 要

20 世纪 80 年代开始，国产和引进的 300MW 级火力发电机组就陆续成为我国电力生产中的主力机组。由于已投入运行 30 多年，涉及机组运行、检修、技术改造和节能减排、脱硫脱硝等要求越来越严，以及急需提高实际运行、检修人员的操作技能水平，组织编写了一套《300MW 级火力发电厂培训丛书》，分为《汽轮机设备及系统》《锅炉设备及系统》《热控设备及系统》《电气设备及系统》《电气控制及保护》《集控运行》《化学设备及系统》《输煤设备及系统》《环保设备及系统》共 9 册。

本书为《300MW 级火力发电厂培训丛书　电气控制及保护》，共五章，主要内容包括二次回路的相关知识及读图方法，220kV 线路保护的基础知识及装置，220kV 母线保护、断路器失灵保护、母联保护的相关知识，发电机—变压器组保护的配置原理及逻辑，几种励磁系统及其检修与维护。

本书既可作为全国 300MW 级火力发电机组电气二次设备系统运行、检修、维护及管理等生产人员、技术人员和管理人员等的培训用书，也可作为高等院校相关专业师生的参考用书。

图书在版编目(CIP)数据

电气控制及保护/山西漳泽电力股份有限公司编. —北京：中国电力出版社，2015.7
(300MW 级火力发电厂培训丛书)
ISBN 978-7-5123-7591-8

Ⅰ.①电…　Ⅱ.①山…　Ⅲ.①火电厂-电气控制②电厂-电气设备-保护　Ⅳ.①TM621.7

中国版本图书馆 CIP 数据核字(2015)第 078061 号

中国电力出版社出版、发行
(北京市东城区北京站西街 19 号　100005　http://www.cepp.sgcc.com.cn)
汇鑫印务有限公司印刷
各地新华书店经售
*
2015 年 7 月第一版　　2015 年 7 月北京第一次印刷
787 毫米×1092 毫米　16 开本　16.5 印张　380 千字
印数 0001—3000 册　　定价 **51.00** 元

前　言

随着我国国民经济的飞速发展，电力需求也急速增长，电力工业进入了快速发展的新时期，电源建设和技术装备水平都有了较大的提高。

由于引进型300MW级火力发电机组具有调峰性能好、安全可靠性高、经济性能好、负荷适应性广及自动化水平高等特点，早已成为我国火力发电机组中的主力机型。国产300MW级火力发电机组在我国也得到广泛使用和发展，对我国电力发展起到了积极的作用。

为了帮助有关工程技术人员、现场生产人员更好地了解和掌握机组的结构、性能和操作程序等，提高员工的业务水平，满足电力行业对人才技能、安全运行以及改革发展之所需，河津发电分公司按照山西漳泽电力股份有限公司的要求，在总结多年工作经验的基础上，组织专业技术人员编写了本套培训丛书。

《300MW级火力发电厂培训丛书》分为《汽轮机设备及系统》《锅炉设备及系统》《热控设备及系统》《电气设备及系统》《电气控制及保护》《集控运行》《化学设备及系统》《输煤设备及系统》《环保设备及系统》9册。

本书为《300MW级火力发电厂培训丛书　电气控制及保护》，共五章，主要内容包括二次回路的相关知识及读图方法，220kV线路保护的基础知识及装置，220kV母线保护、断路器失灵保护、母联保护的相关知识，发电机—变压器组保护的配置原理及逻辑，几种励磁系统及其检修与维护。

本书由山西漳泽电力股份有限公司王志军主编，其中第一、三章由王国仁、苏江武、孙鑫编写，第二章由李立民、巩军、王思超编写，第四章由卢瑞刚、兰金良、逯朝丽编写，第五章由王夏洋、原媛编写。

由于编者的水平、经验所限，且编写时间仓促，书中难免有疏漏和不足之处，恳请读者批评指正。

编　者

2015年4月

目 录

第一章 二次回路图及其识读

第一节 概 述

在电力系统中，通常根据电气设备的作用将其分为一次设备和二次设备。一次设备是指直接用于生产、输送、分配电能的设备，包括发电机、电力变压器、断路器、隔离开关、母线、电力电缆和输电线路等，是构成电力系统的主体。二次设备是指用于对电力系统及一次设备的工况进行监测、控制、调节和保护的低压电气设备，包括测量仪表、一次设备的控制、运行情况监视信号及自动化监控系统、继电保护和安全自动装置、通信设备等。二次设备之间相互连接的回路称为二次回路，它是确保电力系统安全生产、经济运行和可靠供电不可缺少的重要组成部分。

二次回路通常包括采集一次系统电压、电流信号的交流电压回路、交流电流回路，对断路器及隔离开关等设备进行操作的控制回路，继电保护装置的保护回路，对发电机同期并列、励磁系统、主变压器分接头进行控制的调节回路，反映一、二次设备运行状态、异常及故障的信号回路，供二次设备工作的电源系统回路等。

第二节 二次识图相关知识

一、常用的概念说明

触点的常态：指在二次回路图纸中的继电器、接触器或压力等触点的正常状态。对于断路器、隔离开关、接地开关的位置辅助触点，是指断路器、隔离开关、接地开关在断开位置时触点的状态；对于压力触点、温度触点、热继电器等，指正常压力下的状态；对于继电器或接触器，指它们不励磁时的状态。

励磁与不励磁：对于电压型线圈的继电器或接触器，指在它们的线圈两端施加足够大的电压，能使其触点分、合发生改变的状态。对于电流型线圈的继电器或接触器，指在它们的线圈通过足够大的电流，能使其触点分、合发生改变的状态。

触点动作与不动作：触点处于常态叫触点不动作；如因设备的继电器或接触器励磁，或者压力改变、温度改变等，导致触点的分、合状态不同于常态叫触点动作。

二、二次回路图纸的分类

1. 原理接线图

原理接线图（见图 1-1）表示测量表计、控制信号、保护和自动装置的工作原理。原理图反映整个装置（回路）的完整概念，主要用于了解装置、回路的动作原理。在原理图中，各元件是整块形式，与一次接线有关部分画在一起，并由电流回路或电压回路联系起来。但图中无端子编号和各回路之间的交叉，实际使用非常不便。

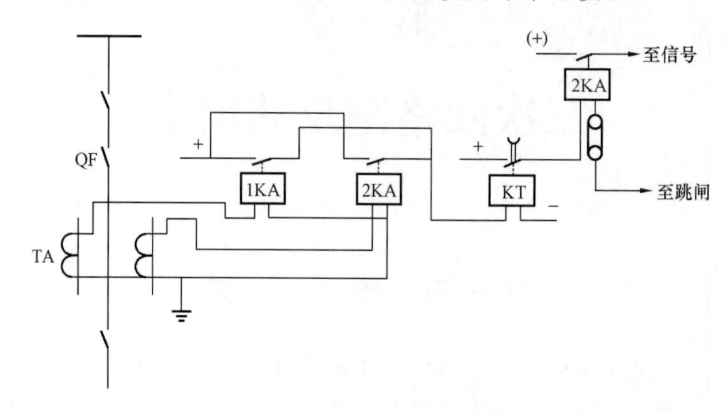

图 1-1　简单过电流保护的原理接线图

原理接线图的特点是将二次回路的工作原理以整体的形式在图纸中表示出来，例如相互连接的电流回路、电压回路、直流回路等都综合在一起。因此，这种图纸的优点是能够使读图者对整个二次回路的构成及动作过程，都有一个明确的整体概念。其缺点是对二次回路的细节表示不够，不能表示各元件之间的实际位置，未反映各元件的内部接线及端子标号、回路标号等，不便于现场的维护与调试，对于较复杂的二次回路读图比较困难。

2. 展开图

展开图（见图 1-2）是另一种方式构成的接线图，各元件被分成若干部分，元件的线圈、触点分散在交流回路和直流回路中。在展开图中按电流通过的方向，画出按钮、触点、线圈和它们的端子编号，由左至右、由上到下排列起来，最后构成完整的展开图。在图的右侧还有文字说明回路的作用。常见的展开图有电流回路图、电压回路图、控制回路图及信号回路图等。

其特点是条理清晰，非常方便对回路进行逐一分析与检查。它是以二次回路的每个独

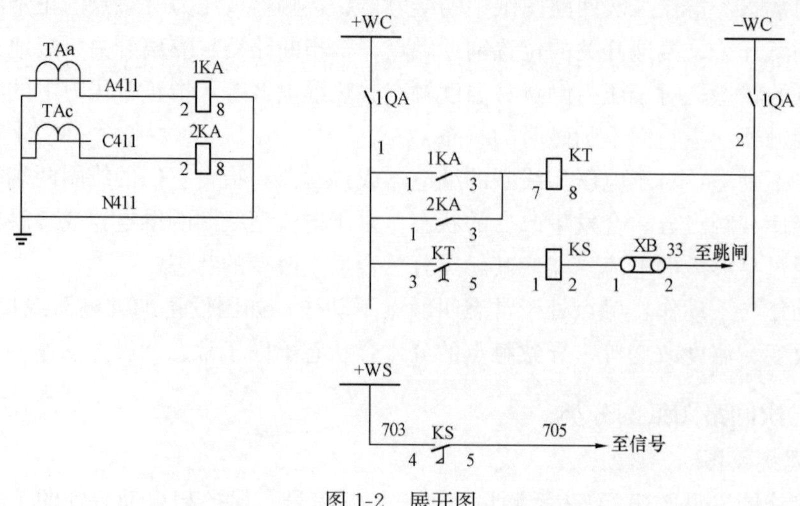

图 1-2　展开图

立电源来划分单元再进行绘图的，如交流电流回路、交流电压回路、直流控制回路、继电保护回路及信号回路等。根据这个原则，必须将同属于一个元件的线圈、触点等采用相同的文字符号表示。

3. 平面布置图

平面布置图（见图 1-3）反映一个屏（保护屏、控制屏、电能表屏等）上全部设备的安装位置，并指明各设备在整个屏中的设备编号。它用于了解一个屏上设备的布置情况（包括安装位置、设备型号和设备编号），分屏前布置图、屏后布置图两种。

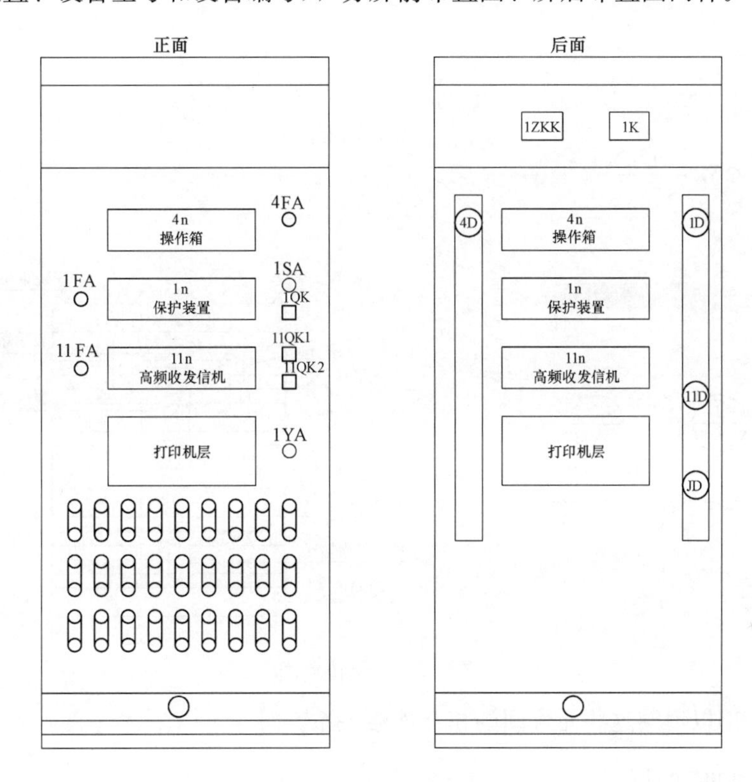

图 1-3　保护屏布置图

平面布置图是加工制造屏柜和安装屏柜上设备的图纸依据。上面每个元件的排列、布置，都是根据运行操作和检修维护的合理性、方便性来确定的，因此，按照一定的比例进行绘制并标注尺寸。

4. 安装接线图

安装接线图（见图 1-4）常见的有屏柜的端子接线图、开关或端子箱的安装接线图。图中每个设备都有按一定顺序的编号、代号，设备的接线端子（柱）也有标号，此标号完全与产品的实际位置对应。每个接线端子还注明连接的去向。端子排图还有回路编号（与展开图对应）、端子连接的电缆去向、电缆的编号，与现场实际设备的安装情况完全对应，是安装和核对现场不可缺少的图纸。

安装接线图是以屏面布置为基础，以原理图为依据而绘制成的接线图。它标明了屏柜上各元件的代表符号、顺序号，以及每个元件引出端子之间的连接情况，它是一种指导屏柜上配线工作的图纸。为了配线方便，在安装接线图中对各元件和端子排都采用相对标号

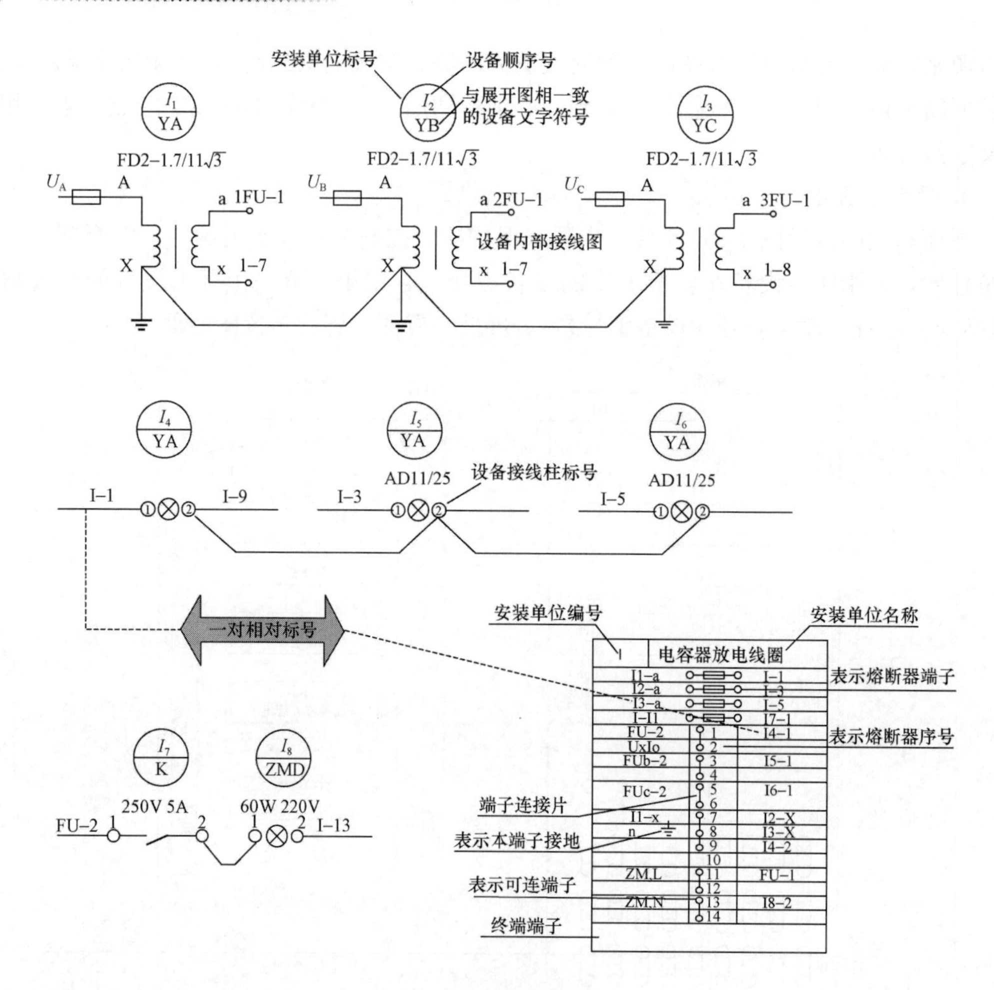

图 1-4　安装接线图

法进行标号，用以说明这些元件间的相互连接关系。

三、二次回路的标号

（一）标号的作用

二次设备数量多，相互之间连接复杂。为便于安装、运行和维护，在二次回路的所有设备之间的连线都要进行标号，这就是二次回路标号。标号一般采用数字或数字和文字的组合，它表明了回路的性质和用途。

标号分为回路标号法和相对标号法。按线的性质、用途进行标号称为回路标号法，按线的走向进行标号称为相对标号法。

（二）回路标号法

在图纸展开图的每个元件（触点、线圈、端子排的端子等）之间的线段都标号（常称为回路编号），回路标号通常能表明该回路的用途。在屏柜或端子箱端子排的端子接线头处的标号与图纸展开图的回路标号对应。在同一个间隔，回路标号相同的端子、引线在电气上连接的电阻为零，即互相之间用导线连接。

1. 回路标号原则

凡是各设备间要用控制电缆经端子进行联系的，都要按回路编号的原则进行标号。此

外，某些装在屏顶的设备与屏内设备进行连接，也需要经过端子排，此时屏顶设备就可看做是屏外设备，而在其连线上同样按回路编号原则给以相应的标号。为了明确起见，对直流回路和交流回路采用不同的标号方法，而在交、直流回路中，对各种不同用途的回路又赋予不同的数字符号。因此在二次回路接线图中，当看到标号后，就能知道这一回路的性质而便于维护和检修。

2. 二次回路标号的基本方法

（1）用四位或四位以下的数字组成，需要标明回路的相别或某些主要特征时，可在数字标号的前面（或后面）增注文字符号。

（2）按“等电位”的原则标注，即在电气回路中，连于一点上的所有导线（包括接触连接的可折线段）须标以相同的回路标号。

（3）电气设备的触点、线圈、电阻、电容器等元件所间隔的线段，即看为不同的线段，一般赋予不同的标号；对于在接线图中不经过端子而在屏内直接连接的回路，可不标号。

3. 直流回路的标号细则

（1）对于不同用途的直流回路，使用不同的数字范围，如控制和保护回路用 001～099 及 1～599，励磁回路用 601～609。

（2）控制和保护回路使用的数字标号，按熔断器所属的回路进行分组，每一百个数分为一组，如 100～199、200～299、300～399…，其中每段里面先编正极性回路（编为奇数）由小到大，再编负极回路（编为偶数）由大到小，如 100、101、103、133、…、142、140…

（3）信号回路的数字标号组，应按事故、位置、预告、指挥信号进行分组，按数字大小进行排列。

（4）开关设备、控制回路的数字标号组，应按开关设备的数字序号进行选取。例如：有 3 个控制开关 1SA、2SA、3SA，则 1SA 对应的控制回路数字标号选 101～199，2SA 对应的控制回路数字标号选 201～299，3SA 对应的控制回路数字标号选 301～399。

（5）正极回路线段按奇数标号，负极回路线段按偶数标号。每一次经过回路的主要压降元（部）件（如线圈、绕组、电阻等）后，即改变其极性，其奇偶顺序随之改变。对不能标明极性或其极性在工作中改变的线段，可任选奇数或偶数。

（6）对于某些特定的主要回路，通常给予专用的标号组。例如：正电源回路为 101、201，负电源回路为 102、202；合闸回路中的绿灯回路为 105、205、305、405，跳闸回路中的红灯回路编号为 35、135、235…

直流回路编号原则见表 1-1。

表 1-1　　　　直流回路编号原则

序号	回路名称	标号			
		Ⅰ	Ⅱ	Ⅲ	Ⅳ
1	正源回路	101	201	301	401
2	负源回路	102	202	302	402

续表

序号	回路名称	标号			
		Ⅰ	Ⅱ	Ⅲ	Ⅳ
3	合闸回路	103	203	303	403
4	合闸监视回路	105	205	305	405
5	跳闸回路	133 1133 1233	233 2133 2233	333 3133 3233	433 4133 4233
6	跳闸监视回路	135 1135 1235	235 2135 2235	335 3135 3235	435 4135 4235
7	备用电源自动合闸回路	150～169	250～269	350～369	450～469
8	开关设备的位置信号回路	170～189	270～289	370～389	470～489
9	事故跳闸音响信号回路	190～199	290～299	390～399	490～499
10	保护回路	01～099（或0101～0999）			
11	发电机励磁回路	601～699（或6011～6999）			
12	信号及其他回路	701～799（或7011～7999）			
13	断路器位置遥信回路	801～809（或8011～8999）			
14	断路器合闸线圈或操动机构电动机回路	871～879（或8711～8799）			
15	隔离开关操作闭锁回路	881～889（或8810～8899）			
16	发动机调速电动机回路	991～999（或9910～9999）			
17	变压器零序保护共用电源回路	001、002、003			
18	变送器后回路	A001～A999			
19	微机系统数字量	D001～D999			
20	至闪光报警装置	8001～8999			

4. 交流回路的标号细则

交流回路的标号原则与直流回路类似，见表1-2。

（1）交流回路按相别顺序标号，它除用三位数字编号外，还加有文字标号以示区别，如A411、B411、C411。

（2）对于不同用途的交流回路，使用不同的数字组。在数字组前加大写的英文字母来区别其相别。几组并联的电流互感器，其并联回路应取数字组中较小的一组数字标号。不同相的电流互感器并联时，并联回路可选任何一组电流互感器的数字组进行标号。电压回路的数字标号，应以十个数字为一组，如A601～A609、B601～B609、C601～C609、A791～A799…，以供一个单独的互感器回路标号之用。

（3）电流互感器和电压互感器的回路，均须在分配给它们的数字标号范围内，自互感器引出端开始，按顺序编号，例如1TA的回路标号用411～419，2TV的回路标号用621～629等。

（4）某些特殊的交流回路（如母线差动保护公共电流回路、绝缘监察继电器电压表的公共回路等）给予专用的标号组。

表 1-2　　交流回路编号原则

序号	回路名称	用途	标号				
			A相	B相	C相	中性线	零序
1	保护装置及测量仪表电压回路	T1	A11～A19	B11～B19	C11～C19	N11～N19	L11～L19
2		T1-1	A111～A119	B111～B119	C111～C119	N111～N119	L111～L119
3		T1-2	A121～A129	B121～B129	C121～C129	N121～N129	L121～L129
4		T1-9	A191～A199	B191～B199	C191～C119	N191～N199	L191～L199
5		T2-1	A211～A119	B211～B119	C211～C119	N211～N119	L211～L119
6		T2-9	A291～A299	B291～B119	C291～C299	N291～N299	L291～L299
7		T11-1	A1111～A1119	B1111～B1119	C1111～C1119	N1111～N1119	L1111～L1119
8		T11-2	A1121～A1129	B1121～B1129	C1121～C1129	N1121～N1129	L1121～L1129
9		T1	A611～A619	B611～B619	C611～C619	N611～N619	L611～L619
10		T2	A621～A629	B621～B629	C621～C629	N621～N629	L621～L629
11		T3	A631～A639	B631～B639	C631～C639	N631～N639	L631～L639
12	经隔离开关辅助触点或继电器切换后的电压回路	6～10kV	A（C、N）760～769、B600				
13		35kV	A（C、N）730～739、B600				
14		110kV	A（B、C、L、SC）710～719、N600				
15		220kV	A（B、C、L、SC）720～729、N600				
16		330kV	A（B、C、L、SC）730～739、N600				
17	绝缘监测电压表的公共回路		A700	B700	C700	N700	—
18	母线差动保护公共电流回路	6～10kV	A360	B360	C360	N360	—
19		35kV	A330	B330	C330	N330	—
20		110kV	A310	B310	C310	N310	—
21		220kV	A320	B320	C320	N320	—
22		330kV	A330	B330	C330	N330	—
23		500kV	A350	B350	C350	N350	—
24	未经切换的电压回路	TV01	A611～A619	B611～B619	C611～C619	N611～N619	L611～L619
25		TV09	A691～A699	B691～B699	C691～C699	N691～N699	L691～L699

（三）相对标号法

当两个设备的端子通过连线互相连接时，在安装接线图上，用相对标号法来表示设备某个端子（接线柱）的连线的连接去向。简单地说为：甲的端子上标乙的端子号，乙的端子上标甲的端子号。这个标号标在每个设备的端子连接线的线头处。在实际设备的接线柱及端子排的端子接线头上都标有以相对标号法表示的标号，以标明连接的去向。这种相互对应标号的方法称为相对标号法。

1. 相对标号的作用

回路标号可以将不同安装位置的二次设备通过标号连接起来，对于同一屏内或同一箱内的二次设备，相隔距离较近，相互之间的连线多，回路多，采用回路标号很难避免重号，而且不便查线和施工，这时就只有使用相对标号：先把本屏或本箱内的设备顺序标号，再对每个设备的每个接线柱进行标号，然后在需要接线的接线柱旁写上对端接线柱标号，以此来表示每根连线。

2. 相对标号的组成

一个相对标号就代表一个接线头，一对相对标号就代表一根连线，对于一面屏、一个箱子，接线柱数百个，每个接线柱都得标号，标号不重复、好查线，就必须统一格式，常用的是“设备标号—接线柱头号”格式。

（1）设备标号一种是以罗马数字和阿拉伯数字组合的标号，多用于屏（箱）内设备数量较多的安装接线图，如中央信号继电器屏、高压开关柜、断路器机构箱等。罗马数字表示安装单位标号，阿拉伯数字表示设备顺序号，在该标号下边，通常还有该设备的文字符号和参数型号。例如一面屏上安装有两条线路保护，则把用于第一条线路保护的设备按从上到下顺序编为Ⅰ1、Ⅰ2、Ⅰ3…，端子排编为Ⅰ；把用于第二条线路保护的设备按从上到下顺序编为Ⅱ1、Ⅱ2、Ⅱ3…，端子排编为Ⅱ。为对应展开图，在设备标号下方标注有与展开图一致的设备文字符号，有时还注明设备型号，这种标号方式便于查找设备，但缺点是不够直观。

另一种直接编设备文字符号（与展开图相一致的文字符号），用于屏（箱）内设备数量较少的安装接线图，微机保护将大量的设备都集成在保护箱内，整面微机保护屏上除保护箱外就只有自动空气开关、按钮、连接片和端子排了，所以现在的微机保护屏大都采用这种标号方式。例如保护装置就编为1n、2n、11n，自动空气开关就编为1K、2K、3K，连接片就标为1XB、2XB、3XB等，按钮就标为1SA、2SA；属于1n装置的端子排就编为1D，属于11n装置的端子排就编为11D等。

（2）设备接线柱标号。每个设备在出厂时对其接线柱都有明确标号，在绘制安装接线图时就应将这些标号按其排列关系、相对位置表达出来，以求得图纸和实物的对应。对于端子排，通常按从左到右、从上到下的顺序用阿拉伯数字顺序标号。

把设备标号和接线柱标号加在一起，每个接线柱就有了唯一的相对标号。

第三节　二次回路图纸的读图方法

一、看懂工作原理的常用方法

（1）直流回路从正极到负极。例如控制回路、信号回路等，从一个回路的直流正极开始，按照电流的流动方向，看到负极为止。

（2）交流回路从相线到中性线。例如变压器的冷却回路，从一个回路的相线（A、B、C相）开始，按照电流的流动方向，看到中性线（N极）为止。

（3）见触点找线圈，见线圈找触点。见触点即要找到控制该触点的继电器或接触器的线圈位置。线圈所在的回路是触点的控制回路，以分析触点动作的条件。见线圈找出它的所有触点，以便找出该继电器控制的所有触点（对象）。

（4）利用欧姆定律分析继电器判断是否动作。判别的依据是，电压型线圈的两端加有

足够大的电压，电流型线圈的两端加有足够大的电流。对于电压型继电器的线圈回路，当线圈的两端通过若干个继电器的触点或电流线圈分别与电源的正、负极贯通时，则认为继电器（接触器）动作（励磁）；当回路中有断开的触点，或线圈回路串接有比较大的电阻，或线圈被并接的触点短接时，则认为继电器（接触器）不动作（不励磁）。例如：断路器跳闸回路，当断路器处于合位，跳闸线圈的正极端串接有合位继电器（电阻大）时，则认为其不动作；当保护跳闸触点闭合，将线圈直接接到电源正极时，则认为跳闸线圈动作。对于电流型继电器（如跳闸回路的防跳跃继电器）的线圈回路，当线圈的两端通过若干个继电器的触点或电阻较小的线圈分别与电源的正、负极贯通时，则认为继电器（接触器）动作（励磁）。

（5）看完所有支路。当某一回路从正极往负极看时，如中间有多个支路连往负极，则每个支路必须看完，否则分析回路时会漏掉部分重要的情况。

（6）利用相对标号法、回路标号法弄清安装图与展开图的接线原理图中设备的对应关系。核查安装图与展开图的对应关系的主要目的：一是检查安装图是否与展开图相对应；二是弄清展开图中各设备在现场的位置。要从安装图（如保护屏端子排接线图）上查清某个端子排的端子在展开图中的位置，则先查出该端子所在的回路标号，再查对展开图中的回路标号，相同的回路标号即同个回路，即可在展开图中找到该回路，查明它在整个回路中的作用。若手上只有安装图或者发现安装图与展开图的原理接线图无法对应时，则从安装图中每个设备端子上所标的编号，依据相对编号法，查到所连接的另外设备的端子，然后再查出该端子所连接的另外设备，直到查到直流电源的正、负极或交流回路的相线和中性线为止，最后把整个相关的回路都查出来，画成图后可分析连接是否符合动作原理。当想弄清展开图上设备的位置时，一是利用展开图上的设备表提供的位置，去相应的安装图上查对；二是先弄清展开图中的端子符号，哪些是屏柜端子排的端子、哪些是（保护或自动）装置的端子，然后直接去可能的屏柜、端子箱中查找。

（7）识图特殊问题的解决方法。

1）如何用设备的实际状态（现场能看到的设备状态）来描述回路或继电器的动作条件。先以回路的触点分、合状态来描述回路的条件，然后根据触点的分、合状态与设备状态的对应关系，替换描述（如用开关机构箱的“远方/就地切换开关”在“远方”位置来代替“远方/就地切换开关”在远方控制回路中的触点状态）。必须逐步形成这一能力，否则看图纸将停留在原始状态，只能看到触点的分、合和继电器是否励磁，无法与运行中设备状态的监视和操作结合起来。

2）如何弄清展开图中采用方框画法的设备与外部其他部分的连接。先查清方框画法设备的端子编号，然后利用能展示该设备内部接线图的装置说明书或厂家图，在这些图纸中找到与外部连接的端子编号，再与内部回路连接起来，最后通过与外部连接的端子与外部回路联系起来。

二、看图注意问题

（1）虽然在一套二次图纸中最重要的图纸为控制及信号回路图、电流和电压回路图、保护屏（控制屏）端子排图及开关的安装接线图，看图时应熟悉这几份图纸，但不能忽略其他图纸的辅助作用，否则可能事倍功半，卡在某个问题出不来或漏掉一些特殊的回路。

（2）记忆一些常用的回路编号和图形符号，看图时则会大大加快看懂图纸的速度。

（3）特别留意运行人员操作的设备，如电源熔断器、自动空气开关、切换开关，以及它们在图纸中的位置及所起的作用，必须查清它们在现场的实际位置。

三、国外二次图纸的读图方法

目前国内使用的国外电气二次设备厂家主要有瑞士 ABB、日本三菱、德国西门子等，与这些设备有关的读图方法，是电气专业人员必须了解和掌握的。

（一）国外二次回路图纸识图的相关知识

1. 图中包含的信息

（1）公司名称：MITSUBISHI ELECTRIC CORPORATION、ABB、GUTRO 等。

（2）图纸名称：TITLE。

（3）图号：DRG No.。

（4）图纸页号：SHEET（SW16，SW30）两个页号中间可以不连续，方便设计人员随时插入。

（5）图纸页码：PAGE No.，页码必须是连续的三位以上的阿拉伯数字。

（6）图纸完成日期。

（7）制图和校核人员。

（8）图纸版本号：图纸修改版本号用大写字母 A、B、C、D 表示，每次修改的日期在图中都明确标出。如经过 4 次修改，则图纸的最新版本号是 D 版，第 5 次修改则图纸的最新版本号是 F 版，依次类推。

2. 常见的几种国外图纸类型

（1）展开接线图。与国内的展开图相同，也叫原理接线图，如图 1-5 所示。

（2）单线图。把用简单符号表示的电气设备用单条线连接起来表示实际系统的接线示意图，一般用于电气一次系统，如图 1-6 所示。

（3）平面布置图。表示设备安装尺寸的图纸，如图 1-7 所示。

（4）电缆联系图。电缆联系图表示两个屏柜之间电缆联系的图纸，如图 1-8 所示，图中表示了所用电缆的型号和所使用的电缆芯数，以及电缆的起点和终点。其中箭头加符号——→ ※和※ >—表示该回路的路径，经过一个设备后进入另外一个设备。

3. 国外二次回路的标号

国外图纸采用的是回路标号法。常见的几种标号原则：

（1）回路标号采用大写英文字母加数字的方法。如 A1、A2、…、B1、B2、…D1、D2…，一般同一回路使用一个英文字母，如合闸回路用 B，跳闸回路用 T，直流电源用 BP1、BN1 等。

（2）图号加回路号的方法。如 SW3427X、SW34BN1，其中 SW34 是图纸页号，27X、BN1 是回路号，这样可以非常方便地在相应图纸中找到该回路。

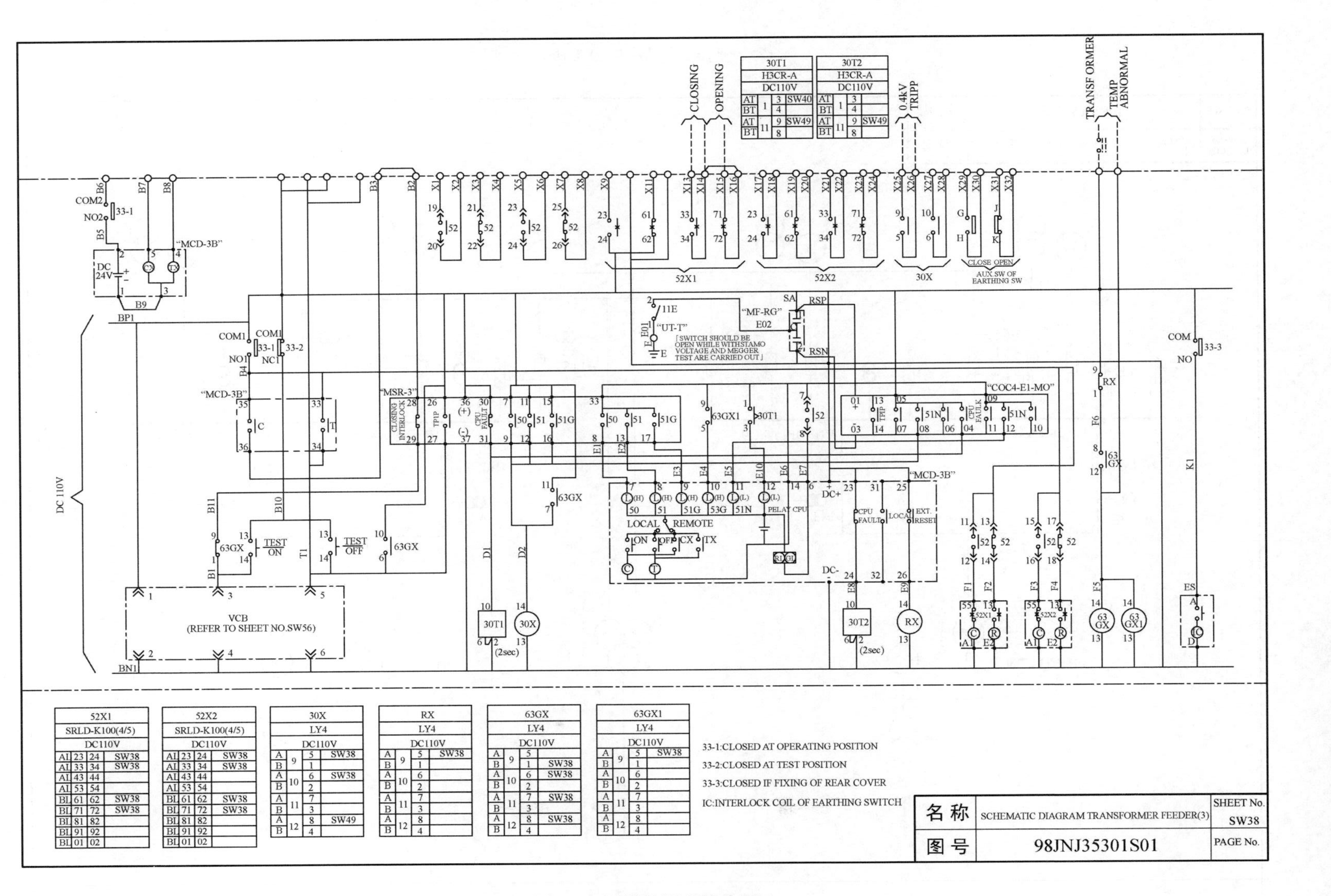

图 1-5 国外的原理接线图

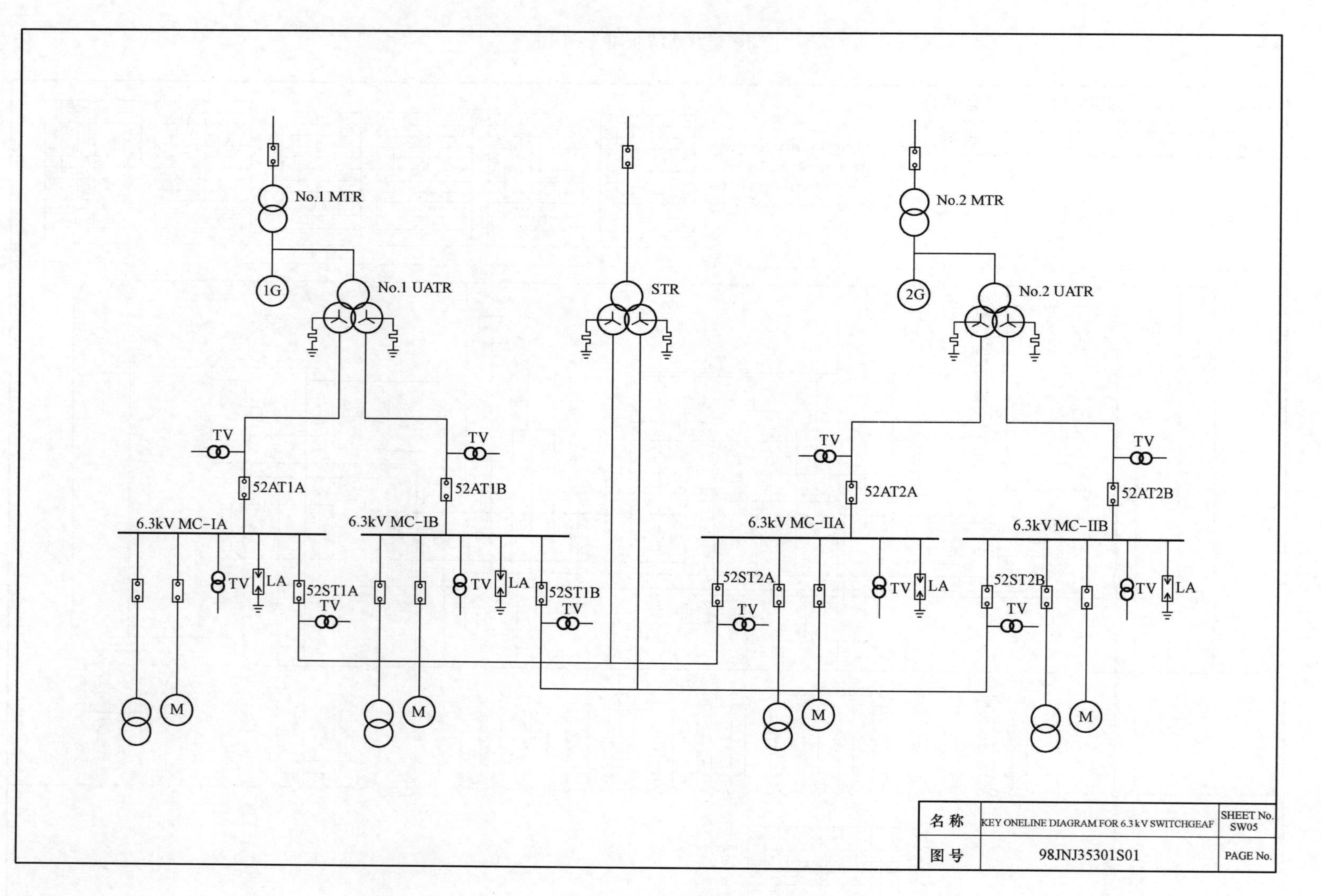
No.1 MTR
1G
No.1 UATR
STR
No.2 MTR
2G
No.2 UATR
TV
52AT1A
52AT1B
52AT2A
52AT2B
6.3kV MC-IA
6.3kV MC-IB
6.3kV MC-IIA
6.3kV MC-IIB
LA
52ST1A
52ST1B
52ST2A
52ST2B
M
名称
KEY ONELINE DIAGRAM FOR 6.3kV SWITCHGEAF
SHEET No.
SW05
图号
98JNJ35301S01
PAGE No.

图 1-6　国外的单线图

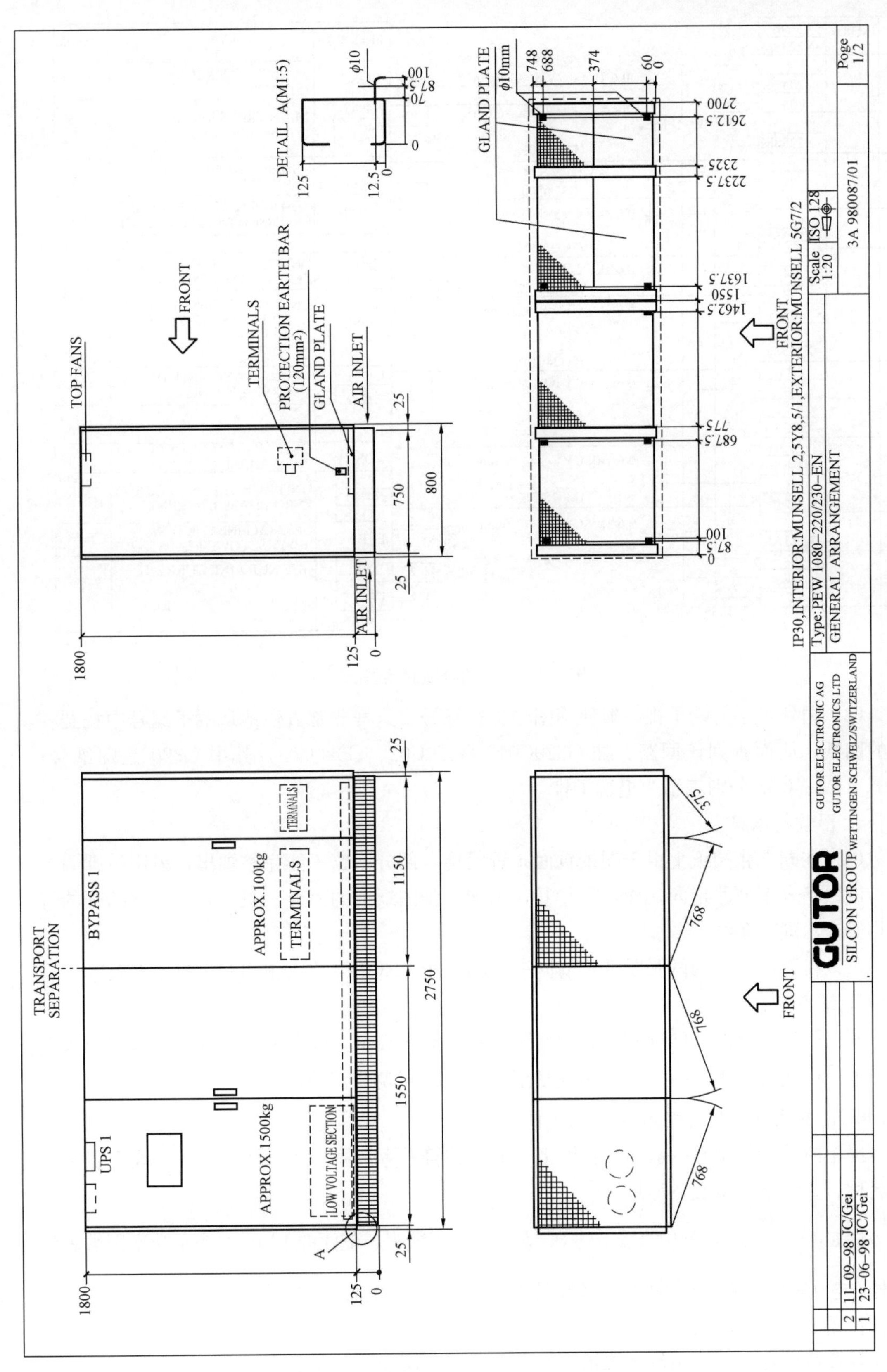

图 1-7 国外的平面布置图

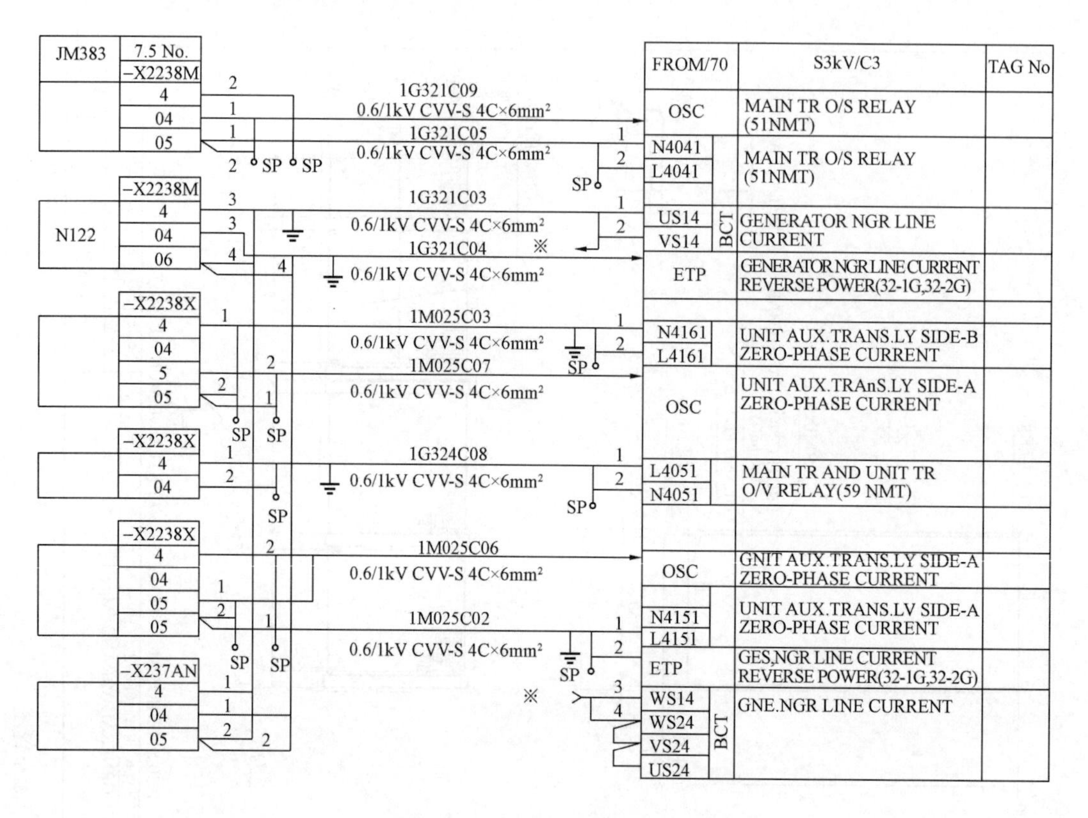

图 1-8 国外的电缆联系图

（3）国外设备的端子排一般使用图号进行标号，这样非常方便地从端子编号中找到相关的图纸，从而查到该回路。如 G320C01、G320C02、G320C03，其中 G320 是图纸号，C01、C02、C03 分别表示 3 组端子排。

4. 图纸的承接

（1）在同一张图纸上由于图纸页面布置紧凑，部分回路不能完整画出，采用带圆圈的字母或数字表示回路走向。如ⒶⒷⒸⒹ，则同一张图纸上的另外一组ⒶⒷⒸⒹ和断开的ⒶⒷⒸⒹ表示同一条线。

（2）在不同图号的两张图纸上的同一回路，用 FROM＋图号和 TO＋图号来表示。

5. 设备名称的表示

同一张图纸上的不同屏柜之间的回路用虚线框来表示，设备名称一般用圆弧方框来表示，如(GRP)表示发电机—变压器组保护屏，(MP)表示测量屏等。

6. 设备元件型号的表示

屏柜内的元件型号一般表示在图纸上的元件符号旁，用一条直线分开，直线上表示设备名称，直线下表示设备型号。

例如：$\frac{\mathrm{PF}}{\mathrm{LM-110}}$，其中直线上的 PF 表示功率因数表，下面的 LM-110 表示功率因数表的型号。电气表计一般用圆圈内加设备代码表示，如Ⓐ表示电流表，(PF)表示功率因数表。

7. 导线截面的表示

导线截面在图纸中用斜线加箭头的方法表示。例如：

60sq $\frac{a}{b}$ 表示导线 a 和 b 的导线截面积是 $60mm^2$。

8. 电缆芯的使用情况

有些图纸中标出了该张图中所使用的电缆清单，清单中表示了该电缆共有几芯和使用了几芯，清单中用①、②、③ …表示电缆是哪根电缆，$①^2$ 上加数字代表的是第一根电缆的第二芯，$③^5$ 代表的是第三根电缆的第五芯。

（二）国外二次回路图例说明

（1）图 1-9 中标出了图纸的版本、历次修改的时间及图纸号在图中的表示。

（2）图 1-10 中表示出了图纸名称、图号、图纸的连续页码、图纸页号、回路号、TA 试验插头、双绞线、避雷器等在图中的表示。

（3）图 1-11 中标出了继电器名称型号、继电器触点类型、继电器触点所在的图号、端子排、开关辅助触点、继电器线圈和触点在图中的表示。

（4）图 1-12 中标出了设计分界、参考图号、在同一张图中的回路承接和不在同一张图纸中的回路承接在图中的表示。

（5）图 1-13 中标出了元件型号、变送器、用图号及代码表示的三组端子排及回路从另外一张图纸的承接在图中的表示。

（6）图 1-14 中标出了屏柜代表符号在图中的表示。

（7）图 1-15 中标出了电缆芯的使用情况和带有返回线圈的继电器在图中的表示。

SCHEMATIC DIAGRAM

TYPICAL SCHEMATIC DIAGRAM FOR 6.3kV SWITCHGEAR

SW1图纸的最终版本为M版

御注文元 PURCHASER CNTIC (CHINA)

件 名 PROJECT SHANXI HEJIN POWER PLANT 2×350MW COAL FIRED UNIT

据付场所 SITE

SHEET No.	REV.	画面名称	TITLE
SW01	M		DRAWING LIST
SW02	M		DRAWING LIST
SW05	A		KEY ONELINE DIAGRAM FOR 6.3kV SWITCHGEAR
SW11	F	THREE LINE DIAGRAM	INCOMING FROM UNIT AUX.TRANSFORMER
SW12	G		INCOMING FROM UNIT STARTING/STAND-BY TRANSF
SW14	E		BUSBAR VOLTAGE TRANSFORMER
SW16	D		TRANSFORMER FEEDER(1)
SW17	D		TRANSFORMER FEEDER(2)
SW18	D		TRANSFORMER FEEDER(3)
SW20	C		MOTOR FEEDER(1)&(3)
SW21	D		MOTOR FEEDER(2
SW22	C		PAM MOTOR FEEDER(1)
SW23	C		PAM MOTOR FEEDER(2)
SW24	A		PAM MOTOR FEEDER(3)

本张图纸的历次修改时间，最终版本为M版

改定CHANGE	
A	1.THE FOLLOWING. SHEETS WERE REVISED. SW01 SW02 MAY-8-98 Y.Y.T.I
B	1.ALL SHEETS. WAS REPLACED. JUN-20-98 Y.Y
C	1.REVISED. JUL.-11-98 Y.Y.T.I
D	1.REVISED. AUG.-6-98 Y.Y.T.I
E	1.THE FOLLOWING. SHEET WERE REVISED. SW11.SW12. SW16~SW18. SW20~SW23 NOV.-16-98 Y.Y.T.I
F	1.REVISED. DEC.-9-98 Y.Y.T.I
G	1.REVISED. JAN.-21-99 Y.Y.T.I
H	1.REVISED. FEB.-8-99 I.N.T.I
J	1.REVISED. FEB.-16-99 I.N.S.M
K	1.REVISED. FEB.-23-99 I.N.S.M
L	1.REVISED. FEB.-26-99 I.N.S.M
M	1.REVISED. MAR-3-99 I.N.S.M

图纸号

DATE	APR.-28-98	MITSUBISHI ELECTRIC CORPORATION POWER DISTRIBUTION SYSTEMS CENTER	
DRAWN DESIGNED	E.UJIKE Y.YOSHIDA	TITLE TYPICAL SCHEMATIC DIAGRAM FOR 6.3kV SWITCHGEAR DRAWING LIST	SHEET No. SW01
CHECKED APROVEO	T.INOUE T.INOUE	98JNJ35301 S01	PAGE No.

图 1-9 图例说明（一）

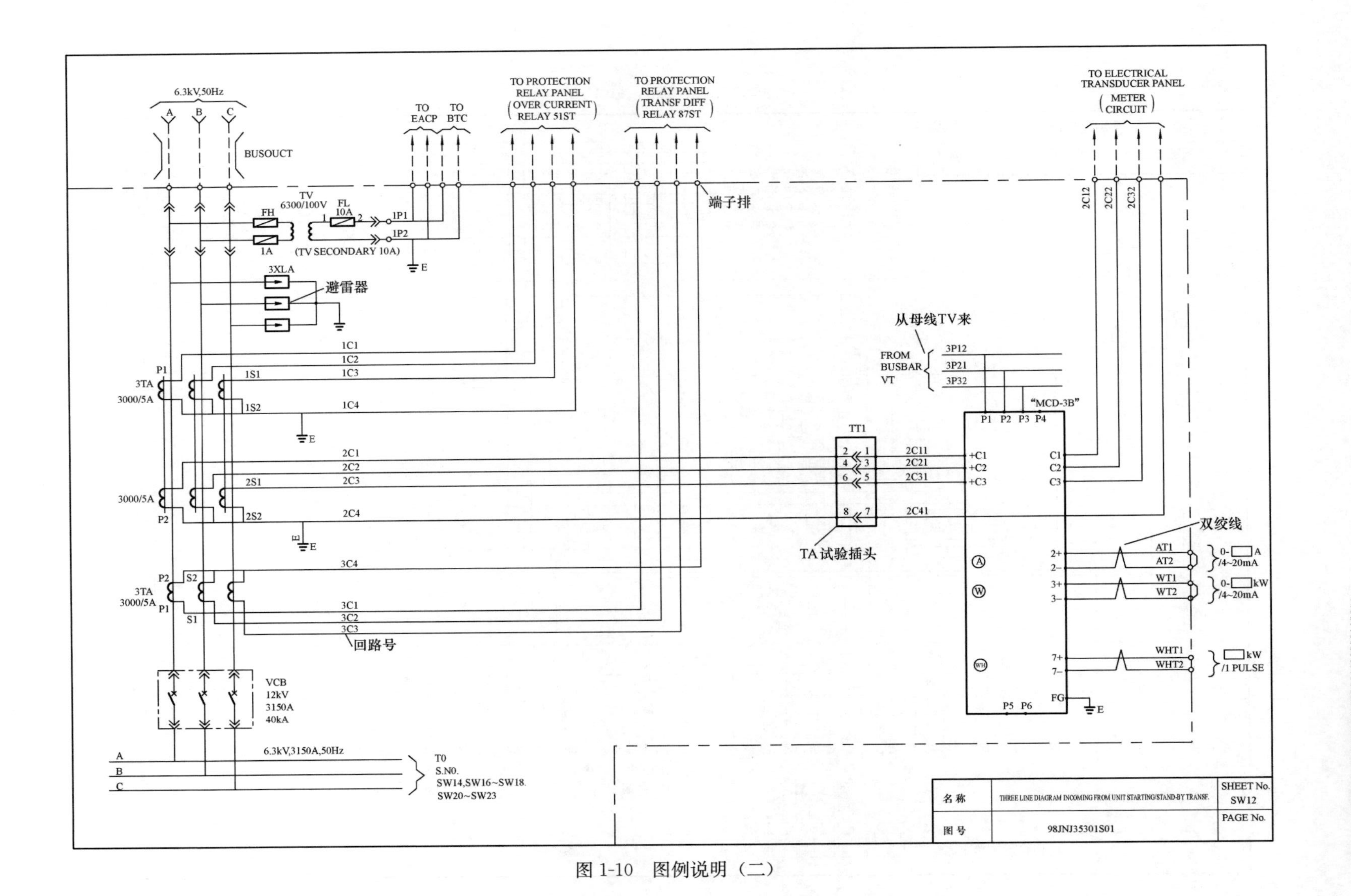
6.3kV,50Hz
A
B
C
BUSOUCT
TO EACP
TO BTC
TO PROTECTION RELAY PANEL (OVER CURRENT RELAY 51ST)
TO PROTECTION RELAY PANEL (TRANSF DIFF RELAY 87ST)
TO ELECTRICAL TRANSDUCER PANEL (METER CIRCUIT)
端子排
2C12
2C22
2C32
TV
6300/100V
FH
1A
FL
10A
1P1
1P2
(TV SECONDARY 10A)
E
3XLA
避雷器
从母线TV来
FROM BUSBAR VT
3P12
3P21
3P32
"MCD-3B"
P1 P2 P3 P4
1C1
1C2
1C3
1C4
1S1
1S2
P1
3TA
3000/5A
TT1
2C1
2C2
2C3
2C4
2S1
2S2
3000/5A
P2
2C11
2C21
2C31
2C41
+C1
+C2
+C3
C1
C2
C3
TA试验插头
双绞线
AT1
AT2
0-□A
/4~20mA
2+
2−
3+
3−
WT1
WT2
0-□kW
/4~20mA
3C4
P2
S2
3TA
3000/5A
P1
S1
3C1
3C2
3C3
回路号
WHT1
WHT2
□kW
/1 PULSE
7+
7−
VCB
12kV
3150A
40kA
FG
P5 P6
6.3kV,3150A,50Hz
T0
S.N0.
SW14,SW16~SW18.
SW20~SW23
名称
THREE LINE DIAGRAM INCOMING FROM UNIT STARTING/STAND-BY TRANSF.
SHEET No.
SW12
PAGE No.
图号
98JNJ35301S01

图 1-10　图例说明（二）

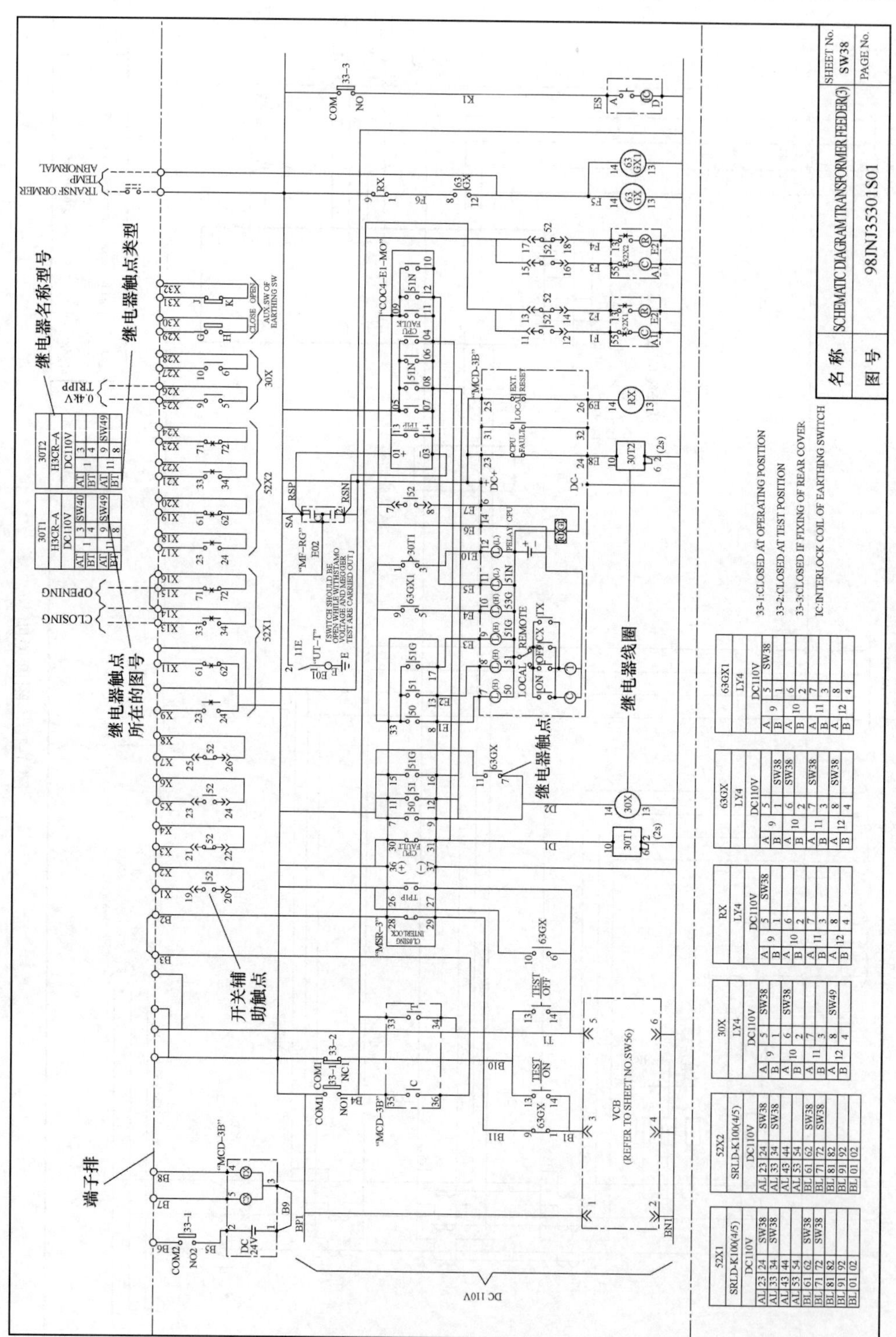
继电器名称型号
继电器触点类型
继电器触点所在的图号
端子排
开关辅助触点
继电器触点
继电器线圈
33-1:CLOSED AT OPERATING POSITION
33-2:CLOSED AT TEST POSITION
33-3:CLOSED IF FIXING OF REAR COVER
IC:INTERLOCK COIL OF EARTHING SWITCH
名称
SCHEMATIC DIAGRAM TRANSFORMER FEEDER(3)
SHEET No.
SW38
图号
98JNJ35301S01
PAGE No.

图 1-11 图例说明（三）

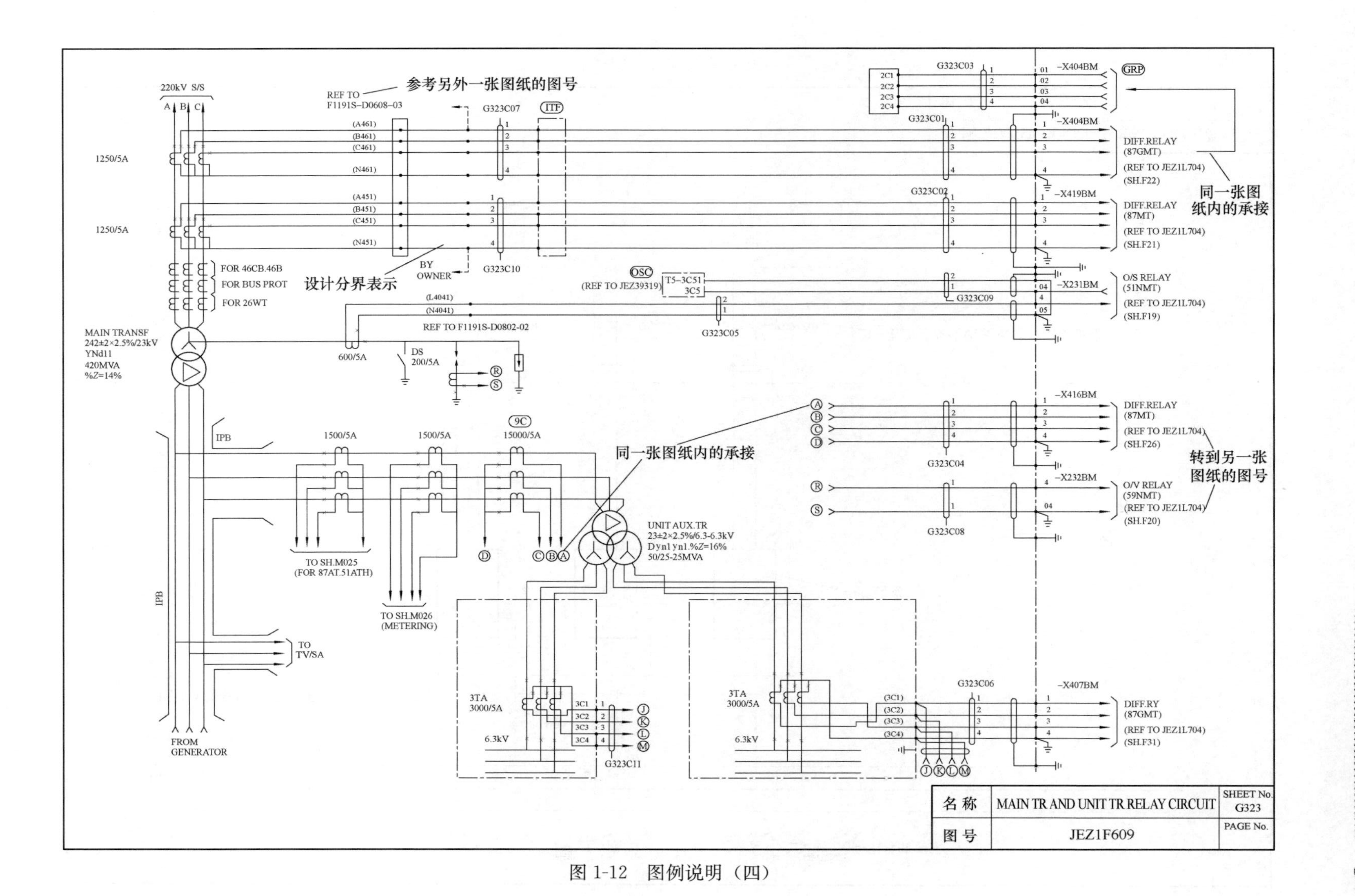

参考另外一张图纸的图号
REF TO F1191S-D0608-03
220kV S/S
1250/5A
1250/5A
FOR 46CB.46B
FOR BUS PROT
FOR 26WT
设计分界表示
BY OWNER
G323C07
G323C10
ITF
OSC
(REF TO JEZ39319)
REF TO F1191S-D0802-02
MAIN TRANSF
242±2×2.5%/23kV
YNd11
420MVA
%Z=14%
600/5A
DS 200/5A
IPB
1500/5A
1500/5A
15000/5A
同一张图纸内的承接
TO SH.M025 (FOR 87AT.51ATH)
TO SH.M026 (METERING)
TO TV/SA
FROM GENERATOR
UNIT AUX.TR
23±2×2.5%/6.3-6.3kV
Dyn1 yn1 %Z=16%
50/25-25MVA
3TA 3000/5A
6.3kV
3TA 3000/5A
6.3kV
G323C11
G323C06
DIFF.RELAY (87GMT) (REF TO JEZ1L704) (SH.F22)
DIFF.RELAY (87MT) (REF TO JEZ1L704) (SH.F21)
同一张图纸内的承接
O/S RELAY (51NMT) (REF TO JEZ1L704) (SH.F19)
DIFF.RELAY (87MT) (REF TO JEZ1L704) (SH.F26)
O/V RELAY (59NMT) (REF TO JEZ1L704) (SH.F20)
转到另一张图纸的图号
DIFF.RY (87GMT) (REF TO JEZ1L704) (SH.F31)
名称　MAIN TR AND UNIT TR RELAY CIRCUIT
SHEET No. G323
图号　JEZ1F609
PAGE No.

图 1-12　图例说明（四）

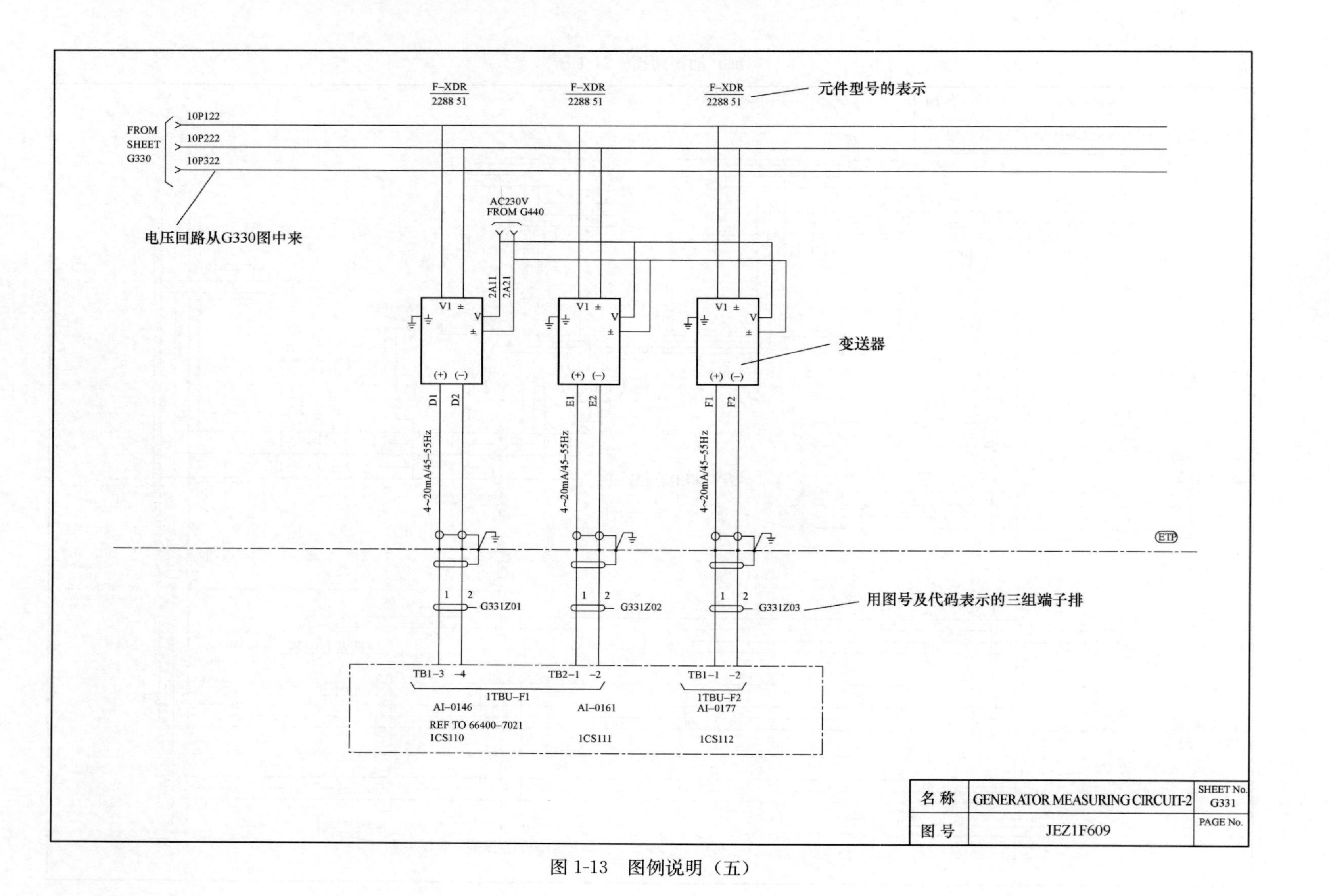
F–XDR
2288 51
F–XDR
2288 51
F–XDR
2288 51
元件型号的表示
FROM
SHEET
G330
10P122
10P222
10P322
电压回路从G330图中来
AC230V
FROM G440
2A11
2A21
V1 ±
V
±
(+) (–)
D1
D2
E1
E2
F1
F2
变送器
4~20mA/45~55Hz
4~20mA/45~55Hz
4~20mA/45~55Hz
ETP
1 2
G331Z01
G331Z02
G331Z03
用图号及代码表示的三组端子排
TB1–3 –4
TB2–1 –2
TB1–1 –2
1TBU–F1
AI–0146
REF TO 66400–7021
1CS110
AI–0161
1CS111
1TBU–F2
AI–0177
1CS112
名称
GENERATOR MEASURING CIRCUIT-2
SHEET No.
G331
图号
JEZ1F609
PAGE No.

图 1-13 图例说明（五）

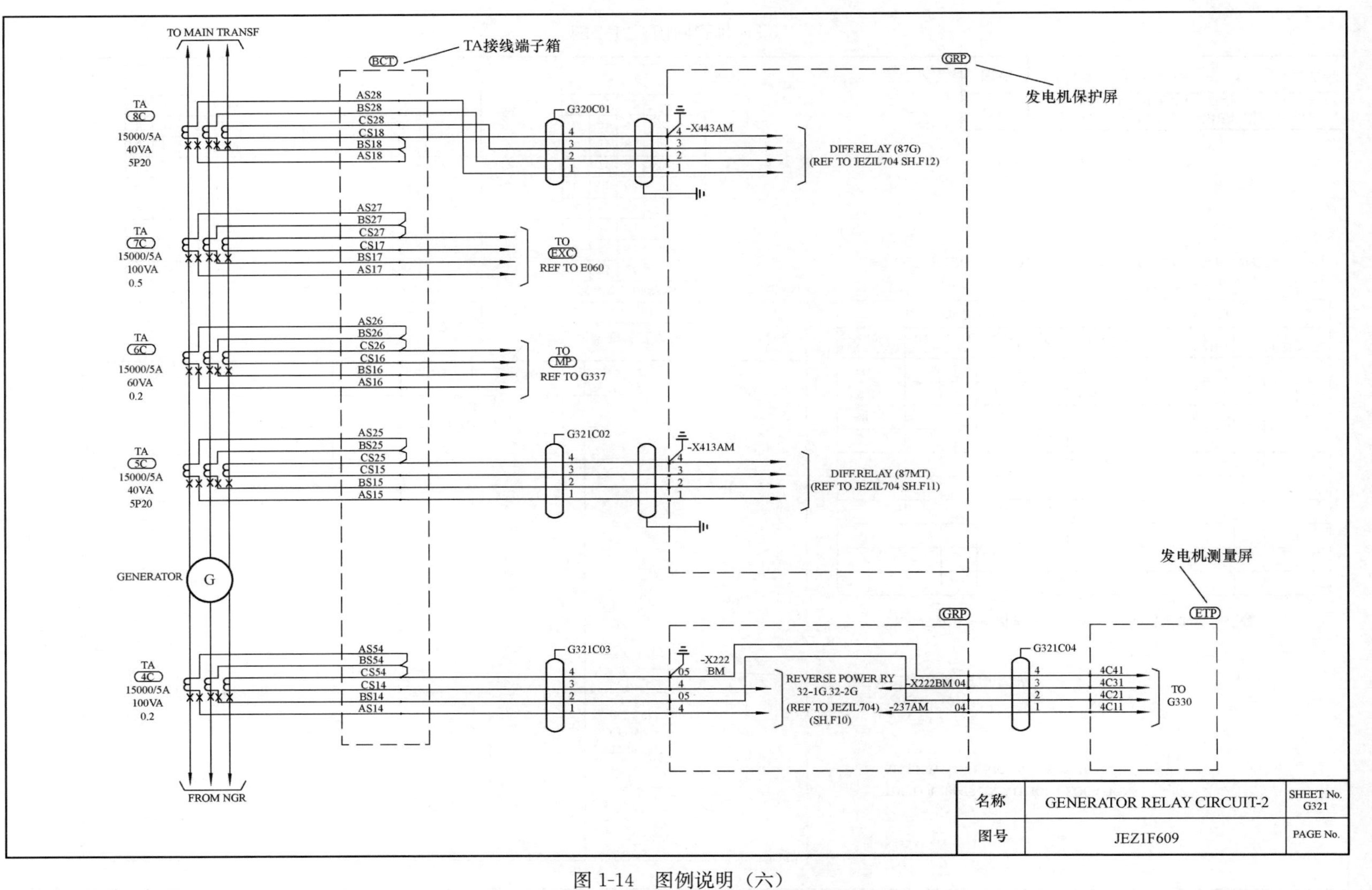
TO MAIN TRANSF
TA接线端子箱
BCT
GRP
发电机保护屏
TA
8C
15000/5A
40VA
5P20
AS28
BS28
CS28
CS18
BS18
AS18
G320C01
-X443AM
DIFF.RELAY (87G)
(REF TO JEZIL704 SH.F12)
TA
7C
15000/5A
100VA
0.5
AS27
BS27
CS27
CS17
BS17
AS17
TO
EXC
REF TO E060
TA
6C
15000/5A
60VA
0.2
AS26
BS26
CS26
CS16
BS16
AS16
TO
MP
REF TO G337
TA
5C
15000/5A
40VA
5P20
AS25
BS25
CS25
CS15
BS15
AS15
G321C02
-X413AM
DIFF.RELAY (87MT)
(REF TO JEZIL704 SH.F11)
GENERATOR
G
发电机测量屏
GRP
ETP
TA
4C
15000/5A
100VA
0.2
AS54
BS54
CS54
CS14
BS14
AS14
G321C03
-X222
BM
REVERSE POWER RY
32-1G.32-2G
(REF TO JEZIL704)
(SH.F10)
-X222BM 04
-237AM
04
G321C04
4C41
4C31
4C21
4C11
TO
G330
FROM NGR
名称
GENERATOR RELAY CIRCUIT-2
SHEET No.
G321
图号
JEZ1F609
PAGE No.

图 1-14　图例说明（六）

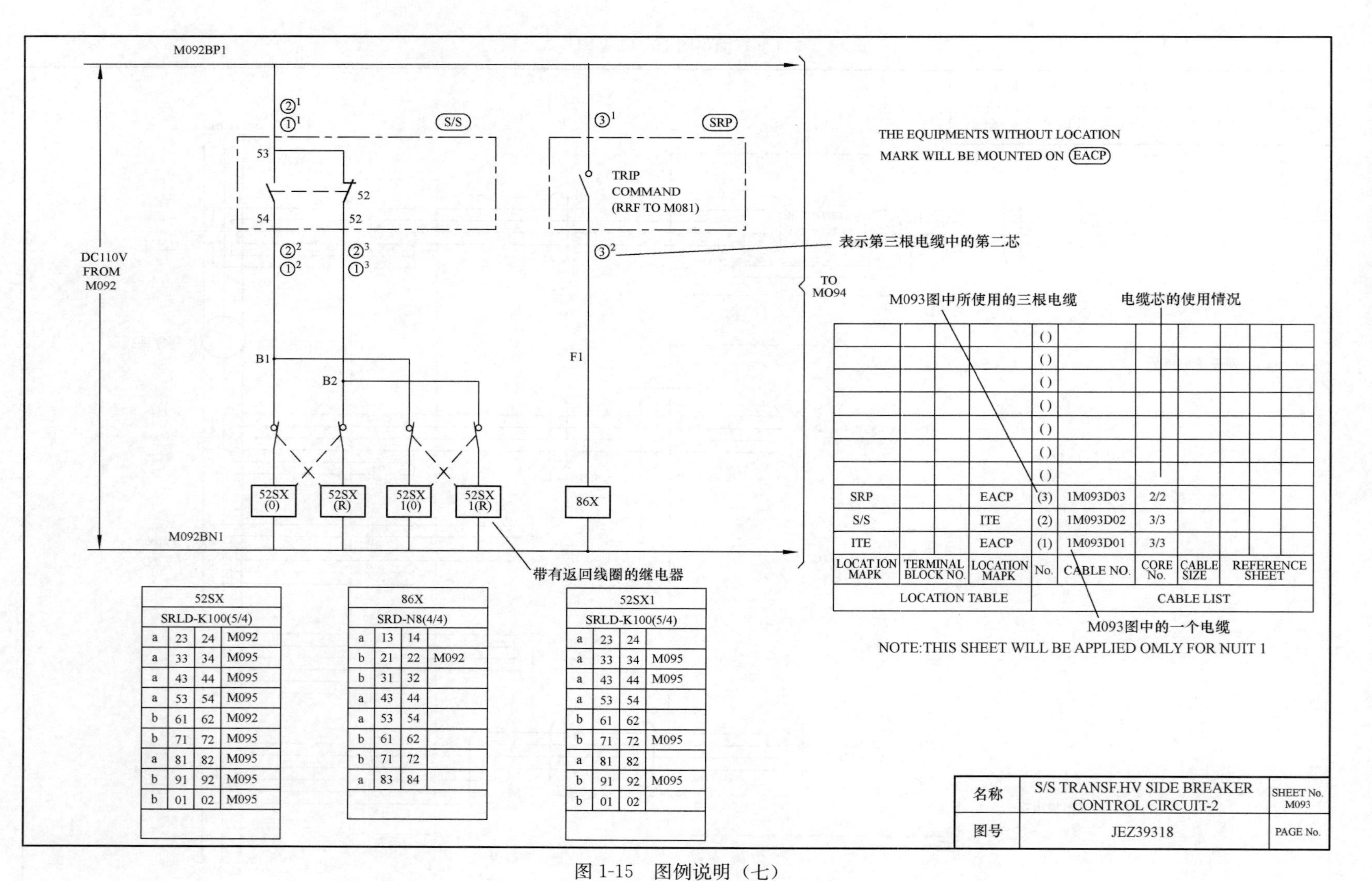
M092BP1
M092BN1
DC110V
FROM
M092
S/S
SRP
53
54
52
52
TRIP
COMMAND
(RRF TO M081)
THE EQUIPMENTS WITHOUT LOCATION
MARK WILL BE MOUNTED ON EACP
表示第三根电缆中的第二芯
TO
MO94
M093图中所使用的三根电缆
电缆芯的使用情况
B1
B2
F1
52SX (0)
52SX (R)
52SX 1(0)
52SX 1(R)
86X
带有返回线圈的继电器
LOCAT ION MAPK / TERMINAL BLOCK NO. / LOCATION MAPK / No. / CABLE NO. / CORE No. / CABLE SIZE / REFERENCE SHEET
SRP EACP (3) 1M093D03 2/2
S/S ITE (2) 1M093D02 3/3
ITE EACP (1) 1M093D01 3/3
LOCATION TABLE
CABLE LIST
M093图中的一个电缆
NOTE:THIS SHEET WILL BE APPLIED OMLY FOR NUIT 1
52SX
SRLD-K100(5/4)
a 23 24 M092
a 33 34 M095
a 43 44 M095
a 53 54 M095
b 61 62 M092
b 71 72 M095
a 81 82 M095
b 91 92 M095
b 01 02 M095
86X
SRD-N8(4/4)
a 13 14
b 21 22 M092
b 31 32
a 43 44
a 53 54
b 61 62
b 71 72
a 83 84
52SX1
SRLD-K100(5/4)
a 23 24
a 33 34 M095
a 43 44 M095
a 53 54
b 61 62
b 71 72 M095
a 81 82
b 91 92 M095
b 01 02
名称 S/S TRANSF.HV SIDE BREAKER CONTROL CIRCUIT-2
SHEET No. M093
图号 JEZ39318
PAGE No.

图 1-15 图例说明（七）

第二章

220kV 线路保护

第一节 概 述

按继电保护配置规定，220kV 线路保护装置必须按双重化配置，即配置两套完全独立的全线速动的数字式主保护，它们宜由不同的保护动作原理、不同硬件结构构成。

每套保护除全线速动的纵联保护外，还应具有完整阶段式相间距离保护、接地距离保护及防高阻接地故障的零序后备保护。

两套独立的快速保护装置应安装在各自独立的柜内，并分别接自两组独立的电流互感器二次绕组，直流电源、通道设备、跳闸线圈等完全独立。两套保护之间不宜有电气联系，当运行中一套保护异常而需要退出或检修时，不应影响另一套保护的正常运行。

220kV 线路均需要进行自动重合，重合闸按断路器配置，一般采用单相重合闸。

失灵保护按断路器配置，断路器的失灵出口回路可与母差保护出口回路合用。

断路器三相不一致保护采用断路器机构内本体的三相不一致保护。

保护通道的配置，两套纵联保护宜由不同的通道传送，对于有光缆的线路，保护直接使用不同的光纤芯或复用 PCM 终端。

第二节 线路保护基础知识

一、线路纵联保护

（一）线路纵联保护的定义及作用

线路纵联保护是当线路发生故障时，使两侧断路器同时快速跳闸的一种保护，是线路的主保护。它以线路两侧判别量的特定关系作为判据，即两侧均将判别量借助通道传送到对侧，然后两侧分别按照对侧与本侧判别量之间的关系来判别是区内故障还是区外故障。由于线路两侧之间发生了纵向的联系，因此这种保护称为输电线路纵联保护。

由于纵联保护在电网中可实现全线速动，因此它可保证电力系统并列运行的稳定性，提高线路的输送功率，并缩小故障造成的损坏程度、改善后备保护之间的配合性能。

（二）纵联保护的分类

（1）按照保护动作原理，纵联保护可以分为两类：

1）纵联方向保护与纵联距离保护。两侧保护继电器仅反应本侧的电气量，利用通道将继电器对故障方向判别的结果传送到对侧，每侧保护根据两侧保护继电器的动作经过逻辑判断区分是区内故障还是区外故障。这类保护是间接比较线路两侧的电气量，在通道中传送的是逻辑信号。按照保护判别方向所用的继电器又可分为纵联方向保护与纵联距离保护。

纵联方向保护是比较线路两端各自看到的故障方向，以判断是线路内部故障还是外部故障。如果以被保护线路内部故障时看到的故障方向为正方向，则当被保护线路外部故障时，总有一侧看到的是反方向。

纵联距离保护以线路上装有的方向性的距离保护装置作为基本保护，增加相应的发信与收信设备，通过通道构成。电压二次回路断线时该保护将会误动，需采取断线闭锁措施，使保护退出运行。

2）纵联电流差动保护。这类保护利用通道将本侧的电流波形或电流相位的信号传送到对侧，每侧保护根据对两侧电流的幅值和相位比较的结果区分是区内故障还是区外故障。可见这类保护在每侧都直接比较两侧的电气量，类似于差动保护，因此也称为差动纵联保护。

（2）纵联保护按照所利用信息通道的不同类型分为四类：

1）导引线纵联保护（简称导引线保护）。

2）电力线载波纵联保护（简称高频保护）。

3）微波纵联保护（简称微波保护）。

4）光纤纵联保护（简称光纤保护）。

（三）纵联保护传输的信号

纵联保护的信号大致可以分为三种：

（1）闭锁信号。它是阻止保护动作于跳闸的信号。无闭锁信号是保护作用于跳闸的必要条件。只有同时满足本端保护元件动作和无闭锁信号两个条件时，保护才作用于跳闸。

（2）允许信号。它是允许保护动作于跳闸的信号。有允许信号是保护动作于跳闸的必要条件。只有同时满足本端保护元件动作和有允许信号两个条件时，保护才动作于跳闸。

（3）跳闸信号。它是直接引起跳闸的信号。此时与保护元件是否动作无关，只要收到跳闸信号，保护就作用于跳闸，远方跳闸式保护就是利用跳闸信号实现的。

（四）实现纵联保护的方式

1．闭锁式纵联保护

也就是说收不到闭锁信号是保护动作和跳闸的必要条件，如图2-1所示。一般应用于超范围式纵联保护（所谓超范围即两侧保护的正方向保护范围均超出本线路全长）。

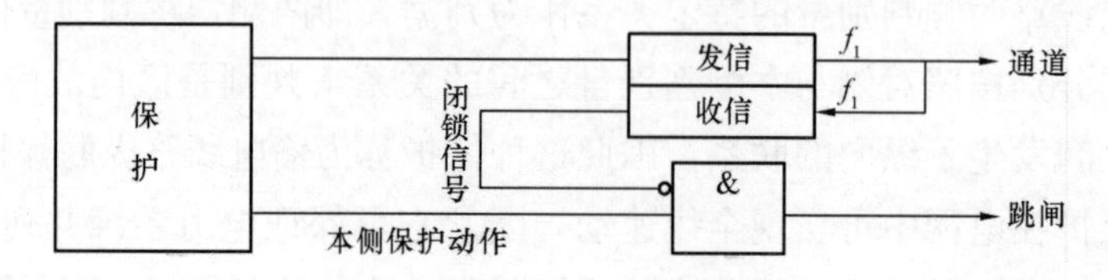

图2-1　闭锁式纵联保护框图

2．允许式纵联保护

也就是说收到高频信号是保护动作和跳闸的必要条件，如图2-2所示。一般应用于欠范围式纵联保护（所谓欠范围即两侧保护的正方向保护范围均超过本线路全长的 50%以上，但没有超出本线路全长）。

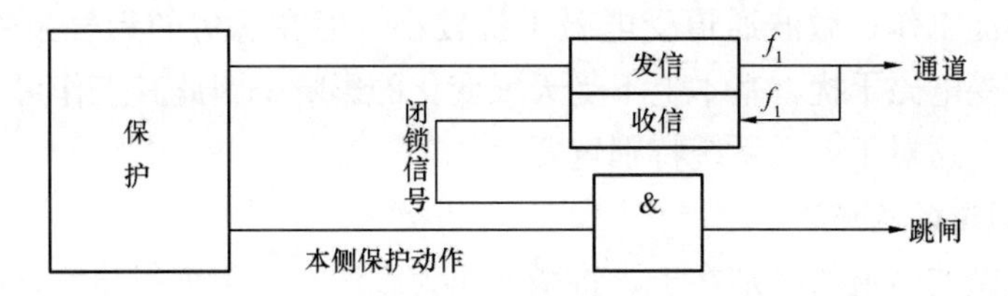

图 2-2 允许式纵联保护框图

3. 直跳式纵联保护

也就是说收到高频信号是保护跳闸的充分必要条件，如图 2-3 所示。一般应用于欠范围式纵联保护。

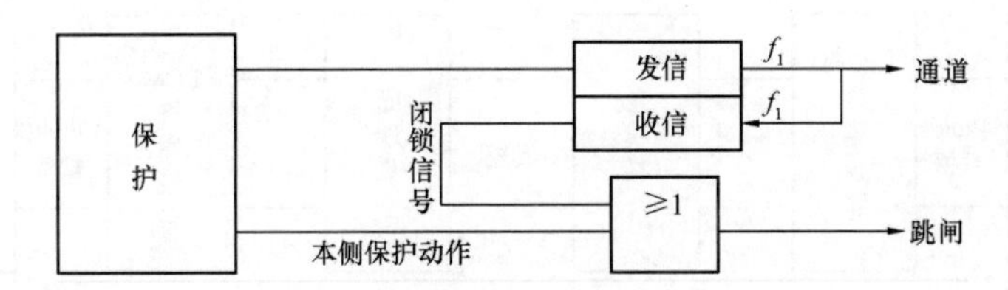

图 2-3 直跳式纵联保护框图

4. 差动式纵联保护

也就是说将对侧电气量转化为数字信号传送到本侧进行直接计算。

二、纵联保护光纤通道

（一）光纤通道概述

光纤通信是以光波作为信息载体、以光导纤维作为传输介质的一种通信手段。最基本的要素有：

（1）光源。目前使用的光源是半导体光源，有发光二极管 LED 和激光二极管 LD。发光二极管发出的是自然光，而激光二极管发射的是激光。激光的特点是亮度大、方向性强、单色信号，适合于长途光纤通信。

（2）光检测器。它把接收到的光信号变换为电信号。目前采用的有本征型光电二极管 PIN 和雪崩光电二极管 APD。其中 APD 管内有内部增益，接受灵敏度较高。

（3）光纤。即光导纤维，它是光信号的传输介质，目前使用的是硅玻璃光纤。

（4）光纤通信工作的波长。目前使用的三个低传输损耗波长即 0.850、1.310、1.550μm。

（二）光纤通道的优点

光纤通信与其他通信方式相比有很多优点，对应用于电力系统而言，主要有以下两点。

1. 通信容量大

微波通道的通信容量一般只有 960 路；而用光纤构成的光纤通道当用 0.850μm 短波时通信容量可达 1920 路，当用 1.550μm 长波时通信容量可达 7680 路。

2. 工作可靠

载波通道受雷电和电力系统操作产生的电磁干扰很大，信号衰耗受天气的影响也很大，有时甚至不能工作；微波通道受电磁干扰较小，但在恶劣的天气条件下信号衰耗很大；光纤通道不受电磁干扰，基本上不受天气变化的影响，因此其工作可靠性远高于载波通道和微波通道。这对于电力系统特别重要。

（三）光纤通道的构成

光纤通道与微波通道的区别在于，将微波作为载波在空中进行传输，改为利用光波作为载波在光纤中进行传输，其终端设备都是一样的。当被保护线路很短时，可以通过光缆直接将光信号送到对侧、在每半套保护装置中将电信号变成光信号送出，又将接收的光信号变成电信号供保护使用，光与电之间互不干扰。

典型的光纤通道构成如图 2-4 所示。

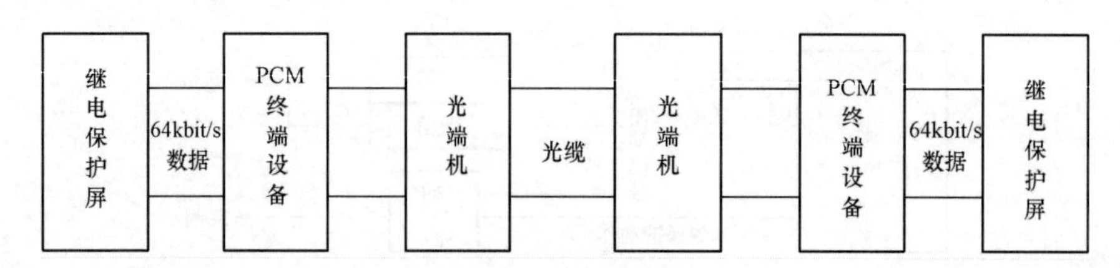

图 2-4 典型的光纤通道构成图

（四）光纤通道的时钟整定

继电保护装置传送数据，借用光纤通道时，其时钟运行方式直接关系到整个通道的同步运行。如有一处方式设置错误，将使误码率大大增大，甚至失去同步，不能正常运行。

当通道采用 PCM 复接方式时，两侧的发送时钟、接收时钟均由 PCM 系统的时钟决定，所以两侧的保护装置均须整定为从时钟。否则，由于两侧 PCM 设备终端口的时钟存在微小的差异，会使装置在数据接收中出现定时滑码现象。

PCM 复接通道时钟方式如图 2-5 所示。

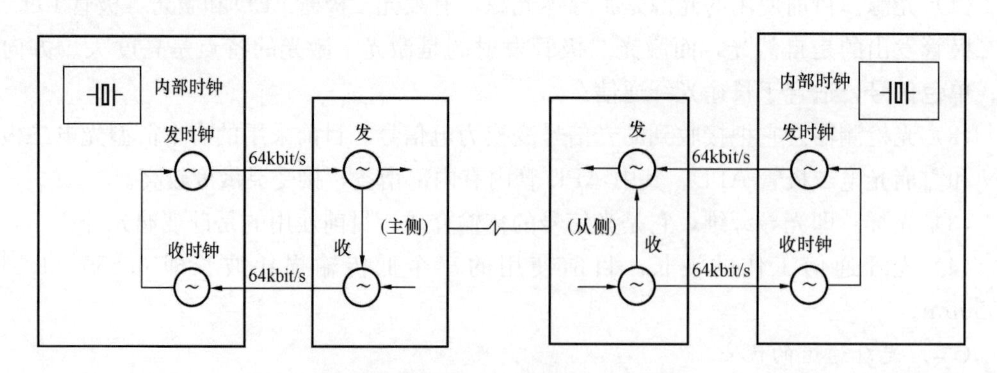

图 2-5 PCM 复接通道时钟方式示意图

采用专用光纤通道方式时，装置的时钟应采用内时钟方式，即两侧装置的发送时钟工作在“主—主”方式，如图 2-6 所示。数据发送采用本机的内部时钟，接收时钟从接收数据码流中提取。

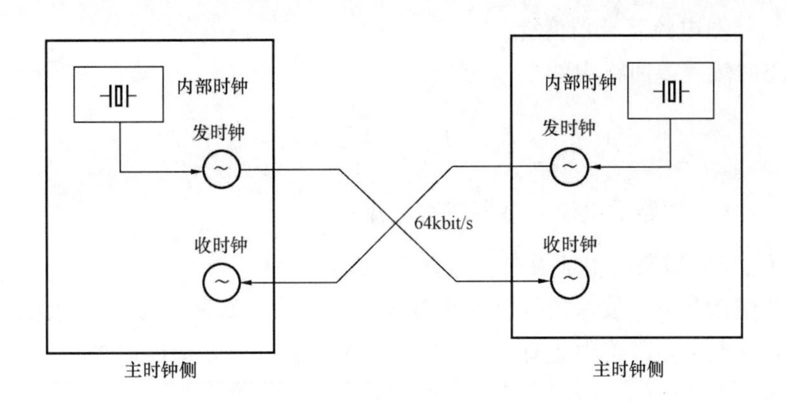

图 2-6 专用光纤通道时钟方式示意图

三、纵联差动保护

线路纵联差动保护是利用比较被保护元件始、末端电流的大小和相位的原理来构成输电线路保护的。当在被保护范围内任一点发生故障时，它都能瞬时切除故障。

（一）纵联差动保护的工作原理

电网的纵联差动保护反应被保护线路首末两端电流的大小和相位，保护整条线路，全线速动。原理接线如图 2-7 所示。

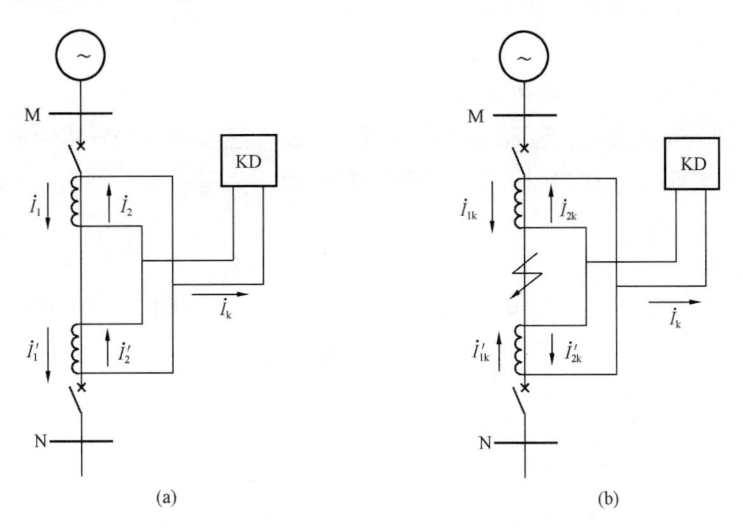

图 2-7 差动保护原理接线图

（a）正常运行时；（b）外部短路时

从图 2-7 中可以看出流入继电器的电流为 $I_2 - I'_2$，即为电流互感器二次电流的差。正常运行时流入差回路中的电流为

$$\dot{I}_k = \dot{I}_2 - \dot{I}'_2 = \frac{\dot{I}_1}{n_{TA}} - \frac{\dot{I}'_1}{n'_{TA}} \approx 0 \tag{2-1}$$

式中 $\dot{I}_2$、$\dot{I}'_2$——电流互感器二次电流；

$\dot{I}_1$、$\dot{I}'_1$——电流互感器一次电流；

n_{TA}、n'_{TA}——电流互感器变比。

外部短路时流入差回路中的电流为

$$\dot{I}_k=\dot{I}_{2k}-\dot{I}'_{2k}=\frac{\dot{I}_{1k}}{n_{TA}}-\frac{\dot{I}'_{1k}}{n'_{TA}}\approx 0 \tag{2-2}$$

式中 $\dot{I}_{2k}$、$\dot{I}'_{2k}$——短路后电流互感器二次电流；

$\dot{I}_{1k}$、$\dot{I}'_{1k}$——短路后电流互感器一次电流。

因此在理想状态下，被保护线路在正常运行及区外故障时，流入差动保护差回路中的电流为零。实际上，差回路中还有一个不平衡电流 I_{unb}，但差动继电器KD的启动电流是按大于不平衡电流整定的，所以，在被保护线路正常及外部故障时差动保护不会动作。内部短路时流入差动保护回路的电流为

$$\dot{I}_k=\dot{I}_{2k}+\dot{I}'_{2k}=\frac{\dot{I}_{1k}}{n_{TA}}+\frac{\dot{I}'_{1k}}{n'_{TA}}=\frac{\dot{I}_k}{n_{TA}} \tag{2-3}$$

从式（2-3）中可以看出流入差回路的电流远大于差动继电器的启动电流，差动继电器动作，瞬时发出跳闸脉冲，断开线路两侧断路器。

结论：（1）差动保护灵敏度很高。

（2）保护范围稳定。

（3）可以实现全线速动。

（4）不能作为相邻元件的后备保护。

（二）纵联差动保护的不平衡电流

由于被保护线路两侧电流互感器二次负载阻抗及互感器本身励磁特性不一致，在正常运行及保护范围外部发生故障时，差动回路中的电流不为零，这个电流叫差动保护的不平衡电流 I_{unb}。

1. 稳态情况下的不平衡电流

该不平衡电流为两侧电流互感器励磁电流的差。差动回路中产生不平衡电流最大值为

$$I_{unb\cdot max}=\frac{K_{TA}K_{tx}I_{k\cdot max}}{n_{TA}} \tag{2-4}$$

式中 K_{TA}——电流互感器10％误差；

K_{tx}——电流互感器的同型系数，两侧电流互感器为同型号时，取0.5，否则取1；

$I_{k\cdot max}$——被保护线路外部短路时，流过保护线路的最大短路电流；

n_{TA}——电流互感器的变比。

2. 暂态不平衡电流

在外部短路时暂态过程中差回路出现的不平衡电流，其最大值为

$$I'_{unb\cdot max}=K_{TA}K_{tx}K_{fz}I_{k\cdot max} \tag{2-5}$$

式中 K_{fz}——非周期分量的影响系数，在接有速饱和变流器时，取1，否则取1.5～2。

（三）纵联差动保护的整定计算

差动保护的动作电流按躲开外部故障时的最大不平衡电流整定，即

$$I_{op}=\frac{K_{rel}K_{TA}K_{tx}K_{fz}I_{k\cdot max}}{n_{TA}} \tag{2-6}$$

式中 K_{rel}——可靠系数。

按躲开电流互感器二次断线整定，即

$$I_{op}=\frac{K_{rel}I_{L\cdot max}}{n_{TA}} \tag{2-7}$$

式中 $I_{L\cdot max}$——最大负荷电流。

灵敏度校验：保护范围内故障时的最小短路电流与差动保护动作电流之比。校验公式为

$$K_{sen}=\frac{I_{k\cdot min}}{I_{op}}\geqslant 2 \tag{2-8}$$

式中 $I_{k\cdot min}$——被保护线路内部短路时流过保护线路的最小短路电流。

（四）纵联差动保护的评价

优点：全线速动，不受过负荷及系统振荡的影响，灵敏度较高。

缺点：需敷设与被保护线路等长的辅助导线，且要求电流互感器的二次负荷阻抗满足电流互感器10%的误差。这在经济上、技术上都难以实现。因此使用光纤通道传输两侧模拟量数据。

四、线路的距离保护

（一）距离保护的基本概念

距离保护是反应保护安装处至故障点的距离，并根据距离的远近而确定动作时限的一种保护装置。

距离保护也有一个保护范围，短路发生在这一范围内，保护动作，否则不动作，这个保护范围通常通过整定阻抗 Z_{set} 的大小来实现。

正常运行时保护安装处测量到的线路阻抗为负荷阻抗 Z，如图2-8所示，即

$$Z_{mes}=\frac{\dot{U}_{mes}}{\dot{I}_{mes}}=Z \tag{2-9}$$

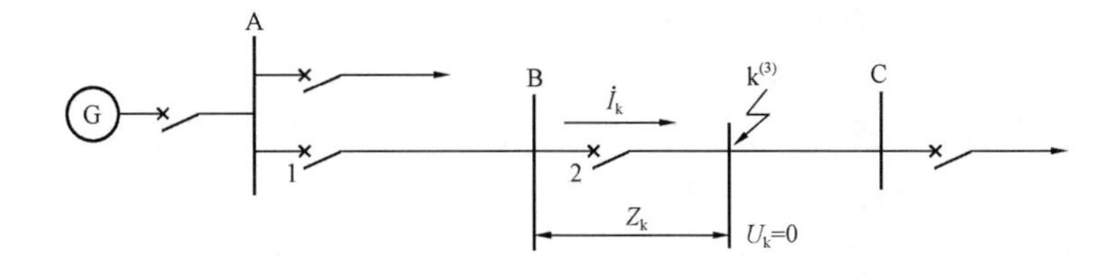

图2-8 系统图

在被保护线路任一点发生故障时，测量阻抗为保护安装地点到短路点的短路阻抗 Z_k，即

$$Z_{mes}=\frac{\dot{U}_{mes}}{\dot{I}_{mes}}=\frac{\dot{U}_{rem}}{\dot{I}_k}=Z_k \tag{2-10}$$

式中 $\dot{U}_{rem}$——故障点残压。

距离保护反应的信息量比反应单一物理量的电流保护灵敏度高。测量保护安装处至故障点的距离，实际上是测量保护安装处至故障点之间的阻抗大小，距离保护的实质是整定

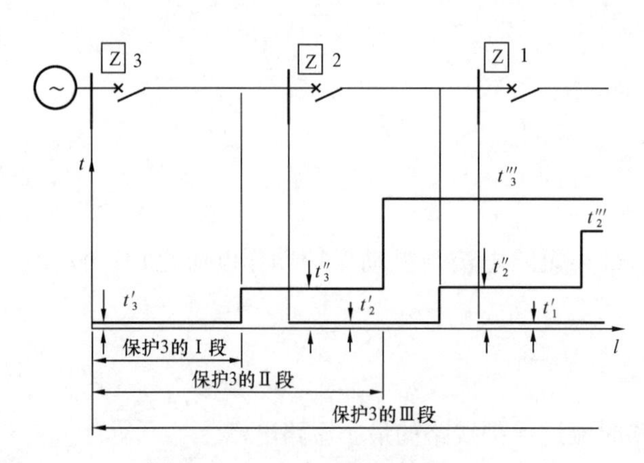

图 2-9　距离保护的时限特性图

阻抗 Z_{set} 与被保护线路的测量阻抗 Z_{mes} 的比较。当短路点在保护范围以外，即 $|Z_{mes}|>|Z_{set}|$ 时继电器不动作；当短路点在保护范围内，即 $|Z_{mes}|<|Z_{set}|$ 时继电器动作。因此，距离保护又称为低阻抗保护。

动作阻抗是使距离保护刚能动作的最大测量阻抗。

（二）距离保护的时限特性

距离保护的动作时间 t 与保护安装处到故障点之间的距离 l 的关系称为距离保护的时限特性，目前获得广泛应用的是阶梯形时限特性，如图 2-9 所示。这种时限特性与三段式电流保护的时限特性相同，一般也做成三阶梯式，即有与三个动作范围相应的三个动作时限 t'、t''、t'''。

（三）距离保护的组成

三段式距离保护装置一般由以下四种元件组成，其逻辑关系如图 2-10 所示。

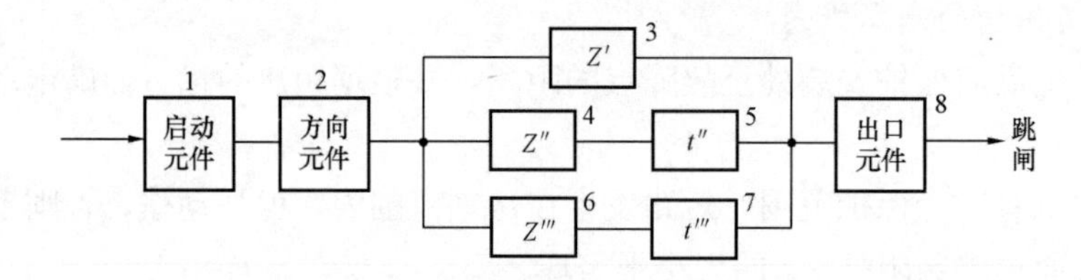

图 2-10　距离保护原理的组成元件框图

1. 启动元件

启动元件的主要作用是在发生故障的瞬间启动整套保护。早期的距离保护，启动元件采用的是过电流继电器或者阻抗继电器。

2. 方向元件

方向元件的作用是保证保护动作的方向性，防止反方向故障时，保护误动作。采用单独的方向继电器或方向元件和阻抗元件相结合。

3. 距离元件

距离元件（Z'、Z''、Z'''）的主要作用是测量短路点到保护安装处的距离（即测量阻抗），一般采用阻抗继电器。

4. 时间元件

时间元件（t''、t'''）的主要作用是，根据预定的时限特性确定动作的时限，以保证保护动作的选择性，一般采用时间继电器。

正常运行时，启动元件 1 不启动，保护装置处于被闭锁状态。

当正方向发生故障时，启动元件 1 和方向元件 2 动作，距离保护投入工作。

如果故障点位于第Ⅰ段保护范围内，则 Z' 动作直接启动出口元件 8，瞬时动作于跳闸。如果故障点位于距离Ⅰ段之外的距离Ⅱ段保护范围内，则 Z' 不动作，而 Z'' 动作，启动距离Ⅱ段时间继电器 5，经 t''时限，出口元件 8 动作，使断路器跳闸，切除故障。

如果故障点位于距离Ⅱ段之外的距离Ⅲ段保护范围内，则 Z'、Z''不动作，而 Z'''动作，启动距离Ⅲ段时间继电器 7，经 t'''时限，出口元件 8 动作，使断路器跳闸，切除故障。

（四）阻抗继电器

继电器的测量阻抗指加入继电器的电压和电流的比值，即

$$Z_{mes}=\dot{U}_{mes}/\dot{I}_{mes} \tag{2-11}$$

Z_{mes}可以写成 $R+jX$ 的复数形式，所以可以利用复数平面来分析这种继电器的动作特性，并用一定的几何图形把它表示出来，如图 2-11 所示。

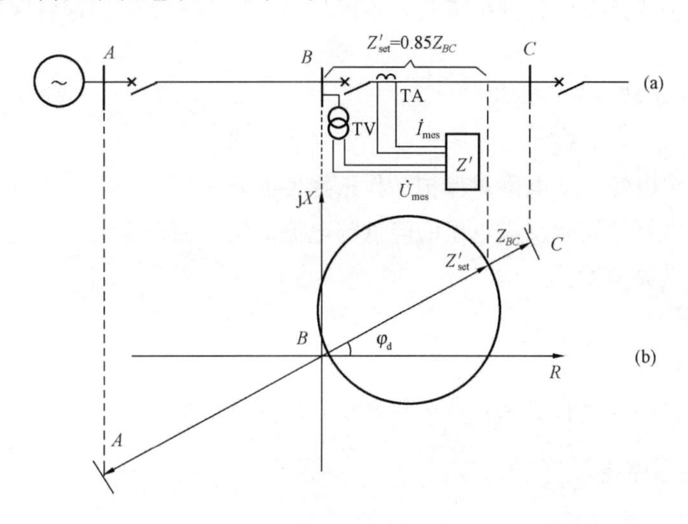

图 2-11 用复数平面分析阻抗继电器的特性图

（a）系统图；（b）阻抗特性图

以图 2-11（a）中线路 BC 的距离保护第Ⅰ段为例来进行说明。设其整定阻抗 $Z'_{set}=0.85Z_{BC}$，并假设整定阻抗角与线路阻抗角相等。

当正方向短路时测量阻抗在第一象限，正向测量阻抗 Z_{mes}与 R 轴的夹角为线路的阻抗角 φ_d。

反方向短路时，测量阻抗 Z_{mes}在第三象限。如果测量阻抗 Z_{mes}的相量，落在 Z'_{set}相量以内，则阻抗继电器动作；反之，阻抗继电器不动作。

$$Z_{mes}=\frac{\dot{U}_{mes}}{\dot{I}_{mes}}=\frac{\dot{U}_B/n_{TV}}{\dot{I}_{BC}/n_{TA}}=Z_d\frac{n_{TA}}{n_{TV}} \tag{2-12}$$

式中 n_{TV}——电压互感器变比；

n_{TA}——电流互感器变比。

阻抗继电器的动作特性扩大为一个圆。图 2-11（b）所示的阻抗继电器的动作特性为方向特性圆，圆内为动作区，圆外为非动作区。

按照动作特性的不同，阻抗继电器可分为以下几种：

（1）全阻抗继电器（反方向故障时会误动，没有方向性）。

（2）方向阻抗继电器（本身具有方向性）。

（3）偏移特性阻抗继电器。

（4）椭圆形、橄榄形、苹果形、四边形特性阻抗继电器等。

（五）电压回路断线对距离保护的影响

当电压互感器二次回路断线时，距离保护将失去电压，这时阻抗元件失去电压而电流回路仍有负荷电流通过，可能造成误动作。对此，在距离保护中应装设断线闭锁装置。

对断线闭锁装置的主要要求是：

（1）当电压互感器发生各种可能导致保护误动作的故障时，断线闭锁装置均应动作，将保护闭锁并发出相应的信号。

（2）当被保护线路发生各种故障时，不因故障电压的畸变错误地将保护闭锁，以保证保护可靠动作。

（六）距离保护的评价

1. 主要优点

（1）能满足多电源复杂电网对保护动作选择性的要求。

（2）阻抗继电器是同时反应电压的降低与电流的增大而动作的，因此距离保护与电流保护相比有较高的灵敏度。

2. 主要缺点

（1）不能实现全线瞬动。

（2）阻抗继电器本身较复杂，调试较麻烦，可靠性较低。

五、线路的零序电流保护

（一）零序电流保护概述

在大短路电流接地系统中发生接地故障后，就有零序电流、零序电压和零序功率出现，利用这些电气量构成的保护接地短路的继电保护装置统称为零序保护。

阶段式零序电流保护一般分为三段或四段。

三段式零序电流保护组成包括零序电流Ⅰ段，即瞬时零序电流速断保护；零序电流Ⅱ段，即限时零序电流保护；零序电流Ⅲ段，即零序过电流保护。

1. 瞬时零序电流速断保护（零序电流Ⅰ段）

零序电流Ⅰ段为无延时动作，因此，为了保证选择性，保护范围不能超过本线路的末端母线，只能保护本线路的一部分。

2. 限时零序电流速断保护（零序电流Ⅱ段）

零序保护的Ⅱ段是与保护安装处相邻线路零序保护的Ⅰ段相配合整定的，它不仅能保护本线路的全长，而且可以延伸至相邻线路，一般有0.5s的动作延时。需要指出的是，在整定零序电流Ⅱ段动作时间时，为了保证保护范围不超过相邻线路零序电流Ⅰ段的保护范围，必须考虑分支电路的影响。

零序电流Ⅰ段和零序电流Ⅱ段共同构成线路接地短路的主保护。

3. 零序过电流保护（零序电流Ⅲ段）

零序过电流保护作为线路接地故障时的近后备和远后备保护，在系统正常运行和相间短路时应不动作。系统正常运行时三相对称，$3I_0=0$；相间短路时，短路电流只含有正序分量和负序分量，同样有 $3I_0=0$，根据零序电流的测量方法，此时流入电流元件的电流只是不平衡电流。因此，零序电流Ⅲ段的动作电流只需躲过最大不平衡电流即可，一般数值不大，保护的灵敏度较高。

零序过电流保护的动作时限同样是按照阶梯时限原则整定的。

阶段式零序电流保护灵敏度高、延时小，保护范围受系统运行方式影响小。

Ⅲ段式零序电流保护加装零序功率方向元件后，即可构成Ⅲ段式零序方向保护。

（二）零序电流保护与距离保护比较

距离保护是反映短路点至保护安装处距离长度的，动作时限具有随短路点距离而变的阶段特性，当短路电流大于精工电流时，保护范围与通过保护的电流大小无关。距离保护测量的是阻抗值。距离保护Ⅰ段不受系统运行方式变化的影响，其余各段受运行方式变化的影响也较小，躲开负荷电流的能力较大，因而它对运行方式的适应能力较强。当电流保护和电压保护不能满足要求时，可采用距离保护，其中Ⅰ、Ⅱ段担任主保护段，Ⅲ段担任后备保护段。其实零序保护和距离保护只能从定义上区分，零序保护的灵敏度高一些。假如相间短路，零序保护就不会动作，这时距离保护会动作，但是在三相电流不平衡时，距离保护就不会动作，零序保护动作，只能说零序保护和距离保护互相配合，使线路保护更完善。也就是说零序保护和距离保护的动作方式不一样，零序保护动作于电流（零序方向保护和零序功率保护需要与零序电压相配合），距离保护动作于线路的阻抗大小，与电压和电流共同影响阻抗的大小，也就是说电流大但是阻抗值不一定小，距离保护与安装保护的距离有关，零序保护只反映电流的大小。

六、线路的自动重合闸

（一）自动重合闸的作用

自动重合闸装置，即是当断路器由继电保护动作或其他非人工操作而跳闸后，能够自动控制断路器重新合上的一种装置。

由于架空线路的故障大都是“瞬时性”的故障，在线路被继电保护迅速动作控制断路器断开后，故障点的绝缘水平可自行恢复，故障随即消失。此时，如果把断开的线路断路器重新合上，就能够恢复正常的供电。

重合闸装置在电力系统中的作用主要有：

（1）大大提高供电的可靠性，减少线路停电的次数。

（2）在高压输电线路上采用重合闸，可以提高电力系统并列运行的稳定性。

（3）对断路器本身由于机构不良或继电保护误动作而引起的误跳闸，也能起纠正的作用。

但是，当重合于永久性故障上时，它也将带来一些不利的影响，如：

（1）使电力系统又一次受到故障的冲击。

（2）由于断路器在很短的时间内，连续切断两次短路电流，而使其工作条件变得更加恶劣。

（二）对自动重合闸装置的基本要求

（1）正常运行时，当断路器由于继电保护动作或其他原因而跳闸后，自动重合闸装置均应动作。

（2）由运行人员手动操作或通过遥控装置将断路器断开时，自动重合闸不应启动。

（3）继电保护动作切除故障后，自动重合闸装置应尽快发出重合闸脉冲。

（4）自动重合闸装置动作次数应符合预先的规定。

（5）自动重合闸装置应有可能在重合闸以前或重合闸以后加速继电保护的动作，以便加速故障的切除。

（6）在双侧电源的线路上实现重合闸时，重合闸应满足同期合闸条件。

（7）当断路器处于不正常状态而不允许实现重合闸时，应将自动重合闸装置闭锁。

（三）自动重合闸的分类

1. 自动重合闸前加速

重合闸前加速保护方式一般用于具有几段串联的辐射形线路中，重合闸装置仅装在靠近电源的一段线路上，当线路上（包括相邻线路及以后的线路）发生故障时，靠近电源侧的保护首先无选择性地瞬时动作于跳闸，而后再靠重合闸来纠正这种非选择性动作。

2. 自动重合闸后加速

当线路上发生故障时，保护有选择性地动作切除故障，重合闸进行一次重合以恢复供电。如重合于永久性故障时，保护装置即不带时限无选择性地动作断开断路器。

七、互感器

（一）电流互感器

电流互感器的作用是将高压设备中的大电流变换成5A或1A的小电流，以便继电保护装置或仪表用于测量电流。电流互感器由铁芯及绕组组成。一、二次绕组磁通势有以下平衡关系

$$I_1W_1 - I_2W_2 = 0 \tag{2-13}$$

式中 I_1——一次电流；

I_2——二次电流；

W_1——一次绕组的匝数；

W_2——二次绕组的匝数。

（二）电压互感器

电压互感器的任务是将很高的电压准确地变换至二次保护及二次仪表的允许电压，使继电器和仪表既能在低电压情况下工作，又能准确地反映电力系统中高压设备的运行情况。电压互感器分为电磁式和电容式两种。其中电磁式电压互感器的工作原理与一般电力变压器相似，电容式电压互感器是利用电容分压原理实现电压变换的。

（三）互感器的极性

电流互感器和电压互感器一、二次侧引出端子上一般均有“*”或“+”或“·”符号，或脚注（如1作头，2作尾；或A、a作头，X、x作尾）。一、二次侧引出端子上同一符号或同名脚注为同极性端子。这种标注称为减极性标注。其含义是：当同时从一、二次绕组的同极性端子通入相同方向的电流时，它们在铁芯中产生的磁通方向相同。而当一次绕组从标“·”号端子通入交流电流时，则在二次绕组中感应的电流应从非标“·”号

端子流向标“·”号端子。如果从两侧同极性段（两侧标“·”号端，或两侧非标“·”号端子）观察时，则一、二侧的电流方向相反，故称这种标记为减极性标记。

第三节 线路保护装置

一、RCS-931 系列保护装置

（一）概述

RCS-931 系列保护装置以分相电流差动保护和零序电流差动保护作为全线速动主保护，由工频变化量距离元件构成快速Ⅰ段保护，以三段式相间和接地距离保护及多个延时段零序方向过电流保护构成全套后备保护。保护有分相出口，有自动重合闸功能。

RCS-931 系列保护装置后缀具体含义见表 2-1。

表 2-1 RCS-931 系列保护装置后缀含义

序号	后缀	功能含义
1	A	两个延时段零序反向过电流
2	B	四个延时段零序反向过电流
3	D	一个延时段零序反向过电流和一个零序反时限方向过电流
4	L	过负荷告警、过电流跳闸
5	M	光纤通信为 2M 数据接口（缺省为 64k 数据接口），两个 M 为两个 2M 数据接口

（二）工作原理

1. 启动元件

启动元件分为总启动元件和保护启动元件，两个启动元件的启动判据相同。总启动元件用于开放保护跳闸出口继电器的正电源，保护启动元件用于启动故障处理程序。

启动元件的主体以反应相间工频变化量的过电流继电器与反应全电流的零序过电流继电器互相补充来实现。过电流继电器启动元件采用浮动门槛，正常运行及系统振荡时变化量的不平衡输出自动构成自适应式门槛，浮动门槛始终略高于不平衡输出值。在正常运行时由于不平衡分量很小，装置有很高的灵敏度，当系统振荡时，自动抬高浮动门槛而降低灵敏度。当外接和自产零序电流均大于零序电流启动值时，零序电流启动元件动作。

（1）电流变化量启动

$$\Delta I_{\varphi\varphi\max} > 1.25\Delta I_{\mathrm{T}} + \Delta I_{\mathrm{set}} \tag{2-14}$$

式中 $\Delta I_{\varphi\varphi\max}$——相间电流半波积分的最大值；

ΔI_{T}——可整定的固定门槛；

ΔI_{set}——浮动门槛，随着电流变化量的变化而自动调整。

该电流元件动作后展宽 7s。

（2）零序过电流元件启动。当外接和自产零序电流均大于零序启动电流整定值时，零序启动元件动作并展宽 7s。

（3）位置不对应启动。在控制字“不对应启动重合”整定为“1”，重合闸充电完成的情况下，如有断路器偷跳，则总启动元件动作并展宽 15s。

（4）纵联差动或远跳启动。在保护区内发生三相故障，弱电源侧电流启动元件可能不

动作，此时若收到对侧的差动保护允许信号，则判别差动继电器动作相单相、相间电压。若小于65%额定电压，则辅助电压启动元件动作，开放出口继电器正电源7s。

当本侧收到对侧的远跳信号且定值中“远跳受本侧控制”置“0”时，开放出口继电器正电源500ms。

2. 光纤差动保护

（1）电流差动继电器的组成。电流差动继电器由四部分组成，分别是变化量相差动继电器、稳态Ⅰ段相差动继电器、稳态Ⅱ段相差动继电器和零序差动继电器。

1）变化量相差动继电器。动作方程为

$$\begin{cases}\Delta I_{CD\varphi} > 0.75\Delta I_{R\varphi} \\ \Delta I_{CD\varphi} > I_{H}\end{cases} \tag{2-15}$$

式中 $\Delta I_{CD\varphi}$——工频变化量差动电流，即为两侧电流变化量相量和的幅值；

$\Delta I_{R\varphi}$——工频变化量制动电流，即为两侧电流变化量的标量和；

I_{H}——整定值中“差动电流高定值”。

2）稳态Ⅰ段相差动继电器。动作方程为

$$\begin{cases}I_{CD\varphi} > 0.75I_{R\varphi} \\ I_{CD\varphi} > I_{H}\end{cases} \tag{2-16}$$

3）稳态Ⅱ段相差动继电器。动作方程为

$$\begin{cases}I_{CD\varphi} > 0.75I_{R\varphi} \\ I_{CD\varphi} > I_{M}\end{cases} \tag{2-17}$$

式中 I_{M}——整定值中“差动电流低定值”、1.5倍实测电容电流和$1.5U_{N}/X_{C1}$（X_{C1}为线路的实际正序容抗值）中的较大值。

稳态Ⅱ段相差动继电器经40ms延时动作。

4）零序差动继电器。对于经高过渡电阻接地的故障，采用零序差动继电器具有较高的灵敏度，由零序差动继电器通过低比率制动系数的稳态差动元件选相，构成零序差动继电器，经100ms延时动作。动作方程为

$$\begin{cases}I_{CD0} > 0.75I_{R0} \\ I_{CD0} > I_{st0} \\ I_{CDBC\varphi} > 0.15I_{Rph} \\ I_{CDBC\varphi} > I_{L}\end{cases} \tag{2-18}$$

式中 I_{CD0}——零序差动电流，即为两侧零序电流相量和的幅值；

I_{R0}——零序制动电流，即为两侧零序电流相量差的幅值；

I_{st0}——零序启动电流定值；

I_{L}——I_{QD0}、0.6倍实测电容电流和$0.6U_{N}/X_{C1}$中的较大值；

$I_{CDBC\varphi}$——经电容电流补偿后的差动电流（对于较长的输电线路，电容电流较大，为提高经过渡电阻故障时的灵敏度，需进行电容电流补偿）。

当TV断线或容抗整定出错时，自动退出电容电流补偿，零序差动继电器的动作方程为

$$\begin{cases} I_{CD0} > 0.75 I_{R0} \\ I_{CD0} > I_{QD0} \\ I_{CD\varphi} > 0.15 I_{R\varphi} \\ I_{CD\varphi} > I_{M} \end{cases} \tag{2-19}$$

（2）TA 断线或饱和。TA 断线瞬间，断线侧的启动元件和差动继电器可能动作，但对侧的启动元件不动作，不会向本侧发差动保护动作信号，从而保证纵联差动不会误动。非断线侧经延时后报“长期有差流”，与 TA 断线做同样处理。

TA 断线时发生故障或系统扰动导致启动元件动作，若控制字“TA 断线闭锁差动”整定为“1”，则闭锁电流差动保护；若控制字“TA 断线闭锁差动”整定为“0”，且该相差流大于“TA 断线差流定值”（整定值），则仍开放电流差动保护。

当发生区外故障时，TA 可能会暂态饱和，装置中采用了较高的制动系数和自适应浮动制动门槛，从而保证了在较严重的饱和情况下保护装置不会误动。

（3）通道连接方式。保护装置的光纤接口位于 CPU 板背面，光接头采用 FC/PC 型式，光发送器为激光二极管（简称 LD），光接收器采用光电二极管（简称 PIN），发送功率分三挡，分别是−12、−9、−6dB，由装置内部跳线决定。

装置可采用“专用光纤”或“复用通道”。

专用光纤通道的保护连接方式如图 2-12 所示。

图 2-12 专用光纤通道的保护连接方式图

当采用专用光纤通道传输时，只有在传输距离大于 50km，接收功率不够时，需要调整跳线，加大发送功率，使接收功率大于接收灵敏度，并有一定的裕度（3～10dB）。

64kbit/s 复用通道的连接方式如图 2-13 所示。

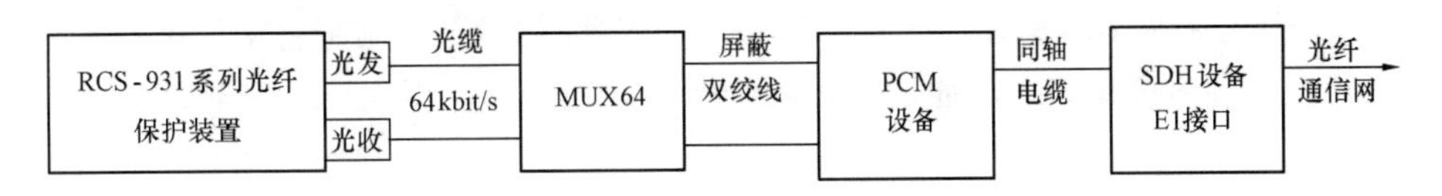

图 2-13 64kbit/s 复用通道的保护连接方式图

2Mbit/s 复用通道的连接方式如图 2-14 所示。

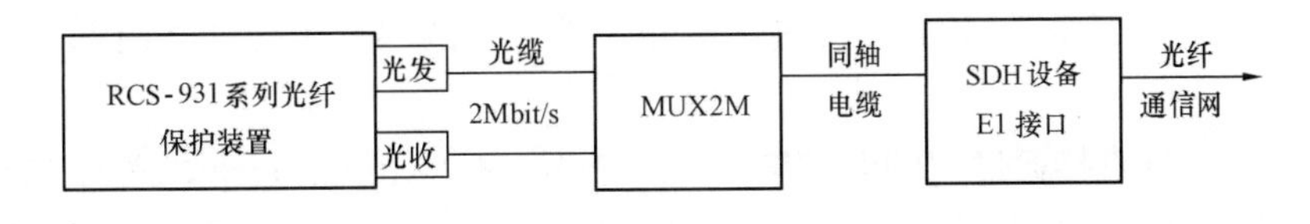

图 2-14 2Mbit/s 复用通道的保护连接方式图

（4）采样同步。两侧装置一侧作为同步端（控制字“主机方式”为“0”侧或纵联码小的一侧），另一侧作为参考端（控制字“主机方式”置“1”侧或纵联码大的一侧）。以同步方式交换两侧信息，参考端采样间隔固定，并在每一采样间隔中固定向对侧发送一帧信息。同步端随时调整采样间隔，若满足同步条件，则向对侧传输三相电流采样值；否则，启动同步过程，直到满足同步条件为止。

两侧装置采样同步的前提条件为：

1）通道单向最大传输延时小于等于15ms。

2）通道的收发路由一致（即两个方向的传输延时相等）。

（5）通信时钟。数字差动保护的关键是线路两侧装置之间的数据交换。RCS-931系列装置采用同步通信方式。

差动保护装置发送和接收数据采用各自的时钟，分别为发送时钟和接收时钟。

接收时钟固定从接收码流中提取，保证接收过程中没有误码和滑码产生。

发送时钟一般有两种方式：

1）采用内部晶振时钟。

2）采用接收时钟作为发送时钟。

采用内部晶振时钟作为发送时钟常称为内时钟（主时钟）方式，采用接收时钟作为发送时钟常称为外时钟（从时钟）方式。两侧装置的时钟运行方式一般有两种方式：

1）两侧装置均采用外时钟方式。

2）两侧装置均采用内时钟方式。

RCS-931系列装置通过整定控制字“专用光纤（内部时钟）”来决定通信时钟方式。控制字“专用光纤（内部时钟）”置为1，则装置自动采用内时钟方式；控制字“专用光纤（内部时钟）”置为0，则装置自动采用外时钟方式。

对于64kbit/s速率的装置，其“专用光纤（内部时钟）”控制字整定如下：

1）保护装置通过专用纤芯通信时，两侧保护装置的“专用光纤（内部时钟）”控制字都整定成1。

2）保护装置通过PCM机复用通信时，两侧保护装置的“专用光纤（内部时钟）”控制字都整定成0。

对于2Mbit/s速率的装置，其“专用光纤（内部时钟）”控制字整定如下：

1）保护装置通过专用纤芯通信时，两侧保护装置的“专用光纤（内部时钟）”控制字都整定成1。

2）保护装置通过复用通道传输时，两侧保护装置的“专用光纤（内部时钟）”控制字按如下原则整定：

a. 当保护信息直接通过同轴电缆接入SDH设备的2Mbit/s板卡，同时SDH设备中2Mbit/s通道的“重定时”功能关闭时，两侧保护装置的“专用光纤（内部时钟）”控制字置1。

b. 当保护信息直接通过同轴电缆接入SDH设备的2Mbit/s板卡，同时SDH设备中2Mbit/s通道的“重定时”功能打开时，两侧保护装置的“专用光纤（内部时钟）”控制字置0。

注：SDH光传输设备是一种将复接、线路传输及交换功能融为一体，并由统一网管系统操作的综合信息传送网络。

（6）纵联码。纵联码的整定应保证全网运行的保护设备具有唯一性，即正常运行时，本侧纵联码与对侧纵联码应不同，且与本线的另一套保护的纵联码不同，也应该和其他线路保护装置的纵联码不同。

保护装置根据本装置本侧纵联码和对侧纵联码的定值决定本装置的主从机方式，同时决定是否为通道自环试验方式。若本侧纵联码和对侧纵联码整定一样，则表示为通道自环试验方式；若本侧纵联码大于等于对侧纵联码，则表示本侧为主机，反之为从机。

保护装置将本侧的纵联码定值包含在向对侧发送的数据帧中传送给对侧保护装置，当接收到的纵联码与定值整定的对侧纵联码不一致时，退出差动保护，报“纵联码接收错”“通道异常”告警。

（7）RCS-931 系列保护装置纵联差动保护逻辑框图如图 2-15 所示。

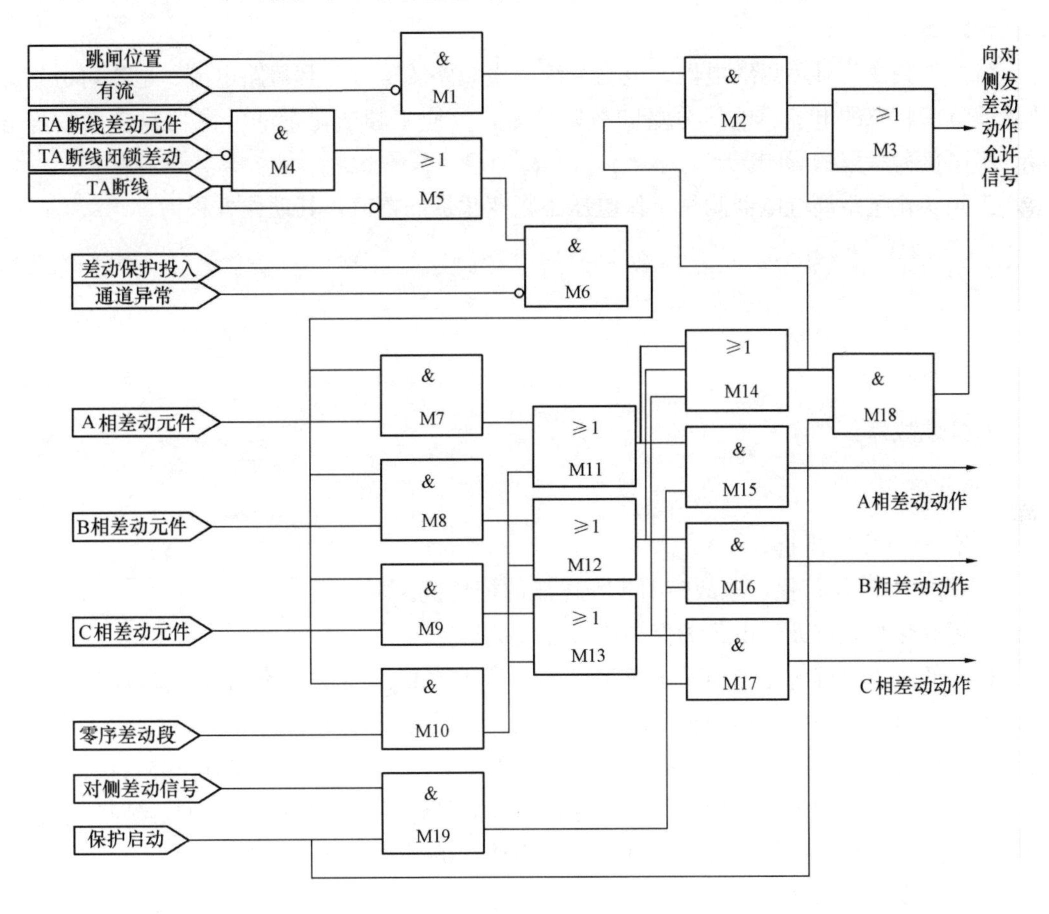

图 2-15 RCS-931 系列保护装置纵联差动保护逻辑框图

图 2-15 注释：

1）本侧向对侧发差动动作允许信号的条件。

a. 本侧 RCS-931 系列保护装置纵联差动保护启动，且本侧任一相差动元件动作或零序差动元件动作时“与门 M18”满足条件，向对侧发差动动作允许信号。

b. 三相断路器在跳开位置，保护装置内无电流，且本侧任一相差动元件动作或零序差动元件动作时“与门 M2”满足条件，向对侧发差动动作允许信号。

2）本侧差动保护动作的条件。包括：保护屏上“主保护连接片”和控制字“投纵联差动保护”同时投入；通道无异常；本侧保护启动，且“A 相差动元件”“B 相差动元件”“C 相差动元件”“零序差动段”任一元件动作。

a. 如 TA 回路正常（“或门 M5”动作），则收到对侧差动保护动作信号时，本侧差动保护出口动作。

b. 如 TA 回路断线，则断线瞬间断线侧的启动元件和差动继电器可能动作，但对侧的启动元件不动作，不会向本侧发差动保护动作信号，从而保证纵联差动不会误动。TA 断线时发生故障或系统扰动导致启动元件动作。

3. 距离保护

RCS-931 系列保护装置设有工频变化量距离继电器、低压距离继电器、三阶段式相间和接地距离继电器。

（1）工频变化量距离继电器。电力系统发生短路故障时，其短路电流、电压可分解为故障前负荷状态的电流、电压分量和故障分量，反应工频变化量的继电器只考虑故障分量，不受负荷状态的影响。

工频变化量距离继电器测量工作电压工频变化量的幅值，其动作方程为

$$|\Delta U_{op}| > U_Z \tag{2-20}$$

对相间故障

$$U_{op\varphi\varphi} = U_{\varphi\varphi} - I_{\varphi\varphi} Z_{set} \tag{2-21}$$

对接地故障

$$U_{op\varphi} = U_{\varphi} - (I_{\varphi} + K \times 3I_0) Z_{set} \tag{2-22}$$

式中 Z_{set}——整定阻抗；

U_Z——动作门槛，取故障前工作电压的记忆值。

工频变化量阻抗元件由距离保护连接片投退。

（2）低压距离继电器。当系统正序电压小于 $10\%U_N$时，进入低压距离程序，此时只可能有三相短路和系统振荡两种情况；系统振荡由振荡闭锁回路区分，因此只需考虑三相短路。三相短路时，因三个相阻抗和三个相间阻抗性能一样，所以仅测量相阻抗。

一般情况下各相阻抗一样，但为了保证母线故障转换至线路构成三相故障时仍能快速切除故障，对三相阻抗均进行了计算，任一相动作跳闸时选为三相故障。

低压距离继电器比较工作电压和极化电压的相位。

工作电压

$$U_{W\varphi} = U_{\varphi} - I_{\varphi} Z_{set} \tag{2-23}$$

极化电压

$$U_{P\varphi} = -U_{1\varphi M} \tag{2-24}$$

式中 $U_{W\varphi}$——工作电压；

$U_{P\varphi}$——极化电压；

$U_{1\varphi M}$——记忆的故障前正序电压。

继电器的比相方程为

$$-90^\circ < \mathrm{Arg}\frac{\dot{U}_{\mathrm{op}\varphi}}{\dot{U}_{\mathrm{P}\varphi}} < 90^\circ \tag{2-25}$$

假若距离保护故障相的工作电压，在没有故障时为某一方向，那么在区外故障时的工作电压与它同相，在区内故障时相反，在整定点故障时为零。也就是说它是作为距离测量用的。这时就需要用另一个参考量来得知它的相位变化。这个量故障前后相量稳定不变，称为极化电压（也可称为参考电压）。极化电压不同，距离继电器的特性就不同。模拟式保护主要采用电阻、电感、电容组成的谐振回路来保持记忆作用；对于微机保护，软件就可以实现记忆功能。

（3）接地距离继电器。

1）Ⅰ、Ⅱ段接地距离继电器。

工作电压

$$U_{\mathrm{W}\varphi} = U - (I_\varphi + K \times 3I_0)Z_{\mathrm{set}} \tag{2-26}$$

极化电压

$$U_{\mathrm{P}\varphi} = -U_{1\varphi}\,\mathrm{e}^{\mathrm{j}\theta_1} \tag{2-27}$$

Ⅰ、Ⅱ段极化电压引入移相角 θ_1，将方向阻抗特性向第Ⅰ象限偏移，用以增强允许故障过渡电阻的能力。

2）Ⅲ段接地距离继电器。接地故障时，正序电压主要由非故障相形成，基本保留了故障前的正序电压相位，因此工作电压与极化电压分别如下：

工作电压

$$U_{\mathrm{W}\varphi} = U_\varphi - (I_\varphi + K \times 3I_0)Z_{\mathrm{set}} \tag{2-28}$$

极化电压

$$U_{\mathrm{P}\varphi} = -U_{1\varphi} \tag{2-29}$$

（4）相间距离继电器。

1）Ⅰ、Ⅱ段相间距离继电器。

工作电压

$$U_{\mathrm{W}\varphi} = U_\varphi - (I_\varphi + K \times 3I_0)Z_{\mathrm{set}} \tag{2-30}$$

极化电压

$$U_{\mathrm{P}\varphi} = -U_{1\varphi}\,\mathrm{e}^{\mathrm{j}\theta_2} \tag{2-31}$$

移相角 θ_2 功能同 θ_1。

2）Ⅲ段相间距离继电器。

工作电压

$$U_{\mathrm{W}\varphi\varphi} = U_{\varphi\varphi} - I_{\varphi\varphi}Z_{\mathrm{set}} \tag{2-32}$$

极化电压

$$U_{\mathrm{P}\varphi\varphi} = -U_{1\varphi\varphi} \tag{2-33}$$

（5）距离保护逻辑框图如图 2-16 所示。

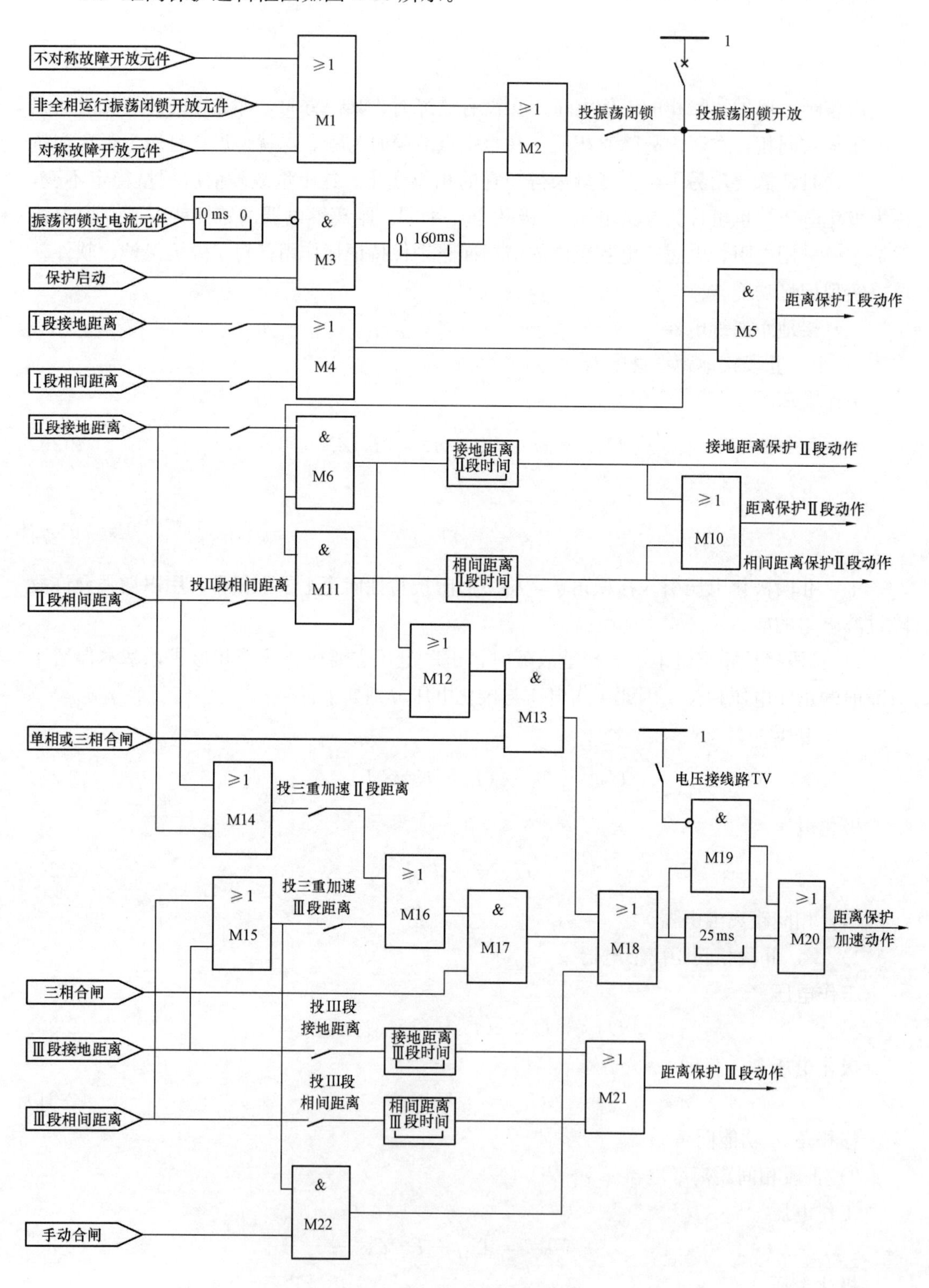

图 2-16　距离保护逻辑框图

由图 2-16 可知：

1）保护启动时，如果按躲过最大负荷电流整定的振荡闭锁过电流元件尚未动作或动作不到 10ms，则开放振荡闭锁 160ms，另外不对称故障开放元件、对称故障开放元件和非全相运行振荡闭锁开放元件中任一元件开放，则开放振荡闭锁（或门 M2 动作）。

2）可选择控制字“投振荡闭锁”去闭锁距离保护Ⅰ、Ⅱ段，否则距离保护Ⅰ、Ⅱ段不经振荡闭锁而直接开放。

3）Ⅰ段接地距离元件或Ⅰ段相间距离元件动作，如果振荡闭锁元件开放，则距离Ⅰ段瞬时动作（或门 M4、与门 M5 动作）。

4）Ⅱ段接地距离元件或Ⅱ段相间距离元件动作，如果振荡闭锁元件开放，则距离Ⅱ段经设定时间延时动作（与门 M6、M11，或门 M10 动作）。

5）Ⅲ段接地距离元件或Ⅲ段相间距离元件动作，则距离Ⅲ段经设定时间延时动作（或门 M21 动作）。

6）Ⅰ、Ⅱ、Ⅲ段距离保护可由控制字进行投退。

7）装置重合闸于故障线路时，如“投三重加速Ⅱ段距离”“投三重加速Ⅲ段距离”投入，则与门 M17 动作，由不经振荡闭锁的Ⅱ段或Ⅲ段距离继电器加速跳闸。

8）装置重合闸于故障线路时，如“投三重加速Ⅱ段距离”“投三重加速Ⅲ段距离”未投入，则与门 M13 动作，由受振荡闭锁控制的Ⅱ段距离继电器在合闸过程中三相跳闸。

9）手合于故障线路时，与门 M22 动作，加速Ⅲ段距离继电器动作。

4. 零序保护

零序保护逻辑框图如图 2-17 所示。

由图 2-17 可知：

(1) 自产零序启动元件与外接零序启动元件同时动作，与门 M1 动作。这是所有零序保护动作的必要条件。

(2) Ⅱ段零序受零序正方向元件控制（与门 M4），Ⅲ段零序则由用户选择经或不经方向元件控制（与门 M6）。

(3) 如将“零Ⅲ跳闸后加速”置为 1，则跳闸前零序Ⅲ段的动作时间为“零序过电流Ⅲ段时间”，跳闸后零序Ⅲ段的动作时间缩短 500ms。

(4) TV 断线时，本装置自动投入零序过电流和相过电流元件，两个元件经同一延时段出口（或门 M18）。

(5) 单相重合时，零序过电流加速元件动作（与门 M14），加速时间延时为 60ms；手合和三相重合时，零序过电流加速元件动作（与门 M13），加速时间延时为 100ms；其过电流定值用零序过电流加速段定值。

5. 正常运行程序

(1) 检查断路器位置状态。三相无电流，同时断路器跳闸位置继电器 KCT 动作，则认为线路不在运行，开放准备手合于故障 400ms；线路有电流但 KCT 动作，或三相 KCT 不一致，经 10s 延时报 KCT 异常。

(2) 交流电压断线。三相电压相量和大于 8V，保护不启动，延时 1.25s 发 TV 断线异常信号；三相电压相量和小于 8V，但正序电压小于 33.3V 时，若采用母线 TV，则延

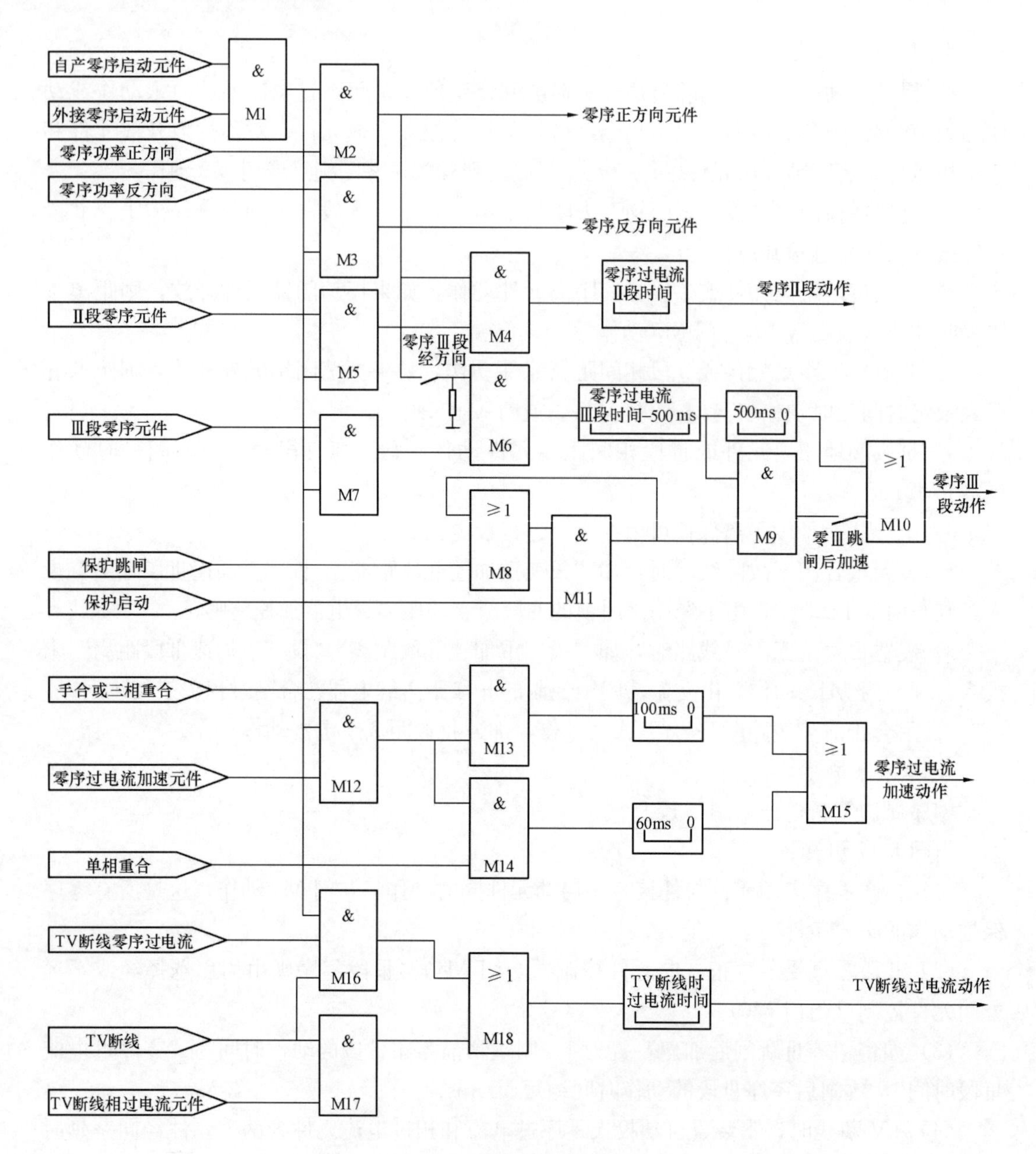

图2-17 零序保护逻辑框图

时1.25s发TV断线异常信号。TV断线信号动作的同时，保留工频变化量阻抗元件，将其门槛增加至$1.5U_N$，退出距离保护，自动投入TV断线相过电流和TV断线零序过电流保护。RCS-931A系列装置将零序过电流保护Ⅱ段退出，Ⅲ段不经方向元件控制。

三相电压正常后，经10s延时TV断线信号复归。

(3) 交流电流断线。自产零序电流小于0.75倍的外接零序电流，或外接零序电流小于0.75倍的自产零序电流，延时200ms发TA断线异常信号；有自产零序电流而无零序电压，且至少有一相无流，则延时10s发TA断线异常信号。

保护判出交流电流断线的同时，在装置总启动元件中不进行零序过电流元件启动判别，RCS-931A系列装置将零序过电流保护Ⅱ段不经方向元件控制，退出零序过电流

Ⅲ段。

（4）电压、电流回路零点漂移调整。随着温度变化和环境条件的改变，电压、电流的零点可能会发生漂移，装置将自动跟踪零点的漂移。

（三）保护调试项目

1. 装置检查

开始调试前应对保护屏及装置进行检查，保护装置外观应良好，插件齐全，端子排及连接片无松动。对直流回路、交流电压回路、交流电流回路进行绝缘检查时，必须断开保护装置直流电源，拔出所有逻辑插件。合上直流电源对装置进行上电检查，核对程序版本应与现场要求符合，定值能正确整定。

2. 零漂、采样值及开关量检查

（1）零漂检查。在端子排内短接电压回路及断开电流回路，进入“保护状态”→“DSP 采样值”菜单查看电压、电流零漂值，要求$-0.01I_N<I<0.01I_N$，$-0.01U_N<U<0.01U_N$。

（2）采样精度试验。在装置端子排加入交流电压、电流，进入“保护状态”→“DSP 采样值”“CPU 采样值”“相间显示”菜单查看装置显示的采样值，显示值与实测的误差应不大于5%。

（3）开入量检查。进入“保护状态”→“开入显示”菜单查看各开入量状态，投退各个功能连接片和开入量，装置能正确显示当前状态，同时有详细的变位报告。

（4）开出量检查。模拟各种情况使各个输出触点动作，在相应的端子排能测量到输出触点正确动作。

3. 保护定值校验

将光端机（在 CPU 插件上）的接收“Rx”和发送“Tx”用尾纤短接，构成自发自收方式，将本侧纵联码和对侧纵联码整定成一致，将“投通道 A 差动”“通道 A 内部时钟”“投通道 B 差动”“通道 B 内部时钟”“投重合闸”“投重合闸不检”“内重合把手有效”“单重方式”控制字均置 1，将“投电容电流补偿”控制字置 0，通道异常灯不亮。校验保护定值时需投入相应保护的功能连接片。

（1）纵联差动保护定值校验。

1）差动电流启动值（差动保护Ⅱ段）校验。模拟对称或不对称故障（所加入的故障电流必须保证装置能启动），使故障电流为

$$I = m \times 0.5I_{st} \tag{2-34}$$

I_{st}为“差动电流启动值”。$m=0.95$时差动保护应不动作，$m=1.05$时差动保护应能动作，在$m=1.2$时测试差动保护的动作时间（40ms 左右）。

2）差动保护Ⅰ段试验。模拟对称或不对称故障（所加入的故障电流必须保证装置能启动），使故障电流为

$$I = m \times 0.5 \times 1.5I_{st} \tag{2-35}$$

$m=0.95$时差动保护Ⅱ段动作，动作时间 40ms 左右，$m=1.05$时差动保护Ⅰ段能动作，在$m=1.2$时测试差动保护Ⅰ段的动作时间（20ms 左右）。

（2）距离保护定值校验。投入距离保护连接片，重合把手切换至“综重方式”。将保

护控制字中“投Ⅰ段距离”“投Ⅰ段相间距离”置1，等待保护充电，直至充电灯亮。

加故障电流$I=I_N$，故障电压$U=mIZ_{set1ph}$（Z_{set1ph}为相间距离Ⅰ段阻抗定值），模拟三相正方向瞬时故障，$m=0.95$时距离保护Ⅰ段应动作，装置面板上相应灯亮，液晶上显示“距离Ⅰ段动作”，动作时间为10～25ms，动作相为“ABC”。$m=1.05$时距离保护Ⅰ段不能动作，在$m=0.7$时测试距离保护Ⅰ段的动作时间。

加故障电流$I=I_N$，故障电压$U=m(1+k)IZ_{set1}$（Z_{set1}为接地距离Ⅰ段阻抗定值，k为零序补偿系数），模拟单相接地正方向瞬时故障，$m=0.95$时距离保护Ⅰ段应动作，装置面板上相应灯亮，液晶上显示“距离Ⅰ段动作”，动作时间为10～25ms，动作相为故障相。$m=1.05$时距离保护Ⅰ段不能动作，在$m=0.7$时测试距离保护Ⅰ段的动作时间。

校验距离Ⅱ、Ⅲ段与Ⅰ段类似，注意所加故障量的时间应大于保护定值整定的时间。

加故障电流$4I_N$，故障电压0V，分别模拟单相接地、两相和三相反方向故障，距离保护不动作。

（3）零序保护定值校验。仅投入零序保护连接片，重合把手切换至“综重方式”。将相应的保护控制字投入，等待保护充电，直至充电灯亮。

加故障电压30V，故障电流$1.05I_{01set}$（其中I_{01set}为零序过电流Ⅰ段定值），模拟单相正方向故障，装置面板上相应灯亮，液晶上显示“零序过电流Ⅰ段”。

加故障电压30V，故障电流$0.95I_{01set}$，模拟单相正方向故障，零序过电流Ⅰ段保护不动。

校验零序过电流Ⅱ、Ⅲ、Ⅳ段保护与零序过电流Ⅰ段保护类似，注意加故障量的时间应大于保护定值整定的时间。

（4）工频变化量距离定值校验。投入距离保护连接片，分别模拟A相、B相、C相单相接地瞬时故障和AB、BC、CA相间瞬时故障。模拟故障电流固定（其数值应使模拟故障电压在$0 \sim U_N$范围内），模拟故障前电压为额定电压，模拟故障时间为100～150ms，故障电压为：

模拟单相接地故障时

$$U=(1+k)I_kZ_{set}+(1-1.05m)U_N \tag{2-36}$$

模拟相间短路故障时

$$U=2I_kZ_{set}+(1-1.05m)U_N \tag{2-37}$$

式中　m——系数，其值分别为0.9、1.1、1.2；

I_kZ_{set}——工频变化量距离保护定值。

工频变化量距离保护在$m=1.1$时，应可靠动作；在$m=0.9$时，应可靠不动作；在$m=1.2$时，测量工频变化量距离保护动作时间。

（5）TV断线相过电流，零序过电流定值校验。仅投入距离保护连接片，使装置报“TV断线”告警，加故障电流$I=mI_{TVset}$（其中I_{TVset}为TV断线相过电流定值）。$m=1.05$时TV断线相过电流动作，$m=0.95$时TV断线相过电流不动作，$m=1.2$时测试TV断线相过电流的动作时间。

仅投入零序保护连接片，使装置报“TV断线”告警，加故障电流$I=mI_{TVset0}$（其中I_{TVset0}为TV断线零序过电流定值）。$m=1.05$时TV断线零序过电流动作，$m=0.95$时

TV断线零序过电流不动作，$m=1.2$时测试TV断线零序过电流的动作时间。

4. 光纤通道联调

将保护使用的光纤通道连接可靠，通道调试好后装置上“通道异常灯”应不亮，没有“通道异常”告警，通道告警继电器触点不动作。

（1）对侧电流及差流检查。将两侧保护装置的“TA变比系数”定值整定为1，在对侧加入三相对称的电流，大小为I_N，在本侧“保护状态”→“DSP采样值”菜单中查看对侧的三相电流、三相补偿后差动电流及未经补偿的差动电流应该为I_N。

若两侧保护装置“TA变比系数”定值整定不全为1，则对侧的三相电流和差动电流还要进行相应折算。假设M侧保护的“TA变比系数”定值整定为k_m，二次额定电流为I_{Nm}，N侧保护的“TA变比系数”定值整定为k_n，二次额定电流为I_{Nn}，在M侧加电流I_m，N侧显示的对侧电流为$I_m k_m I_{Nn}/(I_{Nm} k_n)$，若在N侧加电流$I_N$，则M侧显示的对侧电流为$I_N k_n I_{Nm}/(I_{Nn} k_m)$。若两侧同时加电流，则必须保证两侧电流相位的参考点一致。

（2）两侧装置纵联差动保护功能联调。

1）模拟线路空载充电时故障或空载时发生故障。N侧断路器在分闸位置（注意保护开入量显示有跳闸位置开入，且将相关差动保护连接片投入），M侧断路器在合闸位置，在M侧模拟各种故障，故障电流大于差动保护定值，M侧差动保护动作，N侧不动作。

2）远方跳闸功能。使M侧断路器在合闸位置，“远跳受本侧控制”控制字置0，在N侧使保护装置有远跳开入，M侧保护能远方跳闸。在M侧将“远跳受本侧控制”控制字置1，在N侧使保护装置有远跳开入的同时，在M侧使装置启动，M侧保护能远方跳闸。

（3）通道调试说明。

1）通道良好的判断方法：

a. 保护装置没有“通道异常”告警，装置面板上“通道异常灯”不亮，通道告警继电器触点不闭合。

b. “保护状态”→“通道状态”中有关通道状态统计的计数应恒定不变化（长时间可能会有小的增加，以每天增加不超过10个为宜）。

必须满足以上两个条件才能判定保护装置所使用的通道通信良好，可以将差动保护投入运行。

2）专用光纤通道的调试步骤。

a. 用光功率计和尾纤检查保护装置的发光功率是否和通道插件上的标称值一致，常规插件波长为1310nm的发信功率在－14dB(m)左右，超长距离用插件波长为1550nm的发信功率在－11dB(m)左右。

b. 用光功率计检查由对侧来的光纤收信功率，校验收信裕度，常规插件波长为1310nm的接收灵敏度为－45dB(m)(64kbit/s)或－35dB(m)(2Mbit/s)；超长距离波长为1550nm的接收灵敏度为－45dB(m)(64kbit/s)或－40dB(m)(2Mbit/s)；应保证收信功率裕度（功率裕度＝收信功率－接收灵敏度）在6dB以上，最好要有10dB。若线路比较长，导致对侧接收光功率不满足接收灵敏度要求时，可以在对侧装置内通过跳线增加发送功率，同时检查光纤的衰耗是否与实际线路长度相符（尾纤的衰耗一般很小，应在2dB以内，光缆平均衰耗：1310nm 为 0.35dB/km，1550nm 为 0.2dB/km）。

c. 分别用尾纤将两侧保护装置的光收、发自环，将“本侧纵联码”和“对侧纵联码”整定为一致，将相关通道的“内部时钟”控制字置 1，经一段时间的观察，保护装置不能有“通道异常”告警信号，同时通道状态中的各个状态计数器均维持不变。

d. 恢复正常运行时的定值，将通道恢复到正常运行时的连接，投入差动连接片，保护装置通道异常灯应不亮，无通道异常信号，通道状态中的各个状态计数器维持不变。

3）复用通道的调试步骤：

a. 检查两侧保护装置的光发送功率和光接收功率，校验收信裕度，方法同专用光纤。

b. 分别用尾纤将两侧保护装置的光收、发自环，将“专用光纤”“通道自环试验”控制字置 1，经一段时间的观察，保护装置不能有通道异常告警信号，同时通道状态中的各个状态计数器均维持不变。

c. 两侧正常连接保护装置和 MUX 之间的光缆，检查 MUX 装置的光发送功率、光接收功率［MUX 的光发送功率一般为－13.0dB(m)，光接收功率为－30.0dB(m)］。MUX 的收信光功率应在－20dB(m)以上，保护装置的收信功率应在－15dB(m)以上。站内光缆的衰耗应不超过 1～2dB。

d. 两侧在接口设备的电接口处自环，将“专用光纤”“通道自环试验”控制字置 1，经一段时间的观察，保护不能报通道异常告警信号，同时通道状态中的各个状态计数器均不能增加。

e. 利用误码仪测试复用通道的传输质量，要求误码率越低越好（要求短时间误码率至少在 $1.0^{e^{-6}}$ 以上）。同时不能有 NO SIGNAL、AIS、PATTERN LOS 等其他告警。通道测试时间要求至少超过 24h。

f. 如果现场没有误码仪，可分别在两侧远程自环测试通道。方法如下：将本侧保护装置的“专用光纤”控制字置 0（64kbit/s 速率的装置，如 RCS-931A；对于 2Mbit/s 速率的装置，如 RCS-931AM，此控制字仍置 1），“通道自环试验”控制字置 1；在对端的电口自环。经一段时间测试（至少超过 24h），保护不能报通道异常告警信号，同时通道状态中的各个状态计数器维持不变（长时间后，可能会有小的增加），完成后再到对侧重复测试一次。

g. 恢复两侧接口装置电口的正常连接，将通道恢复到正常运行时的连接。将定值恢复到正常运行时的状态。

h. 投入差动连接片，保护装置通道异常灯不亮，无通道异常信号。通道状态中的各个状态计数器维持不变（长时间后，可能会有小的增加）。

4）有关通道的告警信息。

a. “无有效帧”：通道 A 接收不到正确的数据延时 100ms，展宽 1s 返回。

b. “严重误码”：通道 A 在连续 1s 内有 13 帧报文通不过 CRC 校验报警。

c. “纵联码错”：通道 A 接收到的纵联码与整定的“对侧纵联码”不符，延时 100ms，展宽 1s 返回。

d. “差动退出”：通道 A 差动保护退出 1s 报警，展宽 4s 返回。

e. “长期差流”：通道 A 差动电流大于差动启动值延时 10s 报警，展宽 10s 返回。

f. “补偿参数错”：0.8 倍通道 A 的差动电流大于计算的电容电流且大于 $0.06I_N$，延时 400ms 报警。

（四）RCS-931 系列装置异常信息含义及处理措施

RCS-931 系列装置异常信息含义及处理措施见表 2-2。

表 2-2　　RCS-931 系列装置异常信息含义及处理措施

序号	自检出错信息	含义	处理措施
1	存储器出错	RAM 芯片损坏，闭锁保护	退出保护，更换芯片
2	程序出错	FLASH 内容被破坏，闭锁保护	退出保护，更换芯片
3	定值出错	定值区内容被破坏，闭锁保护	退出保护，重新整定定值
4	采样数据异常	模拟输入通道出错，闭锁保护	退出保护，检查通道
5	跳合出口异常	出口三极管损坏，闭锁保护	退出保护，更换插件
6	直流电源异常	直流电源不正常，闭锁保护	退出保护，更换电源模块
7	DSP 定值出错	DSP 定值自检出错，闭锁保护	退出保护，更换芯片
8	该区定值无效	装置参数中二次额定电流更改后，保护定值未重新整定	将保护定值重新整定
9	光耦电源异常	24V 或 220V 光耦正电源失去，闭锁保护	检查开入板的隔离电源是否接好
10	零序长期启动	零序启动超过 10s，发告警信号，不闭锁保护	检查电流二次回路接线
11	突变量长启动	突变量启动超过 10s，发告警信号，不闭锁保护	检查电流二次回路接线
12	TV 断线	电压回路断线，发告警信号，闭锁部分保护	检查电压二次回路接线
13	线路 TV 断线	线路电压回路断线，发告警信号	检查线路电压二次回路接线
14	同期 TV 断线	同期电压回路断线，发告警信号	检查线路电压二次回路
15	TA 断线	电流回路断线，发告警信号，不闭锁保护	检查电流二次回路接线
16	KCT 异常	KCT=1 且该相有电流，或三相长期不一致，发告警信号，不闭锁	检查开关辅助触点
17	控制回路断线	KCT 和 KCC 都为 0，重合闸放电	检查开关辅助触点
18	角差整定异常	母线电压 U_a 和线路电压 U_x 的实际接线与固定角度差定值不符	检查线路电压二次回路接线

二、PSL 602 系列保护装置

（一）概述

PSL 602 系列保护装置以纵联距离和纵联零序作为全线速动主保护，以距离保护和零序方向电流保护作为后备保护。保护功能由数字式中央处理器 CPU 模件完成，其中 CPU1 模件完成纵联保护功能，CPU2 模件完成距离保护和零序电流保护功能，CPU3 模件实现重合闸功能。

PSL 602系列保护装置根据功能有一个或多个后缀，具体含义见表2-3。

表2-3　　PSL 602系列保护装置后缀含义

序号	后缀	功能含义
1	G	双A/D，双以太网（或三以太网），双串行通信接口，默认配置
2	C	设有分相命令纵联保护，可适用于同杆并架线路，具备重合闸功能
3	F	具有“本侧编码”“对侧编码”，可适用于复用64k通道或专用光纤通道
4	M	具有“本侧编码”“对侧编码”，可适用于复用2M通道（通信接口装置型号必须为GXC-64/2M）或专用光纤通道
5	V	具有过负荷告警、过负荷跳闸功能

（二）工作原理

1. 启动元件

保护启动元件用于启动故障处理程序及开放保护跳闸出口继电器的负电源。各个保护模件以相电流突变量为主要的启动元件，启动门槛由突变量启动定值加上浮动门槛，在系统振荡时自动抬高突变量启动元件的门槛。零序电流启动元件、静稳破坏检测元件为辅助启动元件。

（1）相电流突变量启动元件

$$\Delta I_{ph} > I_{st} + 1.25\Delta I_{T} \tag{2-38}$$

式中　ΔI_{ph}——相电流突变量；

I_{st}——固定启动量；

ΔI_{T}——相电流不平衡量的最大值。

当任一相电流突变量连续三次大于启动门槛时，保护启动。

（2）零序电流辅助启动元件。为了防止远距离故障或经大电阻故障时相电流突变量启动元件灵敏度不够而设置，即

$$I_0 > I_{0st} \tag{2-39}$$

式中　I_0——零序电流；

I_{0st}——零序启动值。

该元件在零序电流大于启动门槛并持续30ms后动作。

（3）静稳破坏检测元件。为了检测系统正常运行状态下发生静态稳定破坏而引起的系统振荡而设置。该元件判据为：bc相间阻抗在具有全阻抗特性的阻抗辅助元件内持续30ms，或者a相电流大于1.2倍I_N持续30ms，并且$U_1\cos\varphi$小于0.5倍的额定电压。当该元件启动时，保护启动，进入振荡闭锁逻辑。当TV断线或者振荡闭锁功能退出时，该检测元件自动退出。

2. 选相元件

选相元件是为了区分故障性质和相别。

PSL 602系列数字式线路保护的主保护和后备保护，采用电压电流复合突变量和复合序分量两种选相原理相结合的方法。在故障刚开始时采用快速和高灵敏度的突变量选相方法，以后采用稳态的序分量选相方法，保证在转换性故障时能够正确选相。

3. 纵联保护

PSL 602 系列距离方向元件按回路分为 Z_{ab}、Z_{bc}、Z_{ca} 三个相间阻抗和 Z_a、Z_b、Z_c 三个接地阻抗。每个回路的阻抗又分为正向元件和反向元件。当选相元件选中回路的测量阻抗在保护动作范围内，而方向元件为正向时，判定正向故障，此时纵联距离保护动作；若方向元件为反向时，判定反向故障，此时纵联距离保护不动作。

（1）通道方式。PSL 602 系列纵联保护可以与载波通道（专用或复用）、光纤通道、微波通道等各种通信设备连接，包括各种继电保护专用收发信机和复用载波机接口设备。发、停信控制采用一副触点，不发信即为停信。收发信机的停信和发信完全由保护控制。

（2）图 2-18 为复用光纤通道接线示意图。

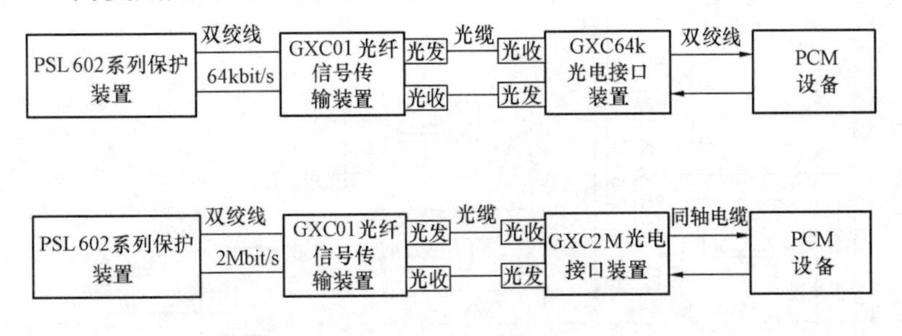

图 2-18 复用光纤通道接线示意图

（3）纵联距离保护逻辑图如图 2-19 所示。由图 2-19 可知：

1）三跳位置发信。本侧断路器在三跳位置，如收到对侧允许信号，则通过与门 M3，或门 M4、M9 给对侧发允许信号。

2）其他保护动作发信。其他保护动作，通过时间元件 T23（120ms 延时返回），或门 M4、M9 给对侧发允许信号。

3）保护动作跳闸发信。保护动作跳闸信号经或门 M5、M4、M9 给对侧发允许信号。如反方向元件不动作且时间元件 T21 延时 120ms 返回，使与门 M6 输出为 1，保护可以继续发信，以保证对侧保护有可靠的动作跳闸时间。

4）正向短路故障停信。正向短路故障时，启动元件动作，与门 M2 输出为 1，又因正向方向元件动作、反向方向元件不动作且断路器三相处于合闸状态，与门 M7 输出为 1，如该信号持续 30ms，时间元件 T7，或门 M8、M9 动作给对侧发允许信号。

5）KG1. 10 为弱馈跳闸投入，KG1. 11 为弱馈回音投入，KG1. 12 为解除闭锁投入功能都不用。

4. 距离保护

距离保护设有 Z_{bc}、Z_{ca}、Z_{ab} 三个相间距离保护和 Z_a、Z_b、Z_c 三个接地距离保护。除三段距离外，还设有辅助阻抗元件，共有 24 个阻抗继电器。在全相运行时 24 个继电器同时投入；非全相运行时则只投入健全相的阻抗继电器。

距离保护逻辑框图如图 2-20 所示。由图 2-20 可知：

（1）接地距离Ⅰ段保护区内短路故障时，$Z_{\varphi\mathrm{I}}$ 动作后经 T2 延时（一般整定为零）由或门 M20、M12 至选相元件控制的回路跳闸；跳闸脉冲由跳闸相过电流元件自保持，直到跳闸相电流元件返回才收回跳闸脉冲。相间故障 $Z_{\varphi\varphi\mathrm{I}}$ 动作后经 T3 延时（一般整为零）

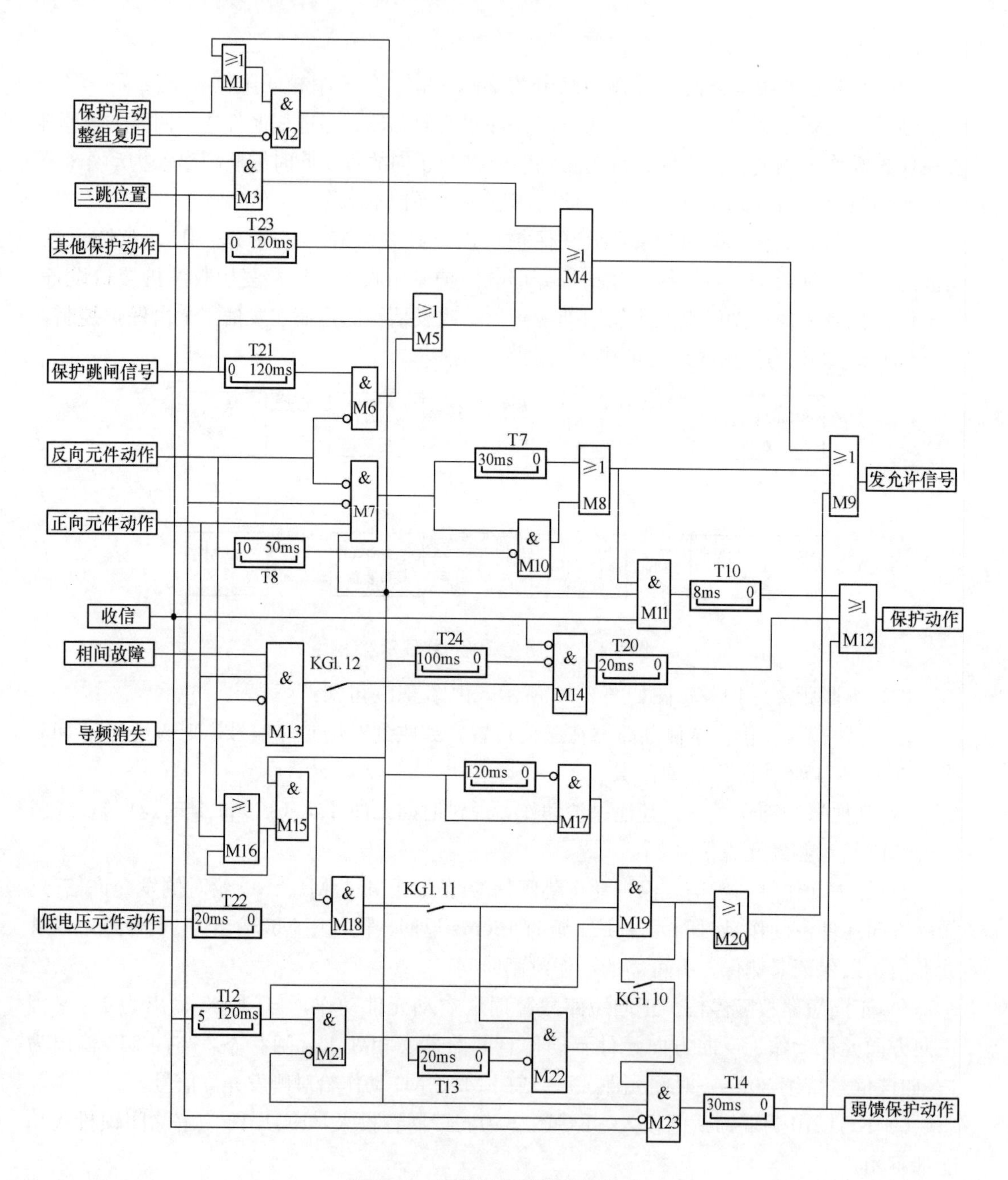

图 2-19　纵联距离保护逻辑框图

由或门 M38、M24、M25 进行三相跳闸，当 KG1.8=1 时（相间故障永跳），保护直接经由或门 M43、M46、M47 永跳。Ⅰ段、Ⅱ段距离保护分别经与门 M19、M26、M27、M28 由振荡闭锁元件控制，振荡闭锁元件可经由控制字选择退出。

（2）当选相元件拒动时，M12 的输出经 M13、M14、选相拒动时间延时元件 T8（150ms）、M15、M25 进行三相跳闸；因故单相运行时，同样经 T8 延时实现三相跳闸。

（3）Ⅱ段保护区内短路故障时，接地故障和相间故障的动作情况与Ⅰ段保护区内故障时相同。除动作时限不同外，增加了由 KG1.7（距离Ⅱ段永跳）控制的永跳回路 M45、

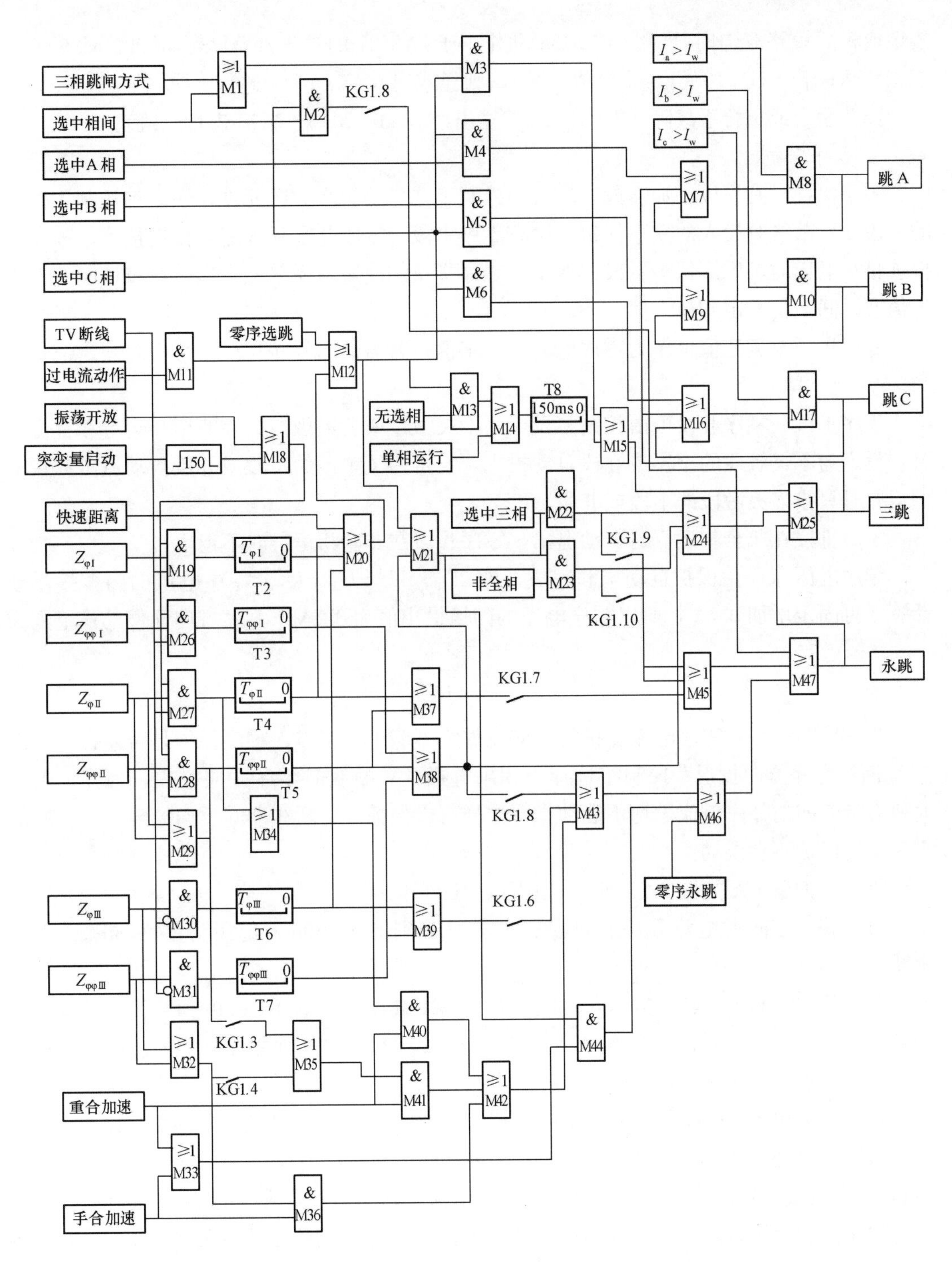

图 2-20 距离保护逻辑图

Z_{φ}—接地距离；$Z_{\varphi\varphi}$—相间距离；KG1. 3—重合加速Ⅱ段；KG1. 4—重合加速Ⅲ段；KG1. 6—距离Ⅲ段永跳；KG1. 7—距离Ⅱ段永跳；KG1. 8—相间故障永跳；KG1. 9—三相故障永跳；KG1. 10—非全相故障永跳

M47。Ⅲ段保护区内短路故障时，动作情况与Ⅱ段保护区内故障时相同，但距离Ⅲ段不受振荡闭锁控制。

（4）非全相运行过程中，健全相发生短路故障时，振荡闭锁元件开放，保护区内发生接地或相间短路故障时，M20 或 M38 动作，于是 M21 的输出经 M23、M24、M25 进行三相跳闸；若 KG1.10＝1（非全相永跳），则经或门 M45、M47 进行永跳。

（5）手合或重合于故障线路，M33 的输出经 M44、M46、M47 进行永跳。

5. 零序保护

零序保护设有Ⅳ段、加速段，均可由控制字选择是否带方向元件，还设有控制字投退的一段 TV 断线时投入的零序保护。设有零序Ⅰ段、零序Ⅱ段和零序总投连接片。零序总投连接片退出时，零序保护各段都退出。零序Ⅲ及加速段若需单独退出，可将该段的电流定值及时间定值整定到最大值。

零序Ⅳ段电流定值也作为零序电流启动定值，若需退出零序Ⅳ段，可将时间定值整定为 100s。

零序Ⅰ段、零序Ⅱ段可由控制字设定为不灵敏段或者灵敏段。在非全相运行和重合闸时，设定为不灵敏段的Ⅰ段或Ⅱ段自动投入，设定为灵敏段的Ⅰ段或Ⅱ段自动退出。在全相运行时只投入灵敏段的Ⅰ段或Ⅱ段。

零序Ⅲ段在非全相运行时自动退出，零序Ⅳ段在非全相运行时不退出。

零序电压 $3U_0$ 由保护自动求和完成，即 $3U_0=U_a+U_b+U_c$。零序电压的门槛按浮动计算，再固定增加 0.5V，所以零序电压的门槛最小值为 0.5V。零序方向元件动作范围为

$$175^\circ \leqslant \arg\frac{3\dot{U}_0}{3\dot{I}_0} \leqslant 325^\circ \tag{2-40}$$

当 TV 断线后，零序电流保护的方向元件将不能正常工作，零序保护是否还带方向由“TV 断线零序方向投退”控制字选择。如果选择 TV 断线时零序方向投入，则 TV 断线时所有带方向的零序电流段均不能动作，这样可以保证 TV 断线期间反向故障，带方向的零序电流保护不会误动。

零序保护逻辑图如图 2-21 所示。由图 2-21 可知：

（1）零序方向过电流Ⅱ段、Ⅲ段、Ⅳ段可分别通过控制字选择为零序选跳或零序永跳。

（2）TV 断线时，零序功率方向经由与门 M1 被闭锁，若 KG2.9＝1（TV 断线时零序功率方向投入），则与门 M3 输出为 0，或门 M2 无输出，从而零序电流各段被闭锁；当 KG2.9＝0 时，与门 M3 输出为 1，或门 M2 有输出，零序电流各段开放，但不带方向。

（3）非全相运行过程中，零序方向电流Ⅰ段（KG2.5＝0，为灵敏段）、Ⅱ段（KG2.6＝0，为灵敏段）、Ⅲ段被闭锁，零序方向电流Ⅰ段（KG2.5＝1，为不灵敏段）、Ⅱ段（KG2.6＝1，为不灵敏段）保持开放，保留零序方向电流Ⅳ段，动作时限要求躲过非全相运行周期与加速保护动作时间之和。全相运行过程中，零序方向电流Ⅰ段（KG2.5＝0，为灵敏段）、Ⅱ段（KG2.6＝0，为灵敏段）投入，零序方向电流Ⅰ段（KG2.5＝1，为不灵敏段）、Ⅱ段（KG2.6＝1，为不灵敏段）自动退出。

（4）当采用母线 TV 时（KG2.12＝0），非全相运行或合闸加速期间，零序功率方向元件是正确的，与门 M9、M10 可以开放；当采用线路 TV 时（KG2.12＝1）时，在非全相运行或合闸加速期间，零序功率方向元件可能处于制动状态，为保证与门 M9、M10 的开放，由与门 M4 的输出经或门 M2 提供与门 M9、M10 的动作条件。

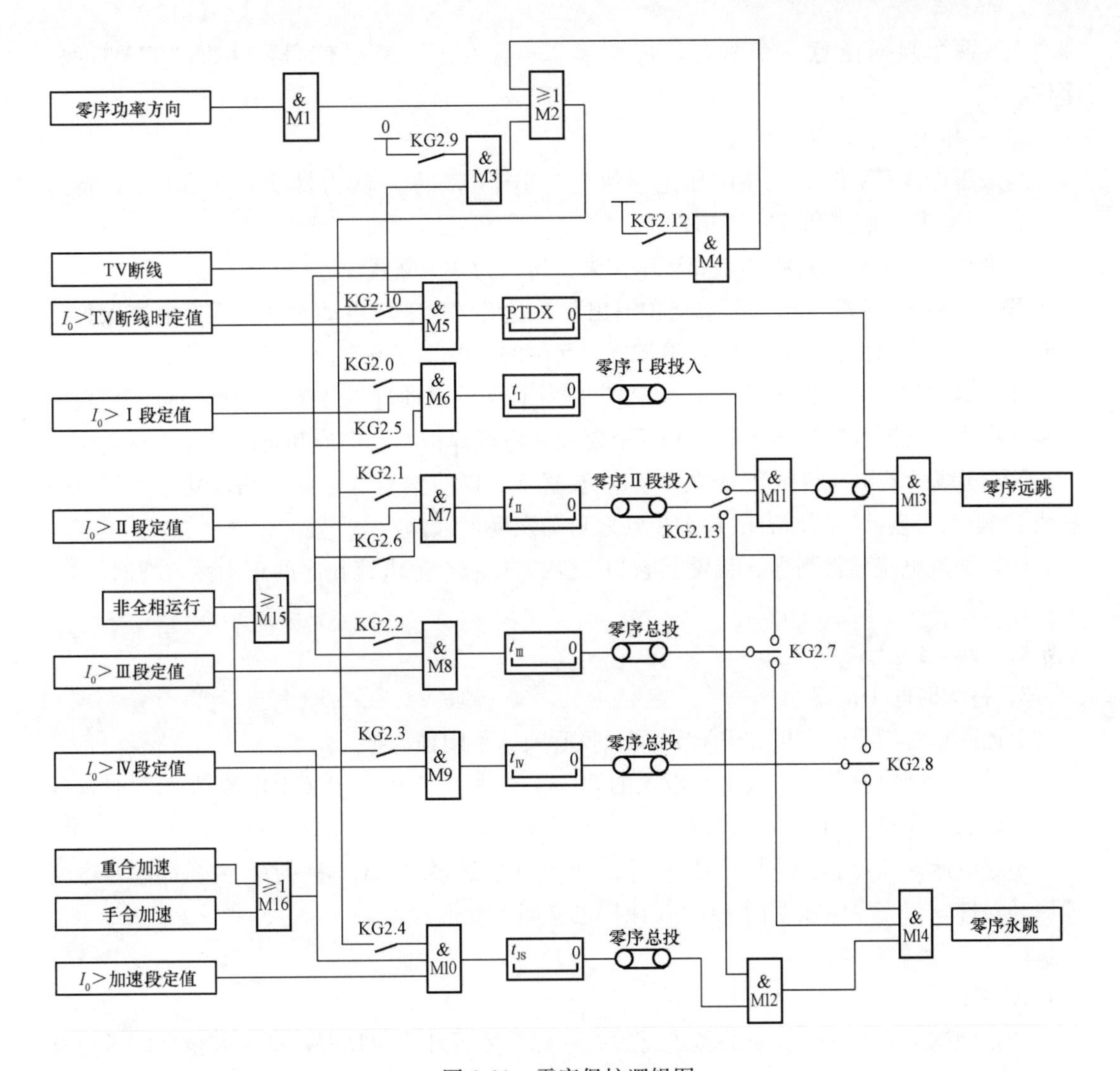

图 2-21 零序保护逻辑图

KG2.0—零序Ⅰ段带方向；KG2.1—零序Ⅱ段带方向；KG2.2—零序Ⅲ段带方向；KG2.3—零序Ⅳ段带方向；KG2.4—零序电流加速段带方向；KG2.5—零序电流Ⅰ段为灵敏度；KG2.6—零序电流Ⅱ段为灵敏度；KG2.7—零序电流Ⅲ段永跳；KG2.8—零序电流Ⅳ段永跳；KG2.9—TV断线时零序功率方向投入；KG2.10—TV断线时零序TV断线段方向投入；KG2.12—线路TV；KG2.13—零序电流Ⅱ段永跳

（5）手动合闸或自动重合闸时，零序加速段由与门M10实现。

6. 正常运行程序

（1）交流电压断线。TV断线检查分为不对称断线识别和三相失压识别两种，在保护未启动时进行，保护启动后只保持启动前的标志。

1）不对称断线判据为：

a. $|U_a+U_b+U_c|>8\text{V}$

b. $\begin{cases} U_2>\dfrac{U_N}{2} \\ I_2<\dfrac{I_N}{4} \text{ 或 } I_2<\dfrac{I_1}{4} \end{cases}$

上述两个判据任意一个满足，持续1.25s后发TV断线信号，并报“TV断线”事件。

2）三相失压采用以下判据：

当采用母线TV时，三相电压绝对值之和小于$0.5U_N$，认为是TV三相失压；持续1.25s发TV断线信号和TV三相失压事件。

无论是TV不对称断线还是TV三相失压均视为TV断线。

TV断线时，纵联保护和距离保护退出，并退出静稳破坏启动元件。零序电流保护的方向元件是否退出由控制字决定，不带方向元件的各段零序电流保护可以动作。

在距离保护和零序保护模件中，TV断线并且保护启动进入故障处理程序时，将根据控制字投入TV断线零序电流保护和TV断线相电流保护，其定值和延时可独立整定。

TV断线后若电压恢复正常0.5s后，装置TV断线信号灯自动复归，并报告相应的断线/失压消失事件，则所有的保护也随之自动恢复正常。

（2）交流电流异常判别。装置上电2h之内，检查交流电流相序的正确性，判据：

1）$3I_2>0.25I_N$；

2）$3I_2>4\times3I_1$；

3）持续时间1min。

上述判据都满足时，报“TA反序”，发呼唤，不闭锁保护。

在最大相间电流差大于最大相电流的50%且最大电流相大于额定电流的25%时，延时10min报“负载不对称”，发呼唤，不闭锁保护。

零序电流$3I_0$大于零序电流启动定值，持续10s后报“TA不平衡”，并且闭锁零序电流启动元件。当零序电流返回1s后，保护也立即恢复正常。

（三）保护调试项目

1. 装置检查

开始调试前应对保护屏及装置进行检查，保护装置外观应良好，插件齐全，端子排及连接片无松动。对直流回路、交流电压回路、交流电流回路进行绝缘检查时，必须断开保护装置直流电源，拔出所有逻辑插件。合上直流电源对装置进行上电检查，核对程序版本及CRC码应与现场要求符合，定值能正确整定，时钟准确。

2. 零漂、采样值及开关量检查

（1）零漂检查。断开所有交流输入端子，使各通道电压和电流均为零。操作键盘进入“硬件测试→交流测试”菜单，打开交流量实时显示对话框，查看各交流量的偏移值，要求电流不超过$0.1I_N$，电压不超过$0.01U_N$。

（2）采样精度试验。从保护端子排上的端子通入电流I_a、I_b、I_c、I_n（0.1、0.5、1、$2I_N$），在端子上加电压U_a、U_b、U_c、U_x（0.1、0.5、1、U_N），检验三相电压和三相电流及线路电压的采样精度，并采用模拟故障的方法校验$3I_0$。记录屏幕显示电压、电流、相位，要求显示值与外加值幅值误差不超过5%，相位误差不超过3°，查交流量相位关系的正确性，并打印采样报告。

（3）开入量检查。操作键盘进入“硬件测试→开入变位”菜单，查看开关量变位显示信息是否正确，同时打印开关量变位报告。

（4）开出量检查。投入主保护、距离保护、零序保护连接片，装置处于正常运行状态，模拟各类故障进行触点通断情况的检查。根据装置触点，对应到端子排，同时要分相检查各出口连接片的正确性（充电灯亮后做试验）。

检查触点动作正确。

此项检测可随装置试验和整组试验一并进行。

3．电气性能试验

保护的整组试验要求先模拟正常运行然后再进入故障状态，以保证试验的真实性。动作时间为从故障开始到启动跳闸出口继电器的动作时间。

在全部检验时，对于由不同原理构成的保护元件只需任选一种进行检查。建议对主保护的整定项目进行检查，后备保护如相间Ⅰ、Ⅱ、Ⅲ段阻抗保护只需选取任一整定项目进行检查。

（1）主保护试验。注意：加入的模拟量要符合装置要求，防止幅值过大损坏装置，确认接线正确，严防反送电。

投入纵联保护，投入连接片。GXC-01 装置自发自收（用尾纤自环）。重合闸允许灯亮。

1）纵联距离保护试验。仅投入纵联保护，投入连接片及重合闸功能。

分别模拟 A、B 相和 C 相单相接地瞬时故障，AB、BC 相和 CA 相瞬时故障。模拟前电压为额定电压，故障电流 $I=I_N$，故障时间为 100～150ms，相角为 90°，故障电压为：

模拟单相接地故障时

$$U = m(1+k)I_{set}Z,\ I = I_N \tag{2-41}$$

模拟相间短路故障时

$$U = 2mI_{set}Z,\ I = I_N \tag{2-42}$$

2）纵联零序保护试验。仅投入纵联保护，投入连接片及重合闸功能。

分别模拟 A、B、C 相单相接地瞬时故障，一般情况下模拟故障电压取 $U=30$V，当模拟故障电流较小时可适当降低模拟故障电压数值。模拟故障时间为 100～150ms，相角为灵敏角。模拟故障电流为

$$I = mI_0 \tag{2-43}$$

式中 I_0——方向零序电流整定值；

m——系数，其值分别为 0.95、1.05。

纵联零序保护在 0.95 倍定值（$m=0.95$）时，应可靠不动作；在 1.05 倍定值时应可靠动作。

（2）距离保护试验。投入距离Ⅰ、Ⅱ、Ⅲ段连接片及重合闸功能。

1）快速距离保护试验。分别模拟 A、B、C 相单相接地瞬时故障，AB、BC、CA 相间瞬时故障。输入故障阻抗小于 $0.8Z_{set1}$ 时动作。

2）相间距离、接地距离试验。分别模拟 A、B、C 相单相接地瞬时故障，AB、BC、CA 相间瞬时故障。故障电流 I 固定（一般 $I=I_N$），相角为 90°，故障电压为：

模拟单相接地故障时

$$U = mIZ_{set}n(1+k) \tag{2-44}$$

模拟两相相间故障时

$$U = 2mIZ_{set}n \tag{2-45}$$

式中 k——零序补偿系数。

其中，m 可取 0.95、1.05 及 0.7，n 可取 1、2、3。

距离Ⅰ段、Ⅱ段和Ⅲ段保护在 0.95 倍定值时（m=0.95）应可靠动作；在 1.05 倍定值时应可靠不动作；在 0.7 倍定值时，测量距离Ⅱ段和Ⅲ段保护动作时间。

（3）零序保护试验。投入零序Ⅰ段、零序Ⅱ段、零序总投连接片。

分别模拟 A、B、C 相单相接地瞬时故障，模拟故障电压 U=50V，模拟故障时间应大于零序过电流相应段保护的动作时间定值，相角为灵敏角，模拟故障电流为

$$I = mI_{on} \tag{2-46}$$

式中 m——系数，其值分别为 0.95、1.05；

I_{on}——其 n 值分别为 1、2、3、4，分别表示零序过电流各段定值。

零序过电流任一段保护应保证 1.05 倍定值时可靠动作，0.95 倍定值时可靠不动作。

（4）TV 断线过流保护试验。试验前装置进入正常运行状态，断开一相电压，模拟 TV 断线，再模拟单相及相间故障，零序电流及相电流元件应正确动作出口。

（5）校验合闸于故障线路保护的动作情况。投入纵联保护连接片，不投零序保护和距离保护连接片，关掉 GXC-01 装置电源。模拟故障前，先给上“跳闸位置”在动作状态，再模拟故障。输入故障阻抗为纵联距离保护定值。

投入距离保护，不投纵联保护、零序保护连接片，模拟故障前，先给上“跳闸位置”在动作状态，再模拟故障。输入故障阻抗为距离Ⅲ段保护定值。

投入零序保护连接片，不投纵联保护、距离保护连接片，模拟故障前，先给上“跳闸位置”在动作状态，再模拟故障。模拟单相故障，输入零序加速段定值。

（6）校验保护反方向出口故障。投入纵联保护、零序保护、距离保护连接片。分别模拟反向单相接地、相间和三相瞬时故障，模拟故障电压为零。$\varphi=\varphi_L+180°$，通入故障电流 I=5A。

（7）校验 TV 断线。电压 U_a=50V，U_b、U_c 为 60V，延时 1.25s TV 断线报警。当采用母线 TV 时，三相电压绝对值和小于 $0.5U_N$，延时 1.25s TV 断线报警。

三相电压绝对值和小于 $0.5U_N$，断路器不在跳位（KCTA、KCTB、KCTC 不动作）或某相电流大于 $0.04I_N$，延时 1.25s TV 断线报警。

（8）校验重合闸。

1）重合闸充放电检查。保护处于正常运行状态，模拟断路器在合闸位置，重合闸方式切换断路器分别置于单重、三重、综重方式下，重合闸均能经 12s（或 20s）充电，面板重合允许灯亮。

充好电后分别进行如下试验时重合闸应放电，面板重合允许灯灭：

a. 将方式断路器置于停用位置。

b.“压力降低”开入动作。

c. 重合闸单重方式下使三跳位置动作。

d. 保护发永跳令。

e. “闭锁重合闸”开入动作。

2）重合闸功能试验。保护处于正常运行状态，模拟断路器在合闸位置，面板重合允许灯亮，试验记录见表 2-4。

表 2-4　　重合闸试验记录

故障类型	保护及重合闸动作情况	
	单重方式	停用方式
单相瞬时	单跳单重	三跳不重
相间瞬时	三跳不重	三跳不重
三相瞬时	三跳不重	三跳不重
断路器位置不对应	重合	不重合

4. 光纤通道的联调

通道联调前，两侧光纤通信设备应已调试完毕。

(1) 光功率与光衰耗测试。

1）在保护的光发送口测量发送功率 P_1，在保护的光接收口测量接收功率 P_2；在光电转换器的光发送口测量发送功率 P_4，在光电转换器的光接收口测量接收功率 P_3。保护的发送功率与光电转换器的接收功率差为 (P_1-P_3)，即保护至光电转换器的光衰耗，光电转换器的发送功率与保护的接收功率差 (P_4-P_2) 即光电转换器至保护的光衰耗，如图 2-28 所示。两个方向的光衰耗之差应小于 2～3dB 并记录备案，否则应查明原因。

2）光接收灵敏度和裕度的确认。装置的输出光功率满足出厂要求，通道接收光功率裕度不小于 6dB。光功率与光衰耗测试试验接线如图 2-22 所示。

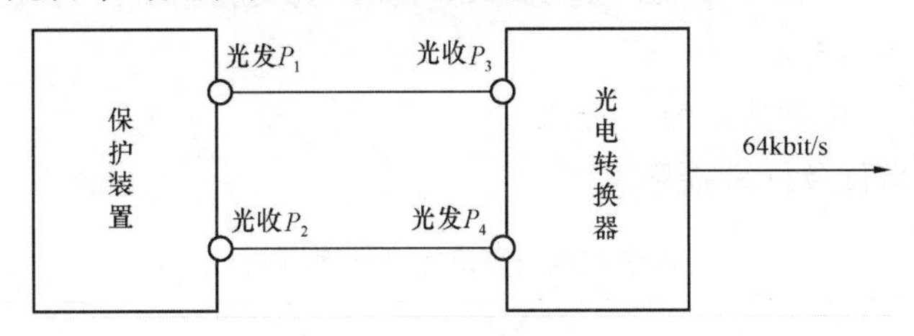

图 2-22　光功率与光衰耗测试试验接线图

3）测试通道误码率和传输时间。了解通信专业对光纤通道的误码率和传输时间测试数据，指标满足 GB/T 14285—2006《继电保护和安全自动装置技术规程》的要求。

采用允许式信号的纵联保护，除了测试通道传输时间，还应测试“允许跳闸”信号的返回时间。

(2) 通道的联调试验。

1）对侧断路器断开，本侧模拟正向区内故障，纵联保护应正确动作，检查本侧光纤接口装置收、发信灯亮。

2）对侧断路器断开，本侧模拟反方向故障，纵联保护应可靠不动作，检查本侧光纤接口装置收、发信灯不亮。

3）对侧模拟其他保护动作，本侧应收到“允许跳闸”信号。

5. 整组试验

注意：一定要在总工作负责人联系落实断路器具备电动跳合闸条件后，才能电动操作跳合闸，并且应在开关场派专人看守，落实相别正确，防止传动伤人。

（1）整组试验包括如下内容。保护的连接片均投入，重合闸置“单重方式”，模拟下列故障：

1）分别模拟A、B、C相瞬时性接地故障，断路器应按相单跳单合。

2）模拟单相永久性接地故障，断路器应单跳单合再三跳，不应出现两次重合。

3）模拟瞬时性相间故障，应三跳不重合。

4）投入重合闸，模拟单相瞬时性接地故障，应三跳不重合。

5）借助于传输通道实现的纵联保护、远方跳闸等的整组试验，应与传输通道的检验一同进行。

（2）在整组试验中着重检查如下问题：

1）整组试验时应检查各保护之间的配合、装置动作行为、断路器动作行为、保护启动故障录波信号、厂站自动化系统信号、中央信号、监控信息等正确无误。

2）检验各有关跳、合闸回路，防止断路器跳跃回路、重合闸停用回路及气（液）压闭锁等相关回路动作的正确性，每一相的电流、电压及断路器跳、合闸回路的相别均一致。

3）在同一类型的故障下，应同时动作于发出跳闸脉冲的保护，在模拟短路故障中是否均能动作，其信号指示正确。

4）整组试验结束后应在恢复接线前测量交流回路的直流电阻。工作负责人应在继电保护记录本中注明哪些保护可以投入运行，哪些保护需要利用负荷电流及工作电压进行检验以后才能正式投入运行。

（四）保护装置告警事件及处理措施

保护装置告警事件及处理措施见表2-5。

表2-5　　保护装置告警事件及处理措施

事件名称	装置反应	处理措施
RAM错误	告警、呼唤、闭锁保护	退保护检查
EPROM错误	告警、呼唤、闭锁保护	退保护检查
闪存错误	呼唤	退保护检查
EEPROM错误	告警、呼唤、闭锁保护	退保护检查
开出异常	告警、呼唤、闭锁保护	退保护检查
AD错误	告警、呼唤、闭锁保护	退保护检查
零漂越限	告警、呼唤、闭锁保护	退保护检查
内部电源偏低	呼唤	退保护检查
定值区无效	告警、呼唤、闭锁保护	切换到有效定值区或输入正确定值
定值校验错误	告警、呼唤、闭锁保护	重新输入正确定值
TV断线	TV断线灯亮、呼唤	检查TV回路

续表

事件名称	装置反应	处理措施
TV三相失压	TV断线灯亮、呼唤	检查TV回路
TV反序	呼唤	检查TV回路
TA不平衡	呼唤	检查TA回路
TA反序	呼唤	检查TA回路
负载不对称	呼唤	检查TA回路

第四节 其 他 设 备

一、GXC-01型光纤信号传输装置

GXC-01型光纤信号传输装置通过专用光纤或64kbit/s同向接口复接PCM设备来传输继电保护及安全自动装置信息，与保护装置构成纵联距离、纵联方向等主保护。

（一）装置硬件介绍

装置由开出模件、电源模件、通信控制模件、通信接口模件、开入模件组成。

（1）开入模件：把保护信号经光电隔离后送通信控制模件。

（2）通信控制模件：把保护信号进行编码，并经通信控制器向外送。

（3）通信接口模件：完成“光一电”转换过程，实现装置与光纤的通信连接。

（4）开出模件：主要由继电器组成，用于触点的输出。

（二）光接口板连接片短接方式

1. 直接光缆连接

LX-1放“64k”位置，LX-2放“主”位置，LX-3放“64k”位置，LX-4短接（当光缆长于50km时断开）。

2. 与PCM复接

LX-1放“64k”位置，LX-2放“从”位置，LX-3放“64k”位置，LX-4短接。

装置在用光纤作为光纤通道时，用主一主时钟方式，即发主时钟、收从时钟方式，接收时钟在数据流中提取。如装置复接PCM设备，则本装置采用从一从时钟方式，数据的发送时钟与接收时钟都从数据流中提取，为防止出现滑码，两侧PCM通信设备应按主一从时钟方式整定。

（三）装置面板说明

（1）远方跳闸方式：本装置与就地判别装置配合构成远方跳闸时，使用KA、KB、KC、KD开关量。

（2）发送KA、KB、KC、KD开入量：本侧保护信号输入。

（3）发送KA、KB、KC、KD开出量：接收到对侧的信号。

（4）收发信机方式：本装置与高频保护装置配合构成高频保护时，使用保护发信、保护停信、其他保护停信、位置停信开关量。

（四）与保护装置配合说明

该装置与保护装置构成纵联允许式主保护，即用线路保护测量元件启动一侧 GXC-01 型装置，如图 2-23 所示，另一侧 GXC-01 型装置收到跳闸命令后作为允许跳闸信号，在与保护装置内的故障启动元件组成“与”门后去跳闸。

GXC-01 型装置专用光纤方式连接示意图如图 2-24 所示。

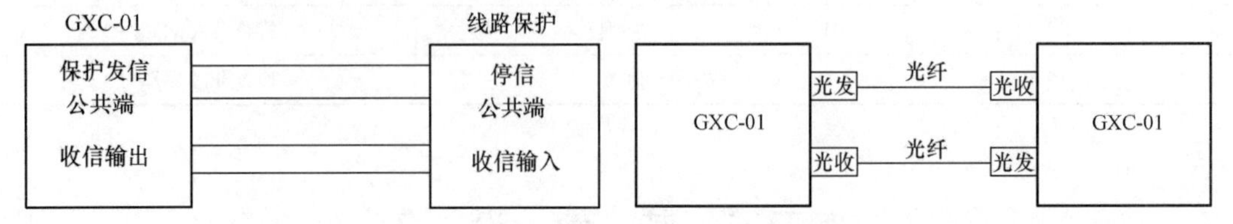

图2-23　GXC-01 型装置与线路保护的配合示意图　图2-24　GXC-01 型装置专用光纤方式连接示意图

GXC-01 型装置与 PCM 复接连接示意图如图 2-25 所示。

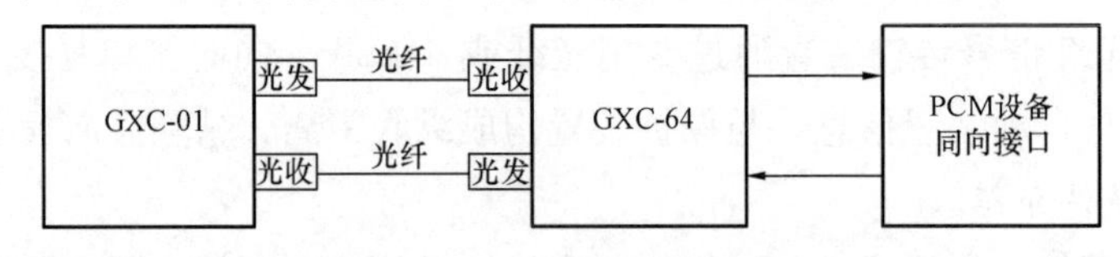

图 2-25　GXC-01 型装置与 PCM 复接连接示意图

二、GXC-64k/GXC-2M 型光电接口装置

GXC-64k/GXC-2M 型光电接口装置是专门针对继电保护通信设计的通信协议转换设备，它将微机保护设备的信号转换为标准的通信链路信号，通过 SDH/PDH 通信网络进行传输，使微机保护装置间的通信与通信网无缝结合，起到延长通信距离、提高通信质量的作用。

（一）光信号连接口介绍

(1)“OPT”英文“Optical（光）”的缩写。

(2)“TX”光信号输出口，通过光纤通道连接至微机保护装置的光信号输入口。

(3)“RX”光信号输入口，通过光纤通道连接至微机保护装置的光信号输出口。

（二）电信号连接口介绍

(1) GXC-64k 电信号收/发采用 120Ω 对称双绞屏蔽电缆与 PCM 设备相应端口连接；“PE”“+”“−”分别接电缆的外屏蔽层及两根芯线。

1)“64k 发”下面为输出端口，其通过 PCM 复接设备发送通道与对侧 GXC-64k 的“64k 收”相连。

2)“64k 收”下面为输入端口，其通过 PCM 复接设备发送通道与对侧 GXC-64k 的“64k 发”相连。

(2) GXC-2M 信号收/发采用 75Ω 同轴电缆与 PDH/SDH 设备相应端口连接。

1)“TX”下面为输出端口，其通过 PDH/SDH 传输设备 2Mbit/s 发送通道与对侧 GXC-2M 的“RX”相连。

2)“RX”下面为输入端口，其通过 PDH/SDH 传输设备 2Mbit/s 发送通道与对侧

GXC-2M 的“TX”相连。

GXC-2M 在电力系统中的应用如图 2-26 所示。

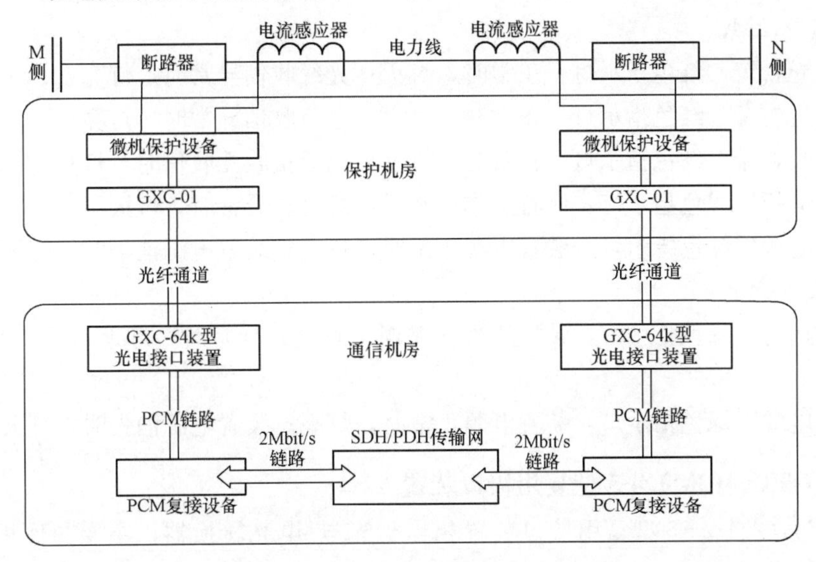

图 2-26 GXC-2M 在电力系统中的应用示意图

（三）告警介绍

(1)“光口告警灯”表示本装置接收到的光信号有严重误码（从微机保护装置来）。

(2)“电口告警灯”表示本装置接收到的电信号有严重误码（从 PCM 或 PDH/SDH 设备来）。

三、MUX-2M/MUX-2MC 型继电保护信号数字复接接口装置

MUX-2M/MUX-2MC 型继电保护信号数字复接接口装置与 RCS-900 系列光纤电流差动保护配合使用，通过 2Mbit/s 同向接口复接数字通信设备，构成光纤电流差动主保护。

（一）装置组成

装置由光电变换、发送码型变换、发送码极性转换、收发终端及接收码极性转换和接收码型反变换几个部分组成。

(1) 光电变换：实现光信号和电信号的转换。

(2) 码型变换：将保护侧传来的光纤编码信号转换成符合 2Mbit/s 接口规约的信号方式。

(3) 收发终端：实现与数字通信设备的 2Mbit/s 接口的码型的单、双极性转换及电平、阻抗匹配。

（二）装置面板信号及端子的功能介绍

(1)“光纤发”“光纤收”：FC 型光纤连接器的珐琅盘，光纤纵联差动保护的光信号从光缆由此接入。

(2)“发信”：与数字通信设备的 2Mbit/s 接口的收信连接，采用同轴电缆不平衡方式连接。

(3)“收信”：与数字通信设备的 2Mbit/s 接口的发信连接，采用同轴电缆不平衡方式

连接。

（三）指示灯介绍

1. MUX-2MC

（1）“光告警”红色指示灯：正常时，灯灭；光纤收信异常时，灯亮。

（2）“电告警”红色指示灯：正常时，灯灭；电口收信异常时，灯亮。

（3）“收告警”红色指示灯：正常时，灯灭；电口接收无收信时，灯亮。

（4）“运行”绿色指示灯：装置工作正常时，灯亮；异常时，灯灭。

（5）“电源”绿色指示灯：装置电源正常时，灯亮；装置电源消失时，灯灭。

2. MUX-2M

（1）“运行”绿色指示灯：装置工作正常时，灯亮；异常时，灯灭，且“报警”信号输出。

（2）“电源”绿色指示灯：装置电源正常时，灯亮；装置电源消失时，灯灭。

四、OTEC64(2M)/4-5 型复用接口装置

OTEC64(2M)/4-5 型复用接口装置相当于光电/电光转换器，主要与保护接口装置（ZSJ900）配合使用。

发送支路：数据经采样、扰码、编码及码型变换等处理，形成 64kbit/s 数字码流，采用同向型接口方式送入 PCM 复接设备。

接收支路：将接收到的 64kbit/s 数字码流直接送入通信接口部分，对之进行解码、解扰等处理，恢复出保护用数据。

指示灯介绍：

（1）“POWER”：装置工作正常时，灯亮；异常时，灯灭。

（2）“64k”：与 PCM 设备复接时，灯亮。

（3）“2M”：与 PDH/SDH 设备复接时，灯亮。

（4）“ALAM”：装置工作正常时，灯灭；异常时，灯亮。

五、CZX-12R 型操作继电器箱

操作继电器箱是执行运行人员手动跳/合断路器、保护跳/合断路器的操作回路，以及监测断路器电气状态、控制回路状态的继电器组合装置。CZX-12R 型操作箱主要由以下继电器构成：

（1）监视断路器合闸回路的合闸位置继电器和监视断路器跳闸回路的跳闸位置继电器、监视电源的继电器。

（2）防止断路器跳跃继电器、合闸保持继电器。

（3）手动合/跳继电器、保护单跳/三跳/永跳继电器。

（4）压力监视/闭锁继电器。

（5）一次合闸脉冲继电器。

（6）辅助中间继电器。

（7）信号继电器。

该装置有以下特点：

（1）操作箱内含有两组分相跳闸回路，一组分相合闸回路。

（2）装置的交流电压切换回路在直流电源消失后，电压切换继电器不返回，仍保持原输出状态，可防止由于操作继电器直流电源消失造成的保护交流失压，提高了保护运行的安全性。

六、保护 PCM 设备

PCM 即脉冲编码调制，是一种将模拟信号变换成数字信号的编码方式。保护 PCM 设备是一种光纤继电保护切换装置。保护 PCM 设备分为 MST-E 和 MST-F 两种。

（一）MST-E 保护 PCM 设备

MST-E 是在综合业务复用设备的基础上根据用户对 2M 线路进行（1+1）倒换保护的特殊要求，所研发的可接 4 路数据用户的一种智能 E1 数据传输保护设备。

MST-E 设备用户接口丰富，接入方式灵活；MST-E 设备具备（1+1）2M 线路保护能力，可根据用户的线路状况自动选择一条最佳的 2M 线路，保证用户数据传输的可靠性和安全性。

1. MST-E 功能模块的构成

（1）双电源热备份模块。不同路由的两路－48V 电源（不共地），分别经不同的－48V/5V 电源转换模块后，输出供设备使用。

（2）中央管理模块。对 4 路用户插卡及（1+1）2M 线路接口进行网络管理和监控，并控制 CPLD 时隙分配和倒换控制模块对 4 路用户卡进行时隙分配设置。

（3）CPLD 时隙分配和倒换控制模块。对 4 路用户卡进行时隙分配，控制 2M 倒换功能。

（4）4 路用户接口插卡模块。提供 64kbit/s 同向用户接口卡。64kbit/s 同向接口卡使用 ASIC GW7520 完成码速调整、时钟恢复及码型变换。a、b 为数据输入，e、f 为数据输出。

（5）2M 线路倒换保护模块。2 路 E1 线路接口，75Ω 非平衡接口，PCM30/32 帧结构模式，提供（1+1）E1 线路保护。即当主 E1 传输线路发生故障（有 LOS、RAI、LOF、AIS、10-3 告警）时，立即发出告警，同时判断另一条备用 E1 传输通道的线路状态，若其通道状态正常，则切换到备用 E1 传输通道；如备用通道同样有故障，则不切换。

2. MST-E 设备切换说明

设备实时监测（中断方式）两路 E1 的线路状态（各种告警）和传输性能（误码测试），一旦发现正在传输业务的通道有符合切换条件（LOS、LOF、AIS、RAI 告警，10-6 误码）的事件发生，立即检查另一通道是否完好，如果另一通道也有故障则不动作；如果另一通道正常，则向对端发出切换请求，待双方确认（确认时间一般在 1ms）后，两端同时延迟 15ms 后进行切换。如果设备工作在主从模式，设备一旦发现主通道从故障状态转为正常状态，则会继续确认 20s，在 20s 内主通道一直正常，则认为主通道恢复，两端设备会发起切换信息交互，把业务切回主通道；如果设备工作在 A/B 模式，则没有上述切回主通道的过程。

3. MST-E 设备与保护装置、传输设备连接

MST-E 设备与保护装置、传输设备连接的原理示意图如图 2-27 所示。

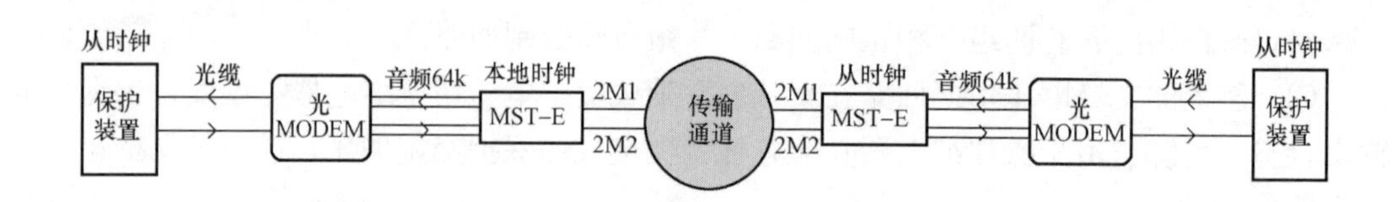

图 2-27　MST-E 设备与保护装置、传输设备连接的原理示意图

4. MST-E 的面板指示灯介绍

（1）RUN：绿灯匀速闪烁，表示 CPU 正常运行。

（2）ALM：红灯长亮，表示设备发生告警。

（3）POWER（1/2）：+5Vx 绿灯长亮，表示第 x 路 DC+5V 正常；−48Vx 绿灯长亮，表示第 x 路 DC-48V 正常。

（4）TX（1/2/3/4）：绿灯长亮，表示第 x 路用户有数据收。

（5）RX（1/2/3/4）：绿灯长亮，表示第 x 路用户有数据发。

（6）ALM（1/2/3/4）：红灯长亮，表示第 x 路用户有自环。

（7）2M-LOSx/LOFx：红灯长亮，表示第 x 个 E1 输入信号丢失；红灯闪烁，表示第 x 个 E1 输入信号失步，通常是由于 CRC 设置不同、主从时钟设置错误等。

（8）2M-AISx/RAIx：红灯长亮，表示第 x 个 E1 输入端至传输设备的连接电缆正常，但无信号；红灯闪烁，表示第 x 个 E1 输入端所连接的对端设备发出告警指示。

（9）2M-CRCx：红灯长亮，表示第 x 个 E1 有 CRC4 校验错误。

5. MST-E 的面板按键介绍

（1）ALARM/MUTE：告警音屏蔽，此键未被按下时，设备任一告警指示灯亮，同时会发出告警音；若按下此键，则设备不发出告警音。

（2）UNMASK/MASK：告警屏蔽按键，此键未被按下时，所有告警状态都不被屏蔽；当此按键按下时，此时正在发生的告警状态将被屏蔽，无告警的支路、用户卡等不受影响，此后工作支路及用户卡等再发生信号消失时仍会发出告警指示。

（3）CONFIRM：此键作为告警确认使用，当设备发出声光告警时，按下此键，可屏蔽此次的告警声光，不影响下次告警发生时的告警指示和声音。

（4）RESERT：设备复位按键。

（5）SW1：此八位拨码开关用来设置网管方式及时钟方式。

（6）SW2：此八位拨码开关用来设置本设备的网络号和节点号。

（二）MST-F 保护设备

MST-F 是在综合业务复用设备的基础上根据用户对 2M 线路进行（1+1）倒换保护的特殊要求，所研发的一种智能传输保护产品。

MST-F 设备具备（1+1）2M 线路保护能力，可根据用户的线路状况自动选择一条最佳的 2M 线路，保证用户数据传输的可靠性和安全性。

1. 功能模块的构成

（1）双电源热备份模块。不同路由的两路−48V 电源（不共地），分别经不同的−48V/5V 电源转换模块后，输出供设备使用。

（2）中央管理模块。对 3 路（1＋1）2M 线路接口（一入两出）进行网络管理和监控，并控制 FPGA 的时钟切换以及保护通道的切换。

（3）（1＋1）2M 线路倒换保护模块。2 路输出的 2M 线路接口，75Ω 非平衡接口，非成帧结构模式，提供（1＋1）2M 线路保护。即当主 2M 传输线路发生故障（有 LOS、AIS 告警）时，立即发出告警，同时判断另一条备用 2M 传输通道的线路状态，若其通道状态正常，则切换到备用 2M 传输通道；如备用通道同样有故障，则不切换。当主通道恢复正常时，备用通道在主动往回切换时会确认主通道 10s 左右的时间，在此期间无告警就会从备用通道切换回主通道。

2. MST-F 设备切换说明

设备实时监测（中断方式）两路通道的线路状态（各种告警），一旦发现正在传输业务的通道有符合切换条件（LOS、AIS 告警）的事件发生，立即检查另一通道是否完好；如果另一通道也有故障则不动作；如果另一通道正常，则向对端发出切换请求，待双方确认（确认时间一般在 3ms）后，两端同时延迟 15ms 后把另一通道从成帧转换为非成帧并进行切换，同时设备会把故障通道从非成帧转换为成帧，并时刻监视通道线路状态。如果设备工作在主从模式，设备一旦发现主通道从故障态转为正常态，则会继续确认 20s，在 20s 内主通道一直正常，则认为主通道恢复，两端设备会发起切换信息交互，把业务切回主通道；如果设备工作在 A/B 模式 MST-F 设备与保护装置、传输设备连接，则没有上述切回主通道的过程。

3. MST-F 设备与保护装置、传输设备连接

MST-F 设备与保护装置、传输设备连接的原理示意图如图 2-28 所示。

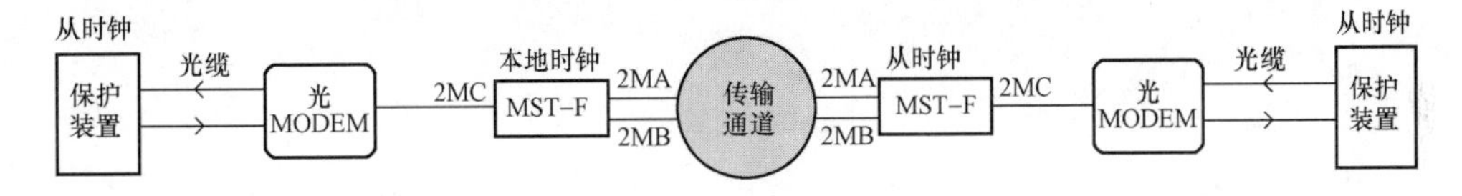

图 2-28　MST-F 设备与保护装置、传输设备连接的原理示意图

4. 继电保护切换装置（PCM）及其优点

保护 PCM 设备，采用主备通道模式、双 2M 切换方式、双 48V 电源。其中 2M 切换为目前的主流方式。

（1）采用 2M 切换方式，当由通信电源、光设备、光缆引起的通道故障时，保护 PCM 设备可在 15ms 内将通道恢复，保证了通道的可靠性、安全性；

（2）切换装置为双电源；

（3）采用 IP 方式解决了所有设备的网管信息传输；

（4）大量减轻了通信、保护运行人员的工作劳动强度；

（5）避免了大量线路继电保护通道同时变为单通道；

（6）随时可掌握继电保护通道的运行工况，便于通道的运行维护。

5. MST-F 的面板指示灯介绍

（1）LOS（A/B）信号丢失告警：分上下两个灯，主用 2M 通道的 2M 信号丢失时，

A红灯亮；备用2M通道的信号丢失时，B红灯亮。

（2）AIS（A/B）对端设备信号丢失告警：分上下两个灯，当对端设备主用2M通道发生信号丢失时，A红色灯亮；当对端设备备用2M通道发生信号丢失时，B红色灯亮。

（3）AIS（A/B）收全“1”告警：分上下两个灯，分别指示主通道和备用通道的收全“1”告警。主通道收全“1”，A指示灯点亮；备用通道收全“1”时，B指示灯点亮。

（4）LOS、A1S被保护通道指示：被保护通道2M线路的信号丢失和对端信号丢失告警时，相应的红灯亮。

（5）SW（八位拨码开关）：用来设置本设备的时钟、网管模式和节点号。

（6）ALARM/MUTE（告警音屏蔽）：此键未被按下时，设备任一告警指示灯亮，同时会发出告警音；若按下此键，则设备不发出告警音。

（7）RESET：设备复位按键。

（8）POWER（1、2）5V供电工作指示：当相应电源模块5V输出正常时，相应5V指示绿灯长亮。

第三章

220kV 母线保护及断路器失灵保护

第一节　概　　述

220kV 母线是发电厂升压站的重要组成部分之一。母线又称汇流排，是汇集和分配电能的重要设备。

在 220kV 母线上有可能发生单相接地、两相或三相短路故障，发生母线故障的原因主要有：

（1）外力破坏。例如，金属物落在母线上造成母线短路，升压站内设备检修时升降车误碰母线造成母线接地等。

（2）与母线连接的设备损坏。例如，支持绝缘子倒塌，电流互感器或电压互感器故障爆炸等。

（3）误操作。例如，带负荷拉开隔离开关引起弧光造成母线短路，带地线误合隔离开关造成母线接地等。

当 220kV 母线发生故障时，如不及时切除故障，将会损害设备，造成大面积停电或全厂停电，甚至有可能造成系统失去稳定。因而双母线系统上发生短路故障时如能快速有选择性地将故障母线切除，则另外一条健全母线仍能继续运行。因此在高压电网的母线上均要求装设专门的母线保护装置。

母线保护装置可以实现母线差动保护、母联充电保护、母联过电流保护、母联死区保护、母联失灵保护、母联非全相保护、断路器失灵保护等功能。

因为母线保护涉及范围较大，误动作后果特别严重，因而对母线保护有以下基本要求：

（1）应能快速有选择性地将故障切除。

（2）保护装置必须可靠，动作灵敏度必须足够。

第二节　母线保护装置的硬件

一、SGB-750 型母线保护装置的硬件介绍

1. 硬件系统构成

AT 模件（数据采集系统）将 TA、TV 的电流、电压量变换成小电压信号，经过低

通滤波和A/D转换后将模拟量变换成计算机可以进行运算的数字量，数字量进入主控模件进行保护逻辑运算及出口跳闸，主控模件由两个完全相同的模件构成，可以独立地进行数据采集和保护计算。出口跳闸板具有互锁回路，只有当主控模件1和2同时发出出口跳闸命令时，出口继电器才能动作。面板模件可以完成人机对话、调试、定值输入、打印等功能。I/O模件主要完成外部信号的输入、跳闸输出、报警等功能。装置硬件如图3-1所示。

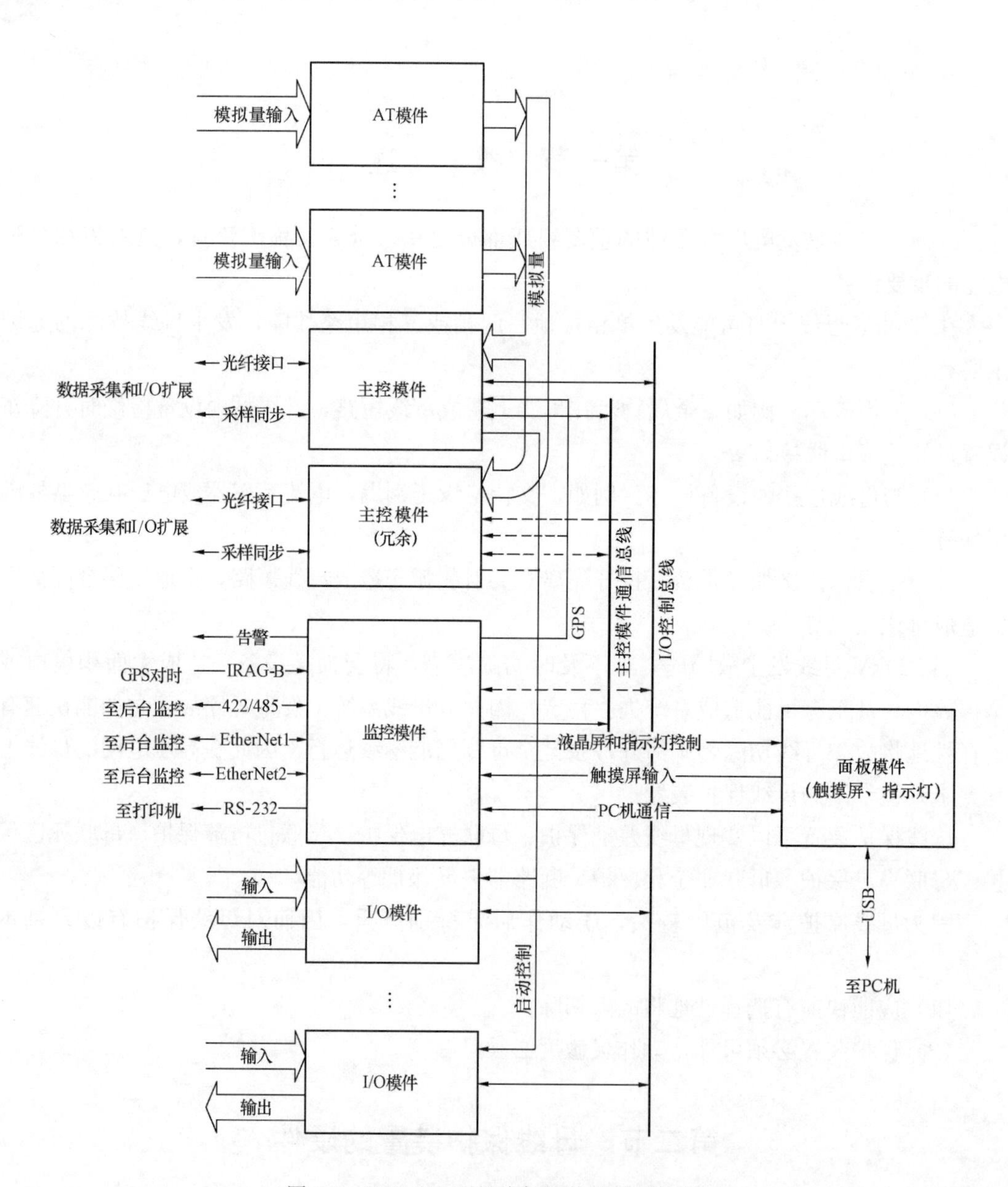

图3-1　SGB-750型母线保护装置的硬件框图

2. 装置的外观及说明

装置面板上10个信号灯，如图3-2所示，信号灯说明如下：

(1)“保护启动”：差流启动、失灵开入或母联保护动作时点亮。

（2）“母差动作”：母线差动和电压闭锁同时动作时点亮。

（3）“失灵动作”：断路器失灵和电压闭锁同时动作时点亮。

（4）“母联保护”：母联保护动作时点亮。

（5）“TA 断线”：装置判断出 TA 回路有断线时点亮。

（6）“TV 断线”：装置判断出 TV 回路有断线时点亮。

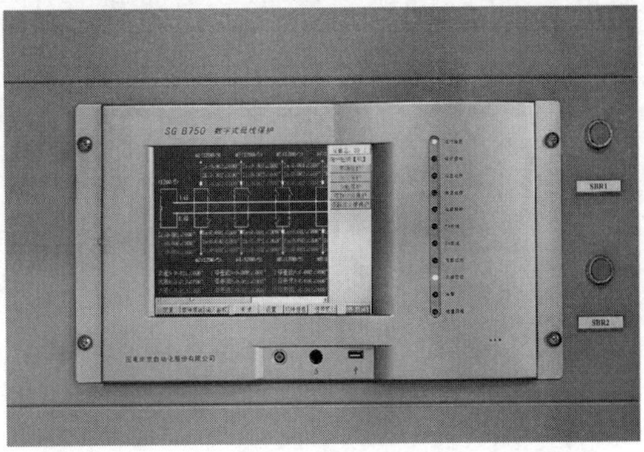

图 3-2 SGB-750 型母线保护装置面板图

（7）“互联状态”：一次系统处于互联状态时点亮。

（8）“隔离开关变位”：支路隔离开关变位时点亮。

（9）“告警”：母联隔离开关和支路隔离开关位置不正常时告警灯点亮。

（10）“装置异常”：误投分列连接片、失灵长期开入、非全相保护长期开入时告警灯点亮。

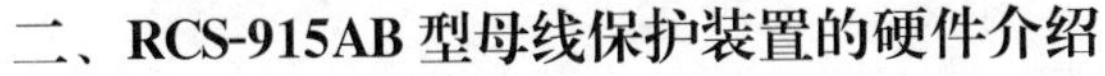

二、RCS-915AB 型母线保护装置的硬件介绍

1. 硬件系统构成

保护装置由开关量输入回路、出口与信号回路、电源插件、CPU 板和管理板插件、交流输入回路构成。具体硬件模块框图如图 3-3 所示。

交流信号输入电流、电压首先经隔离互感器传变至二次侧成为小电压信号，分别进入 CPU 板和管理板。CPU 板主要完成保护的逻辑及跳闸出口功能，同时完成事件记录和打印、保护部分的后台通信及与面板 CPU 的通信；管理板内设总启动元件，启动后开放出

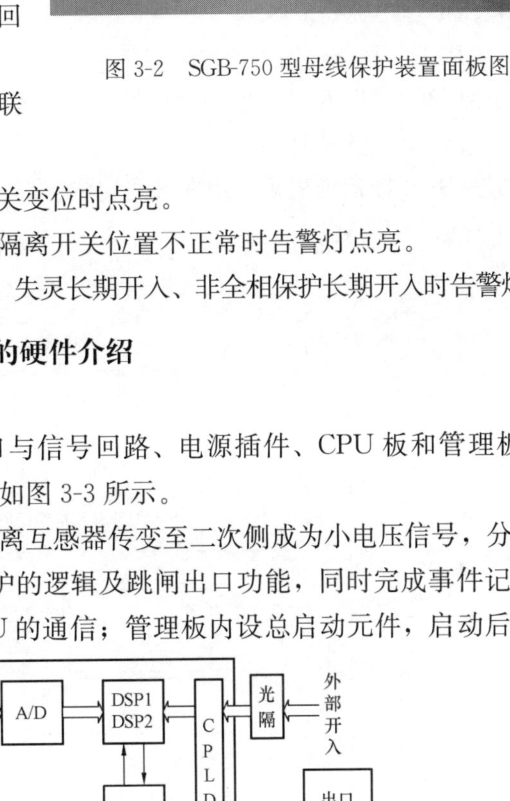

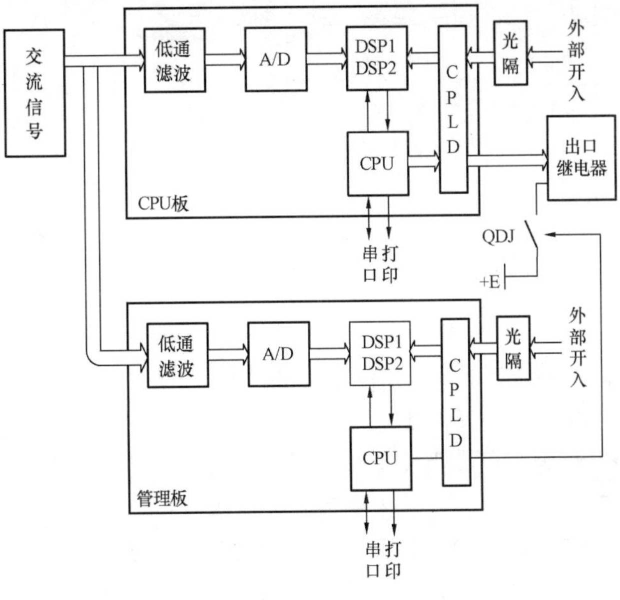

图 3-3 RCS-915AB 型母线保护装置的硬件框图

口继电器的正电源，另外，管理板还具有完整的故障录波功能，录波格式与 COMTRADE 格式兼容，录波数据可单独串口输出或打印输出。

低通滤波：对微机保护来说，在故障初始，电压、电流量中可能含有很高的频率成分，为了防止频率混叠，采样频率必然选得很高，从而要求硬件速度快，使得成本增加，有时甚至难以做到。实际上保护原理是基于工频分量的，故可以在采样之前使输入信号限制在一定的频带内，即降低输入信号的最高频率。

（1）A/D：计算机只对数字量进行计算，A/D 回路就是将模拟信号变为数字量。

（2）DSP：数字信号处理器，是一种具有特殊结构的微处理器。

（3）CPU：中央处理器。

（4）CPLD：复杂可编程的逻辑器件。

DSP、CPU、CPLD 共同实现保护的运算及逻辑功能。

2. 装置的外观及说明

装置采用 12U 标准机箱，用嵌入式安装于屏上。RCS-915AB 型母线保护装置的面板如图 3-4 所示。

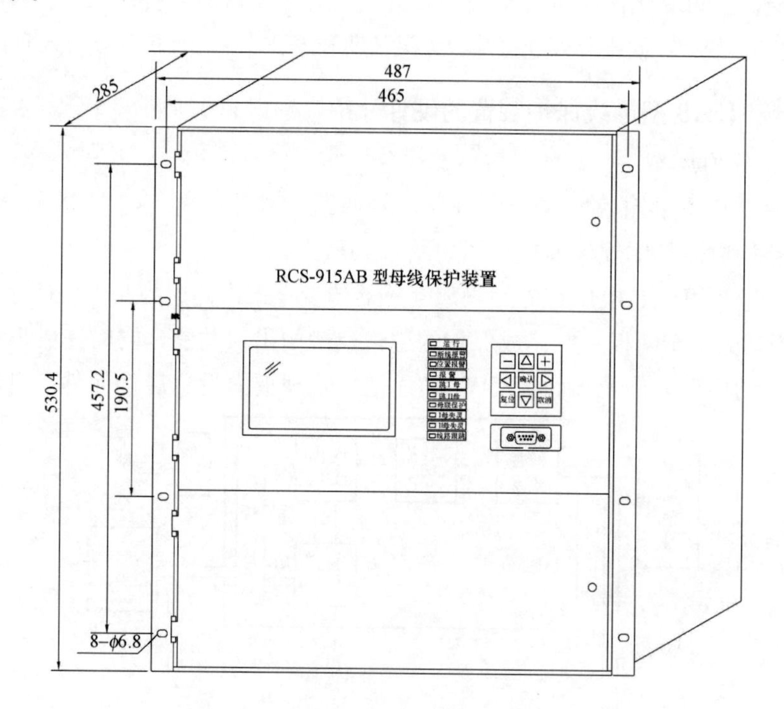

图 3-4　RCS-915AB 型母线保护装置的面板图

装置面板上设有九键键盘和 10 个信号灯，信号灯说明如下：

（1）“运行”灯为绿色，装置正常运行时点亮。

（2）“断线报警”灯为黄色，当发生交流回路异常时点亮。

（3）“位置报警”灯为黄色，当发生隔离开关位置变位、双跨或自检异常时点亮。

（4）“报警”灯为黄色，当发生装置其他异常情况时点亮。

（5）“跳Ⅰ母”“跳Ⅱ母”灯为红色，母线差动保护动作跳母线时点亮。

（6）“母联保护”灯为红色，母差跳母联、母联充电、母联非全相、母联过电流保护

动作或失灵保护跳母联时点亮。

（7）“Ⅰ母失灵”“Ⅱ母失灵”灯为红色，断路器失灵保护动作时点亮。

（8）“线路跟跳”灯为红色，断路器失灵保护动作时点亮。

（9）保护柜的其他元件。机柜正面左上部为电压切换开关，TV 检修或故障时使用，断路器位置有双母、Ⅰ母、Ⅱ母三个位置。当断路器置在双母位置时，引入装置的电压分别为Ⅰ母、Ⅱ母 TV 的电压；当断路器置在Ⅰ母位置时，引入装置的电压都为Ⅰ母 TV 的电压，即 $U_{a2}=U_{a1}$、$U_{b2}=U_{b1}$、$U_{c2}=U_{c1}$；当断路器置在Ⅱ母位置时，引入装置的电压都为Ⅱ母 TV 的电压，即 $U_{a1}=U_{a2}$、$U_{b1}=U_{b2}$、$U_{c1}=U_{c2}$。

机柜正面右上部有三个按钮，分别为信号复归按钮、隔离开关位置确认按钮和打印按钮。复归按钮用于复归保护动作信号，隔离开关位置确认按钮供运行人员在隔离开关位置检修完毕后复归位置报警信号，而打印按钮供运行人员打印当次故障报告。

机柜正面下部为连接片，主要包括保护投入连接片和各连接元件出口连接片。

机柜背面顶部有三个空气开关，分别为直流开关和 TV 回路开关。

三、BP-2B 型母线保护装置的硬件介绍

1. 硬件系统构成

BP-2B 型母线保护由保护元件、闭锁元件和管理元件三大系统构成。保护元件主要完成各间隔模拟量、开关量的采集，各保护功能的逻辑判别并出口至跳闸出口继电器 KT；闭锁元件主要完成各电压量的采集，各段母线的闭锁逻辑并出口至闭锁出口继电器 KL；管理元件的工作是实现人机交互、记录管理和后台通信。各系统独立工作，相互配合。保护元件和闭锁元件的主机模件、光耦模件完全相同，可互换使用。由于是按母线间隔进行插件设计，因此维护极为方便。其强弱电分离的走线连接和独立的电源分配，再加上滤波、屏蔽等环节，使各模件工作于稳定的环境中，充分保证了装置的电磁兼容性能。

2. 装置的外观及说明

装置采用 18U 标准整体机箱，嵌入式安装于保护屏的旋转元器件门上，机箱正面面板居中，是 320×240 点阵的大屏幕液晶和 6 键键盘——上、下、左、右、确认、取消。液晶通过汉字窗口显示丰富的装置信息。键盘左侧的三列绿色指示灯，分别表示保护元件、闭锁元件和管理机的电源、运行、通信状态，指示灯闪亮表示相应回路正常。每列指示灯下方的隐藏按钮，是各自的复位按钮。

装置状态指示灯与按钮说明见表 3-1。

表 3-1　　装置状态指示灯与按钮说明

保护电源	保护元件使用的+5、±15V 电平正常
保护运行	保护主机正常上电，开始运行保护软件
保护通信	保护主机正与管理机进行通信
保护复位	内置按钮，按下使保护主机复位
闭锁电源	闭锁元件使用的+5、±15V 电平正常

续表

闭锁运行	闭锁主机正常上电，开始运行保护软件
闭锁通信	闭锁主机正与管理机进行通信
闭锁复位	内置按钮，按下使闭锁主机复位
管理电源	管理机与液晶显示使用的＋5V 电平正常
操作电源	操作回路使用的＋24V 电平正常
对比度	内置按钮，左右旋转可调节液晶显示对比度
管理复位	内置按钮，按下使管理机复位

3. 保护柜的其他元件

元器件门侧安装有“复归按钮”RT、“保护切换把手”QB。保护切换把手是方便运行人员投退差动保护和失灵出口时使用。

BP-2B 型母线保护装置面板如图 3-5 所示。

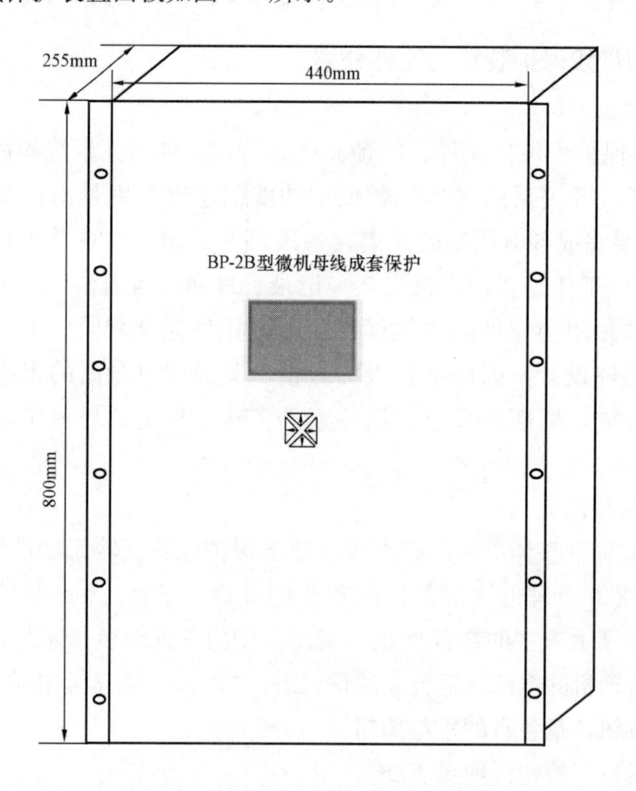

图 3-5　BP-2B 型母线保护装置面板图

第三节　母线差动保护

母线保护中最主要的是母线差动保护。母线差动保护的基本原理，就是按照流入母线的电流和流出母线的电流平衡原理进行判断和动作。当母线正常运行或区外故障时，母线就相当于一个节点，流入的电流和流出的电流相等，母线差动保护可靠不动作。当母线区内故障

时，这一平衡就会破坏，母线上有电源的所有元件电流都流入母线，提供短路电流，差动保护感受到的电流之和正比于故障点电流，母线差动保护就可以可靠动作。

所以母线差动保护可以区分为母线内和母线外的故障，其保护范围是母线上参与差动电流计算的各元件 TA 所包围的范围。

母差保护的逻辑框图如图 3-6 所示。

由图 3-6 可以看出：当小差元件、大差元件及启动元件同时动作，且复合电压元件也动作时，保护才去跳该条母线上的各断路器。如果 TA 饱和鉴别元件鉴定出 TA 饱和，则立即将母线差动保护闭锁。

母线差动保护中的大差是除母联断路器和分段断路器外所有支路电流所构成的差回路，其作用是可以区分是母线内还是母线外故障，但不能区分是哪段母线发生故障。某段母线的小差指该段所连接的包括母联断路器和分段断路器的所有支路电流构成的差回路。其作用是可以区分是该段母线内还是该段母线外故障，可作为故障母线的选择元件。也就是大差用于判别母线区内和区外故障，小差用于判别是哪段母线故障。

以双电源在Ⅱ母、双出线在Ⅰ母运行方式为例，流入大差元件的电流为 $I_1 \sim I_4$ 四个电流；流入Ⅰ母小差元件的电流为 I_1、I_2 及 I_0；流入Ⅱ母小差元件的电流为 I_3、I_4 及 I_0；正常运行和区外故障时，流入母线的电流和流出母线的电流相等，大差元件和小差元件都不动作，如图 3-7 所示。

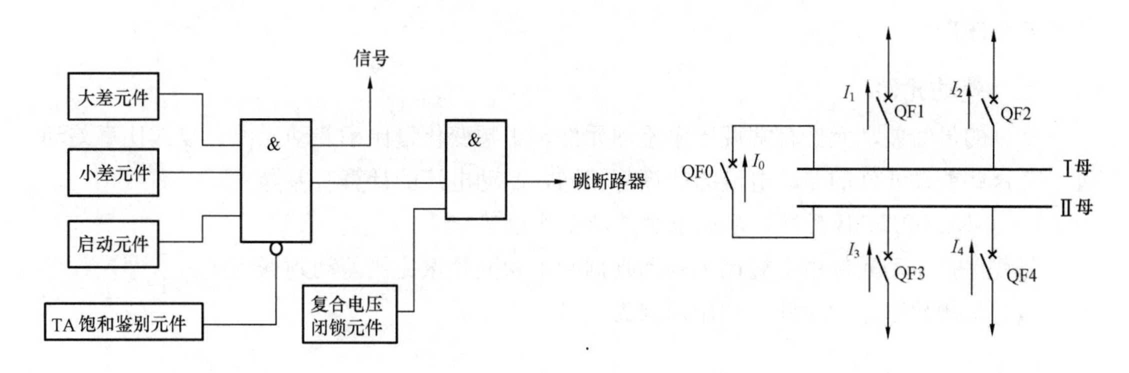

图 3-6　母差保护的逻辑框图　　图 3-7　正常运行方式电流方向示意图

当Ⅰ母故障时，各个电流都流向Ⅰ母，大差元件反映出差电流而动作；Ⅰ母小差元件由于 I_1、I_2 电流方向变化动作，而Ⅱ母小差元件由于其 I_3、I_4 及 I_0 方向不变而不动作，如图 3-8 所示。

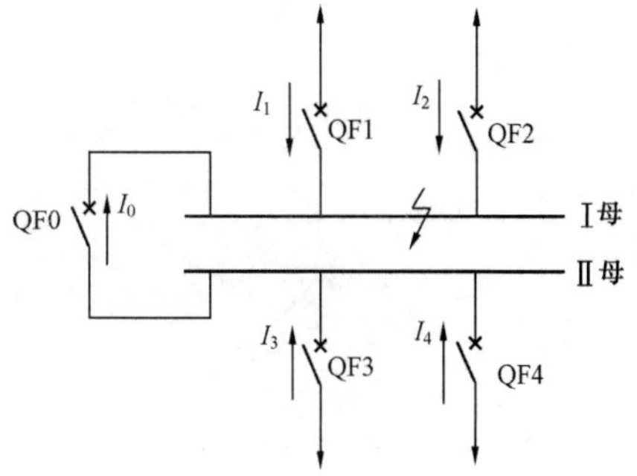

图 3-8　Ⅰ母故障下的电流方向示意图

“和电流”是指母线上所有连接元件电流的绝对值之和，即

$$I_r = \sum_{j=1}^{m} |I_j| \tag{3-1}$$

式中　I_j——母线上第 j 个连接元件的电流。

“差电流”是指所有连接元件电流和的绝对值，即

$$I_{\mathrm{d}} = \left| \sum_{j=1}^{m} I_j \right| \tag{3-2}$$

母线差动保护主要由三个分相差动元件构成。另外，为提高保护的动作可靠性，在保护中还设置有启动元件、复合电压闭锁元件、TA 二次回路断线闭锁元件和 TA 饱和检测元件等。

一、启动元件

为提高母线差动保护的动作可靠性，母线差动保护设置有专用的启动元件，只有启动元件启动之后，母线差动保护才能动作。

启动元件的判据不同厂家采用的判据不同，通常采用的启动元件有电压工频变化量元件、电流工频变化量元件、差流越限元件等。RCS-915AB 型微机母线保护装置启动元件采用电压工频变化量和差流越限作为启动元件启动的判据；BP-2B 型微机母线保护装置启动元件采用和电流突变量和差流越限作为启动元件启动的判据；SGB-750 型微机母线保护装置启动元件采用差电流快速突变启动和差电流慢速积分启动作为启动元件启动的判据。

（1）电压工频变化量元件。当任一相电压工频变化量大于门槛值时，电压工频变化量元件动作，启动母线差动保护。

（2）电流工频变化量元件。当任一相电流工频变化量大于门槛值时，电流工频变化量元件动作，启动母线差动保护。

（3）差流越限元件。当任一相大差元件差流大于门槛值时，差流越限元件动作，启动母线差动保护。

二、差动元件

常见的母线差动元件有常规比率差动元件、工频变化量比率差动元件、复式比率差动元件。这些差动元件的差动电流的计算都相同，制动电流的计算有差异。

（一）RCS-915AB 型微机母线保护差动元件原理

母线保护差动元件由常规比率差动判据和工频变化量比例差动判据构成。

（1）常规比率差动元件。动作判据为

$$\begin{cases} \left| \sum_{j=1}^{m} I_j \right| > I_{\mathrm{set}} & (3\text{-}3) \\ \left| \sum_{j=1}^{m} I_j \right| > K \sum_{j=1}^{m} \left| I_j \right| & (3\text{-}4) \end{cases}$$

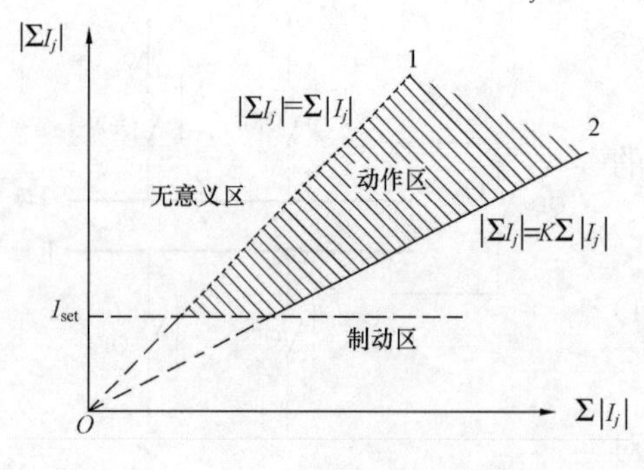

图 3-9　比例差动元件动作特性曲线

式中　K——比率制动系数；

I_j——第 j 个连接元件的电流；

I_{set}——差动电流启动定值。

其动作特性曲线如图 3-9 所示。

图 3-9 中“差电流”$\left|\Sigma I_j\right|$ 为动作电流，“和电流”$\Sigma\left|I_j\right|$ 为制动电流，斜线的斜率即为比率制动系数，满足式（3-3）说明动作电流大于差动电流启动定值，工作点在水平虚

线的上方；满足式（3-4）说明动作电流大于制动电流，工作点在斜线 2 的上方，同时满足式（3-3）和式（3-4）时，说明差动电流与制动电流的工作点位于双折线上方，此时差动元件动作。

由于 $|\Sigma I_j|$ 不可能大于 $\Sigma|I_j|$，故差动元件不可能工作于斜率为 1 的虚线上方，所以斜率为 1 的虚线上方是无意义区。双折线的上方和斜率为 1 的虚线下方所包含的区域是差动元件的动作区。在斜线部分，差动元件有制动作用，差动元件要动作时的动作电流随着制动电流的增大而增大，有利于外部短路时躲过不平衡电流使保护不误动。

（2）工频变化量比率差动元件。为提高保护抗过渡电阻能力，减少保护性能受故障前系统功角关系的影响，RCS-915AB 型微机母线保护除采用由差电流构成的常规比率差动元件外，还采用工频变化量电流构成的工频变化量比率差动元件，与制动系数固定为 0.2 的常规比率差动元件配合构成快速差动保护。其动作判据为

$$\begin{cases} \left|\Delta\sum_{j=1}^{m} I_j\right| > \Delta DI_{\mathrm{T}} + DI_{\mathrm{set}} \\ \left|\Delta\sum_{j=1}^{m} I_j\right| > K'\sum_{j=1}^{m} |\Delta I_j| \end{cases} \tag{3-5}$$

其中 K' 为工频变化量比率制动系数，母联断路器处于合闸位置及投单母或隔离开关双跨时 K' 取 0.75，而当母线分列运行时则自动转用比率制动系数低值，小差则固定取 0.75。ΔI_j 为第 j 个连接元件的工频变化量电流；ΔDI_{T} 为差动电流启动浮动门槛；DI_{set} 为差电流启动的固定门槛，由 I_{set} 得出。

（二）BP-2B 型微机母线保护差动元件原理

母线保护差动元件由分相复式比率差动判据和分相突变量复式比率差动判据构成。

（1）分相复式比率差动判据。动作表达式为

$$\{\ I_{\mathrm{d}} > I_{\mathrm{dset}} I_{\mathrm{d}} > K_{\mathrm{r}}(I_{\mathrm{r}} - I_{\mathrm{d}}) \tag{3-6}$$

式中 I_{dset}——差电流门槛定值；

K_{r}——复式比率系数（制动系数）。

复式比率差动判据相对于传统的比率制动判据，由于在制动量的计算中引入了差电流，使其在母线区外故障时有极强的制动特性，在母线区内故障时无制动，因此能更明确地区分区外故障和区内故障。

（2）故障分量复式比率差动判据。根据叠加原理，故障分量电流有以下特点：①母线内部故障时，母线各支路同名相故障分量电流在相位上接近相等（即使故障前系统电源功角摆开）。②理论上，只要故障点过渡电阻不是∞，母线内部故障时故障分量电流的相位关系不会改变。

为有效减少负荷电流对差动保护灵敏度的影响，进一步减少故障前系统电源功角关系对保护动作特性的影响，提高保护切除经过渡电阻接地故障的能力，BP-2B 型微机母线保护装置采用电流故障分量分相差动构成复式比率差动判据。

故障分量的提取有多种方案，BP-2B 型微机母线保护采用的数字算法为

$$\Delta i(k) = i(k) - i(k-N) \tag{3-7}$$

式中　$i(k)$ ——当前电流采样值；

$i(k-N)$ ——一个周波前的采样值。

在故障发生后的一个周波内，其输出能较为准确地反映包括各种谐波分量在内的故障分量。

“故障分量差电流” $\Delta I_{\mathrm{d}}=\left|\sum_{j=1}^{m}\Delta I_{j}\right|$；“故障分量和电流” $\Delta I_{\mathrm{r}}=\sum_{j=1}^{m}|\Delta I_{j}|$，其中 ΔI_{j} 为第 j 个连接元件的电流故障分量。

动作表达式为

$$\begin{cases}\Delta I_{\mathrm{d}}>\Delta I_{\mathrm{dset}}\\ \Delta I_{\mathrm{d}}>K_{\mathrm{r}}(\Delta I_{\mathrm{r}}-\Delta I_{\mathrm{d}})\\ I_{\mathrm{d}}>I_{\mathrm{dset}}\\ I_{\mathrm{d}}>0.5\times(I_{\mathrm{r}}-I_{\mathrm{d}})\end{cases}\tag{3-8}$$

式中　ΔI_{dset} ——故障分量差电流门槛，由 I_{dset} 推得；

K_{r} ——复式比率系数（制动系数）。

由于电流故障分量的暂态特性，故障分量复式比率差动判据仅在和电流突变启动后的第一个周波投入，并受使用低制动系数（0.5）的复式比率差动判据闭锁。

保护将母线上所有连接元件的电流采样值输入上述两个差动判据，即构成大差（总差）比率差动元件；对于分段母线，将每一段母线所连接元件的电流采样值输入上述差动判据，即构成小差（分差）比率差动元件。各元件连接在哪一段母线上，是根据各连接元件的隔离开关的位置来决定的。

（三）SGB-750 型*微机母线保护差动元件原理*

母线保护差动元件采用工频变化量差动判据和常规电流差动判据相结合的原理，与 RCS-915AB 型保护基本相同。

三、TA 饱和检测元件

为防止母线保护在母线近端发生区外故障时 TA 严重饱和的情况下发生误动，TA 饱和检测元件保护装置根据 TA 饱和波形特点设置了 TA 饱和检测元件，用以判别差动电流的产生是否由区外故障 TA 饱和引起，如果是则闭锁差动保护出口，否则开放保护出口。

四、复合电压闭锁元件

母线保护中的差动元件是以电流判据为主的，为提高母线保护的整体可靠性，需要用电压闭锁元件来配合。

复合电压元件逻辑框图如图 3-10 所示。

由图 3-10 可以看出，当低电压元件、突变量元件、零序电压元件或负序电压元件只要有一个或一个以上的元件动作时，立即开放母线差动保护。

需要说明的是，微机母线保护的复合电压闭锁采用软件实现，当然对于出口继电器或人员误碰跳闸回路，仍然会造成保护误动。

（1）RCS-915 型保护装置电压闭锁元件判据为

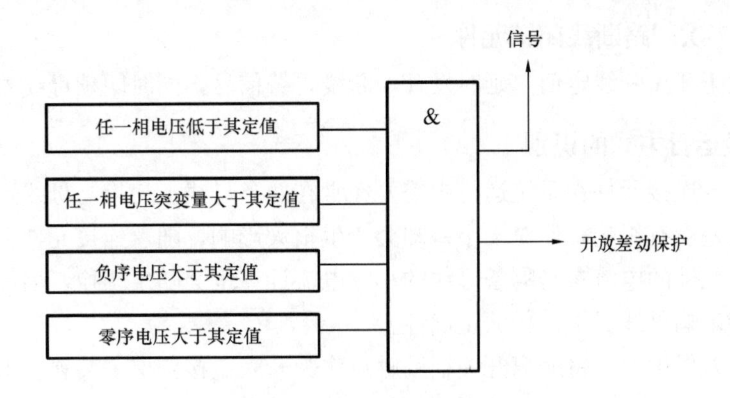

图 3-10 复合电压元件逻辑框图

$$U_{ph} \leqslant U_{bs}, 3U_0 \geqslant U_{0bs}, U_2 \geqslant U_{2bs} \tag{3-9}$$

式中 U_{ph}——相电压；

$3U_0$——三倍零序电压（自产）；

U_2——负序相电压；

U_{bs}——相电压闭锁值；

U_{0bs}、U_{2bs}——零序、负序电压闭锁值。

因为判据中用到了低电压、零序和负序电压，所以称为复合电压闭锁。以上三个判据任一个动作时，电压闭锁元件开放。在动作于故障母线跳闸时必须经相应的母线电压闭锁元件闭锁。

RCS-915 型装置可以进行母线电压切换，当有一组 TV 检修或故障时，可利用屏上的电压切换开关进行切换。断路器位置有双母、Ⅰ母、Ⅱ母三个位置，所对应的开入触点 TV 见表 3-2。

表 3-2　　Ⅰ母、Ⅱ母 TV 切换

断路器位置	双母	Ⅰ母	Ⅱ母
Ⅰ母 TV	0	1	0
Ⅱ母 TV	0	0	1

当断路器置在双母位置时，引入装置的电压分别为Ⅰ母、Ⅱ母 TV 的电压；当断路器置在Ⅰ母位置时，引入装置的电压都为Ⅰ母 TV 的电压，即 $U_{a2}=U_{a1}$、$U_{b2}=U_{b1}$、$U_{c2}=U_{c1}$；当断路器置在Ⅱ母位置时，引入装置的电压都为Ⅱ母 TV 的电压，即 $U_{a1}=U_{a2}$、$U_{b1}=U_{b2}$、$U_{c1}=U_{c2}$。

（2）BP-2B 型保护装置电压闭锁元件判据为：BP-2B 型保护装置电压闭锁元件判据和 RCS-915 型保护装置电压闭锁元件判据基本相同，不同的是 BP-2B 型保护装置低电压使用线电压而 RCS-915 型保护装置低电压使用的是相电压。

（3）SGB-750 型保护装置电压闭锁元件判据为：SGB-750 型保护装置电压闭锁元件判据采用相电压突变、相低电压、负序电压和零序电压等，比上述两个保护多了相电压突变的判据。

五、TA二次回路断线闭锁元件

差电流大于TA断线定值，延时发TA断线告警信号，同时闭锁母线差动保护。

六、母线运行方式的识别

双母线上各连接元件在系统运行中需要经常在两条母线上切换，母线运行方式发生变化时，对于大差没有影响，但对于小差却会产生很大影响，随着连接元件在两条母线上的切换，该连接元件的电流参与哪条母线的小差电流计算也会随之切换，因此正确识别母线运行方式直接影响母线保护动作的正确性。

在微机母差保护中，将隔离开关辅助触点作为开入量接到保护装置。保护装置根据测量到的开入量状态确定该连接元件接在哪条母线上，于是将该连接元件上的电流参与该条母线的小差计算。

第四节　断路器失灵保护

1. 断路器失灵保护的概念

当线路、变压器、母线或其他主设备发生短路，保护装置动作并发出了跳闸指令，但故障设备的断路器拒绝动作跳闸时，称为断路器失灵。当某断路器失灵时，由该线路或元件的失灵启动装置提供一个失灵启动触点给保护装置，保护装置检测到某一失灵启动触点闭合后，启动该断路器所连的母线段失灵出口逻辑，经失灵复合电压闭锁，按可整定的“失灵出口短延时”跳开联络断路器，“失灵出口长延时”跳开该母线连接的所有断路器。

2. 断路器失灵的影响

断路器失灵的影响有：

（1）损坏主设备或引起火灾；

（2）扩大停电范围；

（3）可能使电力系统瓦解。

3. 失灵保护构成原理

判断断路器失灵应有两个主要条件：一是有保护对该断路器发过跳闸命令；二是该断路器在一段时间里一直有电流，这样才能真正判断是断路器失灵。失灵保护由失灵启动元件、延时元件、运行方式识别元件和复合电压闭锁元件四部分构成。失灵启动元件动作后以 t_0 延时再跳一次该断路器，以 t_1 延时跳母联断路器，再经运行方式识别元件判断失灵断路器所在母线和复合电压闭锁元件后以 t_2 延时切除失灵断路器所在母线的所有断路器。

4. 失灵保护的逻辑框图

双母线接线的断路器失灵保护由失灵启动元件、延时元件、运行方式识别元件和复合电压闭锁元件四部分构成。其逻辑框图如图3-11所示。

图3-11中失灵启动元件来自线路保护或发电机—变压器组保护的保护动作触点和判断仍有电流的电流元件，失灵启动元件动作后延时 t_0（0.15s）再跳一次失灵断路器，延时 t_1（0.3s）跳母联断路器，延时 t_2（0.5s）如失灵启动元件不返回，复合电压闭锁元件满足条件或失灵解锁，则失灵保护动作跳开失灵断路器所在母线上的全部断路器。

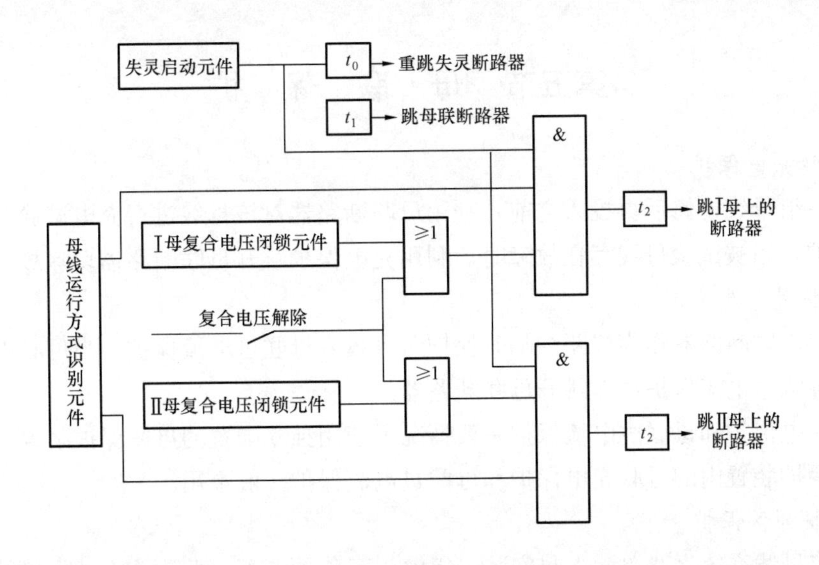

图 3-11　失灵保护逻辑框图

图 3-11 中只有失灵启动元件中的保护跳闸触点和失灵电流判据来自线路保护或发电机—变压器组保护，其他各部分全部由微机母线保护装置来实现（母线保护装置中也可以实现失灵电流判据）。

5. 延时元件

断路器失灵保护的延时用于确认在这段时间内该断路器中一直有电流。因此要求电流判别元件的动作时间和返回时间要快，均不应大于 20ms。最短动作时间应大于断路器的跳闸时间与保护继电器的返回时间之和，以确认断路器中还有电流确实是由于该断路器失灵所造成。

6. 运行方式识别元件

保护装置引入支路隔离开关的辅助触点的位置，从而确认失灵断路器支路运行在哪条母线上。失灵保护的运行方式识别和母线差动保护应用同一个回路。

7. 复合电压闭锁元件

复合电压闭锁的作用是防止失灵保护出口继电器误动而造成误跳断路器。其动作判据和母线差动保护复合电压闭锁相同，双母线的复合电压闭锁元件有两套，分别开放两套母线的跳闸回路。

考虑主变压器低压侧故障、高压侧断路器失灵时，高压侧母线的电压闭锁灵敏度有可能不够，因此设置失灵解除电压闭锁回路，保护装置对变压器支路设置有“解除失灵保护电压闭锁”的开入端子，可通过控制字选择主变压器支路跳闸时失灵保护不经电压闭锁，同时将保护动作触点接至解除失灵负压闭锁开入，该触点动作时才允许解除电压闭锁。失灵解除电压闭锁回路是将主变压器各支路解除失灵电压闭锁的触点并联开入到保护装置“失灵解除电压闭锁”。

8. 提高失灵保护可靠性的其他措施

在失灵启动回路中不能使用非电量保护的出口触点，因为非电量保护动作后不能快速自动返回，容易造成保护误动。非电量保护主要有重瓦斯保护、压力保护、发电机的断水保护及热工保护等。

第五节　母　联　保　护

1. 母联充电保护

当任一组母线检修后再投入之前，利用母联断路器对该母线进行充电试验时可投入母联充电保护，当被试验母线存在故障时，利用充电保护跳开母联断路器切除故障。

2. 母联过电流保护

当利用母联断路器作为线路的临时保护时可投入母联过电流保护，当母联电流大于整定值时，母联过电流保护动作跳开母联断路器。

母联充电保护和母联过电流保护一般情况下使用独立配置的母联保护装置，因此，配置在母线保护装置内的母联充电保护和母联过电流保护一般不用。

3. 母联死区保护

由于双母线系统母联单元上只安装一组电流互感器TA，若母联断路器和母联TA之间发生故障，断路器侧母线（母联断路器）跳开后故障仍然存在，正好处于TA侧母线（母联TA靠近侧的母线）小差的死区，为提高保护动作速度，专设了母联死区保护。母联死区保护在差动保护发母线跳令后，母联断路器已跳开而母联TA仍有电流，且大差比率差动元件及断路器侧小差比率差动元件不返回的情况下，经死区动作延时T_{sq}跳开另一条母线。为防止母联断路器在跳位时发生死区故障将母线全切除，当两母线都有电压且母联断路器在跳位时母联电流不计入小差。

母联死区保护逻辑框图如图3-12所示。

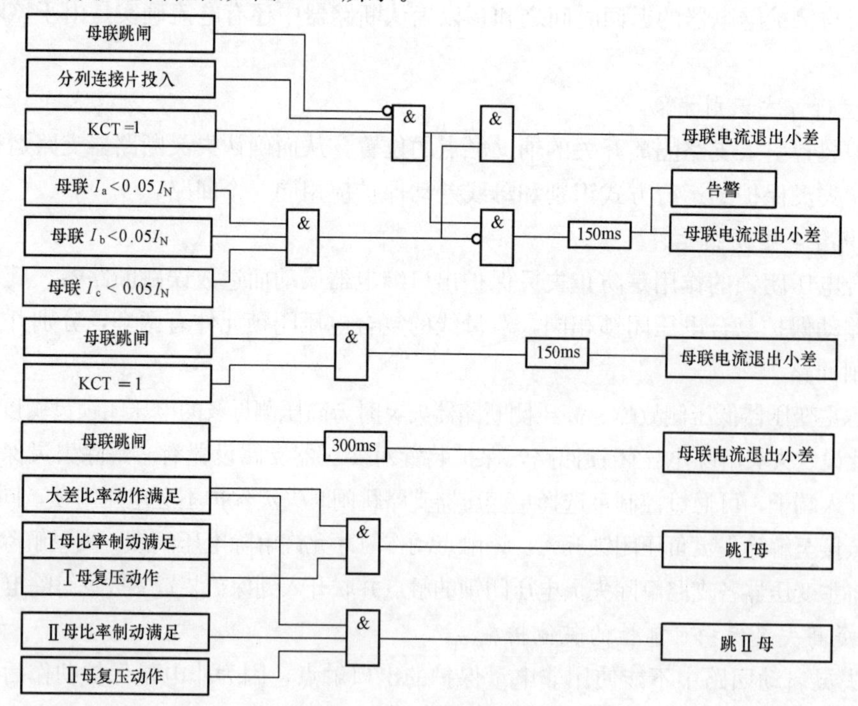

图3-12　母联死区保护逻辑框图
KCT—断路器跳闸位置继电器

4. 母联失灵保护

当保护向母联断路器发跳令后，经整定延时母联电流仍然大于母联失灵电流定值时，母联失灵保护经两母线电压闭锁后切除两母线上所有连接元件。

母联失灵保护逻辑框图如图 3-13 所示。

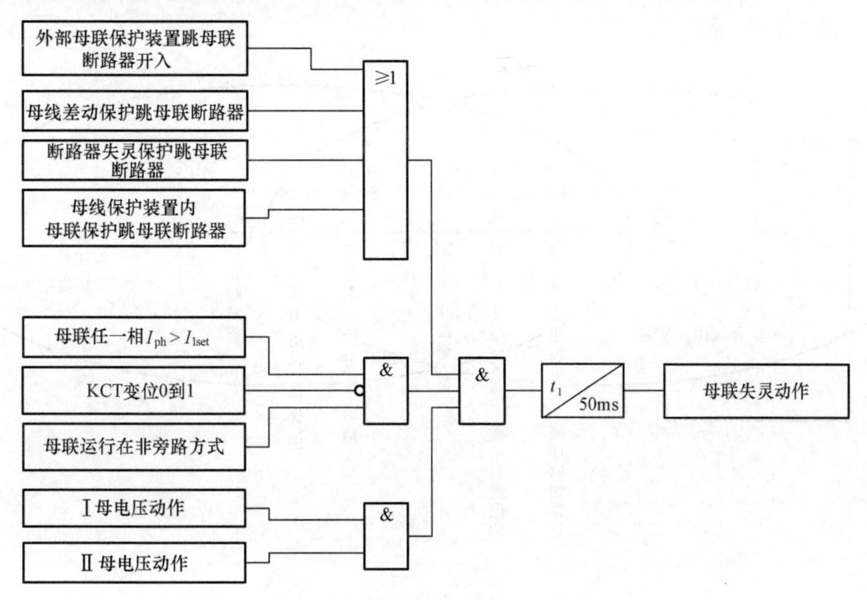

图 3-13 母联失灵保护逻辑框图

t_1—母联分段失灵时间；I_{1set}—母联分段失灵电流定值

第六节 母线保护 TA 绕组的配置和极性

一、母线保护 TA 绕组的配置

由于母线保护双重化在 TA 配置上每套保护要求独立的 TA 绕组，采用哪个绕组配置给母线保护，必须要考虑保护范围的交叉。如果采用图 3-14 所示的配置，则 TA 内部 k

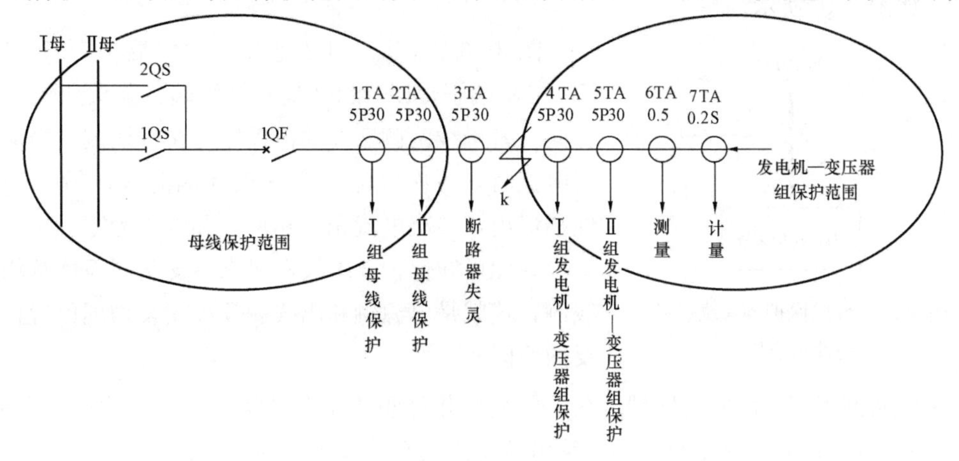

图 3-14 TA 绕组的错误配置图

点发生击穿短路故障时，均不在母线保护和发电机—变压器组保护范围内，形成保护死区故障，将扩大事故影响范围。

因此，母线保护的TA配置必须和发电机—变压器组或线路保护的范围交叉，TA内部k点发生击穿短路故障时，故障点在母线保护和发电机—变压器组或线路保护的重叠范围之内，如图3-15所示。

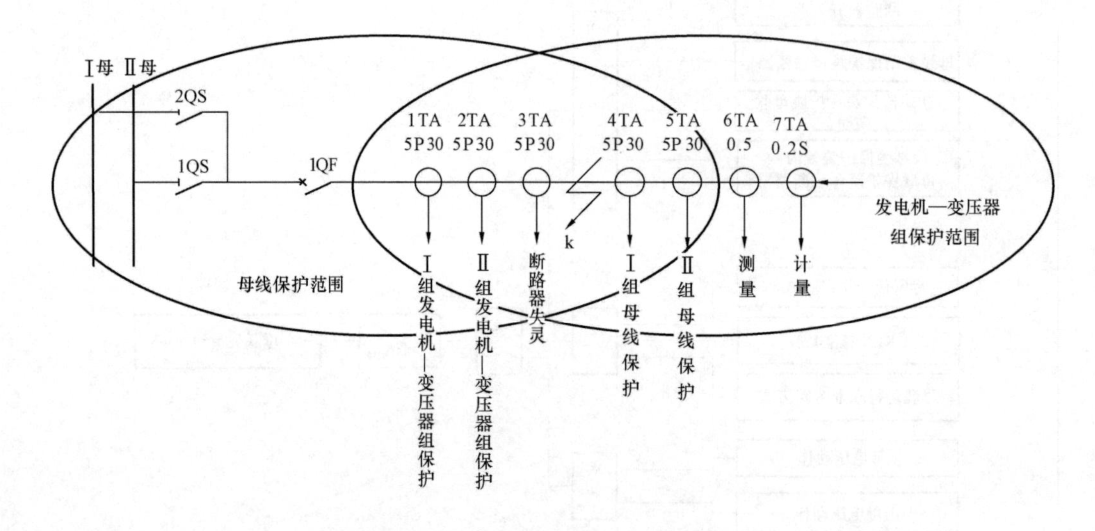

图3-15　TA绕组的正确配置图

二、母线保护TA绕组的极性

母线保护对TA极性要求十分严格，在实际应用中，规定TA采用减极性标注的方法是：同时从一、二次绕组的同极性端通入相同方向的电流时，它们在铁芯中产生的磁通方向相同。当从一次绕组的极性端通入电流时，二次绕组中感应出的电流从极性端流出，假若以从极性流入为正方向，则一、二次电流方向相反，因此称为减极性标注。这样规定的TA同极性端的电流，根据电磁感应定律，在某一时刻，当一侧电流作为电源从同极性端流入时，另一侧作为负荷则从同极性端流出，这样标注的电流方向一、二次电流认为是同相位，如图3-16所示。

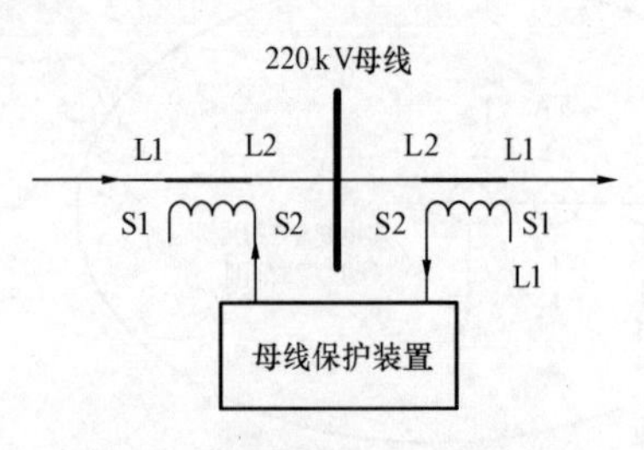

图3-16　母线保护TA绕组的极性示意图

图3-16中，L1、L2是TA一次端子，S1、S2是TA二次端子，L2和S2是同极性端，箭头所指为电流方向。若母线两侧TA的极性端均在母线侧，当流过负荷电流时，一次电流一个从极性端流入，另一个从极性端流出，二次电流相位相反，和电流为零。

因此母线保护TA极性要求各支路同极性端均在母线侧，这就是电源侧和出线侧TA安装物理位置正好相反的原因。

母联断路器TA的同极性端可在Ⅰ母侧或Ⅱ母侧。如果母联TA同极性端在Ⅰ母侧，如图3-17（b）所示，则Ⅰ母小差计算电流是连接在Ⅰ母上的所有支路电流的相量和再加上母联电流，Ⅱ母小差计算电流是连接在Ⅱ母上的所有支路电流的相量和再减去母联电

流；反之，如图 3-17（a）所示。

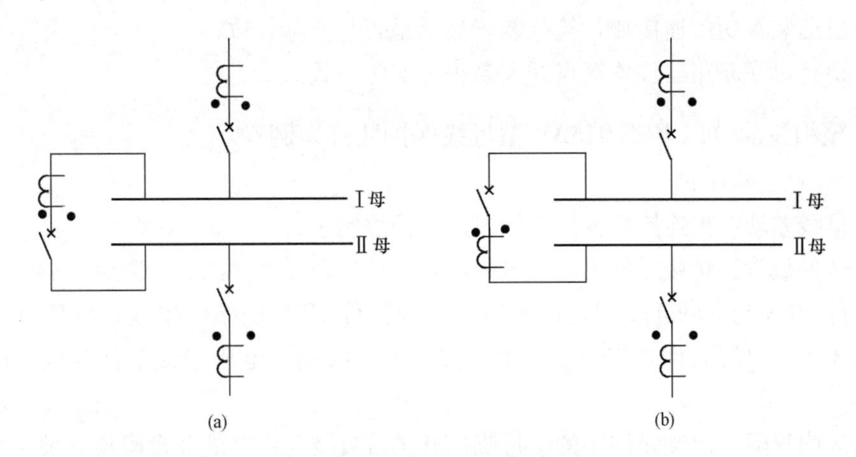

图 3-17　母联 TA 极性示意图

（a）母联 TA 极性指向Ⅱ母；（b）母联 TA 极性指向Ⅰ母

第七节　母线保护的定期校验

一、试验注意事项

（1）母线保护的定期校验一般一次设备都不停电，一定要先退出母线保护，将各支路跳闸连接片打开，必要时打开跳闸回路的接线并做好标记，包好绝缘。

（2）电流回路一定要在断路器端子箱内短封构成回路，用钳形电流表检查电流分流后再在保护屏上打开 TA 端子连接片。

（3）电压回路一定要从端子外侧打开接线并做好标记，包好绝缘。

（4）严禁带电插拔模件。

（5）清扫插板灰尘时要用皮老虎或电吹风，不能使用毛刷。

（6）使用的电烙铁、试验仪器等必须与屏柜可靠接地。

（7）试验前一定要检查屏柜上的螺钉无松动。

二、交流回路校验

在保护屏端子上分别加入各母线电压和各支路元件及母联电流，在液晶显示屏上显示的采样值应与实际加入量相等，其误差应小于±5%。

（1）在第 1 单元加三相电流，幅值为 I_N（5A），相角依次为 0°、240°、120°。校验查看间隔单元菜单显示的交流量并记录。

（2）在以下各单元的交流测试中，除在本单元加三相电流外，A 相电流与第 1 单元 A 相串接，以校验各单元的相角。

（3）在 TV 端子加三相电压，幅值为 U_N（57.7V），相角依次为 0°、240°、120°。校验查看间隔单元菜单显示的交流量并记录。

三、输入触点检查

（1）隔离开关回路的接线应与实际一致，也可以打开接线模拟隔离开关位置触点在Ⅰ

母或Ⅱ母，检查装置显示是否与实际一致；

（2）投退装置功能连接片，检查装置显示是否与实际一致；

（3）检查母联断路器位置触点开入是否与实际一致。

四、整组试验（以RCS-915AB型母线保护装置为例）

（一）母线差动保护

投入母线差动保护连接片及投母线差动保护控制字。

（1）区外故障。短接元件1的Ⅰ母隔离开关位置及元件2的Ⅱ母隔离开关位置触点。

将元件2TA与母联TA同极性串联，再与元件1TA反极性串联，模拟母线区外故障。通入大于差电流启动高定值的电流，并保证母线差动电压闭锁条件开放，保护不应动作。

（2）区内故障。短接元件1的Ⅰ母隔离开关位置及元件2的Ⅱ母隔离开关位置触点。

将元件1TA、母联TA和元件2TA同极性串联，模拟Ⅰ母故障。通入大于差流启动高定值的电流，并保证母线差动电压闭锁条件开放，保护动作跳Ⅰ母。

将元件1TA和元件2TA同极性串联，再与母联TA反极性串联，模拟Ⅱ母故障。通入大于差流启动高定值的电流，并保证母线差动电压闭锁条件开放，保护动作跳Ⅱ母。

投入单母连接片及投单母控制字。重复上述区内故障，保护动作切除两母线上所有的连接元件。

（3）比率制动特性。短接元件1及元件2的Ⅰ母隔离开关位置触点。

向元件1TA和元件2TA加入方向相反、大小可调的一相电流，则差动电流为$|\dot{I}_1+\dot{I}_2|$，制动电流为$K(|\dot{I}_1|+|\dot{I}_2|)$。分别检验差动电流启动定值$I_{Hcd}$和比率制动特性。

（4）电压闭锁元件。在满足比率差动元件动作的条件下，分别检验保护的电压闭锁元件中的相电压、负序和零序电压定值，误差应在±5%以内。

（二）母联充电保护

投入母联充电保护连接片及投母联充电保护控制字。

短接母联KCT开入（KCT=1），向母联TA通入大于母联充电保护定值的电流，母联充电保护动作跳母联断路器。

（三）母联过电流保护

投入母联过电流保护连接片及投母联过电流保护控制字。

向母联TA通入大于母联过电流保护定值的电流，母联过电流保护经整定延时动作跳母联断路器。

（四）母联失灵保护

按上述试验步骤模拟母线区内故障，保护向母联断路器发跳令后，向母联TA继续通入大于母联失灵电流定值的电流，并保证两母线差动电压闭锁条件均开放，经母联失灵保护整定延时，母联失灵保护动作切除两母线上所有的连接元件。

（五）母联死区保护

（1）母联断路器处于合位时的死区故障。用母联断路器跳闸触点模拟母联断路器跳位开入触点，按上述试验步骤模拟母线区内故障，保护发母联断路器跳令后，继续通入故障

电流，经整定延时 T_{sq} 母联死区保护动作将另一条母线切除。

（2）母联断路器处于跳位时的死区故障。短接母联 KCT 开入（KCT=1），按上述试验步骤模拟母线区内故障，保护应只跳死区侧母线。（注意：故障前两母线电压必须均满足电压闭锁条件）

（六）母联非全相保护

投入母联断路器的非全相保护连接片及投母联非全相保护控制字。

保证母联非全相保护的零序或负序电流判据开放，短接母联的合闸、分闸位置继电器开入，非全相保护经整定时限跳开母联断路器。分别检验母联非全相保护的零序和负序电流定值，误差应在±5%以内。

（七）断路器失灵保护

投入断路器失灵保护连接片及投失灵保护控制字，并保证失灵保护电压闭锁条件开放。

对于分相跳闸触点的启动方式，短接任一分相跳闸触点，并在对应元件的对应相别 TA 中通入大于失灵相电流定值的电流（若整定了经零序/负序电流闭锁，则还应保证对应元件中通入的零序/负序电流大于相应的零序/负序电流整定值），失灵保护动作。

对于三相跳闸触点的启动方式，短接任一三相跳闸触点，并在对应元件的任一相 TA 中通入大于失灵相电流定值的电流（若整定了经零序/负序电流闭锁，则还应保证对应元件中通入的零序/负序电流大于相应的零序/负序电流整定值），失灵保护动作。

失灵保护启动后经跟跳延时再次动作于该线路断路器，经跳母联延时动作于母联断路器，经失灵延时切除该元件所在母线的各个连接元件。

在满足电压闭锁元件动作的条件下，分别检验失灵保护的相电流、负序和零序电流定值，误差应在±5%以内。

在满足失灵电流元件动作的条件下，分别检验保护的电压闭锁元件中的相电压、负序和零序电压定值，误差应在±5%以内。

将试验支路的不经电压闭锁控制字投入，重复上述试验，失灵保护电压闭锁条件不开放，同时短接解除失灵电压闭锁触点（不能超过 1s），失灵保护应能动作。

（八）交流电压断线报警

（1）模拟单相断线，母线电压 $3U_0$ 大于 12V，即断线相残压小于 44V 时，延时 1.25s 报该母线 TV 断线。

（2）模拟三相断线，$|U_a|=|U_b|=|U_c|<18V$，并在母联 TA 通入大于 $0.04I_N$ 电流，延时 1.25s 报该母线 TV 断线。

（九）交流电流断线报警

（1）在电压回路施加三相平衡电压，向任一支路通入单相电流大于 $0.06I_N$，延时 5s 发 TA 断线报警信号。

（2）在电压回路施加三相平衡电压，向任一支路通入三相平衡电流大于 I_{DX}，延时 5s 发 TA 断线报警信号。

（3）向任一支路通入电流大于断线闭锁电流 I_{DXBJ}，延时 5s 发 TA 异常报警信号。

五、输出触点检查

（1）短接支路01的隔离开关位置，将装置定值“系统参数”中“线路01TA调整系数”整定为1，在支路01TA中通入大于差流启动高定值的电流，元件01的两对跳闸触点应由断开变为闭合（应检查到相应的端子上，下同）。短接支路02的隔离开关位置，仍在支路01TA中通入故障电流，元件02的两对跳闸触点应由断开变为闭合。按此方法依次检查所有的跳闸触点。

（2）关掉装置直流电源，装置闭锁的远动、事件记录和中央信号触点应由断开变为闭合。

（3）模拟交流回路断线，交流断线报警的远动和事件记录信号及报警中央信号触点应由断开变为闭合。

（4）改变任一隔离开关位置开入，隔离开关位置报警的远动和事件记录信号及报警中央信号触点应由断开变为闭合。

（5）短接任一有效失灵触点，经10s装置发“保护板DSP2长期启动”“管理板DSP2长期启动”报警信息，其他报警的远动、事件记录和中央信号触点应由断开变为闭合。

（6）投入母线差动保护连接片及投母线差动保护控制字，模拟Ⅰ母故障，保护动作跳Ⅰ母，母差跳Ⅰ母的远动和事件记录信号及差动动作中央信号触点应由断开变为闭合。

（7）按（6）所述方法检查母差跳Ⅱ母的远动和事件信号触点。

（8）投入母联充电保护连接片及投母联充电保护控制字，模拟母联充电到故障母线，母联充电保护动作跳母联断路器，母联保护的远动、事件记录和中央信号触点应由断开变为闭合。

（9）投入断路器失灵保护连接片及投失灵保护控制字，模拟Ⅰ母连接元件断路器失灵，失灵保护动作，失灵跳Ⅰ母的远动、事件记录和中央信号触点应由断开变为闭合。

（10）按（9）所述方法检查失灵跳Ⅱ母的远动、事件记录和中央信号触点。

（11）模拟失灵保护动作，线路跟跳的远动、事件记录和中央信号触点应由断开变为闭合。

六、带断路器传动

母线保护带断路器传动只有在一次设备停运的情况下才可以进行。

投入母线差动保护连接片及投母线差动保护控制字，投入跳闸出口连接片，模拟母线区内故障，相应母线上的断路器应正确跳闸。

第八节　母线差动保护带负荷测相量

母线保护在第一次投运前，或在母线保护TA二次回路上改接线等工作完成后，要排除母线保护在设计、安装、整定过程中的疏漏（如线接错、极性弄反、整定值输入错误等），在投运母线差动保护前必须进行带负荷测相量。

一、带负荷测相量的测试内容

（1）差流。母线差动保护是靠各侧TA二次电流和差流工作的，所以差流是差动保护

带负荷测试的重要内容。用钳形相位表或通过微机保护液晶显示屏依次测出 A、B、C 相差电流。

(2) 各侧电流的幅值和相位。只凭借差流来判断差动保护的正确性是不充分的，因为一些接线或变比的小错误，往往不会产生明显的差流，且差流随负荷电流变化，负荷小，差流随之变小，所以，除测试差流外，还要用钳形相位表在保护屏端子排依次测出变压器各侧 A、B、C 相电流的幅值和相位（相位以一相 TV 二次电压做参考），并记录。此处不推荐通过微机保护液晶显示屏测量电流幅值和相位。

(3) 母线潮流。通过控制屏上的电流表和有功、无功功率表，或者监控显示器上的电流、有功功率、无功功率数据，或者调度端的电流、有功功率、无功功率遥测数据，记录母线上各路电流的大小，有功功率、无功功率的大小和流向，为 TA 变比、极性分析奠定基础。

二、母线差动保护带负荷测相量的分析

相量测试完后，便是对相量的分析与判断。相量分析是带负荷测相量最关键的一步，相量分析主要从以下几个方面进行。

1. 电流相序

正确接线下，各条线路电流都是正序：A 相超前 B 相，B 相超前 C 相，C 相超前 A 相。若与此不符，则有可能：

(1) 在端子箱的二次电流回路相别和一次电流相别不对应，比如端子箱内定义为 A 相电流回路的电缆芯接在了 C 相 TA 上，这种情况在一次设备倒换相别时最容易发生。

(2) 从端子箱到保护屏的电缆芯接反，比如一根电缆芯在端子箱接 A 相电流回路，在保护屏上却接 B 相电流输入端子，这种情况一般由安装人员的失误造成。

2. 电流的对称性

每条线路 A、B、C 相电流幅值基本相等，相位互差 120°，即 A 相电流超前 B 相 120°，B 相电流超前 C 相 120°，C 相电流超前 A 相 120°。若一相幅值偏差大于 10%，则有可能：

(1) 该条线路负荷三相不对称，一相电流偏大或一相电流偏小。

(2) 该条线路负荷三相对称，但波动较大，造成测量一相电流幅值时负荷大，而测另一相时负荷小。

(3) 某一相 TA 变比接错，如该相 TA 二次绕组抽头接错。

(4) 某一相电流存在寄生回路，如某一根电缆芯在剥电缆皮时绝缘损伤，对电缆屏蔽层形成漏电流，造成流入保护屏的电流减小。

若某两相相位偏差大于 10%，则有可能：

(1) 该条线路功率因数波动较大，造成测量一相电流相位时功率因数大，而测另一相时功率因数小。

(2) 某一相电流存在寄生回路，造成该相电流相位偏移。

3. 各条线路电流幅值和 TA 变比

用各条线路一次电流除以二次电流，得到实际 TA 变比，该变比应和整定变比基本一

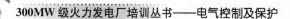

致。变比错误在设备改造过程中经常出现。如果偏差大于10%，则有可能：

（1）TA的一次线未按整定变比进行串联或并联。

（2）TA的二次线未按整定变比接在相应的抽头上。

4. 差动保护电流回路极性组合

母线差动保护所保护的母线上一般挂有多个开关，带负荷测试时往往不只两个开关运行，三个及以上开关同名相电流相位比较不易找到参考，所以最好和负荷潮流方向相比较，即所有线路开关的电流、电压夹角应和该线路有功负荷、无功负荷决定的一次电流、电压夹角相同或相差180°。如：母线向一条线路开关送出有功功率80MW、无功功率60Mvar，则该线路一次电流、电压夹角$\varphi=\arctan(60/80)=37°$；一条线路开关向母线送出有功功率80MW、无功功率60Mvar，则该线路一次电流、电压夹角$\varphi=-\arctan(60/80)=-37°$。母联或分段断路器也当做母线上挂的一条线路开关来考虑。若一条线路开关（可以是母联断路器）一、二次夹角差和其他线路夹角差不同（偏差大于10°），则有可能该条线路开关TA二次绕组极性接反。在安装TA时，由于某种原因其一次极性未能按图纸摆放时，二次极性要做相应颠倒，如果二次极性未颠倒，就会发生这种情况。

特别提示：带负荷测相量是检查母线保护最关键的一步，因此一定要认真、仔细，确保母线二次回路完全正确的情况下才可以投入母线保护。

第九节　母线保护装置异常及处理措施

一、SGB-750型保护装置异常及处理措施

SGB-750型保护装置异常及处理措施见表3-3和表3-4。

表3-3　　SGB-750型保护装置异常信息含义及处理措施

信号名称	信号类型	可能原因	导致后果	处理措施
保护启动	1. 屏正面信号灯（保护启动） 2. 触点输出（运行异常） 3. 事件报文	差流启动	发出启动信号	（1）查看事件报文确认是哪种保护启动。 （2）确认是否有硬件开出测试。 （3）确认实际系统是否有保护启动事件发生。若无则需查明原因
		失灵开入		
		母联保护动作		
母线差动保护动作	1. 屏正面信号灯（母线差动保护动作） 2. 触点输出（差动保护动作） 3. 事件报文	母线差动动作（Ⅰ、Ⅱ母等；装置有电压闭锁时，差动与电压同时动作，此灯亮；装置无电压闭锁时，差动动作，此灯亮）	差动保护动作	（1）确认实际系统是否有故障发生。若有故障发生，打印事故报告，分析故障原因。 （2）若无故障发生，则退出保护，待厂家查明原因
		大差动作跟跳无方式单元		

续表

信号名称	信号类型	可能原因	导致后果	处理措施
失灵保护动作	1. 屏正面信号灯（失灵保护动作） 2. 触点输出（失灵动作） 3. 事件报文	断路器失灵保护动作（Ⅰ、Ⅱ母等，装置有电压闭锁时，若失灵与电压同时动作，此灯亮）	失灵保护动作	（1）确认是否有失灵开入，若实际有失灵开入，则根据报文检查开入单元是否与实际一致，查明原因。 （2）若无故障发生，则退出保护，待厂家查明原因
母联保护动作	1. 屏正面信号灯（母联保护动作） 2. 触点输出（跳母联断路器） 3. 事件报文	充电保护Ⅰ段动作	发告警信号	（1）根据事件确认是哪种保护动作。 （2）实际是否有故障发生，若有故障发生，则根据报告分析故障原因。 （3）若无故障发生，则退出保护，则待厂家查明原因
		充电保护Ⅱ段动作		
		母联（或分段）失灵保护动作		
		母联（或分段）死区动作		
		差动或失灵跳母联（或分段）保护动作		
		母联（或分段）过电流保护动作		
		母联（或分段）非全相保护动作		
隔离开关变位	1. 屏正面信号灯（隔离开关变位） 2. 事件报文	支路隔离开关变位	小差及出口回路改变	（1）检查隔离开关位置是否与一次系统变位一致，若一致则按确认按钮即可消失。 （2）若不一致，则尽快检修
		母联隔离开关变位		
互联状态	1. 屏正面信号灯（互联状态） 2. 触点输出（互联状态） 3. 事件报文	隔离开关位置错误，即母线大差平衡，两小差均不平衡，强制互联	小差退出装置自动进入单母方式	检查装置的运行方式应与一次系统相符，否则使用面板上小开关强制恢复装置正确的运行方式，另检查隔离开关辅助触点
		手动互联把手投入		倒闸结束后尽快恢复
		一次系统处于互联状态		正常，无需干预
告警	1. 屏正面信号灯 2. 触点输出（a、b：隔离开关位置告警；c、d、e：运行异常） 3. 事件报文	a. 母联隔离开关位置告警	母联隔离开关可能不能正常处理	（1）根据事件报文，确认告警问题和原因。 （2）若I/O通道长期闭合，包括两个长期启动，则检查启动触点是否粘死。 （3）若为支路及母联隔离开关位置告警，则检查是否有电流而无隔离开关，尽快处理有电流而无隔离开关的支路或者母联断路器。若只有一路，则无需退出母线差动保护，若有多路需退出母线差动保护
		b. 支路隔离开关位置告警	支路隔离开关可能不能正常处理	
		c. 误投分列连接片	告警信号	
		d. 失灵长期开入	失灵保护不再启动	
		e. 合闸、跳闸位置继电器长期开入	非全相保护不再启动	

续表

信号名称	信号类型	可能原因	导致后果	处理措施
TA断线	1. 屏正面信号灯（TA断线） 2. 触点输出（TA/TV断线） 3. 事件报文	TA单相断线动作	达到高值闭锁母线差动保护，低值仅告警	（1）根据事件报文，确认断线支路及断线相。 （2）检查该支路的回路情况，确认是否有断线发生。 （3）进一步确认变比及极性
		TA多相断线动作		
		变比或TA极性错误		
TV断线	1. 屏正面信号灯（TV断线） 2. 触点输出（a：TA/TV断线；b、c：运行异常） 3. 事件报文	a. 母线TV断线（Ⅰ、Ⅱ母等）	发告警信号	（1）尽快安排检修。 （2）检查TV二次回路幅值及相位
		b. 差动电压动作（Ⅰ、Ⅱ母等）	差动电压开放	
		c. 失灵电压动作（Ⅰ、Ⅱ母等）	失灵电压开放	

表3-4　装置本身事件导致后果及处理措施

序号	事件	导致后果（相应信号灯及触点）	处理措施
0	装置上电	提示信息	如经常出现需检查电源
1	RAM错误	闭锁保护（装置异常）	维修硬件
2	DOC电子盘错误	闭锁保护（装置异常）	更换电子盘，重新下载配置
3	闪存错误	闭锁保护（装置异常）	维修硬件
4	EEPROM错误	闭锁保护（装置异常）	维修硬件
5	无效定值区	闭锁保护（装置异常）	重新固化相应定值区文件
6	定值校验错误	闭锁保护（装置异常）	重新固化运行定值区文件或者切换至有效定值区
7	开入异常	闭锁保护（装置异常）	检查相应的DI模件
8	开出异常	闭锁保护（装置异常）	检查相应的DO模件
9	A/D错误	闭锁保护（装置异常）	维修硬件
10	内部电源偏低	闭锁保护（装置异常）	维修硬件
11	零漂越限	闭锁保护（装置异常）	维修硬件
12	子模件通信（SPI）异常	闭锁保护（装置异常）	更换模件进行定位，维修硬件
13	扩展I/O通信（100M以太网）异常	闭锁保护（装置异常）	检查光纤接口
14	GPS信号异常	不闭锁保护	检查GPS信号输入
15	与CPU通信异常	不闭锁保护（装置异常）	检查主控模件、监控模件及主板
16	A/D同步采样异常	闭锁保护（装置异常）	检查扩展机箱A/D同步信号
17	看门狗复位	闭锁保护（装置异常）	经常出现请联系开发人员
18	配置错误	闭锁保护（装置异常）	检查电子盘文件系统，重新下载相应配置
19	系统INI文件错误	闭锁保护（装置异常）	检查电子盘文件系统，删除或重新配置edp01.ini文件
20	文件错误（丢失/破坏）	闭锁保护（装置异常）	检查电子盘文件系统，重新生成被破坏的文件

续表

序号	事件	导致后果（相应信号灯及触点）	处理措施
21	逻辑图解析错误	闭锁保护（装置异常）	厂家检查逻辑图和软硬件配置是否匹配
22	逻辑图扫描错误	闭锁保护（装置异常）	厂家检查逻辑图算法是否合理
23	进入测试模式	提示信息	
24	双 CPU 互检不一致	不闭锁保护（装置异常）	检查 CPU 不一致，做相应处理

二、RCS-915 型保护装置异常及处理措施

RCS-915 型保护装置异常及处理措施见表 3-5。

表 3-5　　RCS-915 型保护装置异常信息含义及处理措施

自检信息	含义	处理措施
保护板（管理板）内存出错	保护板（管理板）的 RAM 芯片损坏，发“装置闭锁”和“其他报警”信号，闭锁装置	立即退出保护，通知厂家处理
保护板（管理板）程序出错	保护板（管理板）的 FLASH 内容被破坏，发“装置闭锁”和“其他报警”信号，闭锁装置	
保护板（管理板）定值出错	保护板（管理板）定值区的内容被破坏，发“装置闭锁”和“其他报警”信号，闭锁装置	
保护板（管理板）DSP 定值出错	保护板（管理板）DSP 定值区求和校验出错，发“装置闭锁”和“其他报警”信号，闭锁装置	
保护板（管理板）FP-GA 出错	保护板（管理板）FPGA 芯片校验出错，发“装置闭锁”和“其他报警”信号，闭锁装置	
保护板（管理板）CPLD 出错	保护板（管理板）CPLD 芯片校验出错，发“装置闭锁”和“其他报警”信号，闭锁装置	
跳闸出口报警	出口三极管损坏，发“装置闭锁”和“其他报警”信号，闭锁装置（加电做故障试验时，若故障电流不退，则 10s 后也会报此错误，注意区分）	
保护板（管理板）DSP 出错	保护板（管理板）DSP 自检出错，FPGA 被复位，发“装置闭锁”和“其他报警”信号，闭锁装置	
开关量校验出错	保护板和管理板采样的开入量不一致，发“装置闭锁”和“其他报警”信号，闭锁装置	
管理板启动开出报警	在保护板没有启动的情况下，管理板长期启动，发“其他报警”信号，不闭锁装置	
该区定值无效	该定值区的定值无效，发“装置闭锁”和“其他报警”信号，闭锁装置	定值区号或系统参数定值整定后，母线差动保护和失灵保护定值必须重新整定
光耦失电	光耦正电源失去，发“装置闭锁”和“其他报警”信号，闭锁装置	请检查电源板的光耦电源及开入/开出板的隔离电源是否接好
内部通信出错	保护板与管理板之间的通信出错，发“其他报警”信号，不闭锁装置	检查保护板与管理板之间的通信电缆是否接好
保护板（管理板）DSP1 长期启动	保护板（管理板）DSP1 启动元件长期启动（包括母差、母联充电、母联非全相、母联过电流长期启动），发“其他报警”信号，不闭锁保护	检查二次回路接线（包括 TA 极性）
外部启动母联失灵开入异常	外部启动母联失灵触点 10s 不返回，报“外部启动母联失灵开入异常”，同时退出该启动功能	检查外部启动母联失灵触点

续表

自检信息	含义	处理措施
外部闭锁母差开入异常	外部闭锁母差触点 1s 不返回，发“其他报警”信号，同时解除对母差保护的闭锁	检查外部闭锁母差触点
保护板（管理板）DSP2 长期启动	保护板（管理板）DSP2 启动元件长期启动（包括失灵保护长期启动，解除复压闭锁长期动作），发“其他报警”信号，闭锁失灵保护	检查失灵触点（包括解除电压闭锁触点）
隔离开关位置报警	隔离开关位置双跨、变位或与实际不符，发“位置报警”信号，不闭锁保护	检查隔离开关辅助触点是否正常，如异常应先从模拟盘给出正确的隔离开关位置，并按屏上隔离开关位置确认按钮确认，检修结束后将模拟盘上的三位置开关恢复到“自动”位置，并按屏上隔离开关位置确认按钮确认
母联 KCT＝1 报警	母联 KCT＝1 但任意相有电流，发“其他报警”信号，不闭锁保护	检修母联断路器辅助触点
TV 断线	母线电压互感器二次断线，发“交流断线报警”信号，不闭锁保护	检查 TV 二次回路
电压闭锁开放	母线电压闭锁元件开放，发“其他报警”信号，不闭锁保护。此时可能是电压互感器二次断线，也可能是区外远方发生故障长期未切除	
闭锁母差开入异常	由外部保护提供的闭锁母差开入保持 1s 以上不返回，发“其他报警”信号，同时解除对母线差动保护的闭锁	检查提供闭锁母差开入的保护动作触点
TA 断线	电流互感器二次断线，发“断线报警”信号，闭锁母线差动保护	立即退出保护，检查 TA 二次回路
TA 异常	电流互感器二次回路异常，发“TA 异常报警”信号，不闭锁母线差动保护	检查 TA 二次回路
面板通信出错	面板 CPU 与保护板 CPU 通信发生故障，发“其他报警”信号，不闭锁保护	检查面板与保护板之间的通信电缆是否接好

三、BP-2B 型保护装置异常及处理措施

BP-2B 型保护装置异常及处理措施见表 3-6～表 3-8。

表 3-6　BP-2B 型保护装置异常信息含义及处理措施

告警信号	可能原因	导致后果	处理措施
TA 断线	TA 的变比设置错误	闭锁差动保护	（1）查看各间隔电流幅值、相位关系。 （2）确认变比设置正确。 （3）确认电流回路接线正确。 （4）如仍无法排除，则建议退出装置，尽快安排检修
	TA 的极性接反		
	接入母差装置的 TA 断线		
	其他持续使差电流大于 TA 断线门槛定值的情况		
TV 断线	电压相序接错	保护元件中该段母线失去电压闭锁	（1）查看各段母线电压幅值、相位。 （2）确认电压回路接线正确。 （3）确认电压空气开关处于合位。 （4）操作电压切换把手。 （5）尽快安排检修
	TV 断线或检修		
	母线停运		
	保护元件电压回路异常		

续表

<table>
<tr><th>告警信号</th><th colspan="2">可能原因</th><th>导致后果</th><th>处理措施</th></tr>
<tr><td rowspan="3">互联</td><td rowspan="3">母线互联</td><td>母线处于经隔离开关互联状态或投入互联连接片</td><td rowspan="3">保护进入非选择状态，大差比率动作则切除互联母线</td><td>确认是否符合当时的运行方式，是则不用干预，否则进入参数——运行方式设置，或退出互联连接片，使用强制功能恢复保护与系统的对应关系</td></tr>
<tr><td>保护控制字中，强制母线互联设为“投”</td><td>确认是否需要强制母线互联，否则解除设置</td></tr>
<tr><td>母联 TA 断线</td><td>尽快安排检修</td></tr>
<tr><td rowspan="4">开入异常</td><td colspan="2">隔离开关辅助触点与一次系统不对应</td><td>能自动修正则修正，否则告警</td><td>（1）进入参数——运行方式设置，使用强制功能恢复保护与系统的对应关系。
（2）复归信号。
（3）检查出错的隔离开关辅助触点输入回路</td></tr>
<tr><td colspan="2">失灵触点误启动
主变压器失灵解闭锁误启动</td><td>闭锁失灵出口</td><td>（1）断开与错误触点相对应的失灵启动连接片。
（2）复归信号。
（3）检查相应的失灵启动回路</td></tr>
<tr><td colspan="2">联络开关动合与动断触点不对应</td><td>默认联络开关处于合位</td><td>检查开关触点输入回路</td></tr>
<tr><td colspan="2">误投“母线分列运行”连接片</td><td>母线分列运行</td><td>检查“母线分列运行”连接片投入是否正确</td></tr>
<tr><td>开入变位</td><td colspan="2">隔离开关辅助触点变位
联络开关触点变位
失灵启动触点变位</td><td>装置响应外部开入量的变化</td><td>确认触点状态显示是否符合当时的运行方式，是则复归信号，否则检查开入回路</td></tr>
<tr><td>出口退出</td><td colspan="2">保护控制字中出口触点被设为退出状态</td><td>保护只投信号，不能跳出口</td><td>装置需要投出口时设置保护控制字</td></tr>
<tr><td>保护异常</td><td colspan="2">保护元件硬件故障</td><td>退出保护元件</td><td>（1）退出保护装置。
（2）查看装置自检菜单，确定故障原因。
（3）交检修人员处理</td></tr>
<tr><td>闭锁异常</td><td colspan="2">闭锁元件硬件故障</td><td>退出闭锁元件</td><td>（1）退出保护装置。
（2）查看装置自检菜单，确定故障原因。
（3）交检修人员处理</td></tr>
</table>

表 3-7 装置运行或操作时相应的信号指示灯和界面显示

装置运行或操作	装置指示灯	液晶界面
隔离开关变位	开入变位灯亮，开入异常灯亮（开入校验错误时）	事件记录和运行方式变位记录，主界面自动刷新
信号复归	非跳闸过程中，信号被复归	信号复归记录
保护自检异常	保护异常	自检记录
闭锁自检异常	闭锁异常	自检记录
TA 断线	TA 断线灯亮	装置告警记录
TV 断线	TV 断线灯亮，母线段的差动开放和失灵开放灯亮	电压闭锁记录装置告警记录
出口触点退出	出口闭锁灯亮	保护控制字显示
通信中断	通信指示灯灭	通信无响应和自检菜单
保护动作	对应的保护出口信号灯亮	液晶界面自动回到主界面，下窗口显示动作信息

表 3-8　　装置的自检信息、运行状态及处理措施

自检信息	装置运行状态	处理措施
保护元件 RAM 区异常	保护异常信号灯亮，保护退出	更换差动板
保护元件定值区异常	保护异常信号灯亮，保护退出	
保护元件时钟异常	告警	
保护元件通信异常	告警	
保护元件 A/D 异常	保护异常信号灯亮，保护退出	更换差动板或单元板
保护元件出口触点异常	保护异常信号灯亮，保护退出	更换单元板或光耦板
闭锁元件 RAM 区异常	闭锁异常信号灯亮，闭锁退出	更换闭锁板
闭锁元件定值区异常	闭锁异常信号灯亮，闭锁退出	
闭锁元件时钟异常	告警	
闭锁元件通信异常	告警	
闭锁元件 A/D 异常	闭锁异常信号灯亮，闭锁退出	
闭锁元件出口触点异常	闭锁异常信号灯亮，闭锁退出	更换闭锁板或光耦板
管理元件 RAM 区异常	告警	更换管理机插件
管理元件时钟异常	告警	
管理元件通信异常	告警	

第四章

发电机—变压器组保护

第一节　概　　述

一、大型发电机的特点

大型发电机与中小型发电机相比有如下特点：

（1）同步电抗 X_d增大，短路比减小。由于发电机有效材料的利用率提高，线负荷增大，导致与线负荷成正比的电抗 X_d增大，X_d的增大导致发电机静过载能力减小，在系统受到扰动时，易失去静稳定。

大型机组电抗的增大，还使发电机的平均转矩由中小型机组的 2～3 倍额定转矩降低至额定转矩左右，因而大型发电机失磁异步运行时滑差加大，从系统吸取感性无功增多，将威胁系统的稳定运行。

（2）定子电阻相对减小，定子时间常数 T_a 增大。大型机组 T_a 及它与 T_d''的比值均显著增大，短路电流中的非周期分量相对周期分量的衰减要缓慢得多，不仅恶化了断路器遮断条件，而且加重了转子附加发热，此外电流互感器也易饱和，以致影响继电保护工作。

（3）惯性时间常数 H 降低。大型机组尽管容量增大，但由于其材料利用率较高，故其体积和重量并不随容量成比例增大，因而导致发电机惯性时间常数降低，在扰动下，发电机易于失步，发生振荡。

（4）热容量减小。大型机组为提高材料利用率，普遍采用直冷方式。如目前采用的全氢冷或水—氢—氢冷却方式，不仅使冷却系统复杂，易出故障，而且机组承受过负荷的能力也显著降低。

（5）轴向长度与直径之比增大。单机容量的增大，使机组轴向长度与直径之比明显增大，从而使机组运行时振动加剧，匝间绝缘磨损加快，易导致匝间短路和冷却系统故障。

（6）多采用发电机—变压器单元接线。大型机组为简化配电装置结构，降低基建造价和故障概率，普遍采用发电机—变压器单元接线，这使得机组与系统之间阻抗比例发生变化，因此振荡中心易落在机端附近，使振荡过程对机组及厂用电系统影响加剧。

（7）励磁系统复杂。大型机组励磁系统环节多，结构复杂，故障概率大，由其引起的机组过电压、过励磁及失磁现象也相应增多。

二、发电机、变压器可能发生的故障及不正常工作状态

（一）发电机可能发生的故障

（1）定子绕组相间短路。发电机—变压器组系统发生相间短路故障，将产生很大的短路电流，大电流产生的电动力或电弧会烧坏发电机或变压器绕组、铁芯，破坏其结构，甚至引起火灾。

（2）定子绕组匝间短路。一方面会产生很大环流，引起故障处温度升高，从而使绝缘老化，甚至击穿绝缘发展为单相接地或相间短路，扩大发电机损坏范围；另一方面将破坏气隙磁场的对称性，引起发电机剧烈振动。

（3）定子绕组单相接地。使定子绕组对铁芯绝缘下降，这时流过定子铁芯的电流为发电机电压系统的电容电流之和。

（4）转子绕组（励磁回路）接地。转子绕组一点接地，由于没有构成电流通路，对发电机没有直接危害，但若再发生一点接地便构成两点接地，使转子绕组被短接，不但会烧毁转子绕组，还会引起发电机强烈振动。

（5）由于转子绕组断线、励磁回路故障或灭磁开关误动等原因造成发电机失磁。大型发电机失磁运行除对发电机不利之外，还可能破坏电力系统的稳定性。

（6）由于外部短路、非同期合闸及系统振荡等原因引起发电机过电流。

（二）发电机不正常工作状态

（1）由于负荷超过发电机额定值或负序电流超过发电机允许值造成的对称或不对称过负荷。

（2）发电机突然甩负荷引起发电机过电压。

（3）发电机逆功率。当汽轮发电机主汽门突然关闭而发电机断路器未断开时，发电机从系统吸收有功功率，变为同步电动机运行状态，汽轮机叶片有可能因过热而损坏。

（4）发电机失步、过励磁、发电机误上电、频率异常、非全相运行等不正常工作状态。

（三）变压器的故障

变压器的内部故障可以分为油箱内和油箱外故障。油箱内的故障包括绕组的相间短路、接地短路、匝间短路及铁芯的烧损等，对变压器而言，这些故障都是十分危险的，因为油箱内故障时产生的电弧将引起绝缘物质的剧烈气化，从而可能引起爆炸，因此，这些故障应尽快加以切除。油箱外的故障主要是套管和引出线上发生的相间短路和接地短路。

（四）变压器的不正常工作状态

由变压器外部相间短路引起的过电流及外部接地短路引起的过电流和中性点过电压；由外加电压过高或频率降低引起的过励磁；由负荷超过额定容量引起的过负荷；由漏油等原因而引起的油面降低；变压器温度过高及冷却器全停。

三、发电机—变压器组保护配置应注意的问题

（1）100MW及以上容量发电机—变压器组应按双重化原则配置微机保护（非电量保护除外）。每套保护均应含有完整的主、后备保护，能反应被保护设备的各种故障及异常状态，并能作用于跳闸或给出信号。

（2）200MW 及以上容量发电机定子接地保护宜将基波零序保护与三次谐波电压保护的出口分开，基波零序保护投跳闸，三次谐波电压保护投信号。

（3）220kV 电压等级变压器微机保护应按双重化配置。每套保护均应含有完整的主、后备保护，能反应被保护设备的各种故障及异常状态，并能作用于跳闸或给出信号。

（4）双重化配置的继电保护应满足以下基本要求：

1）两套保护装置的交流电流应分别取自电流互感器互相独立的绕组；交流电压宜分别取自电压互感器互相独立的绕组。其保护范围应交叉重叠，避免死区。

2）两套保护装置的直流电源应取自不同蓄电池组供电的直流母线段。

3）两套保护装置的跳闸回路应与断路器的两个跳闸线圈分别一一对应。

4）两套保护装置与其他保护、设备配合的回路应遵循相互独立的原则。

5）每套完整、独立的保护装置应能处理可能发生的所有类型的故障。两套保护之间不应有任何电气联系，当一套保护退出时不应影响另一套保护的运行。

（5）200MW 及以上容量发电机应装设启、停机保护及断路器断口闪络保护、失步保护。

（6）发电机的失磁保护应使用能正确区分短路故障和失磁故障、具备复合判据的二段式方案。优先采用定子阻抗判据与机端低电压的复合判据，与系统联系较紧密的机组（除水电机组）宜将定子阻抗判据整定为异步阻抗圆，经第一时限动作出口；为确保各种失磁故障均能切除，宜使用不经低电压闭锁的、稍长延时的定子阻抗判据经第二时限出口。

（7）非电量保护应设置独立的电源回路（包括直流空气小开关及其直流电源监视回路）和出口跳闸回路，且必须与电气量保护完全分开。当变压器、电抗器采用就地跳闸方式时，应向监控系统发送动作信号。

第二节 发电机—变压器组保护的典型配置

大型机组造价昂贵，在系统中有重要作用，一旦发生故障，不仅危及机组，而且严重影响系统安全运行，因此在考虑其继电保护的总体配置时，应辩证权衡，力求合理、完善和可靠，着眼点既要将机组损害降至最低，又要避免不必要的突然停机，以确保系统安全运行。300MW 级汽轮发电机—变压器组保护的典型配置如下：

（1）发电机纵差保护、主变压器纵差保护、高压厂用变压器纵差保护、励磁变压器纵差保护、发电机—变压器组纵差保护：用于反应发电机线圈、变压器绕组及其引出线的相间短路。

（2）发电机匝间保护：用于反应定子绕组同一相匝间或分支短路。

（3）发电机单相接地保护：反应定子绕组单相接地故障。

（4）发电机过电流保护：用于切除发电机外部短路故障引起的过电流，并作为发电机内部故障的后备保护。

（5）发电机不对称过负荷保护：反应不对称负荷引起的过电流。

（6）发电机对称过负荷保护：反应对称负荷引起的过电流。

（7）发电机过电压保护：用于反应发电机突然甩掉负荷或其他原因引起的定子绕组的过电压。

（8）发电机励磁回路接地保护：用于反应发电机转子绕组及转子回路一点接地或两点接地短路故障。

（9）发电机失磁保护：反应发电机的励磁消失。

（10）发电机断水保护：反应水内冷发电机冷却水中断故障。

（11）发电机励磁系统过负荷保护：用于反应励磁系统过负荷。

（12）发电机异常运行的其他保护：反应停机保护、发电机误上电保护、逆功率、频率异常、非全相运行等不正常工作状态。

（13）变压器过电流保护：用于切除变压器外部短路故障引起的过电流，并作为变压器内部故障的后备保护。

（14）变压器零序过电流、过电压保护：反应220kV系统或6.3kV系统单相故障。

（15）变压器重瓦斯保护：反应变压器的油箱内部故障，包括变压器内部多相短路、匝间短路、匝间与铁芯或外皮短路、铁芯故障（发热烧损）、油面下降或漏油、分接开关接触不良。

（16）反映变压器异常运行的其他非电气量保护：轻瓦斯保护、压力释放保护、冷却器全停保护、温度保护、油位保护。

第三节　发电机—变压器组电流、电压互感器布置

发电机—变压器组保护使用的电流互感器、电压互感器在使用中必须结合保护功能进行布置，以达到保护范围最大和消除保护死区的目的。图4-1为一典型的发电机—变压器组保护配置及电流、电压互感器布置示意图，其中发电机—变压器组差动保护就使用离发电机中性点最近的电流互感器和主变压器高压侧离主变压器最远的电流互感器，使保护范围最大化。发电机—变压器组差动保护所用的220kV侧电流互感器与220kV母线差动保护用的电流互感器在保护范围上相互交叉，以消除保护范围上的死区。

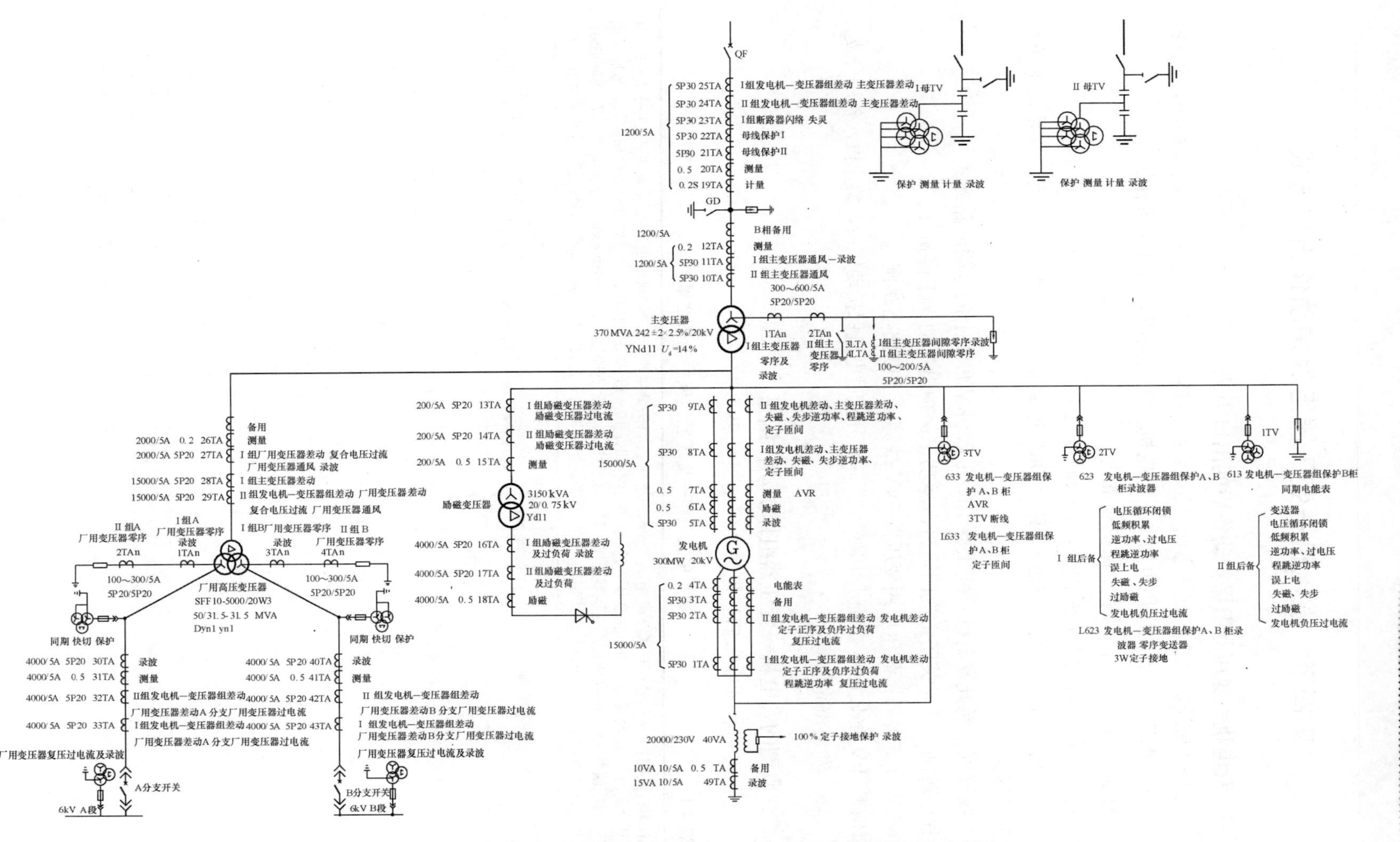

图 4-1　典型发电机—变压器组保护配置及电流、电压互感器布置示意图

第四节　发电机—变压器组保护动作出口方式

一、发电机—变压器组保护动作后的出口方式

停机Ⅰ：断开发电机—变压器组 220kV 断路器，断开灭磁开关，断开高压厂用变压器 6kV 分支断路器，启动厂用电切换，汽轮机主汽门关闭，启动失灵保护。

停机Ⅱ：同停机Ⅰ，用于主保护双重化。

停机Ⅲ：除不启动失灵保护外，其余同停机Ⅰ。

系统解列：断开发电机—变压器组 220kV 断路器，锅炉快速减负荷，汽轮机甩负荷，启动失灵保护。

母线解列：断开发电机—变压器组所在 220kV 母线上的母联断路器。

程序跳闸：首先关闭主汽门，再由逆功率保护出口动作于停机Ⅱ。

6 kV 分支解列：高压厂用变压器 6kV 故障分支断路器跳闸。

闭锁 6 kV 分支快切：高压厂用变压器 6kV 分支过电流保护动作后，禁止投入备用分支。

信号：发出声光信号。

二、典型的发电机—变压器组保护动作结果

典型的发电机—变压器组保护动作结果见表 4-1。

表 4-1　　典型的发电机—变压器组保护动作结果

动作出口说明：0—信号；1—QF 跳闸 1；2—QF 跳闸 2；3—关主汽门；4—启动失灵；5—跳 6kV A 分支；6—跳 6kV B 分支；7—失灵启动 1；8—主变压器通风；9—跳 MK；10—启 A 分支快切；11—启 B 分支快切；12—母联跳闸 1；13—母联跳闸 2；14—高压厂用变压器通风；15—闭锁 6kV A 分支快切；16—闭锁 6kV B 分支快切；17—解电压闭锁；18—失灵启动 2；19—主保护动作信号；20—后备保护动作信号；21—厂用分支动作信号；22—非电量动作信号

	保护名称		时间	动作出口																						
				0	1	2	3	4	5	6	7	8	9	10	11	12	13	14	15	16	17	18	19	20	21	22
发电机—变压器组电气量保护	发电机差动		0	*	*	*	*	*	*	*			*	*	*								*			
	发电机—变压器组差动		0	*	*	*	*	*	*	*			*	*	*								*			
	发电机定子匝间	灵敏段	t_{11}	*	*	*	*	*	*	*			*	*	*									*		
		次灵敏段	0	*	*	*	*	*	*	*			*	*	*									*		
		专用 TV 断线		*																						
		普通 TV 断线		*																						
	励磁变压器差动			*	*	*	*	*	*	*			*	*	*								*			
	发电机 3W 定子接地		t_{11}	*	*																			*		
	发电机过励磁	报警	t_{11}	*																						
		反时限	t_{21}	*	*	*	*	*	*	*			*	*	*									*		
	发电机失磁失步	失磁	t_1	*										*	*									*		
			t_2	*			*																	*		
			t_3	*	*	*	*	*	*	*			*	*	*									*		
			t_4	*	*	*	*	*	*	*			*	*	*									*		
		失步		*	*	*	*	*	*	*			*	*	*									*		

续表

类别	保护名称		时间	0	1	2	3	4	5	6	7	8	9	10	11	12	13	14	15	16	17	18	19	20	21	22
发电机—变压器组电气量保护	误上电		t_{11}	*	*	*																		*		
	发电机逆功率		t_{11}	*																						
			t_{12}	*	*	*	*	*	*	*			*	*	*									*		
	发电机低频	低频Ⅰ段		*																						
		低频Ⅱ段		*			*																	*		
		低频Ⅲ段		*			*																	*		
	主变压器零序电流电压		t_{11}	*	*	*	*	*	*	*			*	*	*									*		
	发电机 $3U_0$ 定子接地		t_{11}	*	*	*	*	*	*	*			*	*	*									*		
	高压厂用变压器复压过电流		t_{11}	*										*	*									*		
			t_{12}	*	*	*	*	*	*	*			*	*	*									*		
	励磁系统反时限过负荷	报警	t_{11}	*																						
		反时限		*	*	*	*	*	*	*			*	*	*									*		
	断路器闪络		0	*							*		*									*				
	断路器失灵		t_{11}	*																	*			*		
			t_{12}	*							*											*		*		
	高压厂用变压器差动		0	*	*	*	*	*	*	*			*	*	*									*		
	发电机对称过负荷	报警	t_{11}	*																						
		反时限		*	*	*	*	*	*	*			*	*	*									*		
	发电机负序过电流	报警	t_{11}	*																						
		反时限		*	*	*	*	*	*	*			*	*	*									*		
	发电机过电压		t_{11}	*	*	*	*	*	*	*			*	*	*									*		
	高压厂用变压器通风		t_{11}	*														*						*		
	断路器非全相		t_{11}	*							*											*		*		
	转子一点接地保护	Ⅰ段	t_{11}	*																						
		Ⅱ段	t_{12}	*			*																	*		
	发电机程序跳闸逆功率		t_{11}	*																						
			t_{12}	*	*	*	*	*	*	*			*	*	*									*		
	高压厂用变压器A分支零序过电流		t_{11}	*					*										*						*	
			t_{12}	*			*																	*		
	高压厂用变压器B分支零序过电流		t_{11}	*						*										*					*	
			t_{12}	*																						
	发电机复压过电流		t_{11}	*																						
			t_{12}	*	*	*	*	*	*	*			*	*	*									*		
	发电机启停机保护		t_{11}	*									*											*		
	发电机复压过电流（记忆）		t_{11}	*																						
			t_{12}	*	*	*	*	*	*	*			*	*	*									*		

续表

	保护名称		时间	动作出口																						
				0	1	2	3	4	5	6	7	8	9	10	11	12	13	14	15	16	17	18	19	20	21	22
发电机—变压器组电气量保护	主变压器通风		t_{11}	*								*												*		
	主变压器零序电流	Ⅰ段	t_{11}	*												*	*							*		
			t_{12}	*	*	*	*	*	*	*			*	*	*									*		
		Ⅱ段	t_{21}	*												*	*							*		
			t_{22}	*	*	*	*	*	*	*			*	*	*									*		
	高压厂用变压器A分支过电流		t_{11}	*					*										*						*	
	高压厂用变压器B分支过电流		t_{11}	*						*										*					*	
	励磁变压器过电流		t_{11}	*			*																	*		
	主变压器高压侧复压过电流		t_{11}	*												*	*							*		
			t_{12}	*	*	*	*	*	*	*			*	*	*									*		
	主变压器差动			*	*	*	*	*	*	*			*	*	*								*			
非电量保护	主变压器重瓦斯			*	*	*	*		*	*			*	*	*											*
	高压厂用变压器重瓦斯			*	*	*	*		*	*			*	*	*											*
	发电机断水		t_1	*																						
			t_2	*	*	*	*		*	*			*	*	*											*
	母差保护动作1		0	*	*	*	*		*	*			*	*	*											*
	母差保护动作2		0	*	*	*	*		*	*			*	*	*											*
	主变压器冷却器全停		t_1	*	*	*	*		*	*			*	*	*											*
	主变压器轻瓦斯		t_1	*																						*
	高压厂用变压器轻瓦斯		t_1	*																						*

注 *表示保护具备此动作出口。

第五节 发电机—变压器组保护原理及逻辑

一、差动保护

差动保护是比较被保护设备各引出端电流大小和相位的一种保护。在被保护设备正常运行或外部发生各种短路时，差动继电器理论上没有动作电流，保护可靠不误动。当被保护设备本身发生相间短路时，短路电流全部流入差动继电器，保护灵敏动作，它只反应被保护设备本身的相间短路。

比率制动式差动保护的特点是保护动作电流随外部短路电流的增大而增大。

（一）发电机差动保护

发电机差动保护是发电机相间故障的主保护，用于比较发电机中性点TA与机端TA二次同名相电流的大小及相位。在正常工况或外部故障时，发电机中性点电流等于机端电流，差流为零，如图4-2所示；当发电机内部故障时，保护装置差流值为中性点电流与机端电流之和。它由三个分相差动元件构成，中性点侧和机端侧三相的电流输入到保护装置，任意一相差动元件动作，发电机差动保护均动作，如图 4-3 所示。

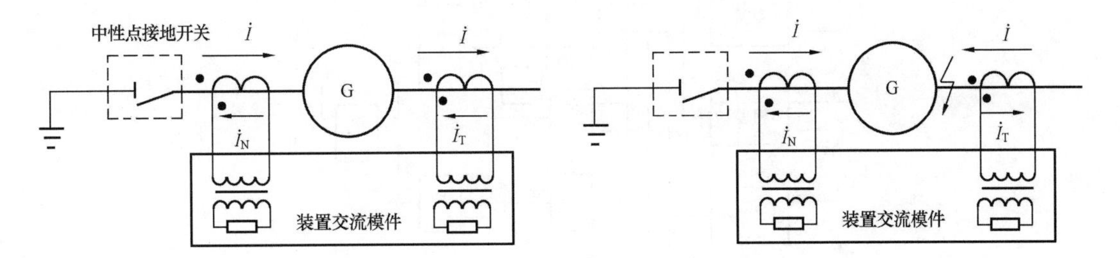

图 4-2　正常运行或外部故障时发电机差动保护交流接入回路示意图

图 4-3　区内故障时发电机差动保护交流接入回路示意图

发电机差动保护的保护范围为发电机机端 TA 与发电机中性点侧 TA 之间区域。

动作方程为

$$\begin{cases} I_{op} > I_{st}, I_{res} < I_g \\ I_{op} > K_{res}(I_{res} - I_g) + I_{st}, I_{res} > I_g \\ I_{op} > I_S, I_{op} > I_S \end{cases} \tag{4-1}$$

按比率制动特性的完全纵差时

$$I_{res} = \frac{|\dot{I}_T - \dot{I}_N|}{2} \qquad I_{op} = |\dot{I}_N + \dot{I}_T| \tag{4-2}$$

以上式中　I_{op}——动作电流，即差流；

I_{res}——制动电流；

$\dot{I}_N$、$\dot{I}_T$——发电机中性点 TA、机端 TA 二次电流；

I_g——比率制动式差动拐点电流；

I_{st}——启动电流；

K_{res}——比率制动系数；

I_S——差动速断值。

发电机差动保护动作特性由两部分组成，即无制动部分与比率制动部分。保护的优点是在区内故障电流小时，具有较高的动作灵敏度；在区外故障时，具有较强的躲过暂态不平衡差流的能力。

发电机差动保护动作特性如图 4-4 所示。

发电机差动保护逻辑框图如图 4-5 所示。

（二）变压器差动保护

变压器差动保护是变压器内部及引出线上短路故障的主保护，它能反应变压器内部及引出线上的相间短路、变压器内部匝间短路及大电流系统侧的单相接地短路故障，能躲过变压器空充电及外部故障切除后的励磁涌流。

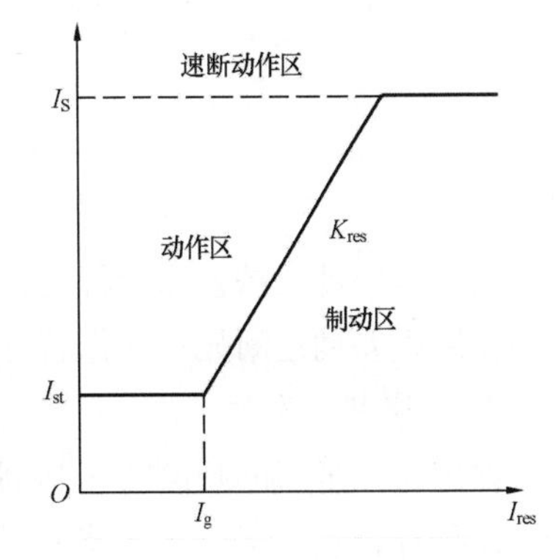

图 4-4　发电机差动保护动作特性图

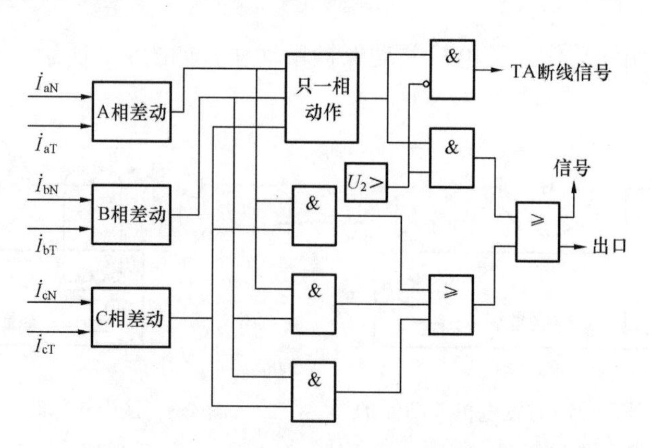

图 4-5　发电机差动保护逻辑框图

$\dot{I}_{aT}$、$\dot{I}_{bT}$、$\dot{I}_{cT}$—发电机机端 TA 三相二次电流；

$\dot{I}_{aN}$、$\dot{I}_{bN}$、$\dot{I}_{cN}$—发电机中性点 TA 三相二次电流；U_2—机端 TV 二次负序电压

变压器差动保护，按照比较变压器各侧同名相电流之间的大小及相位构成。在正常工况或外部故障时，变压器高压侧 TA 二次电流与低压侧 TA 二次电流相等，保护装置差流为零，如图 4-6 所示；当变压器内部故障时，保护装置差流值为变压器高压侧电流与低压侧电流之和，如图 4-7 所示。

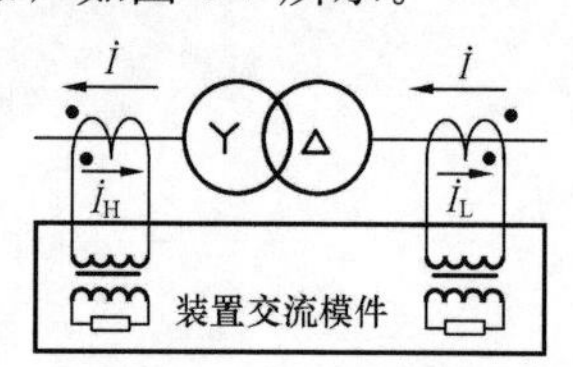

图 4-6　正常运行或区外故障时变压器差动保护交流接入回路示意图

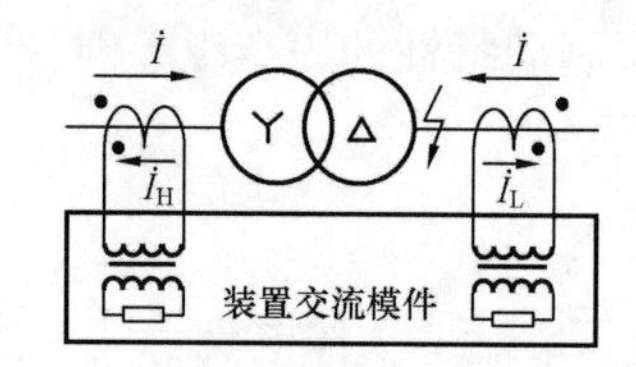

图 4-7　区内故障时变压器差动保护交流接入回路示意图

变压器差动保护由三部分构成，即差动元件、涌流判别元件及差动速断元件。

1. 差动元件

变压器差动保护采用比率制动式。

动作方程为

$$\begin{cases} I_{op} > I_{st}, I_{res} < I_g \\ I_{op} > K_{res}(I_{res} - I_g) + I_{st}, I_{res} > I_g \end{cases} \tag{4-3}$$

$$I_{op} = |\dot{I}_1 + \dot{I}_2 + \dot{I}_3 + \cdots|$$

$$I_{res} = \max\{|\dot{I}_1|、|\dot{I}_2|、|\dot{I}_3|\cdots\}$$

变压器差动保护差动元件动作特性由两部分构成，即无制动部分和比率制动部分，速断动作区为差动速断元件动作特性，与发电机相同，如图 4-4 所示。

2. 涌流判别元件

保护装置采用的励磁涌流判别根据二次谐波制动原理。

比较各相差流中二次谐波分量对基波分量的百分比（即 I_{2W}/I_{1W}）与整定值的大小，当其大于整定值时，认为该相差流为励磁涌流，闭锁差动元件。

判别方程为

$$I_{2W} \geqslant \eta I_{1W} \tag{4-4}$$

式中 I_{2W}、I_{1W}——某相差流中的二次谐波电流和基波电流；

η——整定的二次谐波制动比。

3. 差动速断元件

差动速断元件其动作不受差流波形畸变或差流中谐波的影响，而只反应差流的有效值，当某相差流有效值大于整定值时，立即作用于出口跳闸。

变压器差动保护逻辑框图如图 4-8 所示。

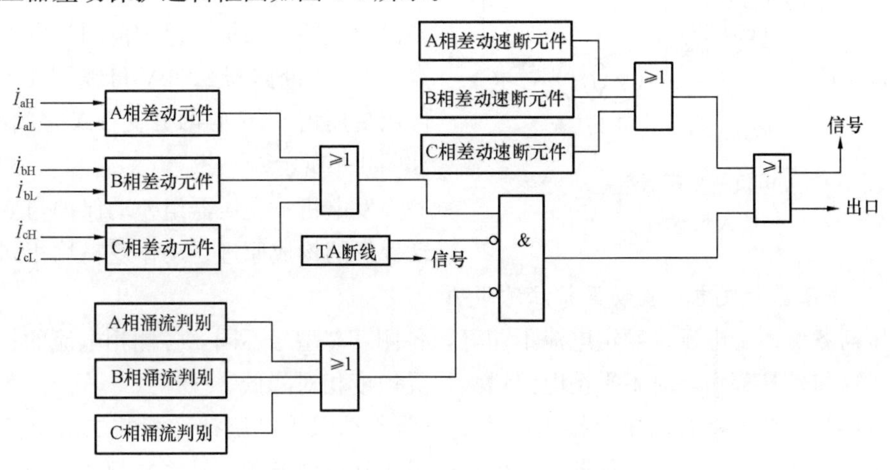

图 4-8 变压器差动保护逻辑框图

$\dot{I}_{aH}$、$\dot{I}_{bH}$、$\dot{I}_{cH}$—变压器高压侧 TA 三相二次电流；

$\dot{I}_{aL}$、$\dot{I}_{bL}$、$\dot{I}_{cL}$—变压器低压侧 TA 三相二次电流

三相差流中，只要某一相差流值大于差动速断整定值，则差动保护动作于出口跳闸且发出报警信号。三相差流中，只要某一相差流中的二次谐波电流与基波电流之比大于整定值，则该相的涌流判别元件认为该相差流为励磁涌流，便将三相差动元件闭锁；只有当任一相差动元件动作，且无 TA 断线和三相涌流判断时，差动保护动作于出口跳闸且发出报警信号。

4. 不正常工况的判别

(1) TA 断线判别。某侧 TA 若断线，一般会产生差流，使差动保护误动作。为此设置 TA 断线判别环节，在差动保护出口前，判别出差流是 TA 断线所致，从而闭锁差动保护出口。由于 TA 断线有电弧暂态过程，断线初期一般电流不是迅速降为零，又由于 TA 断线检测事件须快于差动几十毫秒出口时间，因此导致 TA 断线正确判别十分困难。

(2) 短路故障时 TA 饱和判别和对策。电力系统严重故障时，包括区外和区内故障，短路电流非常大，TA 将严重饱和，有时短路电流中含有非周期衰减分量，TA 饱和也会产生。上述情况下，TA 传变特性变差。加上差动保护两侧 TA 不同变比、不同型号、不同负荷，各 TA 回路饱和程度不一致，区外故障时差动保护的差流加大，按正常比率制动特性可能制不住，产生误动；而区内故障时由于 TA 传变不精确，饱和产生波形畸变，差动保护也有可能被误闭锁。

变压器差动保护装置利用TA饱和特征量（即TA在故障后1/4周波内一般不会饱和）来判别TA饱和，并判断出TA饱和是由区内故障还是区外故障引起，若是区外故障时TA饱和，则采用陷阱技术防止差动保护误动作；若是区内故障，则差动保护不仅能正确动作，而且动作时间和灵敏度丝毫不受影响。

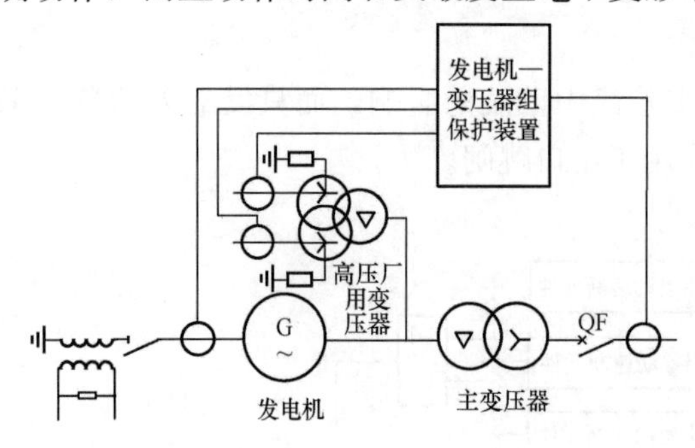

图4-9　发电机—变压器组差动交流接入示意图

（三）发电机—变压器组差动保护

发电机—变压器组差动保护是为防止发电机—变压器组系统发生相间短路故障时损坏发电机、主变压器、高压厂用变压器等设备而设置的主保护，保护范围为发电机中性点TA、主断路器220kV母线侧TA及高压厂用变压器6kV侧两分支TA之间的区域，如图4-9所示。

发电机—变压器组差动保护与变压器差动保护的构成原理、动作逻辑均相同。

（四）变压器和发电机差动保护注意事项

变压器各侧额定电压、额定电流不相等，各侧TA型号不同，各侧相电流的相位可能不一致，这将使外部短路时不平衡电流增大，灵敏度相对降低。

变压器高压绕组常有调压分接头，使变压器差动保护已调整平衡的二次电流又被破坏，不平衡电流增大，导致变压器差动保护的最小动作电流和制动系数都要相应增大。

对于定子绕组匝间短路，发电机差动保护完全没有作用。变压器各侧绕组的匝间短路，通过变压器铁芯磁路的耦合，改变各侧电流的大小和相位，变压器差动保护对匝间短路有作用。

无论是变压器绕组的开焊故障还是发电机定子绕组的开焊故障，其差动保护均不能动作，但变压器绕组开焊还可依靠瓦斯保护动作。

二、发电机定子接地保护

发电机定子绕组对地（铁芯）绝缘的损坏将引发单相接地故障，这是定子绕组最常见的电气故障。定子绕组单相接地后非接地相对地电压升高，当绝缘较弱时，可能造成非接地相相继发生接地故障，从而造成相间接地短路；另外，流过接地点的电流具有电弧性质，可能烧伤定子铁芯。定子绕组单相接地故障对发电机的危害主要表现在定子铁芯的烧伤和接地故障扩大为相间或匝间短路。

设发电机定子绕组为每相单分支且中性点不接地。发电机定子绕组接线示意图及机端电压相量图如图4-10所示。

设A相定子绕组发生接地故障，接地点距中性点的电气距离为α（机端接地时$\alpha=1$）。此时，相当于在接地点出现一个零序电压。

由图4-10（b）可以看出，A相绕组接地时，使B相及C相对地电压由相电压升高到另

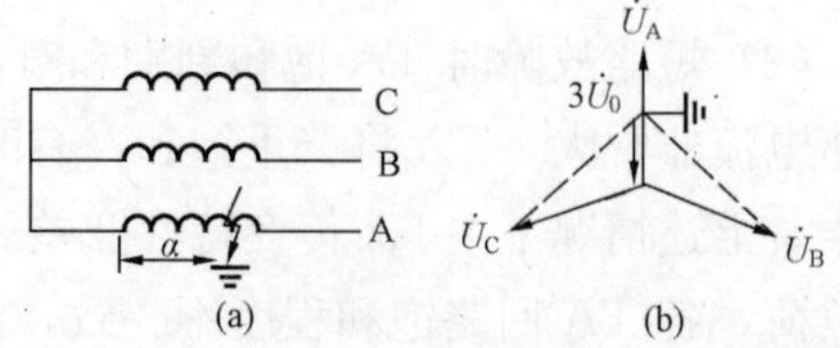

图4-10　定子绕组接线示意图及电压相量图
（a）接线示意图；（b）电压相量图

一值。当机端 A 相接地时，B、C 两相的对地电压由相电压升高到线电压（升高到$\sqrt{3}$倍的相电压）。

另外，发电机定子绕组及机端连接元件（包括主变压器低压侧及高压厂用变压器高压侧）对地有分布电容，零序电压通过分布电容向故障点供给电流。如果发电机中性点经某一电阻接地，则发电机零序电压通过电阻也为接地点供给电流。

接地点距中性点越远，零序电压越高。机端接地时零序电压最大（等于发电机相电压）；中性点接地时，零序电压等于零。

机端三次谐波电压的大小可在机端 TV 开口三角绕组两端测量；而中性点的三次谐波电压 $\dot{U}_{3WN}$ ，可在中性点 TV（或消弧线圈或配电变压器）二次进行测量。

对于大多数发电机，其三次谐波电动势随基波电动势的增大而增大。在并网之前，机端及中性点的三次谐波电压随发电机电压的升高而升高；在并网之后，对于汽轮发电机，机端及中性点三次谐波电压随有功功率的增大而增大。

为确保定子接地保护回路正确、定值整定无误，在机组启动时应做机端及中性点的真机接地试验。

（一）基波零序电压型定子绕组单相接地保护（ $3U_0$ 定子接地保护）

正常情况下，发电机三相电压中基波零序电压 $3U_0$ 很小，当定子绕组发生单相接地故障时，就出现 $3U_0$ 。采用过电压继电器，利用基波零序电压构成定子绕组单相接地保护。其保护反映由机端至机内 90%左右的定子绕组单相接地故障，可作小机组的定子接地保护，也可与三次谐波定子接地保护合用，组成大、中型发电机的 100%定子接地保护。

1. 构成原理

保护接入 $3U_0$ 电压，取自发电机中性点接地变压器的二次电压，如图 4-11 所示。

2. 逻辑框图

基波零序电压定子接地保护的输入电压取自中性点零序电压，为确保 TV 一次断线时保护不误动，取自机端 TV 开口三角形绕组，引入 TV 断线闭锁。

其保护逻辑框图如图 4-12 所示。

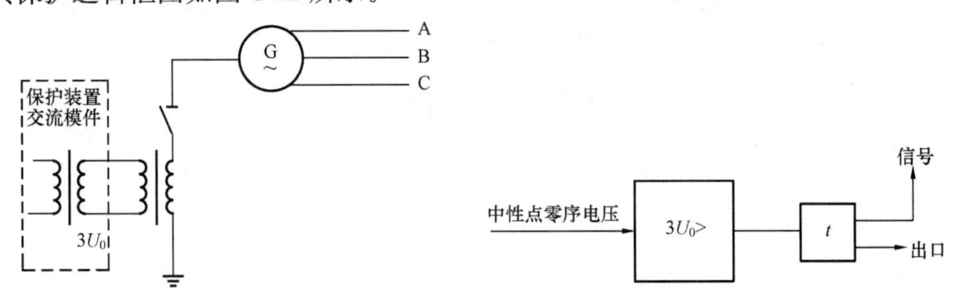

图 4-11　$3U_0$ 定子接地保护示意图

图 4-12　$3U_0$ 定子接地保护逻辑框图

当中性点零序电压达到零序动作电压时，经延时 t 后，保护动作于出口并发出报警信号。

（二）发电机三次谐波电压式定子接地保护（3W 定子接地保护）

三次谐波电压式定子接地保护反映发电机中性点向机内 20%左右定子绕组或机端附

近定子绕组单相接地故障，与零序基波电压式定子接地保护联合构成100%定子接地保护。

1. 构成原理

按比较发电机中性点及机端三次谐波电压的大小和相位构成，其交流接入取自中性点接地变压器二次电压的三次谐波分量 U_{3WN} 和机端TV三次谐波分量 U_{3WT}，如图4-13所示。

发电机—变压器组保护装置中，采用相量比较式（大小和相位）三次谐波定子接地保护，逻辑框图如图4-14所示。

相量比较式三次谐波定子接地保护的动作方程为

$$|K_1\dot{U}_{3WT}+K_2\dot{U}_{3WN}|>K_3U_{3WN} \tag{4-5}$$

式中 K_1、K_2、K_3——三次谐波式定子接地保护调整系数值；

$\dot{U}_{3WT}$——发电机机端三次谐波电压，保护动作量；

$\dot{U}_{3WN}$——发电机中性点三次谐波电压，保护制动量。

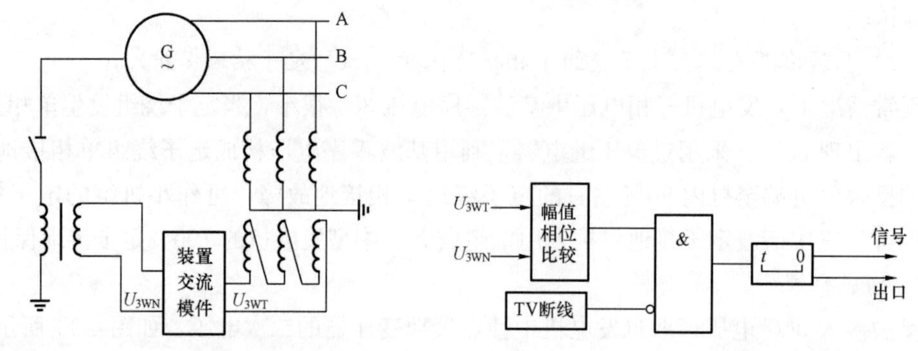

图4-13　3W定子接地保护模拟量接入示意图　　图4-14　3W定子接地保护逻辑框图

2. 逻辑框图

当电压 $\dot{U}_{3WT}$ 与 $\dot{U}_{3WN}$ 进行幅值、相位比较后，满足动作方程且无TV断线闭锁时，经时间 t_{11} 延时后，保护动作于出口且发出报警信号。

三次谐波电压型定子绕组单相接地保护，利用发电机固有的三次谐波电压，实现了定子绕组单相接地保护无动作死区的技术要求，但是它在发电机停运和启动过程中失效，受运行方式变动的影响也较大，灵敏度不可能太高。

（三）外加电源方式定子绕组单相接地保护

保护方案建立在对定子绕组外加零序电源的基础上。在正常运行时，三相定子绕组对地绝缘完好，绝缘电阻很大，外加电源只在三相对地电容中产生很小的电流，当定子绕组发生单相接地故障时，外加电源通过故障点产生大电流，使保护动作。外加电源方式的接地保护在发电机正常运行时，对地电流数值应尽可能小，因此外加电源的频率越低越好。目前，国内外发电机外加电源方式的单相接地保护装置的电源频率使用较多的是12.5Hz或20Hz。REG 216型转子是在发电机中性点接地变压器二次外加12.5Hz低频方波构成定子接地保护。

三、发电机转子接地保护

转子绕组绝缘破坏常见的故障形式有两种：转子绕组匝间短路和励磁回路一点接地。当转子绕组或励磁回路发生一点接地时，不会对发电机构成危害。但是，当发电机转子绕组出现不同位置的两点接地时，将严重威胁发电机的安全。发生两点接地故障时，很大的短路电流可能烧伤转子本体；由于部分转子绕组被短路，使气隙磁场不均匀，引起发电机振动。另外，励磁两点接地还可能使轴系和汽轮机磁化。

由于目前缺少选择性好、灵敏度高、经常投运且运行经验成熟的励磁回路两点接地保护装置，一般大型发电机组均未装两点接地保护。

叠加直流电压式一点接地保护是将一直流电压经一继电器顺向加到励磁绕组负端与地之间，继电器上流过的电流大于整定值时保护动作。在励磁绕组负端接地时，灵敏度最低。

（一）REG 216 型转子接地保护原理

如图 4-15 所示，u_{ir}为注入单元 REX010 经过注入变压器后的频率为 12.5Hz、幅值为 50V 左右的方波信号。R_{Er}上的电压信号 u_r 即转子接地保护的采样值。当转子绕组绝缘正常时，电阻 R_{Er}上分压很小，几乎为零。当转子绕组对地绝缘下降后，电阻 R_{Er}上分压逐渐增大。当转子绕组直接接地时，R_{Er}上分压最大，转子接地保护动作最灵敏。

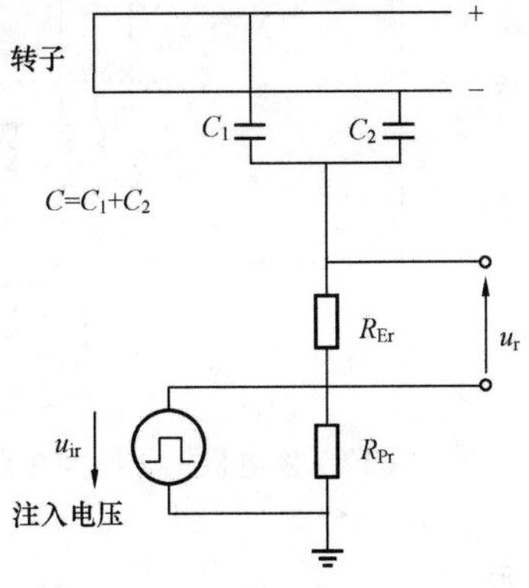

图 4-15　REG 216 型转子接地保护原理图

REG 216 型转子接地保护原理图如图 4-15 所示。

（二）DGT 801 型注入式转子一点接地保护

1. 构成原理

DGT 801 型注入式转子保护装置中，转子一点接地保护注入的直流电源是装置自产，在发电机运行及不运行时，均可监视发电机励磁回路的对地绝缘，该保护动作灵敏、无死区。

保护的输入端与转子负极及大轴连接，保护有两段出口供选用。动作方程为

$$\begin{cases} R_g < R_{g1} \\ R_g < R_{g2} \end{cases} \tag{4-6}$$

式中　R_g ——转子对地测量电阻；

R_{g1} 、R_{g2} ——转子一点接地保护整定值。

需要说明的是，对于励磁系统是晶闸管整流系统时，由于励磁电压中有较高的谐波分量（有的励磁装置，运行时产生的 6 次谐波、12 次谐波电压远大于直流分量电压），可能影响转子一点接地保护的测量精度。

保护的输入端与转子负极及大轴连接。保护有两段出口供选用。

2. 逻辑框图

发电机注入式转子一点接地保护逻辑框图如图 4-16 所示。

在双套化配置方案中，转子接地保护由于保护原理的要求不能双套化，否则会相互影

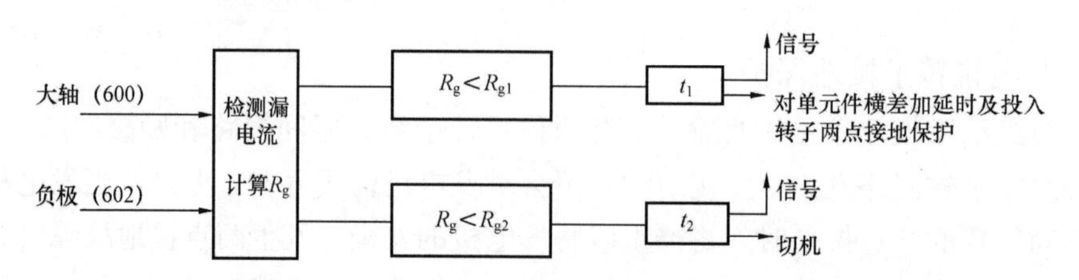

图 4-16　发电机注入式转子一点接地保护逻辑框图

响导致测量失误。如采用一套运行一套备用方式，需要时应可靠安全地带电切换。

四、发电机定子匝间短路保护

（一）构成原理

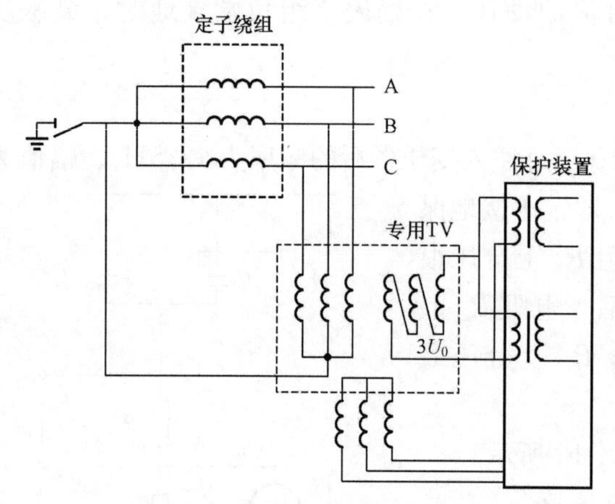

图 4-17　发电机定子匝间短路保护示意图

发电机定子匝间短路保护作为发电机同相同分支匝间短路及同相不同分支之间匝间短路的主保护，如图 4-17 所示。

引用机端专用匝间保护 TV 的开口三角的 $3U_0$ 基波量作为动作量，并用其三次谐波增量作为制动量。专用匝间保护 TV 应全绝缘，其一次中性点不允许接地，而是通过高压电缆与发电机中性点连接起来。

保护采用两段式：Ⅰ段为次灵敏段，Ⅱ段为灵敏段。动作方程为

$$3U_0 > 3U_{0h}$$

$$\begin{cases} 3U_0 > 3U_{01} \\ (3U_0 > 3U_{01}) > K_{res}(U_{03W} > U_{03WN}) \end{cases} \tag{4-7}$$

式中　$3U_0$、U_{03W}——零序电压基波和三次谐波计算值；

$3U_{01}$——动作电压低定值，灵敏段动作电压整定值；

$3U_{0h}$——动作电压高定值，次灵敏段动作电压整定值；

K_{res}——三次谐波制动系数；

U_{03WN}——三次谐波额定值。

（二）逻辑框图

为防止专用 TV 一次断线时保护误动作，引入 TV 断线闭锁，另外，为防止区外故障或其他原因（如专用 TV 回路有问题）产生的纵向零序电压使保护误动作，引入负序功率方向闭锁，负序功率方向判据采用开放式闭锁。

保护的逻辑框图如图 4-18 所示。

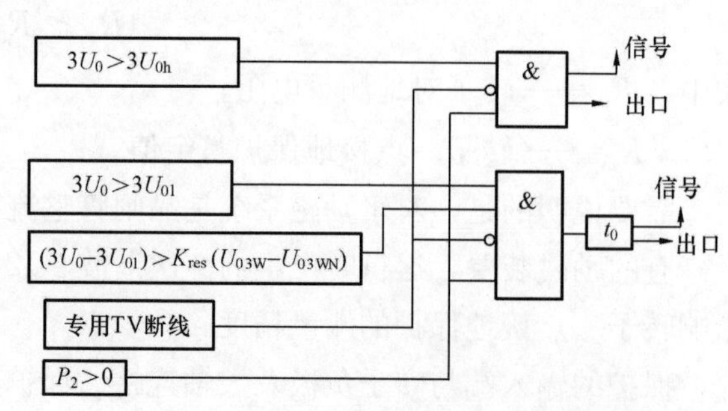

图 4-18　发电机定子匝间短路保护逻辑框图

P_2—负序功率方向判据，当发电机功率方向指向机内时为 1；t_0—短延时

当零序电压达到次灵敏段电压整定

值时，无专用 TV 断线，功率方向判断为负序，保护无延时动作出口且发出告警信号；当零序电压达到灵敏段电压整定值时，无专用 TV 断线，功率方向判断为负序，满足三次谐波制动方程，保护无延时动作出口且发出告警信号。

专用 TV 断线判别采用电压平衡式原理，逻辑框图如图 4-19 所示。

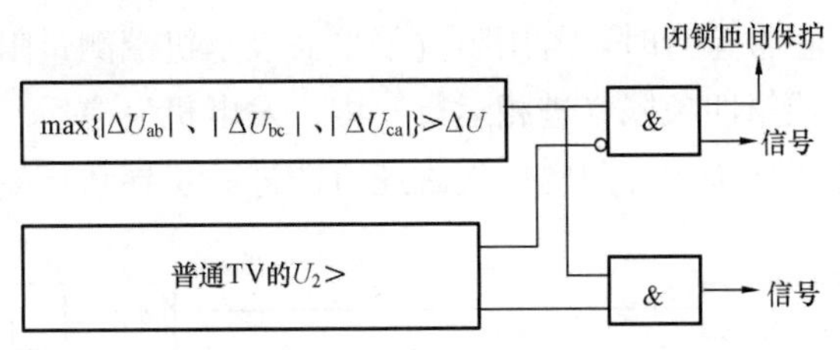

图 4-19　专用 TV 断线判别逻辑框图

ΔU —整定压差；ΔU_{ab}、ΔU_{bc}、ΔU_{ca} —专用 TV 与普通 TV 二次同名相间电压之差；$\max\{|\Delta U_{ab}|、|\Delta U_{bc}|、|\Delta U_{ca}|\}$ —取 ΔU_{ab}、ΔU_{bc}、ΔU_{ca} 中的最大者；U_2 —普通 TV 负序电压

当专用 TV 与普通 TV 二次同名相间电压之差的最大值大于整定值，且无负序电压时，保护装置发出告警信号且闭锁定子匝间短路保护；当专用 TV 与普通 TV 二次同名相间电压之差的最大值大于整定值，且有负序电压时，保护装置发出告警信号但不闭锁定子匝间短路保护。

五、发电机失步保护

装设失步保护的必要性：对于大型汽轮发电机，其同步电抗参数较大，而与之相连的系统电抗总是较小的。当系统发生振荡时，振荡中心往往落在发电机—变压器组内部，使机端电压随振荡做大幅度波动，厂用机械难以稳定运行，可能造成停机停炉，所以大型汽轮发电机失步后果严重，必须有相应保护。

失步振荡电流与三相短路电流可比拟，但振荡电流在较长时间内反复出现，使发电机遭受力和热的损伤，所以大型发电机一旦发生失步，振荡次数和时间应受到严格限制。

失步保护普遍采用阻抗判据。

发电机失步保护逻辑框图如图4-20所示。

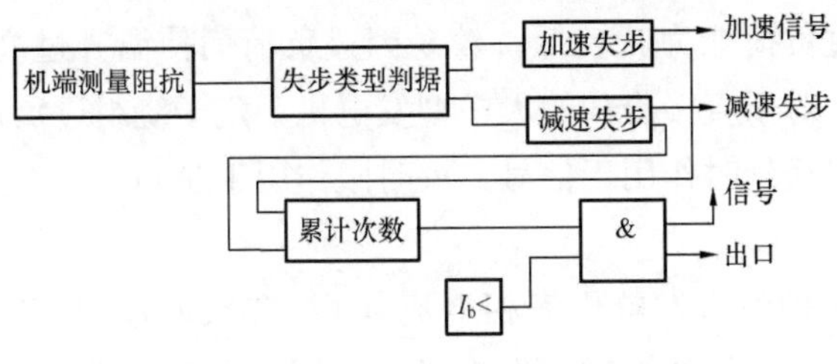

图 4-20　发电机失步保护逻辑框图

六、发电机失磁保护

正常运行的发电机发生失磁故障的原因主要有灭磁开关（SD）误跳、转子回路短路、励磁电源故障及励磁调节器异常等。

并网运行汽轮发电机失磁后各电气量的变化：有功功率基本不变（略有减少）。发电机失磁后，无功功率很快（在 $\delta=90°$之前）减小到零，然后向负变化到较大值，失步后，按照滑差周期有规律地摆动。理论分析表明：失磁发电机维持的有功功率越大及滑差越大，失磁后从系统吸收的无功功率越大。发电机失磁后，定子电流先减少到某一值，此后，由于发电机吸收无功功率增大及定子电压降低，定子电流增大。发电机失步后，定子电流做周期性的摆动，定子电压降低。等有功阻抗圆、维持发电机功角等于 90°静稳极限阻抗圆、发电机失磁失步后机端测量阻抗的轨迹进入异步边界阻抗圆。

失磁保护广泛采用异步边界阻抗动作判据，它的理论根据是发电机失磁故障后，最终会进入异步运行，装在机端的失磁阻抗继电器一定会动作。

低励失磁保护虽然能检测失步故障，但失步故障并非均由低励失磁引起，所以失磁保护不能代替失步保护。

正常运行时，若用阻抗复平面表示机端测量阻抗，则阻抗的轨迹在第一象限（滞相运行）或第四象限（进相运行）内。发电机失磁后，机端测量阻抗的轨迹将沿着等有功阻抗圆进入异步边界圆内。失磁还可能进一步导致机端电压下降或系统电压下降。

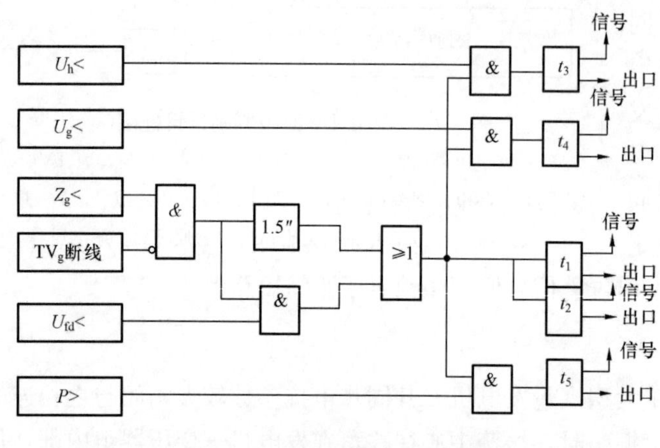

图 4-21　发电机失磁保护逻辑框图

阻抗型失磁保护，通常由阻抗判据（Z_g<）、转子低电压判据（U_{fd}<）、机端低电压判据（U_g<）、系统低电压判据（U_h<）及过功率判据（P>）构成。

保护输入量有机端三相电压、发电机三相电流、主变压器高压侧三相电压（或某一相间电压）、转子直流电压，用户可根据需要进行组态。

发电机失磁保护逻辑框图如图 4-21 所示。

七、发电机对称过负荷保护

大型发电机的材料利用率高，相对过负荷能力就较低，较易因过负荷而使温升过高，影响机组正常寿命，应装设过负荷保护。对于直接冷却的大中型发电机，定子绕组过负荷保护具有定时限和反时限两部分。定时限经延时作用于信号，反时限作用于跳闸。

（一）构成原理

保护反映发电机定子电流的大小。保护引入发电机三相电流（TA 二次值），取自发电机中性点侧 TA。保护由定时限和反时限两部分构成。发电机反时限对称过负荷保护，是发电机定子的过热保护。

（二）动作方程

定时限部分

$$I > I_{gl} \tag{4-8}$$

反时限部分

$$(I_*^2 - K_2)t > K_1 \tag{4-9}$$

式中　I、I_*——发电机电流标幺值（以发电机额定电流为基准值）；

t——反时限保护动作延时；

I_{gl}——定时限动作电流定值；

K_1、K_2——热值系数、散热系数。

（三）动作特性

当发电机电流大于定时限动作整定值时，经延时发报警信号同时减负荷；而大于反时

限启动电流值时，保护动作时间与电流大小成反比，动作于全停跳闸。

保护的反时限特性曲线由上限短延时、反时限及下限长延时三部分构成，如图 4-22 所示。

发电机对称过负荷保护逻辑框图如图 4-23 所示。

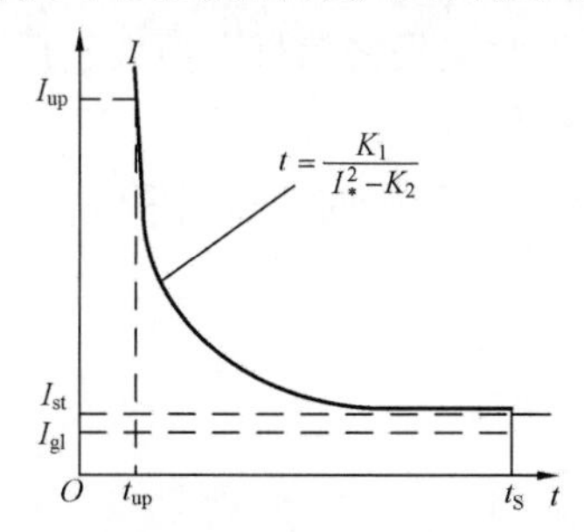

图 4-22 发电机对称过负荷反时限特性曲线
I_{st} —反时限电流启动值；I_{up} —反时限电流上限值；t_S —反时限下限时间；t_{up} —反时限上限时间

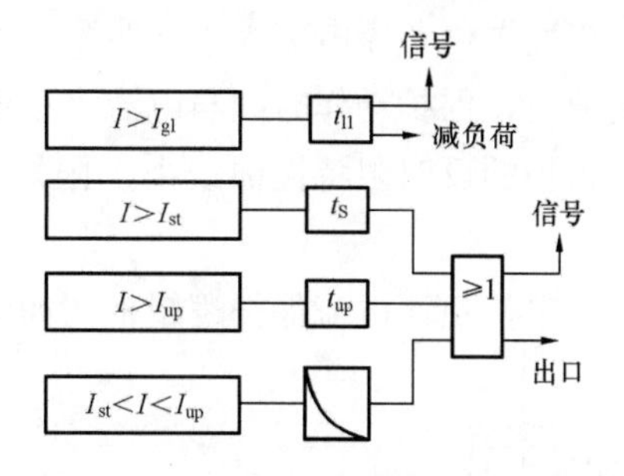

图 4-23 发电机对称过负荷保护逻辑框图

八、发电机负序电流保护

电力系统中发生不对称短路或三相负荷不对称（例如电气化机车、冶炼电炉等单相负荷）时，发电机定子绕组中将出现负序电流。负序电流产生负序旋转磁场，它以 2 倍的同步转速切割转子，在转子部件中感应 100Hz 电流，使转子表层过热，进而烧伤及损坏转子，造成机组严重损坏。另外，定子负序电流与气隙旋转磁场（由转子电流产生）之间、负序旋转磁场与转子电流之间将产生 100Hz 的交变电磁力矩，引起机组振动。

装设发电机负序过电流保护的主要目的是保护发电机转子。同时，还可以作发电机—变压器组内部不对称短路故障的后备保护。

该保护应由负序定时限及负序反时限两部分构成。负序定时限保护作用于信号，负序反时限保护作用于跳闸。

反时限负序电流保护其延时完全由发电机转子负序发热允许限值独立决定，不需与系统保护在时限和动作电流上取得选择性配合。这种反时限负序电流保护完全不同于作为发电机后备保护的负序过电流保护，后者具有与系统保护相配合的两段时限，以较短时限动作于缩小故障影响范围，以较长时间动作于停机。反时限负序电流保护的构成和整定的唯一依据，就是发电机长期和短时承受负序电流的能力。

（一）构成原理

保护反映发电机定子电流中的负序分量。保护引入发电机三相电流（TA 二次值），取自发电机中性点侧 TA。保护由定时限和反时限两部分构成。

（二）动作方程

定时限部分

$$I_2 > I_{2gl} \tag{4-10}$$

反时限部分

$$(I_{2*}^2 - K_2)t > K_1 \tag{4-11}$$

式中 I_2、I_{2*} ——发电机电流标幺值（以发电机额定电流为基准值）；

t ——反时限保护动作延时；

I_{2gl} ——定时限动作电流定值；

K_1 、K_2 ——热值系数、散热系数。

（三）动作特性

当发电机负序电流大于定时限动作整定值时，经延时发报警信号；而大于反时限启动电流值时，保护动作时间与电流大小成反比，动作于全停跳闸。

保护的反时限特性曲线由上限短延时、反时限及下限长延时三部分构成，如图 4-24 所示。

发电机负序电流保护逻辑框图如图 4-25 所示。

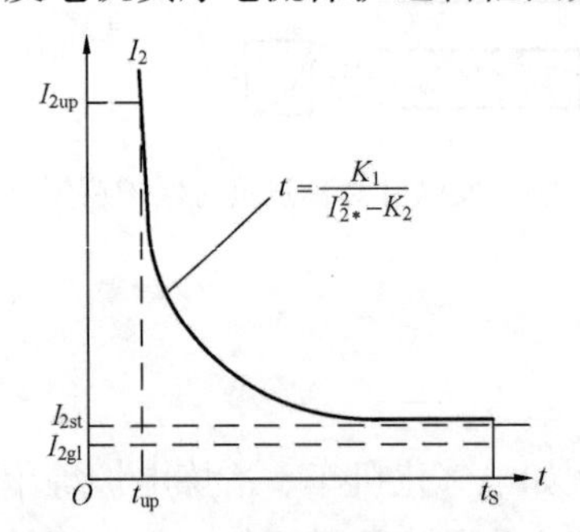

图 4-24　发电机负序电流保护反时限特性曲线

I_{2st} —反时限电流启动值；I_{2up} —反时限电流上限值；t_S —反时限下限时间；t_{up} —反时限上限时间

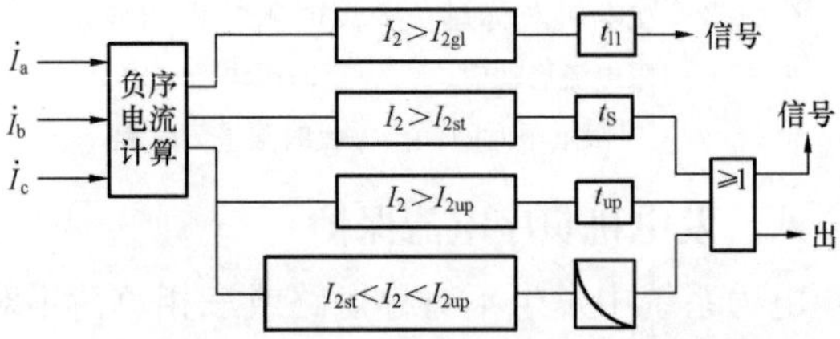

图 4-25　发电机负序电流保护逻辑框图

其中Ⅰ段是定时限，Ⅱ段是反时限，保护采集发电机三相电流。

九、逆功率保护

发电机向系统送出有功功率，如果出现系统向发电机倒送有功功率，即发电机变成电动机运行，这就是逆功率异常工况。发电机—变压器组保护装置中一般有两只逆功率继电器，其一用于程序跳闸方式，即当过负荷保护、失磁保护等动作后，应保证先关主汽门，等到出现逆功率状态时就确信主汽门已经关闭，这时逆功率继电器动作，主断路器跳闸，这种程序跳闸可避免因主汽门未关而断路器先断开所引起的灾难性“飞车”事故。另一种逆功率继电器是用来构成逆功率保护的。作为汽轮发电机，当转入逆功率异常运行状态时，汽轮机主汽门已经关闭，汽轮机尾部叶片由于残留蒸汽产生摩擦而形成鼓风损耗，出现过热损坏。

逆功率保护的输入量为机端 TV 二次三相电压及发电机 TA 二次三相电流。当发电机吸收有功功率时动作。逻辑框图如图 4-26 所示。

当发电机吸收的有功功率大于整定值，且无 TV 断线闭锁条件时，经短延时 t_1 发信号，经长延时 t_2 作用于出口。

对于大型汽轮发电机，发电机的逆功率保护，除了作为汽轮机的保护外，尚作为发电机组的程控跳闸启动元件，称为程跳逆功率保护。逻辑框图如图 4-27 所示。

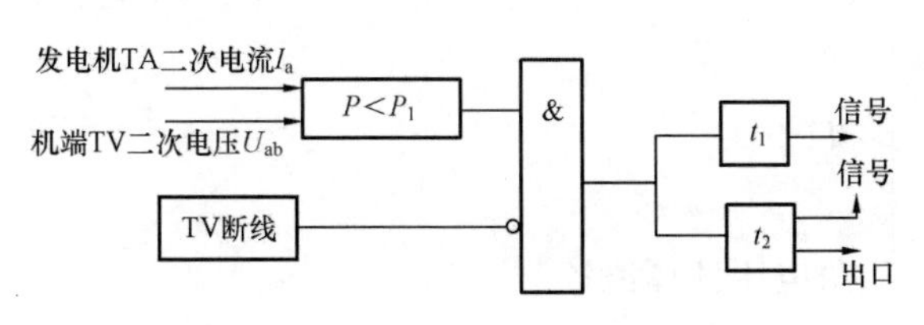

图 4-26　逆功率保护逻辑框图

P—发电机有功功率计算值；

P_1、t_1、t_2—逆功率保护整定值

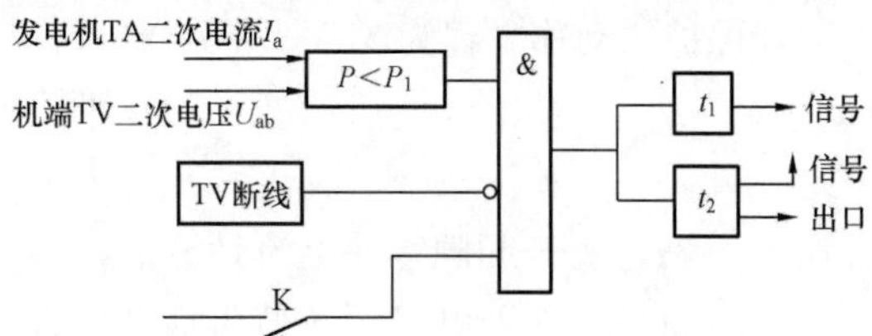

图 4-27　程跳逆功率保护逻辑框图

K—主汽门辅助触点，主汽门关闭后开放保护出口

程跳逆功率保护引入了 K 触点。当主汽门关闭后且发电机吸收的有功功率大于整定值，且无 TV 断线闭锁条件时，经短延时 t_1 发信号，经长延时 t_2 启动机组程序跳闸。

十、阻抗保护

当电流、电压保护不能满足灵敏度要求或根据网络间配合要求，发电机和变压器相间故障的后备保护可采用阻抗保护。阻抗保护作为变压器引线、母线、相邻线路相间故障后备保护。

阻抗元件的接入电压和接入电流，取自发电机线电压和相电流。当测量阻抗落在阻抗圆内时，阻抗保护动作。当发生 TV 断线时，闭锁低阻抗保护。

阻抗保护逻辑框图如图 4-28 所示。

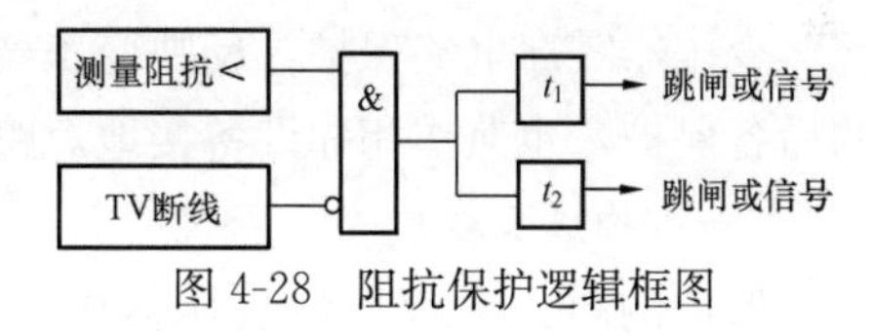

图 4-28　阻抗保护逻辑框图

十一、变压器接地保护

中性点直接接地变压器装设接地故障后备保护作为变压器内部绕组、引线、母线和线路接地故障的后备保护。

对于中性点可能接地或不接地运行的变压器接地后备保护，应配置两种接地后备保护。一种接地保护用于变压器中性点接地运行状态，通常采用二段式零序过电流保护；另一种接地保护用于变压器中性点不接地运行状态。

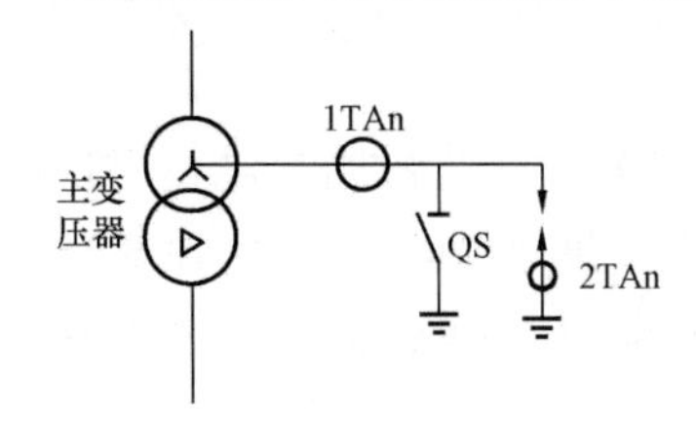

图 4-29　主变压器间隙零序保护示意图

分级绝缘且中性点装设放电间隙的变压器（如主变压器），除了装设二段式零序过电流保护，还应增设反应零序电压和间隙放电电流的零序电压、电流保护，用于变压器中性点经放电间隙接地时的接地保护。

主变压器间隙零序保护示意图如图 4-29 所示。

主变压器间隙零序保护用于保护主变压器中性点绝缘，当主变压器中性点接地开关 QS 合上时，主变压器间隙零序保护自动退出运行，自动投入主变压器零序电流保护，保护电流模拟量取自中性点零序 1TAn 二次电流；当主变压器中性点接地开关 QS 分开时，主变压器零序电流保护退出运行，自动投入主变压器间隙零序保护，保护电流模拟量取自间隙零序 2TAn 二次电流。

（一）构成原理

保护反映变压器中性点间隙零序电流及 220kV 系统侧母线 TV 开口三角电压的大小。当间隙电流或 220kV 系统侧母线 TV 开口三角电压超过整定值时，经延时动作，切除变压器。

保护的动作方程为

$$\begin{cases}3I_{0jc} > 3I_{0jxg} \\ 3U_0 > 3U_{0g}\end{cases} \tag{4-12}$$

式中 $3I_{0jc}$ ——间隙零序电流计算值；

$3U_0$ ——220kV系统侧母线TV开口三角电压计算值；

$3I_{0jxg}$ 、$3U_{0g}$ ——间隙零序保护电流、电压整定值。

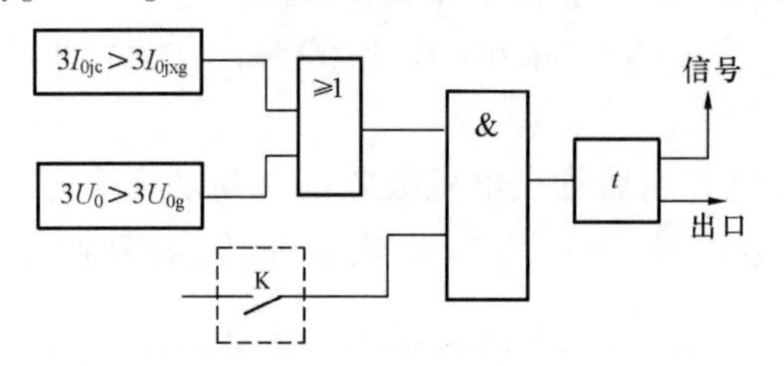

图4-30 主变压器间隙零序保护逻辑框图

K—变压器中性点接地开关辅助触点，当接地开关打开时闭合

（二）逻辑框图

保护的接入电流为间隙零序TA二次电流，接入电压为220kV系统母线TV二次开口三角电压，当变压器中性点不接地时自动投入运行。

主变压器间隙零序保护逻辑框图如图4-30所示。

十二、变压器零序电流保护（包括主变压器、厂用变压器、启动备用变压器）

变压器零序电流保护，反映变压器中性点接地侧零序电流的大小，是变压器接地短路的后备保护，也兼作相邻设备接地短路的后备保护。

（一）构成原理

保护的接入电流可取变压器中性点TA二次电流，或引出端TA二次零序电流，或由TA二次三相电流进行自产。当零序电流大于整定值时，经延时作用于信号及出口。零序电流保护最大选配为二段四延时。在DGT801A型装置中，可通过下载方便选用。

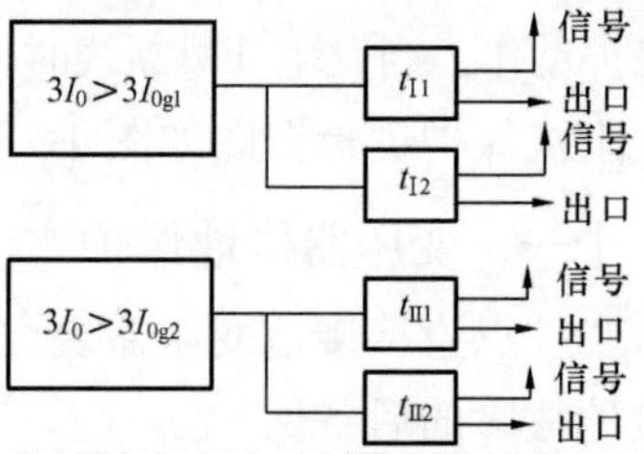

（二）逻辑框图

变压器零序电流保护逻辑框图如图4-31所示。

图4-31 变压器零序电流保护逻辑框图

十三、过励磁保护

发电机变压器运行频率降低或电压升高，会引起变压器的铁芯工作磁密过高，出现过励磁运行，造成电流增大，电流波形发生严重畸变，漏磁大大增加，出现过热和绝缘老化，降低设备的使用寿命。因此，对于300MW及以上发电机和220kV及以上变压器应装设过励磁保护。

（一）构成原理

过励磁保护反应的是过励磁倍数，而过励磁倍数等于电压与频率之比。发电机或变压器的电压升高或频率降低，可能产生过励磁，即

$$U_f = U/f = \frac{B}{B_N} = \frac{U_*}{f_*} \tag{4-13}$$

式中 U_f ——过励磁倍数；

B、B_N——铁芯工作磁密、额定磁密；

U、f、U_*、f_* ——电压、频率及其以额定电压及额定频率为基准的标幺值。

发电机的过励磁能力比变压器的能力要低一些，因此发电机—变压器组保护的过励磁特性一般按照发电机的特性整定。

（二）逻辑框图

发电机过励磁保护逻辑框图如图 4-32 所示。

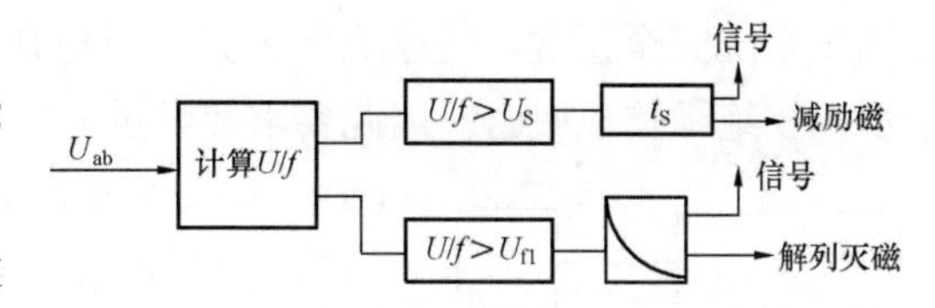

图 4-32　发电机过励磁保护逻辑框图

U_{ab} —发电机或变压器相间电压；

U_S 、t_S 、U_{f1} —保护整定值

发电机过励磁保护电压模拟量取自发电机机端 TV 二次电压 A、B 相间电压 U_{ab} ，经保护装置计算 U/f ，当 U/f 值大于整定值 U_S 时，则经过 t_S 延时后，由保护装置发减励磁命令，同时发报警信号；当 U/f 值大于整定值 U_{f1} 时，则按照反时限特性，由装置发解列灭磁命令跳开灭磁开关，同时发报警信号。

十四、断路器失灵保护

（一）构成原理

当发电机—变压器组保护动作出口跳发电机出口断路器，但仍有电流流过断路器，且断路器仍然为闭合状态时，则可判断为断路器失灵而拒跳，启动失灵保护。

在发电机—变压器组保护装置中，断路器失灵启动主要有以下判据：相电流判据、零序电流判据、断路器辅助触点及保护出口继电器动合触点。

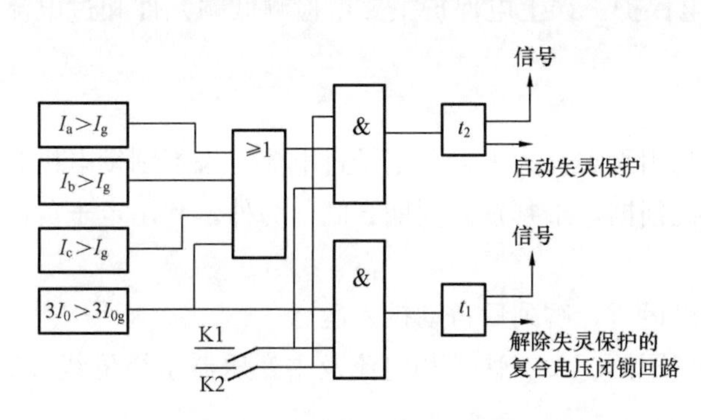

图 4-33　高压侧断路器失灵启动保护逻辑框图

I_a 、I_b 、I_c 、$3I_0$ —断路器侧 TA 二次三相电流和零序电流（可自产）；K1—断路器辅助触点；K2—保护出口继电器辅助触点；I_g —失灵启动保护电流整定值；$3I_{0g}$ —失灵启动保护零序电流整定值；t_1 、t_2 —动作延时

（二）逻辑框图

保护的输入电流为断路器侧 TA 二次三相电流，还引入零序 TA 的二次电流，其逻辑框图如图 4-33 所示。

当三相中任一相电流达到整定值或零序电流达到整定值，且发电机出口开关在合闸位置时，保护装置启动断路器失灵保护出口触点动作（实际接线为发电机—变压器组保护 A、B 柜的启动断路器失灵保护出口触点并联后，再与发电机出口开关合闸位置触点串联，构成此闭锁条件），保护装置经 t_2 延时启动母差失灵保护且发出告警信号；当零序电流达到整定值，且发电机出口开关在合闸位置时，保护装置启动断路器失灵保护出口触点动作，保护装置经 t_1 延时启动解除母差失灵保护复合电压闭锁。

十五、发电机、变压器异常工况的其他保护

（一）变压器过负荷保护

对于升压变压器，过负荷保护装设在主电源（低压）侧。对于降压变压器，双绕组变压器的过负荷保护装设在高压侧；单侧电源的三绕组降压变压器，过负荷保护装设在电源侧和绕组容量较小的一侧。

（二）发电机过电压保护

200MW及以上汽轮发电机，由于其转动惯量相对较小，在甩负荷时，即使调速系统和调压系统完全正常，转速仍将上升，过电压可达（1.3～1.5）U_N，持续几秒钟，对定子绕组主绝缘构成威胁。因此要求装设过电压保护，动作于解列灭磁。

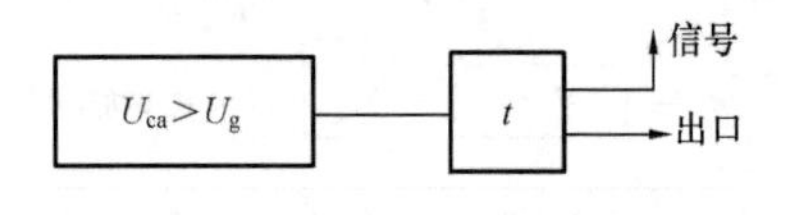

图4-34　发电机过电压保护逻辑图

发电机过电压保护反应发电机定子电压。其输入电压为机端TV二次相间电压，动作后经延时切除发电机，逻辑图如图4-34所示。

（三）误上电保护

发电机误上电的可能有两种情况：第一种是发电机在盘车或升速过程中（未加励磁）突然并入电网；第二种情况是发电机启停过程中，已加励磁，但频率低于定值，断路器误合，造成非同期合闸。

发电机在盘车或升速过程中突然并入电网，将产生很大的定子电流，损坏发电机。另外，当发电机转速很低时出现工频定子电流，定子旋转磁场将切割转子绕组，造成转子过热损伤。

发电机非同期合闸，将产生很大的冲击电流及转矩，可能损坏发电机及引起系统振荡。因此，对于大型发电机应装设误上电保护。误上电保护主要由检测低频元件和过电流元件组成。

1. 构成原理

在发电机—变压器组保护装置中，利用灭磁开关未合及定子过电流，来判别发电机升速或盘车过程中的误上电；而利用低阻抗判据，来判别非同期合闸。另外，利用定子负序电流判别并网前断路器某相断口闪络。

误上电保护在发电机并网后自动退出运行，解列后自动投入运行。

保护的输入量有发电机或主变压器高压侧TA二次三相电流及主变压器系统母线TV二次三相电压。

2. 逻辑框图

误上电及断路器闪络保护的逻辑框图如图4-35所示。

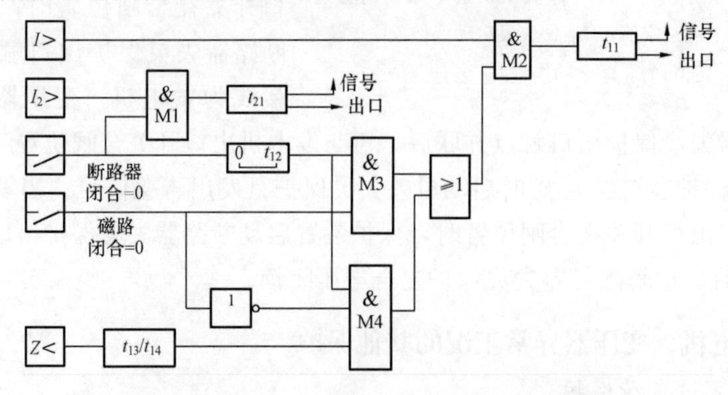

图4-35　误上电及断路器闪络保护逻辑框图

当主变压器高压侧断路器断开时，如果发电机中出现负序电流，则判断为断路器断口处闪络。此时，经延时t_{21}出口启动失灵保护。

在发电机盘车或升速过程中，灭磁开关在断开位置，若发电机中有电流，则判断为误合高压侧开关造成误上电。此时，经与门 M3、与门 M2 及延时 t_{11} 发出跳闸指令。

当发电机不满足同期条件而误合上时，由于灭磁开关已在闭合位置，将产生很大的冲击电流。此时阻抗 Z 判据应动作，经与门 M4、与门 M2 及延时 t_{11} 作用于出口。

发电机在停机状态下，应保持误上电保护在工作状态。

（四）非全相运行保护

目前大多数 220kV 及以上的断路器均为分相操作，由于人员误操作或设备质量问题，造成发电机—变压器组高压断路器三相不能同时合闸或跳闸，或者正常运行时一相突然“偷跳”，使发电机—变压器组转入非全相运行，对发电机转子的安全形成威胁。大型发电机已经装设转子表层负序过负荷保护，还要装设非全相运行保护原因是非全相运行时表层负序过负荷保护动作时间可能很长，使相邻线路对侧后备保护可能抢先无选择性动作。

（五）断路器断口闪络保护

大型发电机—变压器组在与系统进行并列过程中，断路器两主触点断口之间可能承受两侧电动势绝对值之和的高电压，有时会造成断口闪络事故。在发电机—变压器组高压断路器刚跳开不久的一段时间内，断口之间也可能短时承受高电压而引起闪络。断口闪络不仅造成断路器损坏，还将对发电机产生冲击转矩和负序电流，对机组安全不利。断口闪络保护首先使发电机灭磁，以降低断口电压，使之停止闪络，无效时再启动失灵保护。

（六）频率异常保护

频率异常保护用于保护汽轮机，防止汽轮机叶片及拉金的断裂事故，对于极端低频工况，还用来保护厂用电的安全。

十六、发电机—变压器组非电气量保护

非电量保护通常也称开关量保护，由就地送来的开关量触点启动保护。

非电量保护构成原理分两种：一种是直接驱动开关量直跳继电器出口，简称直跳非电量保护，如重瓦斯、压力释放等；另一种是由保护 CPU 判别非电量触点的状态，再经其他判据判别或软件延时后由保护 CPU 出口继电器出口，简称软件跳非电量保护，如冷却器全停、断水保护等。

第六节　REG 216 型发电机—变压器组保护

REG 216 型微机型保护装置在 REG 216 系统内永久存储的软件中，提供有多种不同的保护功能。保护某一特定电气设备所需要的保护功能可以单独选择、单独激活及单独设定。在不同的保护方案中，某一保护功能可使用多次。

系统硬件采用模块式结构。实际所安装的电子器件装置及输入输出（I/O）单元数量，随特定的电气设备保护要求不同而有所不同。例如，会随着保护功能的数量增加而增加，或者出于冗余考虑，随着冗余功能的数量增加而增加。

由于采用模块化设计，并且可以通过软件配置选择保护功能及其他功能，因而可以使 REG 216 型发电机保护适宜用作小型、中型及大型发电机的保护，其系统结构图如图 4-36 所示。

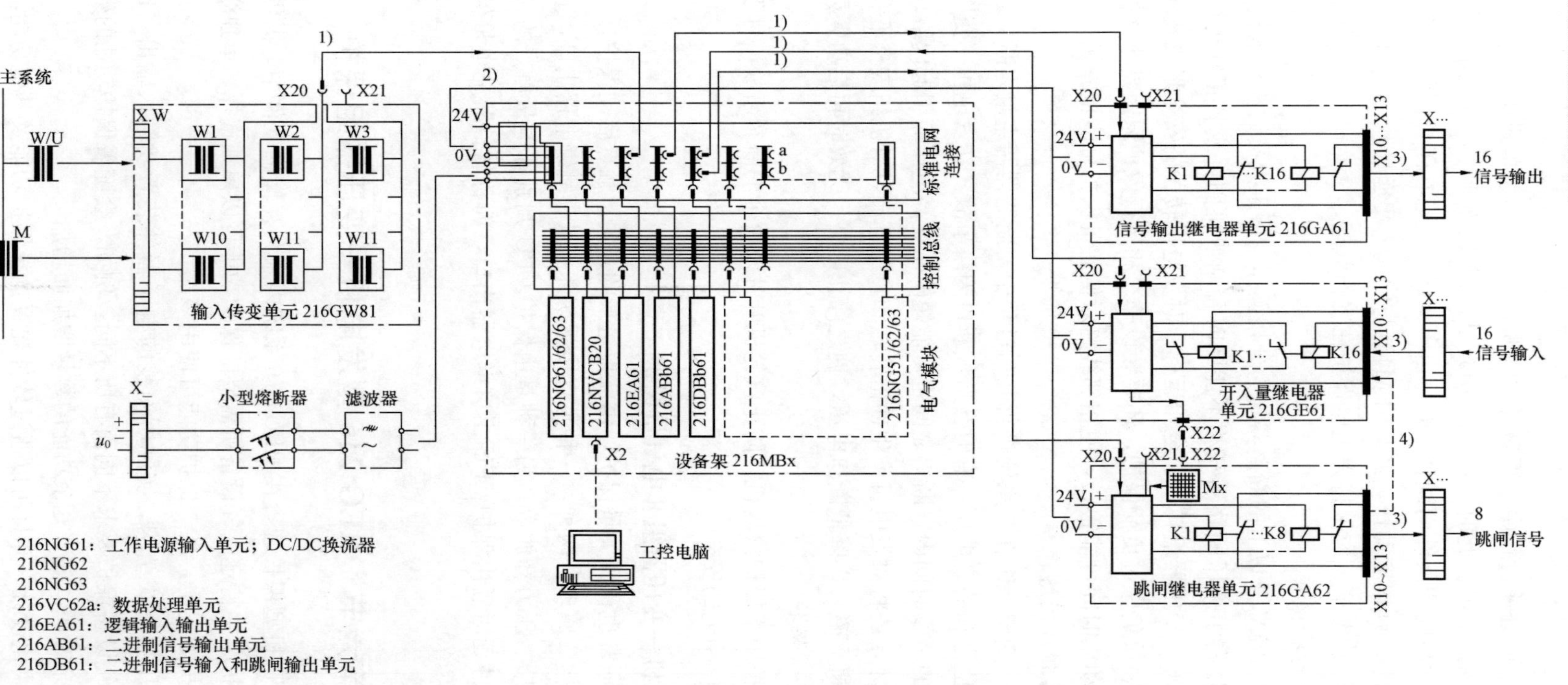

图 4-36　REG 216 型发电机—变压器组保护结构图

一、发电机—变压器组保护硬件介绍

(一) REG 216 型模件介绍

REG 216 型发电机—变压器组保护模件布置图如图 4-37 所示。

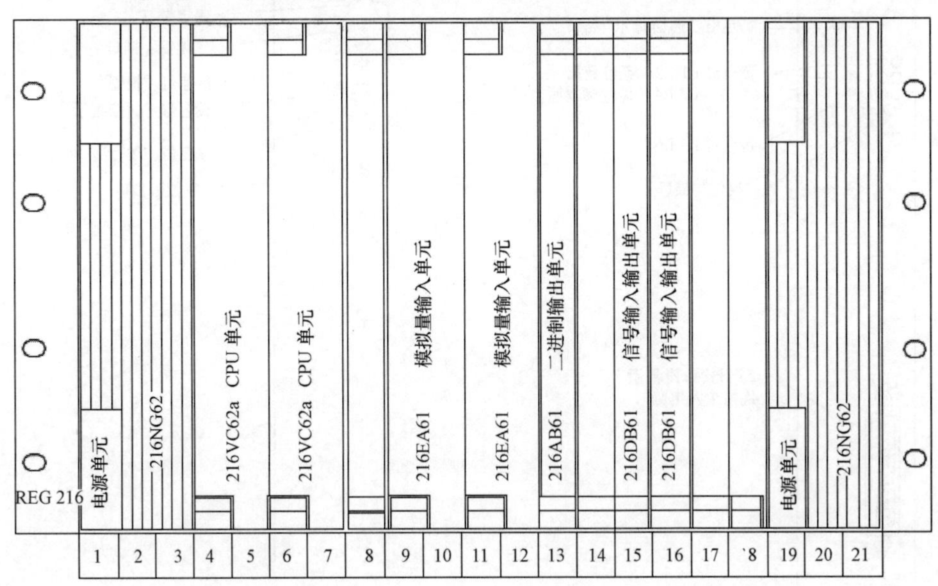

图 4-37　REG 216 型发电机—变压器组保护模件布置图

1. 处理单元 216VC62a

REG 216 型处理单元 216VC62a 正视图如图 4-38 所示。

所有可用保护功能及逻辑功能均以软件功能库的形式保存于 216VC62a 处理单元中。

面板信号：

(1) LED“AL”(红色)：指示内部有缺陷的告警灯。

(2) LED“MST”(黄色)：当装置与总线进行通信、正在进行数据交换时，Master 灯亮（可能为常亮或闪亮）。

(3) LED“L1-L6”(黄色)：L1、L2：系统状态[L1 、L2 都不亮：No error(没有错误)；L1 亮、L2 不亮：Urgent error(紧急错误)；L1 、L2 都亮：Fatal error(致命错误)]。

(4) L3、L4：通信（L1 亮：发信；L2 亮：收信)。

(5) L5：接收到 LON 终结报文。

(6) L6：闪存 EEPROM 处于写模式状态中。

(7) 插口“PSV”：不激活。当插入短接的细杆时，闭锁该单元的功能。

(8) 插口“RES”：复归。简单地插入短接细杆，使程序重新启动。同时所有的其他单元重新初始化。不对事件列表进行删除。

2. 模拟量输入单元 216EA61b

REG 216 型模拟量输入单元 216EA61b 正视图如图 4-39 所示。

216EA61 输入单元接受来自 216GW61 输入变换器模块的模拟量测量变量信号，并对其进行数字化处理，将信号传送给 B448C 总线。

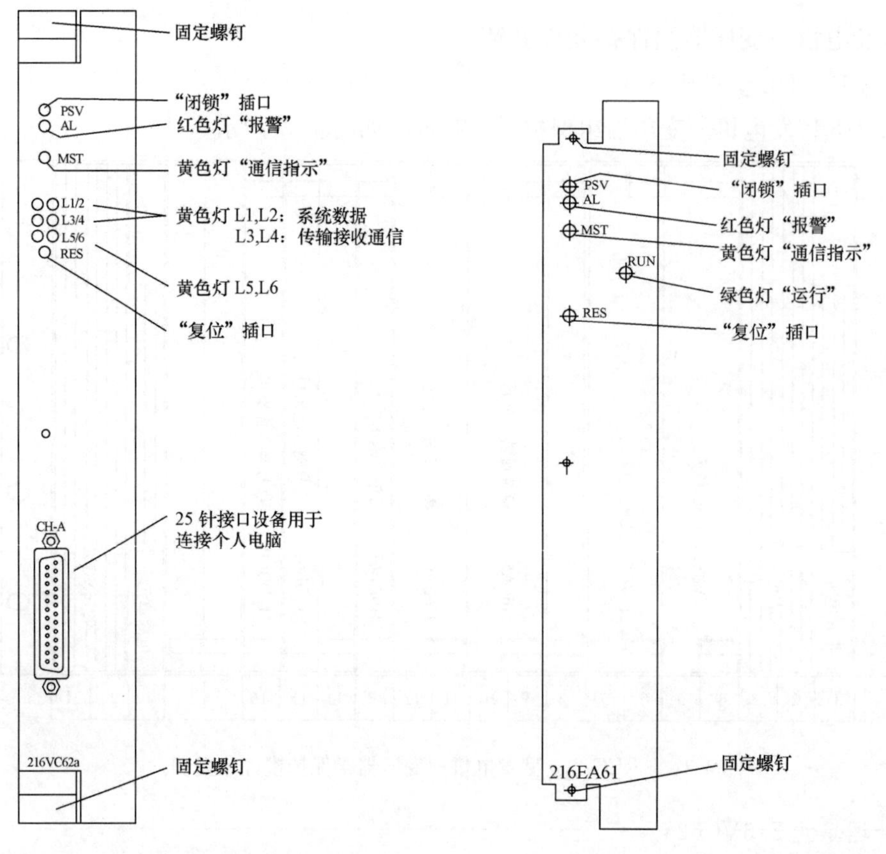

图 4-38　REG 216 型处理单元 216VC62a 正视图

图 4-39　REG 216 型模拟量输入单元 216EA61b 正视图

该单元有 24 个模拟量输入通道，也就是说，最多可以有两个 216GW61 输入变换器模块与一个 216EA61 输入单元相连。

面板信号：

(1) LED"AL"(红色)：当装置内部有缺陷时，该灯点亮。

(2) LED"MST"(黄色)：当装置与总线通信、进行数据交换时，Master（主装置）LED 灯点亮（可能为常亮或闪亮方式）。

(3) LED"RUN"(绿色)：当程序处于运行状态时，运行灯（Operation）常亮，即在正常运行期间，它为常亮方式（如果该 LED 不亮，就意味着数字化的测量变量并没有向总线传输）。

(4) 插口"PSV"：当插入短接的细杆时，闭锁模/数变换器并且不向总线传输数据（数字化的测量变量）。已存储的数据及测量变量不会因此被删除。

(5) 插口"RES"：简单地插入短接细杆，使程序重新启动。同时所有的其他单元重新初始化。所存储的测量变量列表将被删除。

3. 二进制输出单元 216AB61

REG 216 型二进制输出单元 216AB61 正视图如图 4-40 所示。

216AB61 输出单元将保护功能启动所产生的信号传送给 216GA61 输出继电器单元中

的中间继电器 K1～K16，以用于远方发信。

该单元有 32 个输出通道，也就是说，一个 216AB61 单元可控制两个 216GA61 输出继电器单元。

(1) 连接器“a”（上端）：通道 CHO01～CHO16。

(2) 连接器“b”（下端）：通道 CHO17～CHO32。

面板信号：

(1) LED“AL”（红色）：报警。当装置内部有缺陷时，该灯亮。

(2) LED“CH OUT”（黄色）：输出通道。指示哪一个激活的保护功能或逻辑功能已启动。只要该功能保持启动，LED 就一直保持为常亮状态。

1) 01 ～ 32：第一个单元的通道，与 CHO01～CHO32 对应。

2) 01 及 02：第一个单元的通道，在正常运行期间连续点亮（系统报警信号）。

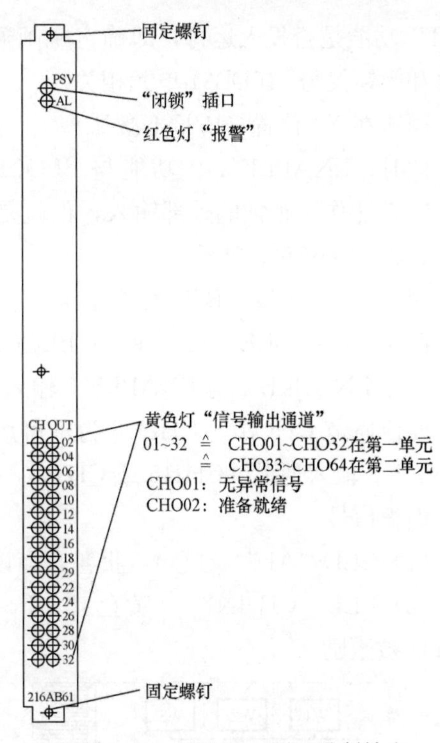

图 4-40　REG 216 型二进制输出单元 216AB61 正视图

3) 01～32：第二个单元的通道，与 CHO33～CHO64 对应。

4) 插口“PSV”：不激活。当短接细杆插入时，所有的输出通道被闭锁，没有一个 LED 灯点亮，不删除存储在输出寄存器中的状态量。

4. 二进制输入及跳闸单元 216DB61

REG 216 型二进制输入及跳闸单元 216DB61 正视图如图 4-41 所示。

二进制输入及跳闸单元由 16 个输入通道及 8 个输出通道组成。输出通道用于将激活的保护功能的跳闸命令传送给 216GA62 跳闸继电器模块。输入通道用于从 216GE61 输入继电器模块得到外部信号，它通过总线将外部信号传送给 216VC62a 处理单元。

(1) 连接器“a”（上端）：输入通道CHI01～CHI16。

(2) 连接器“b”（下端）：通道 CHO01～CHO08。

216DB61 的印制电路板上的插入式跳线 BR1 的位置确定了“ENABLE”与“BLOCK CH

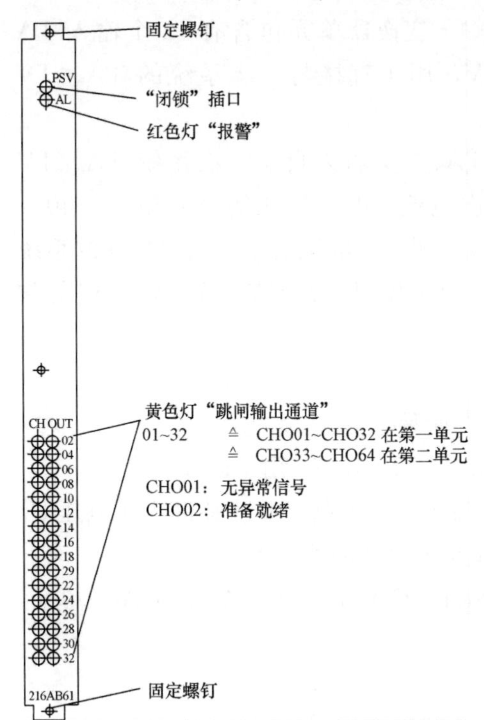

图 4-41　REG 216 型二进制输入及跳闸单元 216DB61 正视图

OUT”功能是否投入运行，即确定跳闸通道 CHO01～CHO08 是否开放或禁止。功能的开放和闭锁仅与 216DB61 单元相关。

BR1 在 X4 位置（B/E 不激活）。

此时，ENABLE 1/2 功能与 BLOCK 1/2 功能为不可用状态。输入通道 CHI13～CHI16 功能作为正常的外部输入，也就是说，与 CHI01～CHI12 通道一样，信号通过总线传送给 216VC62a 单元。

BR1 在 X3 位置（B/E 激活）。

此时，ENABLE 1/2 功能及 BLOCK 1/2 功能为可用状态。输出通道 CHO01～CHO08、ENABLE 1 与 ENABLE 2 输入（CHI13 与 CHI14）均应被开放（“与”门）。

要使通道 CHO01～CHO08 为不可用状态，必须将逻辑“1”加给 Block 1 输入通道或 Block 2 输入通道（CHI15 或 CHI16，“或”门）。

面板信号：

（1）LED“AL”（红色）：报警。当该单元装置内部有缺陷时，该灯亮。

（2）LED“CH IN”（黄色）：01～32 输入通道。指示哪一个输入通道 CHI01～CHI32 被激励。

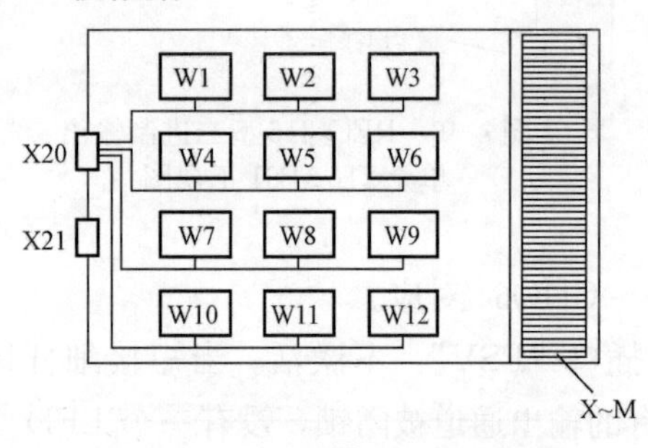

图 4-42　REG 216 型输入变换器单元 216GW61 面板图

W1～W12—TA 及 TV 变换器；X20、X21—25 针接口；X～M 测量终端

（二）REG 216 型屏柜安装的输入、输出单元

1. 输入变换器单元 216GW61

REG 216 型输入变换器单元 216GW61 如图 4-42 所示。

输入变换器单元包含有 12 个输入 TA 及 TV，用于直接与一次系统的 TA、TV 相连。

TA、TV 将来自于一次系统 TA、TV 的二次电流、电压按比例地变换为－40～＋40V范围内的电压信号。利用标准的系统电缆，将这些信号传给 216EA61 模拟量输入单元。每个仪用互感器的位置 W1～W12 与 216EA61 单元上的 CH01～CH12 输入相对应。

2. 输出继电器单元 216GA61

REG 216 型输出继电器单元 216GA61 如图 4-43 所示。

216GA61 有 16 个带有无源触点的辅助信号继电器 K1～K16，用于远方发信。

辅助信号继电器 K1～K16 由 216AB61 二进制输出单元控制，并从辅助直流电压 U_P 处得到电源。辅助信号继电器 K1～K16 与输出通道编号之间的关系为：

第一个 216GA61 单元，K1～K16 对应于 CHO01～CHO16；第二个 216GA61 单元，K1～K16 对应于 CHO17～CHO32。

3. 跳闸继电器单元 216GA62

REG 216 型跳闸继电器单元 216GA62 如图 4-44 所示。

216GA62 有 8 个带有无源触点的跳闸继电器 K1～K8，以用作跳闸发信。

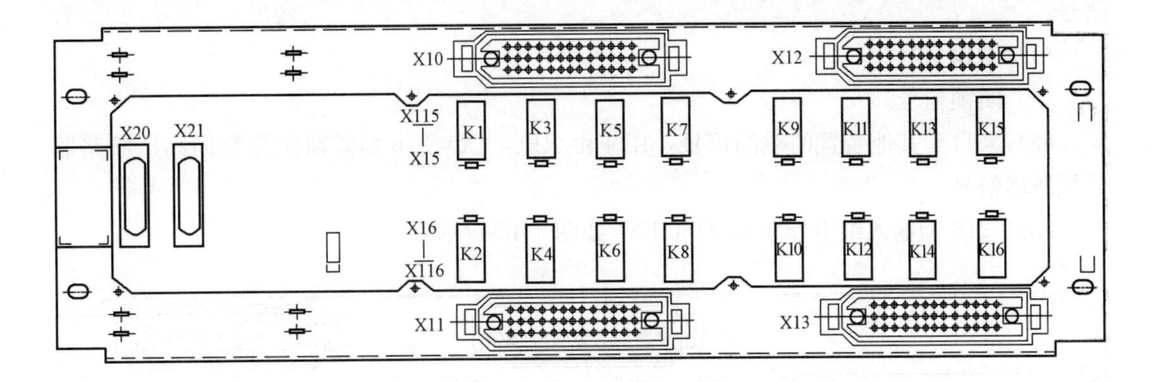

图 4-43　REG 216 型输出继电器单元 216GA61 面板图

K1～K16—DC 24V 信号继电器；X20、X21—控制 K1～K16 的标准电缆；X15、X115S、X16、X116—U_P 辅助电源接线（DC 24V）；X10～X13—接至信号触点和端子的电缆接头

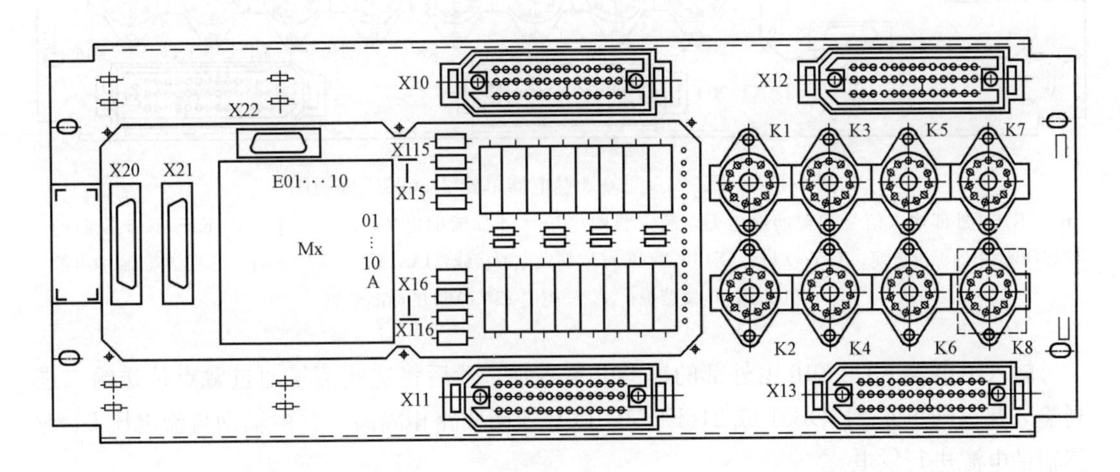

图 4-44　REG 216 型跳闸继电器单元 216GA62 面板图

K1～K8—DC 24V 跳闸继电器；X20、X21—控制 K1～K16 的标准电缆；X15、X115，X16、X116—U_P 辅助电源接线（DC 24V）；X10～13—接至跳闸触点和端子的电缆接头；X22—通过 M_x 控制 K1～K8 的标准电缆；Mx—直接跳闸的二极管矩阵（跳闸逻辑）10×10；E—输入；A—输出

跳闸继电器 K1～K8 由 216DB61 二进制输入及跳闸单元控制。

跳闸继电器与跳闸通道编号之间的关系为：第一个 216GA62 单元，K1～K8 对应于 CHO01～CHO08；第二个 216GA62 单元，K1～K8 对应于 CHO09～CHO16。

直接跳闸：除 216DB61 对 216GA62 上的二极管矩阵跳闸逻辑进行控制外，该二极管矩阵跳闸逻辑也可允许跳闸继电器 K1～K8 通过 216GE61 单元中的外部输入信号直接对其进行控制。

将 216GE61 输入继电器组件的前 10 个通道（K1～K10）与二极管矩阵跳闸逻辑相连接，以便直接进行跳闸。

4. 输入继电器单元 216GE61

216GE61 有 16 个具有无源触点的输入继电器 K1～K16。譬如，可用于引入下列外部信号：

（1）逻辑信号。

（2）闭锁信号。

（3）来自于其他装置的跳闸信号，用于由REG（X）216矩阵跳闸逻辑向高压断路器分配跳闸信号。

REG 216型输入继电器单元216GE61如图4-45所示。

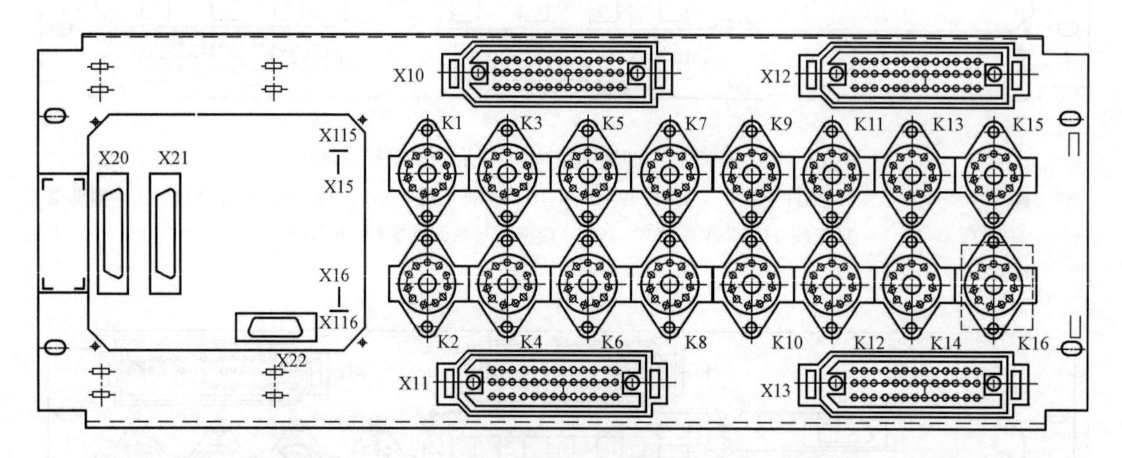

图4-45 REG 216型输入继电器单元216GE61面板图

K1～K16—外部输入信号的辅助继电器，额定线圈电压＝外部辅助电压；X20、X21—由K1～K16控制的216DB61用的标准电缆；X15、X115，X16、X116—U_P辅助电源接线（DC 24V）；X10～X13—接至外部辅助电源和端子的电缆接头；X22—控制216GA62的标准电缆

输入继电器K1～K16由外部的辅助电源激励，然后将这些信号通过触点传送给二进制输入及跳闸单元216DB61或216EB61，以与线圈回路相隔离，并由辅助直流电压U_P对其辅助电源进行供电。

也将输入继电器通道K1～K10与矩阵跳闸逻辑相连，以使其直接启动跳闸继电器。在K1～K16继电器中，将每个继电器的第二触点与端子相连，用于远方发信，以指示相应的通道被启动激励。

输入继电器与输入通道编号的关系为：第一个216GE62单元，K1～K16对应于CHI01～CHI16；第二个216GE62单元，K1～K16对应于CHI17～CHI32。

（三）注入单元REX 010

REX 010注入单元用于向REX 011注入变换器模块提供电源，如图4-46所示。注入变换器模块产生100%定子接地故障保护方案及100%转子接地故障保护方案所需要的信号。这些信号均有相同的波形。

1/4额定频率（50、60Hz）的注入电压频率，可通过对印制电路板316AI61上设置的插拔式跳线进行定位选择，在X12位置为12.5Hz频率，在X11位置为15.0Hz频率。

面板信号：

（1）绿LED灯READY（就绪）：辅助电源已合上。

（2）红 LED 灯 OVERLOAD（过载）：内部的保护回路已启动，注入电源被中断。

（3）黄 LED 灯 DISABLED（禁止）：不能通过面板的开关上或通过光耦输入接口注入。正常运行期间仅有绿 LED 灯亮。

（4）拨动开关 ENABLE、DISABLE：位置 0 为允许注入，位置 1 为禁止注入。

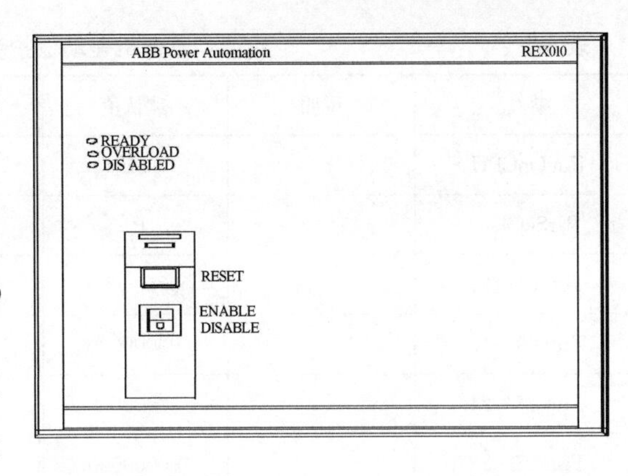

图 4-46 REG 216 型注入单元 REX 010 面板图

（5）复归按钮 RESET：

1）在保护回路动作后进行自保持，由该按钮进行复归，并在按该按钮后，红 LED 灯熄灭。

2）保护监视回路防止该发生器有过量的反馈，并当过零点电流不小于 5A 时，中断其注入电源。

3）如果引起保护回路启动的故障仍然存在，则保护回路将不复归。在这种情况下，要切断电源，并检查外部接线是否有短路或是开路。

（6）光耦输入：它与复归按钮有相同的功能，也可用于对注入进行禁止。当输入为逻辑“1”时，进行禁止，并当输入一回到“0”，就恢复其注入电源。

注意事项：在星形点处进行任何工作之前，要保证注入电压已切断。REX 010 注入单元面板上的拨动开关应设为“disable”（禁止），且黄 LED 灯“disabled”应点亮。

二、发电机—变压器组保护主要功能介绍

（一）发电机差动保护（Diff-Gen）

1. 特点

（1）具有非线性、与电流相关的跳闸特性。

（2）对穿越性故障及 TA 饱和有很高的稳定性。

（3）具有较短的动作时间。

（4）三相测量。

（5）具有优化的发电机差动保护特性。

（6）无励磁涌流制动。

（7）对连接组不进行补偿。

（8）仅有两个测量输入。

（9）对直流偏移量进行抑制。

（10）对谐波进行抑制。

2. 发电机差动保护功能的参数整定（Diff-Gen）

发电机差动保护参数说明见表 4-2。

表 4-2　　发电机差动保护参数说明

参数	说明	默认值	参数	说明	默认值
RunOnCPU	—	CPU1	v-Setting	—	0.25
ParSet 4.1	—	P1	Current Inp	TA/TV 输入	00000
Trip 01～08	—	00000000	BlockInp	逻辑 1/0	F
Trip 09～16	—	00000000	Trip	信号	ER
Trip 17～24	—	00000000	Trip-R	信号	—
Trip 25～32	—	00000000	Trip-S	信号	—
g-Setting	I_N	0.10	Trip-T	信号	—

3. 参数说明

（1）RunOnCPU：定义运行该功能的处理单元。

（2）ParSet 4.1：确定一个特定的功能在哪一套整定参量组中激活的设定参量。

（3）Trip 01-08：定义由该保护功能的跳闸输出所启动的跳闸通道（矩阵跳闸逻辑）。

（4）Trip 09-16：与 Trip 01-08 对应（如果配有该跳闸单元）。

（5）Trip17-24：与 Trip 01-08 对应（如果配有该跳闸单元）。

（6）Trip 25-32：与 Trip 01-08 对应（如果配有该跳闸单元）。

（7）g-Setting：动作特性的基本整定量 g（灵敏度）。

（8）v-Setting：动作特性的启动系数（斜率）。

（9）CurrentInp：定义电流的输入通道。应从相同的扫描组中指定具有相同参考值的两个三相电流组中的第一通道（R 相），即指定通道 1 或 7 为第一通道。

（10）BlockInp：用作闭锁输入的二进制地址（F→FALSE，假，T→TRUE，真，保护功能的二进制输入或二进制输出）。

（11）Trip：用于跳闸发信的输出（信号地址），ER 即指进行事件记录。

（12）Trip-R：对应于跳闸，且指示该跳闸是由 R 相启动。

（13）Trip-S：对应于跳闸，且指示该跳闸是由 S 相启动。

（14）Trip-T：对应于跳闸，且指示该跳闸是由 T 相启动。

4. 整定说明

发电机差动保护的作用是检测定子区域内的相间故障。该保护灵敏、快速，有绝对的选择性。

（1）基本整定量 g。该基本整定量 g 定义内部故障时差动保护的启动整定值。

选择 g 为最低值，则差动保护具有最高的灵敏度，例如当有最低的励磁时，仍可检测出故障。该保护功能因为相同绕组中的匝间故障时不产生差动电流，因而不能检测匝间故障。但是，在正常运行期间，由于有很小的不平衡差动电流，如果 g 设定得太低，可能会导致发生误跳闸。因此典型的设定值为 $0.1I_N$。假如被保护机组相对的两侧 TA 有不同的精度等级，或者其负载太高，应设定一个更高的 g 值。

保护启动时的一次电流值与继电器的整定值、TA 变比有关。假定不通过参考值对

模/数（A/D）通道作补偿，则按下进行计算：

继电器整定 $g=0.1I_N$

（其中 I_N为继电器的额定电流）

发电机的额定电流 $I_{GN}=4000A$

TA 的额定电流 $I_{N1}=5000A$

计算出的一次启动电流为（参考到发电机的额定电流）

$$l=\frac{g}{I_N}\times\frac{I_{N1}}{I_{GN}}=0.1\times\frac{5000}{4000}=0.125$$

（2）启动系数 v。v 值确定在发生穿越性故障期间保护的稳定性。它为动作特性中制动电流高于 $1.5I_N$的那一段曲线。

v 应整定得足够低，以使得在发生穿越性故障期间当保护有负荷电流流过时而不引起误动作，而对保护区内的故障仍然灵敏。典型的整定值为 0.25。

在穿越性故障期间当 TA 的暂态行为产生较大的差动电流时，要选择更高一些的整定值，如 0.5。典型的整定值：g-Setting 为 $0.1I_N$，v-Setting 为 0.25。

（二）变压器差动保护（Diff-Transf）

用于两绕组及三绕组变压器、发电机—变压器组的差动保护。

1. 特性

（1）具有非线性、与电流相关的跳闸特性。

（2）对穿越性故障及 TA 饱和有很高的稳定性。

（3）具有较短的动作时间。

（4）三相测量。

（5）涌流制动。

（6）判断二次谐波与基波的比值。

（7）检测最大的相电流。

（8）用负荷电流检测变压器的上电。

（9）对连接组进行补偿。

（10）对电流的幅值进行补偿（TA 变比）。

（11）对三绕组变压器进行测量。

（12）将最大电流与其他两个绕组的电流之和进行比较（按相测量比较）。

（13）对直流偏移量进行抑制。

（14）对谐波进行抑制。

2. 变压器差动保护功能的整定参数（Diff-Transt）

变压器差动保护参数说明见表 4-3。

3. 参数说明

g 为动作特性的基本整定量 g（灵敏度）。

v 为动作特性的启动系数（斜率）。

b 为定义动作特性上的 b 点，其应设为 1.5 倍的负荷电流左右。

表 4-3　　变压器差动保护参数说明

参数	说明	默认值	参数	说明	默认值
RunOnCPU	—	CPU1	a_2	—	1.00
ParSet 4.1	—	P1	s2	—	y0（选择）
Trip 01～08	—	00000000	Current Inp2	TA/TV 地址	00000
Trip 09～16	—	00000000	a_3	—	1.00
Trip 17～24	—	00000000	s3	—	y0（选择）
Trip 25～32	—	00000000	Current Inp3	TA/TV 地址	00000
g	I_N	0.20	BlockInp	二进制地址	—
v	—	0.50	Stabilizing	二进制地址	00000
b	—	1.50	InrushInp	二进制地址	—
g-High	I_N	2.00	HighSetInp	信号地址	F
I-Inst	I_N	10	Trip	信号地址	F
InrushRatio	%	10	Trip-R	信号地址	F
InrushTime	s	5	Trip-S	信号地址	ER
a_1	—	1.00	Trip-T	信号地址	—
s1	—	Y（选择）	Inrush	信号地址	—
CurrentInp1	TA/TV 地址	00000	Stabilizing	信号地址	—

（1）g-High：当用二进制信号 HighSetInp 进行控制时，使用抬高后的基本整定量值，而不使用通常的基本整定量值。例如，它防止由于磁通势临时增强（过励磁）而导致发生的误跳闸。

（2）I-Inst：不管被保护机组是否刚刚已经上电，对在该值之上的差动电流，将进行跳闸。当内部的故障电流较高时，该设定可缩短跳闸所需的时间。

（3）InrushRatio：当二次谐波电流与基波电流的比值高于该整定值时，判断为发生涌流现象。

（4）InrushTime：在初始上电或者发生外部故障之后，涌流检测功能开放时间。

（5）a_1 绕组 1 的幅值补偿系数。

（6）s1 绕组 1 的回路连接方式（一次侧）。

提供的整定有：

1）Y：Y 连接。

2）D：△连接。

（7）CurrentInp1 定义绕组 1 的电流输入通道。应指定三相电流通道中的第一通道（R 相）。

（8）a_2：绕组 2 的幅值补偿系数。

(9) s2：绕组 2 的连接组。

提供的整定有：所有通常的连接组。

1) 回路标识（y=星形，d=三角形，z=z 形）。

2) 绕组 2 的电压相对绕组 1 的电压的相角调整，以 30°的倍率设定。

(10) CurrentInp2 定义绕组 2 的电流输入通道。应指定三相电流通道中的第一通道（R 相）。

(11) a_3：绕组 3 的幅值补偿系数。

(12) s3：绕组 3 的连接组。

提供的整定有：所有通常的连接组。

1) 回路标识（y=星形，d=三角形，z=z 形）。

2) 绕组 3 的电压相对绕组 1 的电压的相角调整，以 30°的倍率设定。

(13) CurrentInp3 定义绕组 3 的电流输入通道。应指定三相电流通道中的第一通道（R 相）。如果不选择第三个输入，则保护以两绕组方式运行。

(14) BlockInp 用作闭锁输入的二进制地址（F→FALSE，假；T→TRUE，真；保护功能的二进制输入或二进制输出）。

(15) InrushInp 确定即使在变压器充好电之后，是否仍激活涌流制动。

例如，该设定允许对并列变压器充电时所产生的涌流电流进行检测及补偿。（F→FALSE，假，T→TRUE，真，保护功能的二进制输入或二进制输出）。

(16) HighSetInp 定义使用常用的基本整定量 g 值或是抬高后的基本整定量 g 值。（F→FALSE，假，T→TRUE，真，保护功能的二进制输入或二进制输出）。

(17) Trip 用于跳闸发信的输出（信号地址），ER 即指进行事件记录。

注意：

该差动保护功能没有启动信号。如果跳闸命令被配置为作为事件量记录，则在每次进行跳闸时，“GenStart”信号随“Trip”信号一起被设置。

(18) Trip-R 对应于跳闸，且指示该跳闸由 R 相启动。

(19) Trip-S 对应于跳闸，且指示该跳闸由 S 相启动。

(20) Trip-T 对应于跳闸，且指示该跳闸由 T 相启动。

(21) Inrush 表示出现涌流电流的发信输出（信号地址）。

(22) Stabilizing 表示在穿越性故障期间有 $I_H > b$ 的发信输出（信号地址）。

4. 整定说明

(1) 基本整定量 g。该基本整定量 g 定义内部故障时差动保护的启动整定值。

应选择 g 为可能的最低量值（高灵敏度），使其除可以检测相间故障外，还可检测变压器的接地故障及匝间故障。但 g 的整定值不应太低，要避免由于下列原因可能发生引起误跳闸的危险。

典型的设定为 $g=0.3I_N$（即 $30\%I_N$）。

(2) 启动系数 v。启动系数 v 确定外部相间故障及外部接地故障期间保护的稳定性，即在出现较高的穿越性故障电流期间，确定保护的稳定性。

值 v 定义动作电流与制动电流的比值。该整定应为这样的值，当运行于负荷情况时，对仅产生一个低差动电流的轻微故障，保护仍能够检测出，但在穿越性故障期间，保护不会有误动作的危险。典型的整定为 0.5。

（3）制动电流 b。制动电流 b 定义特性曲线的拐点。

特性曲线的倾斜段保证继电器在发生穿越性故障 TA 处于饱和期间的稳定性。建议 b 的整定值为 1.5，它在发生较高的穿越性故障电流期间仍有较高的稳定性，并有足够的灵敏度检测电流位于动作区域内的故障电流。

（4）抬高后的基本整定 g-High。抬高后的基本整定 g-High 用于在某些运行情况下作为防止发生误跳闸的一种手段。它由外部信号激活。

在系统正常运行期间，也可能会出现有较大差动电流的情况，例如：

1）由于系统有较高的电压（如进行切换操作、甩负荷之后、发电机调节器发生故障时等），会增加励磁电流。

2）电流之比有较大的变化（抽头处于其调节范围的末端）。

如果由电压继电器或者是饱和继电器检测到这种特殊情况，这可用相应的信号将差动保护功能从"g"值切换到"g-High"值，对 g-High 的整定值建议为 $0.75I_N$。

在发生跳闸后，返回系数保持在 $0.8g$ 处不变。

（5）差动速断电流 I-Inst。差动速断电流的整定 I-Inst 用于加速内部故障时的跳闸（禁止对涌流电流进行检测）。该整定应高于任何可能预期的正常涌流电流。

对有低功率、中等功率的变压器，典型值为 $I\text{-Inst}=12I_N$。

（6）检测涌流电流的启动系数 InrushRatio。该启动系数的整定确定涌流检测功能的灵敏度。通常，二次谐波与基波电流的比值大于 15%，考虑一个裕度，以保证可以检测到涌流发生时的情况。建议的整定为 10%。

（7）激活涌流检测的时段 InrushTime。涌流检测功能应激活多长时间的整定值，取决于由于涌流电流会发生误跳闸的危险性持续多长时间。典型的整定为 5s。

（8）幅值补偿系数 a_1、a_2、a_3。系数 a_1、a_2、a_3 用于补偿被保护机组的额定电流与 TA 额定电流之间的差别。

系数 a 由 TA 额定电流与参考电流的比值来定义。

对于两绕组变压器，两个绕组有相同的额定功率，并且将变压器的额定电流作为参考电流。假定系数 a 被正确设定，则所有的整定量 g、v、b、g-High 及 I-Inst，均参考到变压器的额定电流，而不是参考到 TA 的一次侧额定电流。

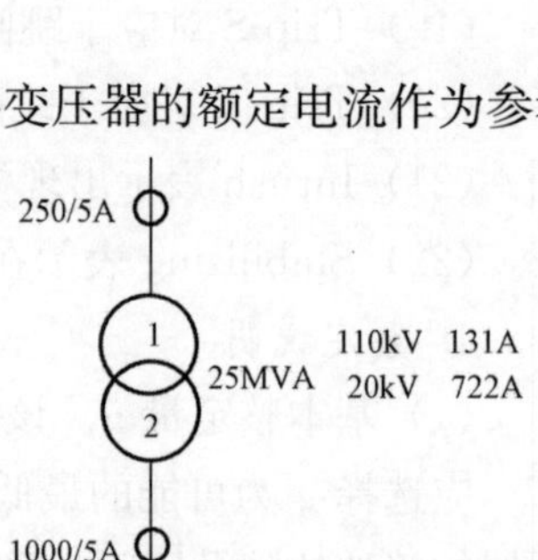

250/5A
1
2
25MVA
110kV 131A
20kV 722A
1000/5A

$$I_{B1}=I_{TN1}=131\text{A}\quad,\quad a_1=\frac{I_{TA1}}{I_{TN1}}=\frac{250}{131}=1.91$$

$$I_{B2}=I_{TN2}=722\text{A}\quad,\quad a_2=\frac{I_{TA2}}{I_{TN2}}=\frac{1000}{722}=1.38$$

只有在因为系数 a_1、a_2 的整定范围原因，而必须使用不同于变压器额定值的参考电流时，才选择参考电流与变压器的额定电流不相同。

当 TA 的额定电流与两绕组变压器的额定电流之间存在差别时，也可能需要调节 A/

D通道的参考值来进行补偿。在这种情况下并假定两绕组的额定功率相同时，要将系数设为 $a_1=a_2=1$。对应于上例的参考值为

$$\frac{I_{TN1}}{I_{TA1}}=\frac{131}{250}=0.524 \quad , \quad \frac{I_{TN2}}{I_{TA2}}=\frac{722}{1000}=0.722$$

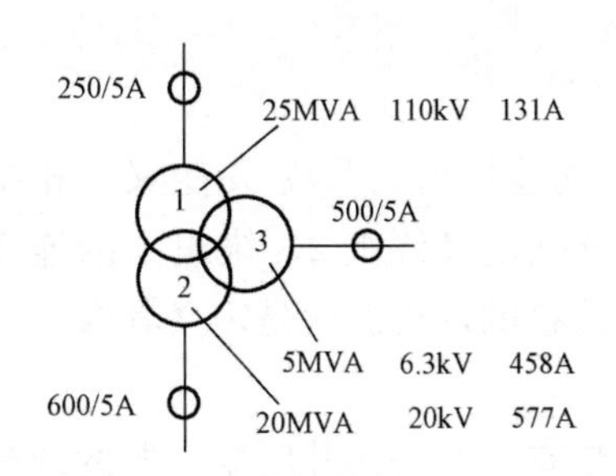

另外的差别在于：系数 a 仅影响差动保护，而改变A/D通道的参考值却会影响整个保护系统的电流（会影响所有的功能及测量变量）。

对于三绕组变压器，通常有不同的额定功率，要选择一个用于所有三个绕组的参考功率，然后将所有保护的整定值均参考到由参考功率所计算出的参考电流。

假定参考功率 S_B 为25MVA，则参考电流 I_B 及系数 a 为

$$I_{B1}=\frac{S_B}{\sqrt{3}U_{TN1}}=\frac{25}{\sqrt{3}\times 110}=131(\mathrm{A}) \quad , \quad a_1=\frac{I_{TA1}}{I_{B1}}=\frac{250}{131}=1.91$$

$$I_{B2}=\frac{S_B}{\sqrt{3}U_{TN2}}=\frac{25}{\sqrt{3}\times 20}=722(\mathrm{A}) \quad , \quad a_2=\frac{I_{TA2}}{I_{B2}}=\frac{600}{722}=0.83$$

$$I_{B3}=\frac{S_B}{\sqrt{3}U_{TN3}}=\frac{25}{\sqrt{3}\times 6.3}=2291(\mathrm{A}) \quad , \quad a_3=\frac{I_{TA3}}{I_{B3}}=\frac{500}{2291}=0.22$$

采用带有参考功率 S_B 的公式会得到相同的结果

$$a_1=\frac{U_{TN1}\times I_{TA1}\times\sqrt{3}}{S_B}=\frac{110\times 250\times\sqrt{3}}{25\ 000}=1.905$$

$$a_2=\frac{U_{TN2}\times I_{TA2}\times\sqrt{3}}{S_B}=\frac{20\times 600\times\sqrt{3}}{25\ 000}=0.83$$

$$a_3=\frac{U_{TN3}\times I_{TA3}\times\sqrt{3}}{S_B}=\frac{6.3\times 500\times\sqrt{3}}{25\ 000}=0.218$$

对于三绕组变压器，可能要进一步对不同的额定功率进行补偿：

1）用A/D通道的参考值对保护进行匹配，当TA额定电流与变压器额定电流为不同值时进行匹配。

2）用系数 a_1、a_2 及 a_3 补偿有不同功率的绕组。

系数 a 在差动保护的输入上对信号进行补偿。如果改变A/D通道的参考值，则要使该改变应用于整个保护系统（即应用于所有功能及测量变量）。

可参见下面的举例。绕组1、绕组2、绕组3的参考值分别为：

绕组1　　参考值 $=\frac{I_{TN1}}{I_{TA1}}=\frac{131}{250}=0.524$

绕组2　　参考值 $=\frac{I_{TN2}}{I_{TA2}}=\frac{577}{600}=0.962$

绕组3　　参考值 $=\frac{I_{TN3}}{I_{TA3}}=\frac{458}{500}=0.916$

系数 a_1、a_2 及 a_3 为

$$a_1=\frac{I_{TN1}}{I_{B1}}=\frac{131}{131}=1$$

$$a_2=\frac{I_{TN2}}{I_{B2}}=\frac{577}{722}=0.799$$

$$a_3=\frac{I_{TN3}}{I_{B3}}=\frac{458}{2291}=0.200$$

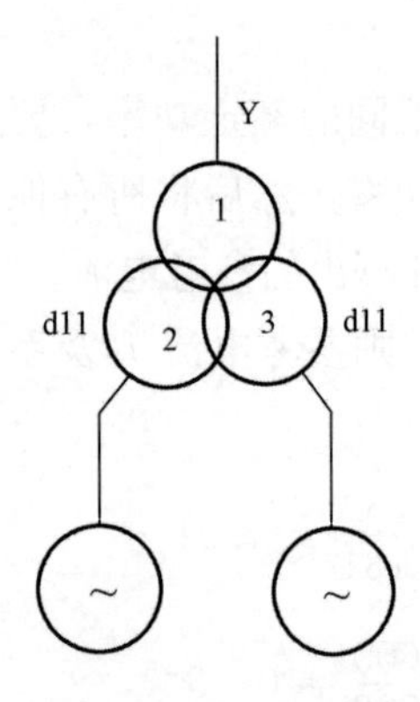

(9) 三相变压器 s1、s2、s3 的连接组。系数 s1 定义三相绕组 1 的连接方式，系数 s2、s3 分别定义绕组 2、绕组 3 的连接组。即它们首先定义绕组是如何连接的，再次就是定义其参考到绕组 1 的相角。

下面给出一个例子，针对于带有一个公共升压变压器的两台发电机连接方式。

相应的系数为

s1＝Y

s2＝d11

s3＝d11

系数 s2、s3 按其参考到高压侧即绕组 1 的相位移进行定义。

5. 典型整定值

(1) g：0.3I_N。

(2) v：0.5。

(3) b：1.5。

(4) g-High：0.75I_N。

(5) I-Inst：12I_N。

(6) InrushRatio：10%。

(7) InrushTime：5s。

(8) a_1、a_2、a_3：必须计算。

(9) s1、s2、s3：与被保护的电气设备有关。

(三) 反时限过电流保护 (Current-Inv)

过电流功能的延时与电流成反比，并有最小的定时限跳闸时间 (IDMT)。

1. 特性

(1) 动作特性曲线。

1) c=0.02：正常反时限。

2) c=1：甚反时限及长时间接地故障。

3) c=2：极端反时限。

4) RXIDG：对数反时限特性。

(2) 对直流分量不敏感。

(3) 对谐波分量不敏感。

(4) 有更宽整定范围。

2. 反时限过电流保护功能的整定值（Current-Inv）

反时限过电流保护参数说明见表4-4。

表4-4 反时限过电流保护参数说明

参数	说明	默认值	参数	说明	默认值
RunOnCPU	—	CPU1	I-Start	I_B	1.10
ParSet 4.1	—	P1	t-min	s	00.00
Trip 01～08	—	00000000	NrOfPhases	—	1
Trip 09～16	—	00000000	CurrentInp	TA/TV 地址	00000
Trip 17～24	—	00000000	I_B-Setting	I_N	1.00
Trip 25～32	—	00000000	BlockInp	二进制地址	F
c-Setting	—	1.00	Trip	信号地址	ER
k_1-Setting	s	013.5	Start	信号地址	ER

3. 参数说明

（1）c-Setting：确定动作特性为反时限特性或为对数特性的常量值（反时限特性：0.02～2.00，对数特性：RXIDG）。

（2）k_1-Setting：倍率。

（3）I-Start：特性生效的启动电流。

（4）t-min：最小定时限跳闸时间。

（5）NrOfPhases：定义是进行单相测量还是进行三相测量。

（6）CurrentInp：定义TA电流的输入通道。可选择所有的电流输入。对三相测量，应指定所选三相测量组中的第一个通道（R相）。

（7）I_B-Setting：考虑额定电流I_N有差别的基值电流。

（8）BlockInp：定义外部闭锁信号的输入［F：不用；T：功能总是被闭锁；Xx：所有的二进制输入（或保护功能的输出）］。

（9）Trip：用作跳闸发信的输出。

（10）Start：用作启动发信的输出。

4. 整定说明

（1）基值电流“I_B-Setting”。该功能有一个“基值电流”整定，它被设为被保护机组的满负荷电流I_{B1}。基值电流整定值确定基本特性曲线的位置。当预设定的量值（I-Start）超过基值电流时，开放该基本特性。

I_{B1}小于被保护机组的额定电流时将会使保护更灵敏。

I_{B1}大于被保护机组的额定电流时将会最大限度地利用被保护机组的热过负荷能力。

例如：被保护机组的负荷电流 $I_{B1}=800A$

TA额定电流 $I_{N1}=1000A$

$I_{N2}=5A$

保护额定电流 $I_N=5A$

保护基值电流

$$I_{\mathrm{B}} = I_{\mathrm{B1}} \frac{I_{\mathrm{N2}}}{I_{\mathrm{N1}}} = 800 \times \frac{5}{1000} = 4\mathrm{A}$$

整定

$$\frac{I_{\mathrm{B}}}{I_{\mathrm{N}}} = \frac{4}{5} = 0.8$$

（2）开放特性“*I*-Start”。当电流超过 *I*-Start 整定值时，开放该 IDMT 特性。对 *I*-Start 的典型设定值为 $1.1I_{\mathrm{B}}$。

（3）特性“*c*-Setting”的选择。常量 *c*-Setting 确定 IDMT 特性的曲线形状。整定值为：

1）“正常反时限”：$c = 0.02$。

2）“甚反时限”及“长时限接地故障”：$c = 1.00$。

3）“极端反时限”：$c = 2.00$。

4）“对数反时限”：$c = \mathrm{RXIDG}$。

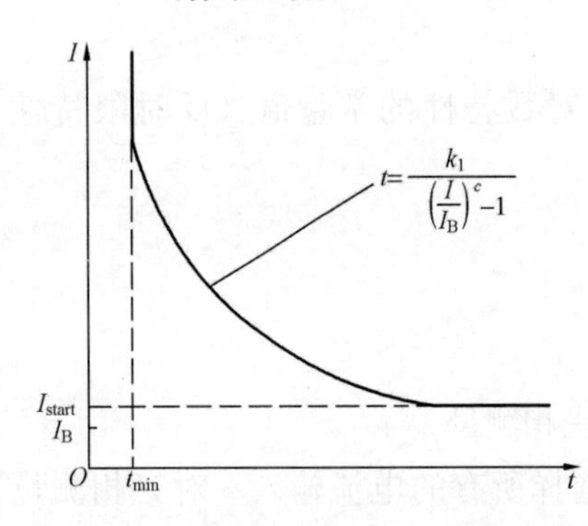

图 4-47　IDMT 过电流功能动作特性曲线

（4）倍率“k_1-Setting”。倍率“k_1-Setting”对参量 *c* 整定所选择的 IDMT 特性曲线形状不作改变地平移。该特性用于对沿线一系列 IDMT 继电器的动作时间产生时间级差，以实现保护的选择性。

例如，对“甚反时限”特性，如图 4-47 所示，常量 $c=1$，系数 $k_1 \leqslant 13.5$，动作时间 *t* 为

$$t = \frac{k_1}{\frac{I}{I_{\mathrm{B}}} - 1}$$

假定对 6 倍的负荷电流 I_{B}需要有 0.5s 的时间级差，则对每一个继电器，系数 k_1 为

$$k_1 = 5t$$

对 0.5～2.5s 之间的动作时间，产生表 4-5 所示 k_1 整定值。

表 4-5　k_1 整定值

t [s]	k_1 [s]	*t* [s]	k_1 [s]
0.5	2.5	2	10
1	5	2.5	12.5
1.5	7.5		

对照表 4-5，按下列方式设定特性：

1）“正常反时限”：$k_1 = 0.14\mathrm{s}$。

2）“甚反时限”：$k_1 = 13.5\mathrm{s}$。

3）“极端反时限”：$k_1 = 80\mathrm{s}$。

4）“长时限接地故障”：$k_1 = 120\mathrm{s}$。

倍率 k_1 对 RXIDG 的特性曲线没有影响。

5. 典型的整定值

(1) I_B-Setting：对应于被保护机组的负荷电流。

(2) I-Start：$1.1I_B$。

(3) c-Setting：按照被保护机组所要求的特性。

(4) k_1-Setting：按时间级差计算。

(5) t-min：0.00。

(四) 定子接地故障保护 (Stator-EFP)

定子接地故障保护功能用于检测发电机靠近星形点处的接地故障。保护方案基于电位偏移原理，通过注入编码的低频信号，使发电机星形点的电位发生偏移。注入信号由注入单元 REX010 产生，并通过注入变换器模块 REX011 馈入至定子回路中。该保护功能与覆盖绕组 95%接地故障的电压功能“电压”一起使用，以实现检测绕组 100%范围内的接地故障。

1. 特性

(1) 保护星形点的接地故障，并根据接地故障电流的大小，保护定子绕组的一部分。

(2) 通过将 REX010 注入单元所产生的信号注入星形点，使其电位相对于接地点发生电位偏移。

(3) 计算接地故障电阻。

(4) 监视注入信号的幅值及频率。

(5) 监视测量回路的开路及接地电阻的正确连接。

2. 测量说明

(1) R_{fs}：保护可判别、显示 0～29.8kΩ 之间的接地故障电阻。对 29.9kΩ 或 30kΩ 接地故障，显示指示接地故障电阻小于 29.8kΩ。当没有发生接地故障时，显示值为 29.9kΩ 或 30kΩ。

当保护不能够计算出故障电阻时，用 100～111 之间的完整数字值来显示故障代码。

1) 100.0 表示有 5s 以上的时间没有注入源。

2) 101.0 表示频率不正确，或者是因为 REX 010 上的注入频率没有被正确设定，或者是 RE. 216 上的额定频率没有被正确设定。

3) 102.0 表示外部回路有开路。

4) 109.0 表示二进制输入“AdjREsInp”及“AdjMTRInp”均被开放。

当输入“AdjMTRInp”被开放时，显示 MTR 的测量值。

在正常运行期间，在 HMI 上显示 MTR 的输入值。

(2) R_{Es}：

1) 当输入“AdjREsInp”被开放时，起先显示 123.0，一直到电阻计算完成为止。这可能要花最多 10s 的时间，在经过该时间之后，将显示 R_{Es} 的测量值。

2) 在正常运行期间，在 HMI 上显示的是 R_{Es} 的输入值。

3) 正常运行时，两个输入“AdjMTRInp”及“AdjREsInp”中有一个不被禁止，并且对保护会加注入源进行注入。

注意：在任何时候仅有一个二进制输入处于开放，否则会产生 R_{fs}、MTR、R_{Es}测量错误代码（见表 4-6）。

表 4-6　　测量错误代码

AdjMTRInp	AdjREsInp I/P	说明
0	0	保护启动且对 R_{fs}进行计算
1	0	确定 MTR 及 R_{fs}的值
0	1	确定 R_{Es}及 R_{fs}的值
1	1	错误代码：$MTR=109.0$，$R_{Es}=109.0$，$R_{fs}=109.0$

注　0 表示二进制输入被禁止；1 表示二进制输入被开放。

3. 定子接地故障保护功能的参数整定值（Stator-EFP）

定子接地故障保护参数说明见表 4-7。

表 4-7　　定子接地故障保护参数说明

参数	说明	默认值	参数	说明	默认值
RunOnCPU	—	CPU1	VoltageInpU	TA/TV 地址	—
ParSet 4.1	—	P1	VoltageInpUs	TA/TV 地址	—
Trip 01～08	—	00000000	2. StarptInp	二进制地址	F
Trip 09～16	—	00000000	AdjMTRInp	二进制地址	F
Trip 17～24	—	00000000	AdjREsInp	二进制地址	F
Trip25～32	—	00000000	BlockInp	二进制地址	F
Alarm-Delay	s	0.5	Trip	信号地址	ER
Trip-Delay	s	0.5	StartTrip	信号地址	—
R_{Fs}-AlarmVal	kΩ	10.0	Alarm	信号地址	ER
R_{Fs}-TripVal	kΩ	1.0	StartAlarm	信号地址	—
R_{Es}	kΩ	1.0	InterruptInt	信号地址	—
R_{Es}-2. Starpt	kΩ	1.0	InterruptExt	信号地址	—
R_{Fs}-Adjust	kΩ	10.0	2. Starpt	信号地址	—
MTransRatio	—	100.0	MTR-Adjust	信号地址	—
NrOfStarpt	—	1	R_{Es}-Adjust	信号地址	—
			Extern-Block	信号地址	—

4. 参数说明

（1）Alarm-Delay：告警段启动与进行告警之间的时间。

（2）Trip-Delay：跳闸段启动与进行跳闸之间的时间。

（3）R_{Fs}-AlarmVal：用于告警的接地故障电阻整定值（用于告警的 R_{Fs}值必须大于用于跳闸的 R_{Fs}值）。

（4）R_{Fs}-TripVal：用于跳闸的接地故障电阻值。

（5）R_{Es}：一次系统接地时的接地电阻 R_{Es}。

（6）R_{Es}-2. Starpt：保护区域中在第二个星形点处的总接地电阻。

（7）R_{Fs}-Adjust：模拟的接地故障电阻值。在“R_{Es}-Adjust”方式中计算 R_{Es} 时作为参考值。

（8）MTransRatio：一次系统直接接地时的 TV 变比。

（9）NrOfStarpt：保护区域中的星形点数量。

（10）VoltageInpUi：定义参考电压的电压输入通道。

（11）VoltageInpUs：定义测量电压的电压输入通道 I/P 。

（12）StarptInp：用作状态输入的二进制地址。它确定第二个星形点与第一个星形点是否并联连接（F→FALSE，假；T→TRUE，真；保护功能的二进制输入或二进制输出）。

（13）AdjMTRInp：将保护功能切换到 MTR 确定方式（F→FALSE，假，T→TRUE，真，保护功能的二进制输入或二进制输出）。

（14）AdjREsInp：将保护功能切换到 R_{Es} 确定方式。（F→FALSE，假，T→TRUE，真，保护功能的二进制输入或二进制输出）。

（15）BlockInp：用作闭锁输入的二进制地址（F→FALSE，假，T→TRUE，真，保护功能的二进制输入或二进制输出）。

（16）Trip：用作跳闸发信的输出（信号地址）。

（17）Start：用作对跳闸段启动进行发信的输出（信号地址）。

（18）Alarm：用作告警发信的输出（信号地址）。

（19）StartAlarm：用作对告警段启动进行发信的输出（信号地址）。

（20）InterruptInt：用于对注入回路开路进行发信的输出（信号地址）。

（21）InterruptExt：用于对测量回路开路进行发信的输出（信号地址）。

（22）2. Starpt：用于对第二个并行星形点进行发信的输出（信号地址）。

（23）MTR-Adjust：用于对“AdjMTRInp”二进制状态进行发信的输出（信号地址）。

（24）R_{Es}-Adjust：用于对“AdjREsInp”二进制状态进行发信的输出（信号地址）。

（25）Extern-Block：表示该保护功能被外部信号所禁止的发信输出（信号地址）。

5. 整定说明

用于告警的“R_{Fs}-Setting”值应总是大于用于跳闸的“R_{Fs}-Setting”值。

典型的整定值：

（1）告警段：R_{Fs}-Setting 为 5kΩ；delay 为 2s。

（2）跳闸段：R_{Fs}-Setting 为 500Ω；delay 为 1s。

6. 整定步骤

如何精确地测量 R_{Fs} 值，取决于所输入的 R_{Es} 及 MTR 之值。因此，在发电机处于静止状态时，要在星形点与地之间连接一个在 100Ω～10kΩ 的电阻器来校核整定值，并且要根据需要加以校正。

在软件中，保护功能对这两个参量的设定提供有一个方便的设定方式，通过 AdjMTRInp 或 AdjREsInp 输入，对其方式加以切换进行。这种方式为推荐设定方式，在这种方式中，对 *MTR* 及“R_{Es}”参量的整定，要借助于模拟的接地故障电阻加以计算出。在测量值显示窗口中，会对这两个参量值进行连续显示。

如果通过方式调节所确定的 R_{Es}、*MTR* 之值同其标称值有差别，则优先选用其计算出的数值。

（1）确定 *MTR* 值：

1）对地短接星形点（$R_f=0\Omega$）。

2）设定二进制输入“AdjMTRInp”。

3）在 HMI 中，打开菜单“Display function measurements”（显示保护功能的测量值）并计下 *MTR* 的值。返回到“Editor”（编辑器）主菜单，在子菜单“Present prot funcs”（显示保护功能）中，选择“Stator-EFP”（定子接地故障保护）功能，输入设定“*MTR*”时所记下的值并加以保存。

4）解开星形点与地之间的连接。

5）复归“AdjMTRInp”二进制输入。

（2）确定 R_{Es} 值：

1）选择主菜单及“Determination of *MTR*”（确定 *MTR*）菜单项。

2）设定二进制输入“AdjREsInp”。

3）输入 R_{Es} 的近似值。

4）在星形点与地之间连接一个 $8k\Omega<R_f<12k\Omega$ 的电阻器，对接地故障 R_f 进行模拟。

5）在 HMI 中，打开“Edit function settings”（编辑保护功能的整定值）窗口，输入“R_{Fs}-Adjust”的设定值。输入“R_{Es}”的近似值。如果接地电阻器处于系统的二次侧，则必须输入一个参考到一次侧的值（对星形点处的二次侧注入、机端的二次侧注入，也可分别参见相关的 R_{Es} 与 *MTR* 章节）。对输入的设定值进行保存。

6）打开“Display function measurements”菜单，并记下“R_{Es}”之值。

7）在“Edit function parameters”子菜单中对整定“R_{Es}”，输入所记下的值，并进行保存。

8）解除对接地故障回路的模拟。

9）复归二进制输入“AdjREsInp”。

只有当两个二进制输入均复归后，保护功能才从电阻确定方式切回到正常的保护功能运行方式。

在星形点与地之间连接一个 $100\Omega\sim20k\Omega$ 的电阻器（$P\geqslant5$ W），对整定值作检查，并将该电阻值与屏幕上的测量值读数相比较。

重要提示：

只要两个二进制输入“AdjMTRInp”及“AdjREsInp”中有一个被开放，就对跳闸触发器与告警触发器的动作进行禁止，也就是说，如果定子回路有接地，保护将不会进行跳闸。另一方面，保护对“InterruptInt”与“InterruptExt”这两个信号将不加以禁止。

7. 在发电机星形点的二次侧加注入时，对 R_{Es} 及 MTR 的确定

对这种回路，需要 REX 011-1 型注入变换器模块。

两个电阻器 R'_{Es} 及 R'_{Ps} 限制星形点处的最大电流，使其不超过 20A。因此，总的电阻为：

条件 1）

$$R'_{Es}+R'_{Ps}\geqslant\frac{U_{Gen}}{\sqrt{3}I_{Emax}}\times\left(\frac{N_2}{N_1}\right)^2 \tag{4-14}$$

式中　U_{Gen}——发电机端的相间电压；

I_{Emax}——最大的星形点电流，取 20A；

$\frac{N_1}{N_2}$——接地变换器的变比。

也必须满足下列条件：

条件 2）

$$R'_{Ps}\geqslant 130\Omega\times\left(\frac{N_2}{N_1}\right)^2 \text{ 且 } R'_{Ps}\leqslant 500\Omega\times\left(\frac{N_2}{N_1}\right)^2 \tag{4-15}$$

条件 3）

$$R'_{Es}\geqslant 4.5R'_{Ps} \tag{4-16}$$

条件 4）

$$R'_{Es}\geqslant 0.7\text{k}\Omega\times\left(\frac{N_2}{N_1}\right)^2 \text{ 且 } R'_{Es}\leqslant 5.0\text{k}\Omega\times\left(\frac{N_2}{N_1}\right)^2 \tag{4-17}$$

应这样设计 TV，使得对发电机机端的强接地故障，额定频率分量的电压信号 $U_s=100$（±20%），即变比 $MTR'=N'_{12}/N'_{11}$ 处于下列范围之内。

条件 5）

$$1.2n\geqslant\frac{N'_{12}}{N'_{11}}\geqslant 0.8n \tag{4-18}$$

$$n=\frac{U_{Gen}}{\sqrt{3}\times 100\text{V}}\times\frac{N_1}{N_2}\times\frac{R'_{Es}}{R'_{Es}+R'_{Ps}}$$

对 $\frac{N'_{12}}{N'_{11}}=\frac{U_{Gen}}{\sqrt{3}\times 100\text{V}}\times\frac{N_1}{N_2}$ 的 TV，多数情况下会满足条件 5）。

必须通过 HMI 输入 R_{Es} 及 MTR 的整定值，即输入反映到接地变换器一次侧的 R'_{Es} 及 MTR' 值

$$R_{Es}=R'_{Es}\left(\frac{N_1}{N_2}\right)^2\geqslant 0.7\text{k}\Omega \tag{4-19}$$

$$MTR=MTR'\times\frac{110\text{V}}{U_{is}}=\frac{N'_{12}}{N'_{11}}\times\frac{110\text{V}}{U_{is}} \tag{4-20}$$

注入电压 U_{is} 取决于并联电阻器 R'_{Ps} 的值，可为 0.85、1.7、3.4 V。

可从表 4-8 中找出相对于注入电压 U_{is} 的最小电阻器 R'_{Ps} 相应值。对每一种情况应选择所允许的最大注入电压。

表 4-8　　　　REX011-1

R'_{Ps}（mΩ）	U_{is}（V）
＞8	0.85
＞32	1.7
＞128	3.4

“R_{Es}-Adjust”及“MTR-Adjust”两种确定方式分别对 R_{Es} 值及 MTR 值进行确定及显示，即二者显示的是反映到一次系统侧的二次回路值。因此，要补偿由于接触电阻、接地电阻器误差等引起的不精确性。

在调试阶段，建议用“R_{Es}-Adjust”及“MTR-Adjust”确定方式确定 R_{Es} 及 MTR 的值，它应优先于其计算值。

为了进行检查，按下通过测量值窗口所给出的 R_{Es}、MTR 值计算出 R'_{Es} 及 MTR' 的值

$$R'_{Es} = R_{Es}\left(\frac{N_1}{N_2}\right)^2 \tag{4-21}$$

$$MTR' = MTR \times \frac{U_{is}}{110\text{V}} \tag{4-22}$$

多数情况下，计算出的值与确定的值不一致。±20％之内的不一致是可以接受的。当出现不一致时，尤其是当 R_{Es} 较大时，要检查或测量接地电阻器及接地变换器的实际值。

8. 设计举例

$$U_{Gen}=23\text{kV}$$

$$\left(\frac{N_1}{N_2}\right)=\frac{23\ 000}{230}=100$$

假定 $I_{Emax}\leqslant 3.373\text{A}$，接地电阻器的确定：

条件 1）

$$R'_{Es}+R_{Ps}\geqslant\frac{23\ 000}{\sqrt{3}\times 3.73}\left(\frac{1}{100}\right)^2=356\text{m}\Omega$$

条件 2）

$$\left(500\,\frac{N_2}{N_1}\right)^2\geqslant R'_{Ps}\geqslant 130\left(\frac{N_2}{N_1}\right)^2$$

$$50\text{m}\Omega\geqslant R'_{Ps}\geqslant 13\text{m}\Omega$$

假定 $R'_{Ps}=20\text{m}\Omega$

条件 3）

$$R'_{Es}\geqslant 4.5R'_{Ps}$$

$$R'_{Es}\geqslant 4.5\times 20\text{m}\Omega=90\text{m}\Omega$$

条件 4）

$$R'_{Es}\geqslant 100\Omega\times\left(\frac{N_2}{N_1}\right)^2 \text{ 且 } R'_{Es}\leqslant 5000\Omega\times\left(\frac{N_2}{N_1}\right)^2$$

$$R'_{Es}\geqslant 100\Omega\times\left(\frac{1}{100}\right)^2 \text{ 且 } R'_{Es}\leqslant 5000\Omega\times\left(\frac{1}{100}\right)^2$$

$$R'_{Es}\geqslant 10\text{m}\Omega \text{ 且 } R'_{Es}\leqslant 500\text{m}\Omega$$

为满足条件1)、3)及4)：

条件1)取$R'_{Es}+R'_{Ps}=356\text{m}\Omega$

取$R'_{Ps}=20\text{m}\Omega \rightarrow R'_{Es}=336\text{m}\Omega$

$R'_{Es}=336\text{m}\Omega$满足条件1、条件2、条件4。

TV的确定：

假定$\dfrac{N'_{12}}{N'_{11}}=1$

条件5)

$$1.2n \geqslant \frac{N'_{12}}{N'_{11}} \geqslant 0.8n$$

$$n=\frac{U_G}{\sqrt{3}\times 100}\times\frac{N_2}{N_1}\times\frac{R'_{Es}}{R'_{Es}+R'_{Ps}}$$

$$n=\frac{23\,000}{\sqrt{3}\times 100}\times\frac{1}{100}\times\frac{366}{356}=1253$$

$$\frac{N'_{12}}{N'_{11}}=1, n=1253$$

$$1.2\times 1253=1504$$

$$0.8\times 1253=1002$$

$$1.5\geqslant 1=1$$

参数

$$R_{Es}=R'_{Es}\left(\frac{N_1}{N_2}\right)^2\geqslant 100\Omega$$

$$R_{Es}=336\text{k}\Omega$$

参数：MWV

$$MWV=MWV'\times\frac{110\text{V}}{U_{is}}=\frac{N'_{12}}{N'_{11}}\times\frac{110\text{V}}{U_{is}}$$

$$8\text{m}\Omega\leqslant R'_{Ps}\leqslant 32\text{m}\Omega\Rightarrow U_{is}=0.85$$

$$MWV=1\times\frac{110}{0.85}=129.4$$

在发电机星形点采用二次侧注入的定子接地保护如图4-48所示。

（五）带有注入源的转子接地故障保护（Rotor-EFP）

用于检测发电机转子绕组的接地故障。因为它对虚假信号有较低的灵敏度，故可用于各种励磁系统。

1. 特性

(1) 检测转子绕组的接地故障。

(2) 通过电阻器及耦合电容将注入电压加在转子的两极。

(3) 计算接地故障电阻。

(4) 监视注入信号的幅值及频率。

(5) 监视测量回路的开路及接地电阻连接的正确性。

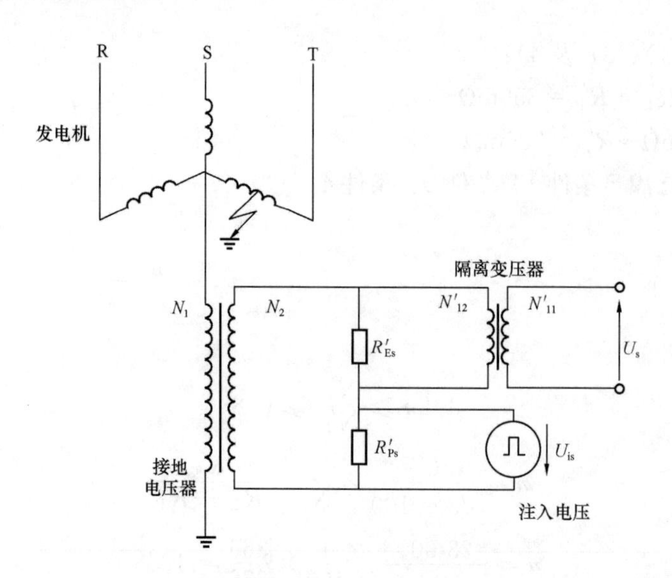

图4-48　在发电机星形点采用二次侧注入的定子接地故障保护示意图

2. 测量说明

(1) R_{fr}：保护可判别、显示0～29.8kΩ之间的接地故障电阻。对29.9kΩ或30kΩ的接地故障，显示指示接地故障电阻大于29.8kΩ。当没有发生接地故障时，显示值为29.9kΩ或30kΩ。

当保护不能够计算出故障电阻时，用100～111之间的完整数字值来显示故障代码。

1) 100.0表示有5s以上的时间没有注入源。

2) 101.0表示频率不正确，或者是因为REX 010上的注入频率没有被正确设定，或者是RE. 216上的额定频率没有被正确设定。

3) 102.0表示外部回路有开路。

4) 109.0表示二进制输入"AdjRErInp"及"AdjCoupCInp"均被开放。

5) 111.0表示二进制输入"AdjRErInp"被开放。

通常，保护不会产生其他的代码，但是如果有，则其将用于向专家提供诊断帮助。

(2) C_k：

1) 当输入"AdjCoupClnp"被开放时，起先显示133.0，一直到耦合电容计算完成为止。这可能要花最多10s的时间，在经过该时间之后，将显示C的测量值。

2) 在正常运行期间，在HMI上显示的是耦合电容C的输入值。

(3) R_{Er}：

1) 当输入"AdjRErInp"被开放时，起先显示133.0错误代码，一直到电阻计算完成为止。这可能要花最多10s的时间，在经过该时间之后，将显示R_{Er}的测量值。R_f的测量值是97.0。

2) 在正常运行期间，在HMI上显示的是R_{Er}的输入值。

3) 正常运行时，两个输入"AdjCoupCInp"及"AdjRErInp"中有一个不被禁止，并且对保护会加注入源进行注入。

注意：在任何时候，仅有一个二进制输入处于开放，否则会产生R_f、C、R_{Er}测量错误代码（见表4-9）。

表4-9　　测量错误代码

AdjCoupCInp	AdjRErInp	说明
0	0	保护启动且对 R_f 进行计算
1	0	确定 C 及 R_f 值
0	1	确定 R_{Er} 值（R_f=111.0）
1	1	错误代码：109.00及109.00（R_{fr}= 109.0）

注　0表示二进制输入被禁止；1表示二进制输入被开放。

3. 转子接地故障保护功能的参数整定值（Rotor-EFP）

转子接地故障保护参数说明见表4-10。

表4-10　　转子接地故障保护参数说明

参数	说明	默认值	参数	说明	默认值
RunOnCPU	—	CPU1	VoltageInpU_i	TA/TV 地址	—
ParSet 4.1	—	P1	VoltageInpU_r	TA/TV 地址	—
Trip 01-08	—	00000000	AdjRErInp	二进制地址	F
Trip 09-16	—	00000000	AdjCoupCInp	二进制地址	F
Trip 17-24	—	00000000	BlockInp	二进制地址	F
Trip25-32	—	00000000	Trip	信号地址	ER
Alarm-Delay	s	0.5	StartTrip	信号地址	—
Trip-Delay	s	0.5	Alarm	信号地址	ER
R_{Fr}-AlarmVal	kΩ	10.0	Start Alarm	信号地址	—
R_{Fr}-TripVal	kΩ	1.0	InterruptInt.	信号地址	—
R_{Er}	kΩ	1.0	InterruptExt.	信号地址	—
U_{ir}	V	50	R_{Er}-Adjust	信号地址	—
R_{Fr}-Adjust	kΩ	10.0	CoupC-Adjust	信号地址	—
CouplingCap	μF	4.0	Extern-Block	信号地址	—

4. 参数说明

（1）Alarm-Delay：告警段启动与进行告警之间的时间。

（2）Trip-Delay：跳闸段启动与进行跳闸之间的时间。

（3）R_{Fr}-AlarmVal：用于告警的接地故障电阻整定值。用于告警的 R_{Fr} 值必须大于用于跳闸的 R_{Fr} 值。

（4）R_{Fr}-TripVal：用于跳闸的接地故障电阻值。

（5）R_{Er}：接地电阻 R_{Er}。

（6）U_{ir}：通常的转子注入电压为50V。通过在REX 011型注入变换器模块上相应地对接线作修改，也可以提供20V或30V的注入电压。

（7）R_{Fr}-Adjust：模拟的接地故障电阻值。在“R_{Er}-Adjust”方式中计算 R_{Er} 时，作为参考值。

(8) CouplingCap：两个并联耦合电容的总电容 C。

(9) VoltageInpU_i：定义参考电压 U_i 的电压输入通道。

(10) VoltageInpU_r：定义测量电压 U_r 的电压输入通道。

(11) AdjRErInp：将保护功能切换到 R_{Er} 确定方式。
(F→FALSE，假，T→TRUE，真，保护功能的二进制输入或二进制输出)。

(12) AdjCoupCInp：将保护功能切换到 C 确定方式。
(F→FALSE，假，T→TRUE，真，保护功能的二进制输入或二进制输出)。

(13) BlockInp：用作闭锁输入的二进制地址。
(F→FALSE，假，T→TRUE，真，保护功能的二进制输入或二进制输出)。

(14) Trip：用作跳闸发信的输出（信号地址）。

(15) StartTrip：用作跳闸段启动的发信输出（信号地址）。

(16) Alarm：用作告警发信的输出（信号地址）。

(17) StartAlarm：用作告警段启动的发信输出（信号地址）。

(18) InterruptInt：用于对注入回路的开路进行发信的输出（信号地址）。

(19) InterruptExt.：用于对测量回路的开路进行发信的输出（信号地址）。
该信号地址有一个5s的启动延时及5s的返回延时。

(20) R_{Er}-Adjust：用于对AdjRErInp二进制状态进行发信的输出（信号地址）。

(21) CoupC-Adjust：用于对AdjCoupCInp二进制状态进行发信的输出。

(22) Extern-Block：表示该保护功能被外部信号禁止的发信输出（信号地址）。

注意：

如果使用定子接地及转子接地故障保护方案，则必须对二者选择相同的模拟量通道 U_i。

5. 整定说明

用于告警的 R_{Fr}-Setting值应总是大于用于跳闸的 R_{Fr}-Setting值。告警段及跳闸段均有其自己的定时器。用于转子接地故障保护的典型延时值在秒级范围内。

(1) 建议的电阻值为：$R_{Er}=1000\Omega$，$R_{Pr}=100\Omega$。

(2) 整定值：接地电阻 R_{Er}，耦合电容 C，用于跳闸的 R_{Fr}-Setting整定值，用于告警的 R_{Fr}-Setting整定值，告警延时，跳闸延时。

6. 典型的整定值

(1) 告警段：R_{Fr}-Setting为5kΩ，delay为2s。

(2) 跳闸段：R_{Fr}-Setting为500Ω，delay为1s。

7. 整定步骤

如何精确地测量 R_{Fr} 值，取决于所输入的 R_{Er} 及 C 值。因此，在发电机处于静止状态时，要在星形点与地之间连接一个在100Ω～10kΩ之间的电阻器来校核整定值，并且要根据需要加以校正。

在软件中，保护功能对这两个参量的设定提供有一个方便的设定方式，通过 AdjRErInp 或 AdjCoupCInp 输入，对其方式加以切换进行。这种方式为推荐设定方式，在这种方式中，对 R_{Er} 及 C 参量的整定，要借助于模拟的接地故障电阻加以计算出。

(1) 确定"R_{Er}"值：

1) 设定二进制输入 AdjRErInp。

2) 短接耦合电容。

3) 将一个 $8k\Omega \leqslant R_f \leqslant 12k\Omega$ 电阻器连接到转子上来模拟接地故障 R_f。

4) 在 HMI 中打开窗口"Edit function settings"(编辑保护功能的整定值)，并输入、保存所模拟的接地故障值 R_{Fr}-Adjust 及标称值 R_{Er}。

打开"Display function measurements"(显示保护功能的测量值) 菜单，并记下 R_{Er} 的值。在"Editor"(编辑器) 窗口中对 R_{Er} 整定输入、保存所记下的值。

5) 解除跨接在耦合电容两端的短接线，并解开模拟的接地故障回路。

6) 复归二进制输入 AdjRErInp。

(2) 确定 C：

1) 设定二进制输入 AdjCoupCInp。

2) 将转子绕组对地进行连接 ($R_f = 0\Omega$)。

3) 打开"Editor"菜单，并输入、保存 C 的标称值。打开"Display function measurements"菜单，并记下 C_k 值。在"Editor"窗口中对 AdjCoupCInp 整定输入、保存所记下的值。

4) 从转子上解开模拟的接地故障回路。

5) 复归二进制输入 AdjCoupCInp。

8. 设计指导说明

接地电阻器及耦合电容器须满足下列条件：

转子接地电阻 R_{pr} $100\Omega \leqslant R_{pr} \leqslant 500\Omega$

转子接地电阻 R_{Er} $900\Omega \leqslant R_{Er} \leqslant 5k\Omega$

耦合电容

$$C = C_1 + C_2, \quad 4\mu F \leqslant C \leqslant 10\mu F$$

时间常数 $\tau = R_{Er}C$，$3ms \leqslant \tau \leqslant 10ms$

对注入电流 $I = 50V/R_{Pr}$，接地电阻器 R_{Pr} 应能连续额定运行。

耦合电容应满足最大的励磁电压要求。

如图 4-15 所示，$R_{Pr} = 100\Omega$，$P = 15W$，$R_{Er} = 1k\Omega$，$C = 2 \times 2\mu F$ (电压为 8kV)

$$\tau = 4ms$$

(六) 滑极 (失步) 保护 (Pole-Slip)

滑极保护功能用于检测发电机同与之相连的系统完全失去同步的运行情况。

1. 特性

(1) 检测相对于系统 0.2～8Hz 的滑差频率。

(2) 在第一次失步前告警 (阻抗角启动整定)。

(3) 辨别转子相角是处于发电机运行方向或电动机运行方向 (超前方向与滞后方向)。

（4）辨别就地及外部的振荡中心。

（5）经设定的失步次数后跳闸。

（6）在设定的阻抗角度内进行跳闸。

2. 滑极保护功能的整定值（Pole-Slip）

滑极保护参数说明见表 4-11。

表 4-11 滑极保护参数说明

参　数	说明	默认值	参数	说明	默认值
RunOnCPU	—	CPU1	t-Reset	s	5.00
ParSet 4.1	—	P1	CurrentInp	TA/TV 地址	—
Trip 01-08	—	00000000	VoltageInp	TA/TV 地址	—
Trip 09-16	—	00000000	BlockGen	二进制地址	F
Trip 17-24	—	00000000	BlockMot	二进制地址	F
Trip25-32	—	00000000	BlockInp	二进制地址	F
Z_A	U_N/I_N	0，00	EnableZone1	二进制地址	F
Z_B	U_N/I_N	0，00	Warning	信号地址	ER
Z_C	U_N/I_N	0，00	Generator	信号地址	ER
Phi	(°)	90	Motor	信号地址	ER
WarnAngle	(°)	0	Zone1	信号地址	ER
TripAngle	(°)	90	Zone2	信号地址	ER
n_1	—	1	Trip1	信号地址	ER
n_2	—	1	Trip2	信号地址	ER

3. 参数说明

（1）Z_A：正方向阻抗，Z_A 标示区域 2 的末端，也用于对相角进行确定。

（2）Z_B：反方向阻抗，Z_B 标示区域 1 的始端，也用于对相角进行确定。

（3）Z_C：区域限制阻抗，处于 Z_B 与 Z_C 之间区域 1 的末端，处于 Z_C 与 Z_A 之间区域 2 的始端。

Z_A、Z_B、Z_C 阻抗单位为 $1.000U_N/I_N$，使用 100% 阻抗。如果要设定的阻抗百分数已知，则可直接设定，如将 10%设为 0.100。$1.000U_N/I_N$ 或 100% 阻抗对应于每相有 $1I_N$ 的电流、$U_N/\sqrt{3}$的额定相电压，对应于 $U_N/\sqrt{3}/I_N$ 的正序阻抗见表 4-12。

表 4-12 正序阻抗

U_N	I_N	阻抗
100V	1A	57 735Ω/相
100V	2A	28 868Ω/相
100V	5A	11 547Ω/相
200V	1A	115 470Ω/相
200V	2A	57 735Ω/相
200V	5A	23 094Ω/相

（4）*Phi*：Z_A、Z_B、Z_C 的失步特性角。Phi 也确定功率的方向：60°～90°TA 的极性端朝发电机的中性点侧，240°～270°TA 的极性端朝发电机的线路侧。

（5）WarnAngle：报警角度，对大于该角的阻抗角给出潜在失步报警（阻抗角＞WarnAngle）。

（6）TripAngle：跳闸角度，对小于该角的阻抗角发出第一次 Trip 1 及 Trip 2（阻抗角＜TripAngle）。

（7）n_1：区域 1 的失步次数，即在发出 Trip1 跳闸及信号之前的失步次数。

（8）n_2：区域 2 的失步次数，即在发出 Trip2 跳闸及信号之前的失步次数。

（9）*t*-Reset：返回时间，如果 n_1 或 n_2 大于 1，在该时间内防止保护功能在两次失步之间返回。

（10）CurrentInp：定义电流输入通道。

（11）VoltageInp：定义电压输入通道。

（12）BlockGen：加速失步，即发电机快于系统的失步检测，进行闭锁的输入。

（13）BlockMot：减速失步，即发电机慢于系统的失步检测，进行闭锁的输入。（系统驱动发电机，它好像为一个电动机。）

（14）BlockInp：闭锁整个滑极保护功能的闭锁输入。

（15）EnableZone1：当在区域 2 检测到失步时也开放区域 1，即与 Z_C 无关。

（16）Warning：检测阻抗角的变化（在第一次失步发生前）。

（17）Generator：对转子加速进行发信，即发电机快于系统。

（18）Motor：对转子减速进行发信，即发电机慢于系统。（系统驱动发电机，它好像为一个电动机。）

（19）Zone1：如果开放 EnableZone1 输入，则其为 Z_B 与 Z_C 之间或 Z_B 与 Z_A 之间的第一次失步。

（20）Zone2：Z_C 与 Z_A 之间的第一次失步。

（21）Trip1：区域 1 的计数器达到数值 n_1 时，进行跳闸、发信。

（22）Trip2：区域 2 的计数器达到数值 n_2 时，进行跳闸、发信。

如果 Trip2 将控制作用于跳闸，则要将 Trip2 信号分配给跳闸继电器。

4. 转子失步及转子偏移检测

通过监视与电流同相位的电压分量 $U\cos\varphi$（φ 为电压分量的夹角）来检测转子偏移。

如果发电机快于系统，则在阻抗图及电压相量图上，转子从右向左移动，并用发电机运行方向发信表示。如果发电机慢于系统，则在阻抗图及电压相量图上，转子从左向右移动，并用电动机运行方向发信表示。（系统驱动发电机，其好像为一个电动机。）

可由图 4-49 了解其在阻抗平面的运动。暂态行为用暂态电动势 E_A、E_B，以及 X'_d、X_T，暂态系统阻抗 Z_S 描述。

当下面的条件均满足时，开放阻抗角检测：

（1）最小电流超过 0.10I_N。

（2）最大电压低于 0.92U_N。

（3）电压 $U\cos\varphi$（φ 为电压分量的夹角）有 0.2～8Hz 的角速度。

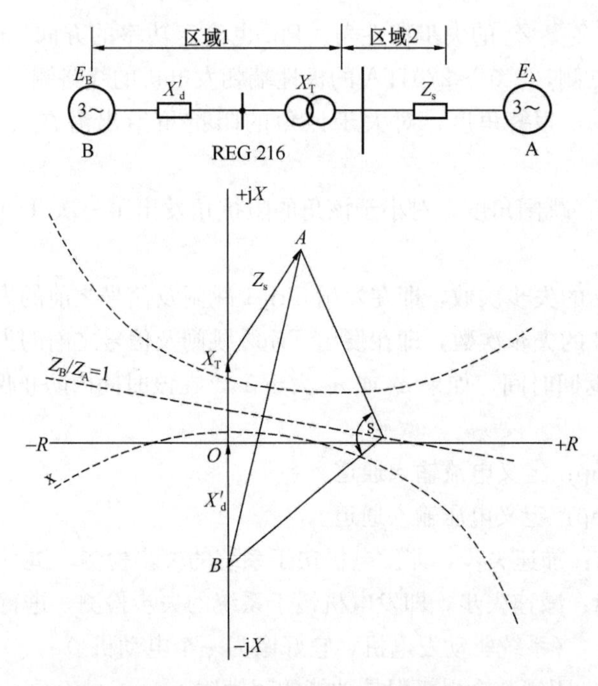

图 4-49 失步期间相对于系统 A 在发电机机端所测量出的阻抗轨迹示意图
X'_d—发电机的暂态电抗；X_T—升压变压器的短路电抗；Z_s—系统 A 的阻抗

(4) 相应的方向没有被闭锁。

当检测到转子移动且阻抗角超过 WarnAngle 设定角时，发出报警信号。

当下面的条件满足时，检测到失步：

(1) 识别到最低有 50 ms 的阻抗角变化。

(2) 失步线在 Z_A与 Z_B之间穿过。

当阻抗在 Z_B与 Z_C之间穿过失步线时，它记为处于区域 1；当阻抗在 Z_C与 Z_A之间穿过失步线时，它记为处于区域 2。当 Enable 区域 1 开放时（外部装置检测失步中心的方向），整个 Z_A-Z_B之间的距离全变为区域 1。

在第一次失步后，根据失步的方向，或为 Generator（发电机方向），或为 Motor（电动机方向），发出区域 1 信号，或是区域 2 信号。

每次检测到失步时，会将失步线穿越点的阻抗值及瞬时滑差频率作为测量值进行显示。

只有在失步处于相同的方向、转子移动的速率相对于先前的滑差有所减小，或是在 Z_A-Z_B的外侧由反方向穿越失步线时，才检测到进一步的失步。

在 Z_A-Z_B内部发生反方向的进一步失步，将对所有的信号进行复归，并作为第一次失步向自己发信号。

如果阻抗角小于 TripAngle，在区域 1 经过 n_1 次失步后，产生 Trip1 跳闸命令及跳闸信号。

如果阻抗角小于 TripAngle，在区域 2 经过 n_2 次失步后，产生 Trip2 信号。

如果满足下列条件之一，则复归所有的信号：

（1）移动的方向变为反方向。

（2）阻抗角检测器因为没有计数到一个失步而复归。

（3）在 t-Reset 时间段内没有检测到转子有相对移动。

5. 整定说明

（1）整定：*Phi*。角 *Phi* 确定失步线的角度，并用于监视、检测失步。阻抗 Z_A、Z_B、Z_C均位于该线之上。

Phi 也用于检测功率的方向，即 TA 的极性：60°～90°TA 的极性端朝发电机的中性点侧。240°～270°TA 的极性端朝发电机的线路侧。

（2）整定：Z_A。Z_A为失步线的阻抗，并标示区域 2 的限制端，也用于测量相角（见 WarnAngle 及 TripAngle）。

应将 Z_A设为保护安装处与整个系统等效回路空载电压之间的阻抗值。

（3）整定：Z_B。Z_B为失步线反方向的阻抗值，为区域 1 的限制端，也用于测量相角（见 WarnAngle 及 TripAngle）。应将 Z_B设为反方向的发电机电抗 X'_d（负符号）。

（4）整定：Z_C。Z_C将失步线分为两个区域，区域 1 位于 Z_B与 Z_C之间，区域 2 位于 Z_C与 Z_A之间。

Z_C应设为保护安装处至第一个母线的阻抗值。

按 X'_d、X_T、Z_s确定 Z_A、Z_B、Z_C、*Phi* 的整定值过程如图 4-50 所示。

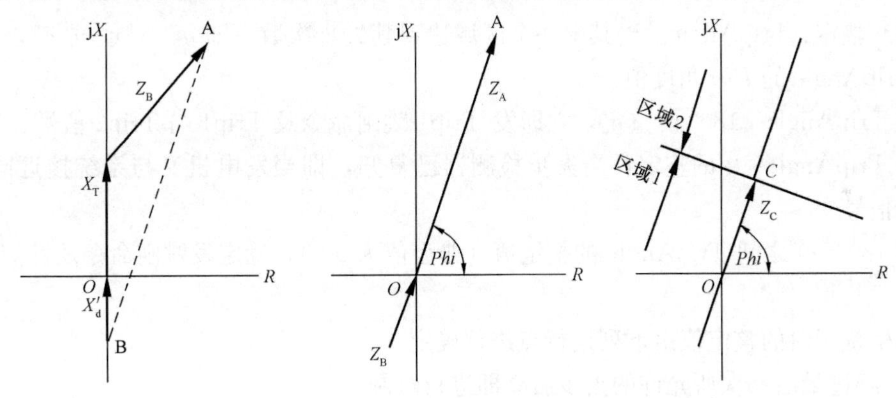

图 4-50　按 X'_d、X_T、Z_s确定 Z_A、Z_B、Z_C、*Phi* 的整定值的示意图

（5）整定：WarnAngle。由瞬时阻抗、阻抗 Z_A、Z_B所包围的三角形所形成的角度给出阻抗角。但是，保护测量的是瞬时电压和转子电压 E_A、E_B所形成的角度，其非常接近于三角形阻抗角。

WarnAngle 整定可设为 0°～180° 之间的值，对大于该值的阻抗角，给出一个即将失步的报警。

将 WarnAngle 整定设为 0°，在阻抗角发生变化时，如果位于其启动范围内，则立即给出报警。

因为在第一次失步之前阻抗角达到其整定值，所以 WarnAngle 整定可允许对发电机的运行状态作校正。通常对达到 135°阻抗角的电机可以被稳定下来，例如可通过改变励磁或对补偿器进行切换来稳定电机。

对 WarnAngle=180°的整定，直至发生第一次失步后才给出报警。即当同时有区域 1 与区域 2 的信号时才给出报警。

典型的整定值：WarnAngle ＝ 110°。动作举例如图 4-51 所示。

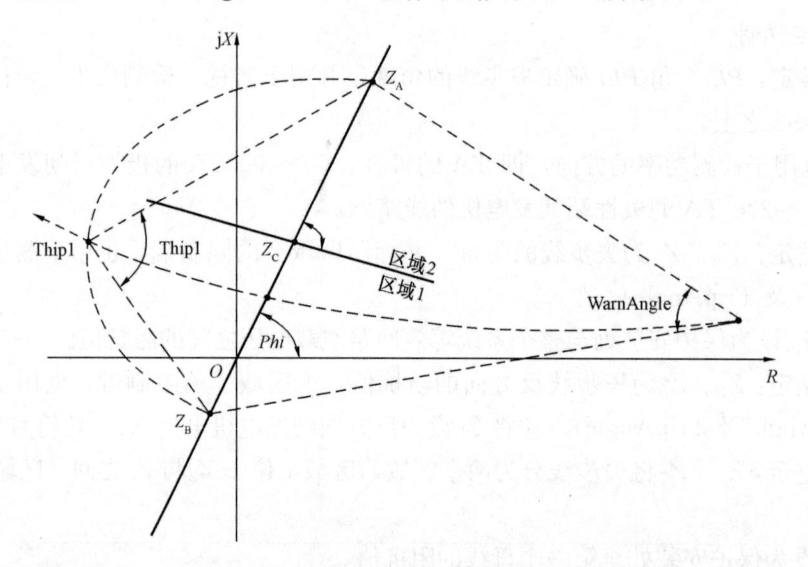

图 4-51　$n_1=1$、WarnAngle ＝ 53° 、TripAngle ＝ 96°动作举例示意图

（6）整定：TripAngle。当其中一个区域达到其失步次数，即 $n \geqslant n_1$ 或 n_2 时，判断相对于 TripAngle 的 *Phi* 角度值。

对 TripAngle=180° 的整定，立即发 Trip1 跳闸命令及 Trip1 与 Trip2 信号。

对 TripAngle=0°的整定，当失步检测器已复归，即当发电机又与系统接近同步时，仅发出信号。

对 180°～0°之间 TripAngle 的整定值（典型值为 90°），确定发跳闸命令及发信号的阻抗角。

发生跳闸时的整定值由下列运行点进行确定：

1）经过最后一次所允许的失步后立即进行跳闸。

2）对断路器有利的运行点（由于电弧重燃而有最低的应力）。

典型的整定值：TripAngle ＝ 90°。

（7）整定：n_1、n_2，*t*-Reset。失步次数 n_1 或 n_2 可以被认为是所允许的次数，它取决于被保护的发电机，应由发电机制造商指定。对 n_1、$n_2 \leqslant 1$ 的整定，可将返回时间 *t*-Reset 设为任一个较低的值。

对 n_1、$n_2 > 1$ 的整定，不应将 *t*-Reset 设得低于所要检测的最低滑差频率 $1/f_S$ 周期时间。0.2Hz 以上的滑差频率使用 5s 的典型整定值能可靠地被检测出这些失步。

第五章

励磁系统及其检修与维护

第一节　概　　述

一、励磁系统的定义

同步发电机是发电厂的主要设备之一，它是将旋转形式的机械能转换成三相交流电能的设备，为了完成这一转换并满足系统运行的要求，除了需要原动机（汽轮机或水轮机）供给动能外，发电机本身还需要有可调的直流磁场，以适应运行工况的变化，产生可调磁场的直流励磁电流称为发电机的励磁电流，专门为同步发电机供应励磁电流的有关设备，即励磁电压的建立、调整和使其电压消失的有关设备，统称为励磁系统。

同步发电机的励磁系统一般由两个基本部分组成：第一部分是励磁功率单元（包括整流装置及其交流电源），它向发电机的转子绕组提供直流励磁电流；第二部分是励磁调节器AVR，它感受发电机电压及运行工况的变化，自动地调节励磁功率单元输出励磁电流的大小，以满足系统运行的要求。同步发电机的励磁系统如图5-1所示。

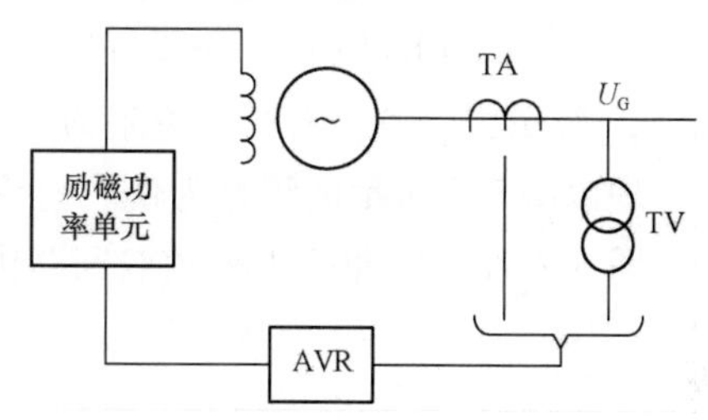

图5-1　同步发电机的励磁系统图

二、励磁系统的主要作用

在同步发电机正常运行或事故运行中，同步发电机励磁系统都起着十分重要的作用，优良的励磁系统不仅可以保证发电机可靠安全运行，提供合格的电能，而且可以有效地提高励磁控制系统的技术性能指标。根据运行方面的要求，励磁系统应承担如下任务。

（一）维持发电机机端电压在给定水平

供给同步发电机励磁电流，并根据发电机的带负荷情况，相应地调整励磁电流，以维持发电机机端电压在给定水平上。维持电压水平是励磁控制系统的最主要的任务，有以下三个主要原因：

（1）保证电力系统运行设备的安全。电力系统中的运行设备都有其额定运行电压和最高运行电压。保持发电机机端电压在允许水平上，是保证发电机及电力系统设备安全运行的基本条件之一，这就要求发电机励磁系统不但能够在静态下，而且能在大扰动后的稳态下保证发电机电压在给定的允许水平上。

（2）保证发电机运行的经济性。发电机在额定值附近运行是最经济的。如果发电机电压下降，则输出相同的功率所需的定子电流将增加，从而使损耗增加。

（3）励磁控制系统对静态稳定、动态稳定和暂态稳定的改善，都有显著的作用，而且是最为简单、经济而有效的措施。

（二）控制并联运行机组无功功率合理分配

并联运行机组无功功率合理分配与发电机端电压的调差率有关。发电机端电压的调差率有三种调差特性：无调差、负调差和正调差。

两台或多台有差调节的发电机并联运行时，按调差率大小分配无功功率。调差率小的分配到的无功功率多，调差率大的分配到的无功功率少。当调差率一致时，就可使各机组的无功增量的标幺值完全一致，使无功功率在各机组之间得到均匀分配。

（三）提高电力系统的稳定性

1. 励磁控制系统对静态稳定的影响

对于汽轮发电机，其功角特性为

$$P = \frac{E_q U_s}{X_{d\Sigma}} \sin\delta_{Eq} \tag{5-1}$$

式中 E_q——发电机内电动势；

U_s——受端电网电压；

$X_{d\Sigma}$——发电机与电网间的总电抗。

如果发电机在运行中可自动调节励磁，则此时 E_q 为变值，当发电机与电网间的总电抗变化时，E_q 相应变化，同步发电机的静态稳定能力提高，传输功率可得到显著地提高。

2. 励磁控制系统对暂态稳定的影响

现以图5-2所示的线路为例，讨论在短路故障下功率特性的变化。

图5-2（b）中曲线1表示双回路供电时的功率特性曲线，其幅值等于

$$P_m = \frac{E_q U_s}{X_\Sigma} \tag{5-2}$$

其中 $$X_\Sigma = X_d + X_T + X_L/2$$

式中 X_d——发电机的同步电抗；

X_T——变压器的阻抗；

X_L——线路阻抗。

图5-2（b）中曲线2表示切除短路故障线路后的功率特性曲线。由于线路阻抗由

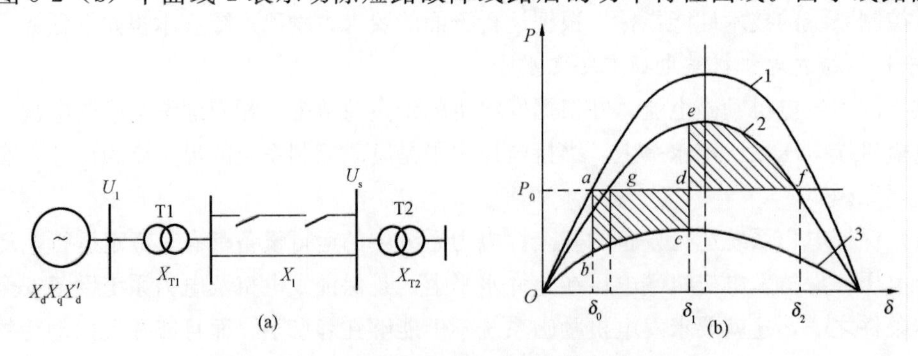

图5-2　在短路故障下功率特性曲线的变化图

（a）单机无限大母线系统；（b）短路故障下功率特性曲线的变化

$X_L/2$增加到 X_L，使功率特性曲线的幅值减小到 $\frac{E_q U_s}{X'_\Sigma}$，其中 $X'_\Sigma = X_d + X_T + X_L$；曲线3表示故障中的功率特性曲线。

如果发电机初始工作点在功率特性曲线1的 a 点，短路后工作点将由功率特性曲线3所决定。在故障瞬间，由于惯性的影响，转速维持不变，功率角 δ 仍为 δ_0，工作点由 a 移至 b。其后，因输出电磁功率减小，转子开始加速，功率角开始增加。当达到 δ_1 时故障切除，功率特性为曲线2，工作点由 c 移到 e 点。由于惯性的影响，转子沿功率特性曲线2继续加速到 f 点，对应的转子功率角为 δ_2。经过反复的振荡，最后稳定在工作点 g 处。同前所述，暂态稳定性决定于加速面积 $abed$ 是否小于或等于减速面积 $dfed$。显然，当故障切除较慢时，δ_1 将增大，加速面积 $abed$ 将增大。如果减速面积小于加速面积，将进一步加速，失去暂态稳定性。

提高暂态稳定性有两种方法，即减小加速面积或增大减速面积。减小加速面积的有效措施之一是加快故障切除时间，而增加减速面积的有效措施是在提高励磁系统励磁电压响应比的同时，提高强行励磁电压倍数，使故障切除后的发电机内电动势 E_q 迅速上升，增加功率输出，以达到增加减速面积的目的。

3. 励磁控制系统对动态稳定的影响

电力系统的动态稳定性问题，可以理解为电力系统机电振荡的阻尼问题。励磁控制系统中的自动电压调节作用，是造成电力系统机电振荡阻尼变弱（甚至变负）的最重要的原因之一。在一定的运行方式及励磁系统参数下，电压调节作用在维持发电机电压恒定的同时，将产生负的阻尼作用。在正常实用的范围内，励磁电压调节器的负阻尼作用会随着开环增益的增大而加强。因此提高电压调节精度的要求和提高动态稳定性的要求是不相容的。

解决电压调节精度和动态稳定性之间矛盾的有效措施，是在励磁控制系统中增加其他控制信号。这种控制信号可以提供正的阻尼作用，使整个励磁控制系统提供的阻尼是正的，从而使动态稳定极限的水平达到和超过静态稳定的水平。

（四）保护发电机或发电机组的安全运行

在同步发电机突然解列、甩掉负荷时，进行强减，将励磁电流迅速降到安全数值，以防止发电机电压的过分升高；在发电机内部发生短路故障时，进行快速灭磁，将励磁电流迅速减到零值，以减少故障损坏程度；在不同运行工况下，根据要求对发电机实行励磁限制和欠励磁限制，以确保同步发电机组的安全稳定运行。

三、自并励励磁系统的基本配置

自并励静止励磁系统主要由励磁变压器、晶闸管整流桥、自动励磁调节器及启励装置、转子过电压保护与灭磁装置等组成。

（一）励磁变压器

励磁变压器为励磁系统提供励磁能源。对于自并励励磁系统的励磁变压器，通常不设自动开关。

励磁变压器可设置过电流保护、温度保护。容量较大的油浸励磁变压器还设置瓦斯保护。变压器高压侧接线必须包括在发电机的差动保护范围之内。

（二）晶闸管整流桥

自并励励磁系统中的大功率整流装置均采用三相桥式接法。这种接法的优点是半导体元件承受的电压低，励磁变压器的利用率高。三相桥式电路可采用半控或全控桥方式。这两者增强励磁的能力相同，但在减磁时，半控桥只能把励磁电压控制到零，而全控桥在逆变运行时可产生负的励磁电压，把励磁电流急速下降到零，把能量反馈到电网。在自并励励磁系统中多采用全控桥。

晶闸管整流桥采用相控方式。三相全控桥中对于电感负载，当控制角在 0°～90°之间时，为整流状态（产生正向电压与正向电流）。当控制角在 90°～165°之间时，为逆流状态（产生负向电压与正向电流）。因此当发电机负载发生变化时，通过改变晶闸管的控制角来调整励磁电流的大小，以保证发电机的机端电压恒定。

对于大型励磁系统，为保证足够的励磁电流，多采用数个整流桥并联。整流桥并联支路数的选取原则为：（N+1）个桥。N 为保证发电机正常励磁的整流桥个数。即当一个整流桥因故障退出时，不影响励磁系统的正常励磁能力。

（三）励磁控制装置

控制装置包括自动电压调节器和启励控制回路。对于大型机组的自并励励磁系统中的自动电压调节器，多采用基于微处理器的微机型数字电压调节器。励磁调节器测量发电机机端电压，并与给定值进行比较，当机端电压高于给定值时，增大晶闸管的控制角，减小励磁电流，使发电机机端电压回到设定值。当机端电压低于给定值时，减小晶闸管的控制角，增大励磁电流，维持发电机机端电压为设定值。

（四）灭磁及转子过电压保护

对于采用线性电阻或采用灭弧栅方式灭磁时，须设单独的转子过电压保护装置。而采用非线性电阻灭磁时，可以同时兼顾转子的过电压保护。因此，非线性电阻灭磁方式在大型发电机组，特别是水轮发电机组中得到了大量应用。国内使用较多的为高能氧化锌阀片；而国外使用较多的为碳化硅电阻。

四、励磁调节器 AVR 限制功能

发电机工作时，为保证安全运行和不轻易跳闸，备有许多限制功能。励磁调节器中应设有发电机空载下最大磁通 U/f 限制、反时限强励顶值限制、滞相无功延时限制、进相无功瞬时限制等。限制判别程序就是判断发电机是否进入了这些限制状态。由于这些限制特性往往是非线性的，必须根据反映这些特性的非线性曲线来判别。

（一）欠励瞬时限制

在发电机进相运行，输出一定的有功功率 P 下，为保持静态稳定运行，必须防止励磁电流降低到稳定运行所要求的数值下。即发电机输出的进相无功功率 Q_C 必须限制在图 5-3 所示曲线内。根据实际的有功功率，P、Q 特性曲线对应的最大允许进相无功功率 Q_{CG}，如果实际进相无功功率 $Q_C > Q_{CG}$，则欠励限制动作，从而驱动欠励控制程序，使进相无功功率限制

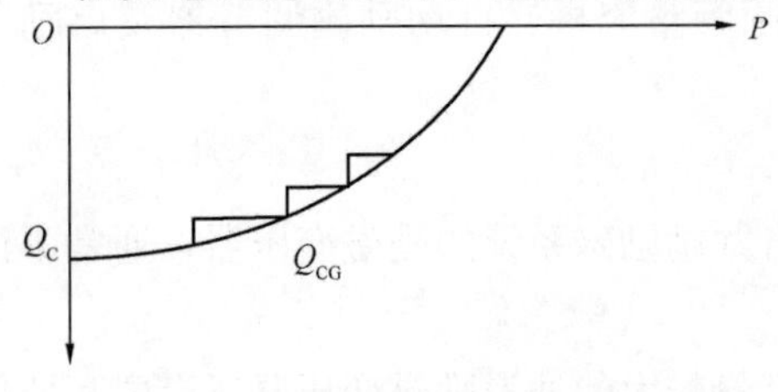

图 5-3　欠励限制判别的流程及曲线

在允许值 Q_{CG}。欠励限制的数学模型应与发电机功率特性曲线中的静稳曲线、发电机失磁保护曲线相配合。

（二）过励延时限制

在发电机输出一定的有功功率 P 时，其允许输出的最大滞相无功功率，受到允许的额定励磁电流和允许的额定定子电流两方面的限制。特别是当发电机高于额定功率因数运行时，输出的最大滞相无功功率 Q 受允许的额定定子电流的限制。为保证发电机的安全运行，根据发电机的 P-Q 特性曲线，限制发电机在一定的有功功率 P 下的输出的滞相无功功率 Q，如图 5-4 所示的 P-Q 曲线。其限制曲线应与发电机功率特性曲线中的励磁电流限制曲线配合。

在程序设计时将过励限制特性曲线进行拟合，求出该曲线的方程。然后根据实际的有功功率 P，求出最大允许无功功率 Q_{LG}。如果实际无功功率 $Q_L > Q_{LG}$，并根据过励功率的大小延时对应的时间，过励限制动作，从而驱动过励控制程序使无功功率限制在允许值 Q_{LG}。

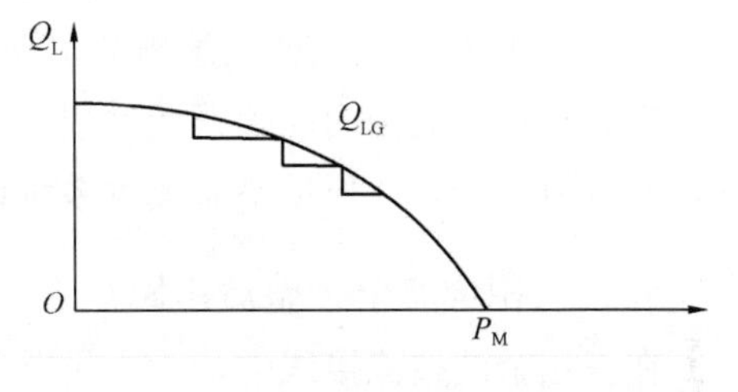

图 5-4 过励限制判别的流程及曲线

（三）强励反时限限制

强励限制是为了防止发电机转子励磁绕组长期过负载而采取的限制励磁的措施，从转子励磁绕组发热考虑，当强励时，其容许的强励时间 t 是随发电机的励磁电流 I_{fd} 的增大而减小，如图 5-5 所示。

在程序设计时，将反时限特性曲线进行拟合，求出该曲线的方程。首先，比较励磁电流实际值 I_{fd} 与额定励磁电流 I_{fdn}。若 $I_{fd} > I_{fdn}$，则根据上述曲线的方程求出允许强励时间 t。若 $I_{fd} > I_{fdn}$ 连续时间大于 t，则强励限制动作，从而驱动强励限制控制程序，将励磁电流 I_{fd} 限制在允许值之内（1.1 倍的额定励磁电流）。

（四）U/f 限制

U/f 限制是为防止发电机及其出口变压器出现磁饱和，其特性曲线如图 5-6 所示。

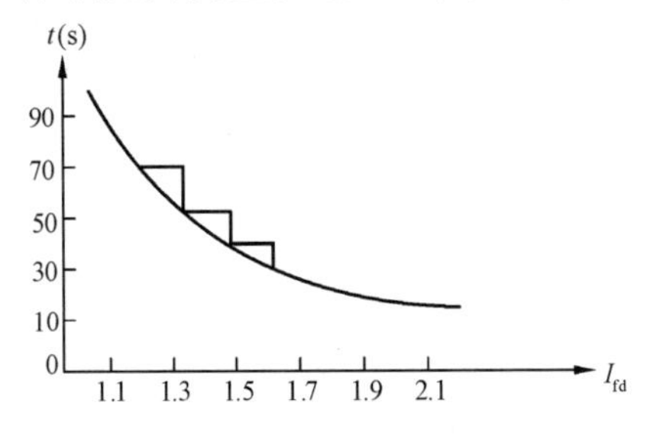

图 5-5 强励限制判别的流程及曲线

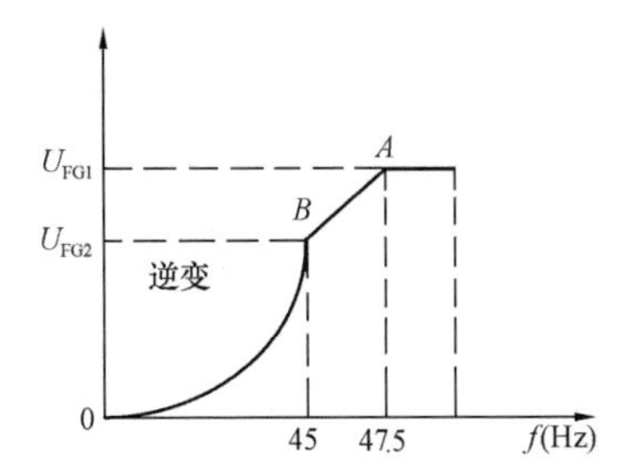

图 5-6 U/f 限制原理图

当发电机频率为 47.5Hz 时，则限制电压给定值不大于 U_{FG1}，若频率进一步下降，则曲线 AB 限制电压给定值；当频率小于 45Hz 时，则逆变灭磁。

（五）空载过电压保护功能

发电机空载运行时，为防止发电机发生过电压，危及定子及相连设备的绝缘，当发电机电压升至机端过电压保护整定值（通常为 $130\%U_{FN}$）时，瞬时输出逆角度进行逆变灭磁，将发电机电压降至0，防止发电机定子过电压。

（六）TV断线保护功能

当发生TV断线时，以断线的TV作为调节信号的通道自动切换到电流闭环运行，防止误强励发生，另一通道将本通道设置为工作通道，将TV断线通道设置为备用通道。自动闭锁TV断线通道输出。

（七）最大励磁电流瞬时限制及保护

当由于晶闸管整流桥直流侧故障，比如发电机转子集电环短路等，励磁电流突然增加超过强励电流时，为了保护整流晶闸管元件及快熔等，瞬时地限制晶闸管整流装置输出电流，使励磁电流在机组允许的最大值范围。

（八）晶闸管整流柜快速熔断器熔断、停风、部分柜切除时的励磁电流限制

当晶闸管整流柜内晶闸管元件损坏或快熔熔断、风机停运等故障发生时，调节器采集到这些故障信号，并根据整流装置系统设计要求进行输出电流限制或闭锁系统强励功能。

五、三相全波全控整流电路

在三相全波整流接线中，六个桥臂元件全都采用晶闸管，就成为图5-7（a）所示的三相全波全控整流电路。晶闸管元件都要靠触发换流，并且一般要求触发脉冲的宽度应大于60°，但小于120°，一般取80°～100°，即“宽脉冲触发”。这样才能保证整流电路刚投入之际，例如共阴极组的某一元件被触发时，共阳极组的前一元件的触发信号依然存在，共阴极组与共阳极组各有一元件同时处在被触发状态，才能构成电流的通路。投入时一经触发通流，以后各元件则可依次触发换流。另外也可以采用“双脉冲触发”的方式，即本元件被触发的同时，还送一触发脉冲给前一元件，以便整流桥刚投入时构成电流的最初通路，其后整流电路便进入正常工作状态。

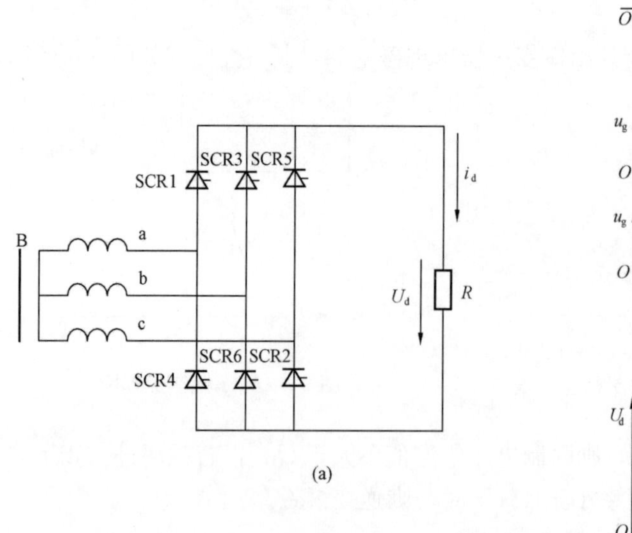

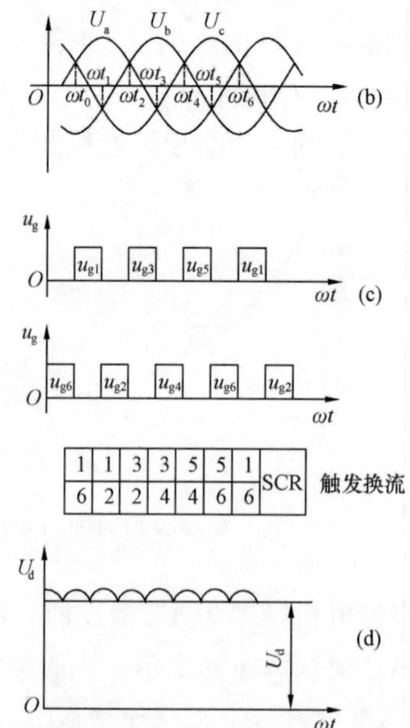

图5-7　三相全波全控整流图（α=0°时）

（a）电路图；（b）相电压波形；（c）触发脉冲；（d）直流侧电压波形

双脉冲触发电路较复杂些，但它可以减小触发装置的输出功率，减小脉冲变压器的铁芯体积。

图 5-7（c）是表示宽脉冲触发方式的各臂触发脉冲。由于工作于整流状态时通常共阴极组在相电压的正半周时触发，共阳极组在负半周时触发，故接在同一相上的两晶闸管的触发脉冲，例如 a 相的 u_{g1} 与 u_{g4}、b 相的 u_{g3} 与 u_{g6}、c 相的 u_{g2} 与 u_{g5}，相位应该差 180°。

全控整流电路的工作特点是既可工作于整流状态，将交流转变成直流；也可工作于逆变状态，将直流转变成交流。下面说明这两种工作状态。

1. 整流工作状态

先讨论控制角 $\alpha=0°$ 的情况。参看图 5-7，在 $\omega t_0 \sim \omega t_1$ 期间，a 相的电位最高，b 相的电位最低，有可能构成通路。若在 ωt_0 以前共阳极组的 SCR6 的触发脉冲 U_{g6} 还存在，在 ωt_0（$\alpha=0°$）时给共阴极的 SCR1 以触发脉冲 u_{g1}，则可由 SCR1 与 SCR6 构成通路：交流电源的 a 相→SCR1→R→SCR6→回到电源 b 相。在负载电阻 R 上得到线电压 u_{ab}，此后只要按顺序给各桥臂元件以触发脉冲，就可依次换流。例如在 $\omega t_1 \sim \omega t_2$ 期间，c 相电位最低，在 ωt_1 时间向 SCR2 输入触发脉冲 u_{g2}，共阳极组的 SCR2 即导通，同组的 SCR6 因承受反向电压而截止。电流的通路换成：a→SCR1→R→SCR2→c。负载电阻 R 上得到线电压 u_{ac}。余类推，每隔 60°依次向共阴极组或共阳极组的晶闸管元件通以触发脉冲，则每隔 60°有一个臂的元件触发换流，每周期内每臂元件导电 120°。

控制角 $\alpha=0°$ 时负载电阻 R 上得到的电压波形 u_d 如图 5-7（d）所示，它与三相桥式不可控整流电路的输出波形相同。这时三相桥式全控整流电路输出电压的平均值最大，为 U_{do}。

图 5-8 是 $\alpha=30°$ 时三相全控桥的电压波形。图 5-9 是 $\alpha=60°$ 时的电压波形。图 5-8（a）与图 5-9（a）中交流相电动势画阴影线的部分表示导通面积，如把底线拉平，就成为图 5-8（b）与图 5-9（b）所示的输出电压 u_d 的波形，它是由线电压波形的相应各部分组成的。

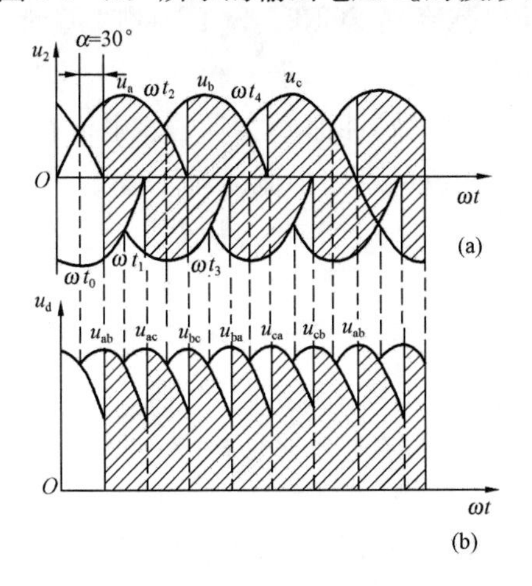

图 5-8 $\alpha=30°$ 时的电压波形图

（a）相电压波形；（b）直流侧电压波形

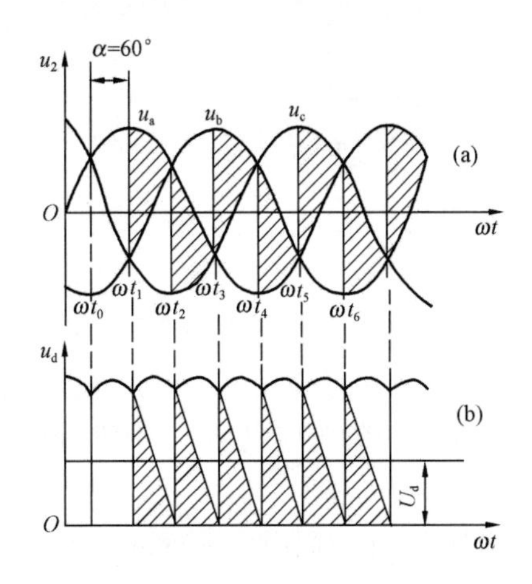

图 5-9 $\alpha=60°$ 时的电压波形图

（a）相电压波形；（b）直流侧电压波形

在控制角 $\alpha<60°$ 的情况下，共阴极组输出的阴极电位在每一瞬间都高于共阳极组

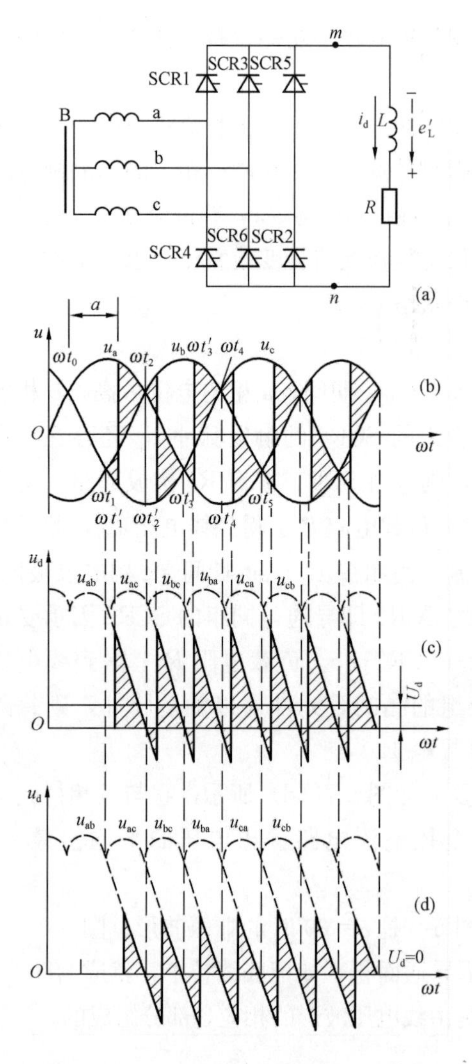

图 5-10　60°<α≤90°时的电压波形图

(a) 电路图；(b) 相电压波形；(c) 当 60°<α<90°时的电压波形；(d) 当 α=90°时的输出电压波形

的阳极电位，故输出电压 u_d 的瞬时值都大于零，波形是连续的。

然而当 α>60°后，输出电压 u_d 的瞬时值将出现负的部分，如图 5-10（c）和（d）所示。这主要是由于电感性负载产生的反电动势，维持负载电流连续流通而产生的。设在 60°<α<90°的 ωt_1 时刻，给 a 相的 SCR1 以触发电压。参看图 5-10（b），这时 a 相电位最高，SCR1 导通；c 相电位虽然最低，但 SCR2 尚未被触发而不会导通，由 b 相的 SCR6 继续保持导通状态。即由 SCR1 与 SCR6 构成通路，输出电压为 u_{ab}，到 ωt_2 时刻 $u_{ab}=0$，输出负载电流 i_d 有减小的趋势。负载电感 L 中便产生感应电动势 e'_L 企图阻止 i_d 的减小，其方向与 i_d 的流向一致，即整流桥输出的下端 n 点为正，上端 m 点为负，维持 i_d 的继续流通。在 ωt_2 以后，虽然 b 相电位高于 a 相电位，即 $u_{ab}<0$，但电感 L 上的感应电动势 e'_L 的绝对值高于 U_{ab} 的绝对值，实际加在 SCR1 与 SCR6 元件上的阳极电压仍然为正，维持原来电流 J_d 的通路。故在 ωt_2～$\omega t'_2$ 这段时间内，输出电压 U_d 呈现负值。到 $\omega t'_2$ 时刻，SCR2 接受触发脉冲，此时 c 相电位最低，故 SCR2 导通并将 SCR6 关断，电流从 SCR6 换流到 SCR2。SCR1 此时仍继续导通，b 相电位此时虽高于 a 相，但因 b 相的 SCR3 尚未加触发脉冲而不会导通。电流在 SCR1 与 SCR2 构成的回路中流通，使输出电压 $U_d=U_{ac}>0$。到 ωt_3 以后，$U_{ac}<0$，又由电感电动势维持电流 i_d，使输出电压 U_d 又呈现负的部分，直到触发换流后，U_d 才又为正。

这样，输出电压 U_d 将按图 5-10（c）中线电压的波形（画有阴影线的部分）交替出现正负部分。正的部分表示交流线电压产生负载电流 i_d，交流电源向负载供电；负的部分表示电感性负载中的感应电动势 e'_L 维持负载电流 i_d 的流通，将原电感中储存的能量释放一部分。

输出电压 U_d 在一周内出现正负波形，其平均值 U_d 将减小。随着控制角 α 的增大，正值部分的面积渐减，负值部分的面积渐增，U_d 平均值越来越小。当 α=90°时，如图 5-10（d）所示，U_d 波形正负两部分面积相等，输出平均电压 $U_d=0$。

三相全控桥式整流电路输出电压 U_d 的波形在一个周期内为匀称的六段，即输出电压 U_d 的周期是阳极电压周期的 1/6，故计算其平均电压 $U_d=1.35U\cos\alpha$。

在 $\alpha<90°$ 时，输出平均电压 U_d 为正值，三相全控桥工作在整流状态，将交流转变为直流。

2. 逆变工作状态

在 $\alpha>90°$ 时，输出平均电压 U_d 则为负值，三相全控桥工作在逆变状态，将直流转变为交流。在半导体励磁装置中，如采用三相全波全控整流电路，当发电机内部发生故障时能进行逆变灭磁，将发电机转子磁场原来储存的能量迅速反馈给交流电源，以减轻发电机损坏的程度。此外，在调节励磁过程中，如使 $\alpha>90°$，则加到发电机转子的励磁电压变负，能迅速进行减磁。

图 5-11 与图 5-12 分别代表 $\alpha=120°$ 与 $\alpha=150°$、$\alpha=180°$ 时逆变输出电压的波形。现说明它们的工作情况。

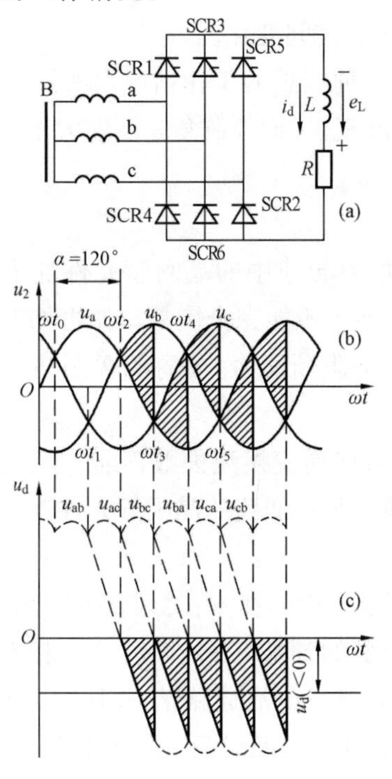

图 5-11　逆变工作状态图（$\alpha=120°$）

（a）电路图；（b）相电压波形；

（c）逆变电压波形

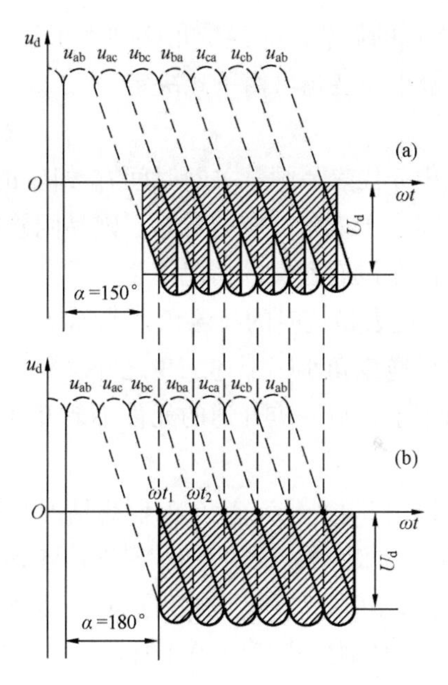

图 5-12　$\alpha=150°$ 及 $\alpha=180°$ 时的逆变波形图

（a）$\alpha=150°$（$\beta=30°$）；（b）$\alpha=180°$

（$\beta=0°$，假想情况）

设原来三相桥工作在整流状态，负载电流 i_d 流经励磁绕组而储存有一定的磁场能量。参看图 5-11，在 ωt_2 时刻控制角 α 突然后退到 120°时，SCR1 接受触发脉冲而导通，这时 U_{ab} 虽然过零开始变负，但电感 L 上阻止电流 i_d 减小的感应电动势 e 较大，使 e_L-U_{ab} 仍为正，故 SCR1 与 SCR6 仍在正向阳极电压下工作。这时电感线圈上的自感线圈上的自感电动势 e_L 与电流 i_d 的方向一致，直流侧电压的瞬时值 U_{ab} 与电流 i_d 的方向相反，交流侧吸收功率，将能量送回送流电网［参看图 5-11（a）或图 5-12（a）］的回路。

到 ωt_3 时刻，对 c 相的 SCR2 输入触发脉冲，这时 U_{ab} 虽然进入负半周，但电感电动势 e_L 仍足够大，可以维持 SCR1 与 SCR2 的导通，继续向交流侧反馈能量。这样一直进行到电感线圈原储存的能量释放完毕，逆变过程才结束。

图5-12（a）和（b）分别为$\alpha=150°$和$\alpha=180°$时输出电压的波形。这时逆变电压U_d的平均值U_d负得更多。从这些波形可以看到，六个桥臂上的晶闸管元件，每个元件都是连续导电120°，每隔60°有一个晶闸管元件换流。每个元件在一周期内导电的角度固定，与α角的大小无关。

在全控桥中常将$\beta=180°-\alpha$叫做逆变角。由于$\alpha>90°$才进入逆变状态，故逆变角β总是小于90°的。表示三相全控桥在逆变工作状态时的反向直流平均电压的公式为

$$U_\beta=-1.35U_1\cos(180°-\beta)=1.35U_1\cos\beta \tag{5-3}$$

在非全控桥中有时用θ或β代表晶闸管元件的导通角，它随控制角α的变化而在广泛的范围内变化。对于三相全控桥整流电路，晶闸管元件的导通角是固定不变的。通常用β代表逆变角。随着控制角α的变化，逆变角β在0°～90°之间变化。

图5-12（b）的$\alpha=180°$（$\beta=0°$）的逆变波形是一种假想的工作情况，实际上不能工作在$\beta=0°$的假想点。逆变角必须大于某一最小逆变角β_{min}，即控制角α不能大于（180°－β_{min}）。最小逆变角可由下式决定

$$\beta_{min}>\gamma+\delta \tag{5-4}$$

其中δ代表晶闸管关断时间t_{off}相应的电角度。如果导通中的晶闸管元件加上反向电压的时间小于δ角对应的时间，则晶闸管的正向阻断能力不能完全恢复，如再加上正向电压，即使在没有触发的情况下也会重新导通，失去正向阻断能力。δ称为关断越前角或关断角。γ代表换流时的换流角，或称换相重迭角。

如果逆变角小于上述二角之和（$\delta+\gamma$），则可能造成逆变换流失败，前一应关断的元件关断不了，后一应开通的元件不能开通，还有可能使某一回路的晶闸管元件连续通流而过热。

现以图5-12（b）$\beta=0°$的假想情况来说明这个问题。例如在ωt_1时刻a相的SCR1与b相SCR6。加有触发脉冲，由SCR1与SCR6构成逆变的通路。到ωt_2时刻（控制角$\alpha=180°$，逆变角$\beta=0°$）给c相的SCR2以触发脉冲，应该将电流通路从SCR6换至SCR2。但是在ωt_2时刻虽然$U_{bc}=0$，但SCR6需要一个换流时间与关断时间，不可能在ωt_2瞬刻关断，而要迟延一个时间。可是在ωt_2以后U_{bc}为负，即c相电位高，b相电位低，SCR6在阳极正向电压的作用下继续导通，而SCR2在反向电压作用下开通不了，SCR2向SCR6倒换相。即后一应开通的元件（SCR2）不能导通，前一应关断的元件（SCR6）反而继续导通，一直由感应电动势e_{L+}→SCR6→SCR1→e_{L-}继续构成通路。这种现象就是逆变失败（或称逆变颠覆）。

如果不是在ωt_2时刻，而是提前一段时间，即相应提前β_{min}角（约取30°左右）去触发c相的SCR2，在这段时间内$U_{bc}>0$，即b相电位高，c相电位低，SCR6承受反向电压的作用易于关断，SCR2在正向电压作用下易于开通，使逆变电流的通路顺利地从SCR6换流到SCR2，实现逆变工作状态。

利用三相全控整流桥可以兼作同步发电机的自动灭磁装置。当发电机发生内部故障时，继电保护装置给一控制信号至励磁调节器，使控制角α由小于90°的整流运行状态，突然后退到α大于90°的某一个适当的角度，进入逆变运行状态，将发电机转子励磁绕组

贮存的磁场能量迅速反馈到交流侧，使发电机的定子电动势迅速下降，这就是逆变灭磁方式。至于逆变性能的好坏还与主回路的接线方式有关，例如对于他励接线，逆变能迅速完成，性能较好；对于自并励接线，则逆变性能较差。

在逆变时若交流电源的电压消失，则转子励磁绕组能量不能反馈到交流电网中，晶闸管元件之间无交流电压的作用而不能实现换流，最后已导通的一组晶闸管元件在励磁绕组感应电动势 e_L 的作用下持续导通，处于续流状态，直到电感中能量放完。如果所选元件不能承受这种工作状态下的电流容量，则可能损坏晶闸管元件或烧断快速熔断器。

如果逆变角 β 过小，或者逆变过程中三相全控桥的触发脉冲因故突然消失，则最后导通的一组晶闸管元件，将工作在励磁绕组电感“放电——励磁——放电”的交替过程中。例如最后导通的元件是 a 相的 SCR1 与 b 相的 SCR6，如图 5-13 所示。当 b 相电位高、a 相电位低时，在电感电动势 e_L 的作用下电感 L 向交流侧放电；而当 a 相电位高、b 相电位低时，交流电源又向电感 L 充电。这种“一放一充”的过程也是逆变颠覆，直到电流衰减到元件的维持电流以下，晶闸管才能关断，结束这种异常的运行状态。

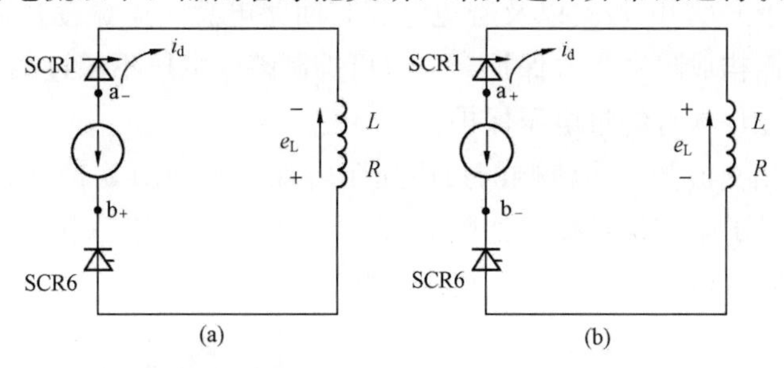

图 5-13 逆变换流失败后电感放电与励磁的交替过程图

（a）放电；（b）励磁

六、过电压的来源及保护方式

加于晶闸管元件上的瞬时反向电压，如果超过其非重复反向峰值电压，达到反向击穿电压，将造成晶闸管元件反向击穿；如果所加瞬时正向电压超过其非重复峰值断态电压，而达到其正向转折电压，或者电压值虽不高但正向电压上升率超过允许值（即超过断态电压临界上升率），都将造成晶闸管元件误导通，破坏整流电路的正常工作，也可能导致晶闸管元件的损坏。

在选用硅元件的电压参数时，应留有一定的安全裕度。但是裕度选择过大，可能经济上不合算。事实上对于实际电路中可能出现的过电压峰值，也难于精确计算。因此，还须采用过电压保护环节，将主电路中可能产生的瞬变电压的幅值，抑制到一个较为合理的水平，以保证主电路可靠运行。

要正确设计过电压保护环节，就必须了解过电压的来源及其电气特性，熟悉保护电路和元器件的性能。

产生过电压的原因，除大气过电压之外，主要是由于系统中断路器操作过程，以及晶闸管元件本身换相关断过程，在电路中激发起电磁能量的互相转换和传递而引起的过电压。后两种过电压分别称为操作过电压和换相过电压。图 5-14 为过电压的抑制措施及配

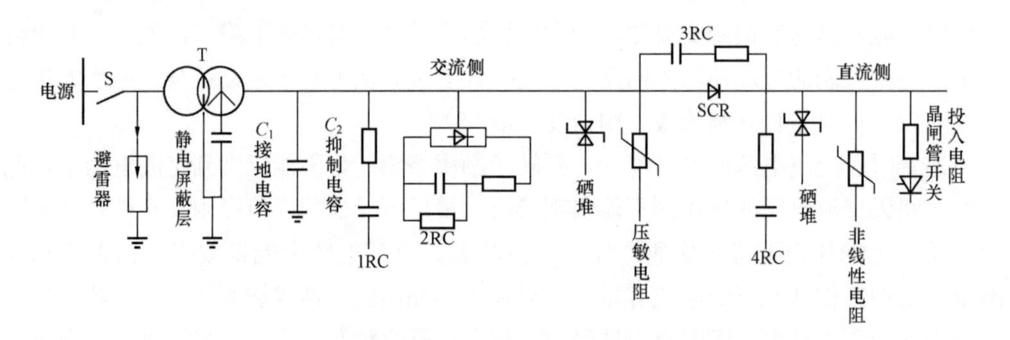

图 5-14　过电压的抑制措施及其配置综合示意图

（1～4RC—阻容保护）

置综合示意图。

过电压的保护利用电容器两端电压不能突变，能储存电能的基本特性，可以吸收瞬间的浪涌能量，限制过电压。为了限制电容器的放电电流，降低晶闸管开通瞬间电容放电电流引起的正向电流上升率 di/dt，以及避免电容与回路电感产生振荡，通常在电容回路上串入适当电阻，从而构成阻容吸收保护。一般可抑制瞬变电压不超过某一容许值，作为交流侧、直流侧及硅元件本身的过电压保护。

用于单相或三相交流侧、直流侧的过电压阻容保护，如图 5-15（a）、（b）所示。并联于晶闸管元件两端的阻容保护接线如图 5-15（c）所示。用于三相交流侧的阻容保护通常采用△形接法以减小电容量，但耐压要求高些。

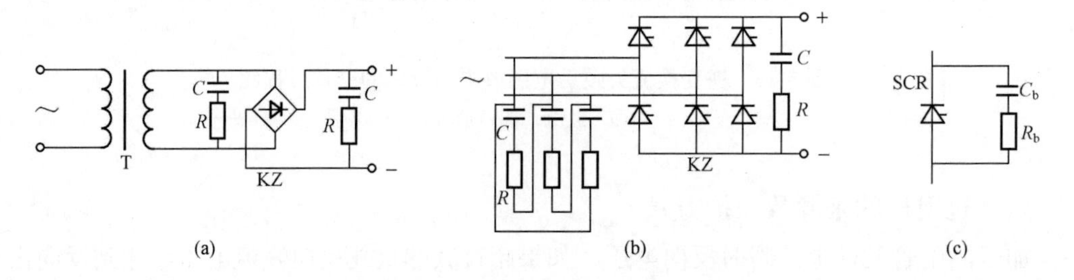

图 5-15　阻容吸收保护的接线图

（a）单相；（b）三相；（c）晶闸管元件两端

为了避免晶闸管在开通过程中，因交流侧阻容保护的放电电流流过晶闸管，而造成过大的电流上升率可能损坏晶闸管元件，整流桥交流侧的阻容保护也可采用反向阻断式接线，如图 5-16 所示。当整流桥 Z 的交流侧发生过电压时，其直流侧的阻容保护可以吸收交流电源发生的浪涌电压，以避免晶闸管桥 KZ 承受过电压。而交流侧电压下降或短接时，由于整流桥 Z 的反向阻断作用，可以阻止电容器向交流侧的晶闸管元件放电。

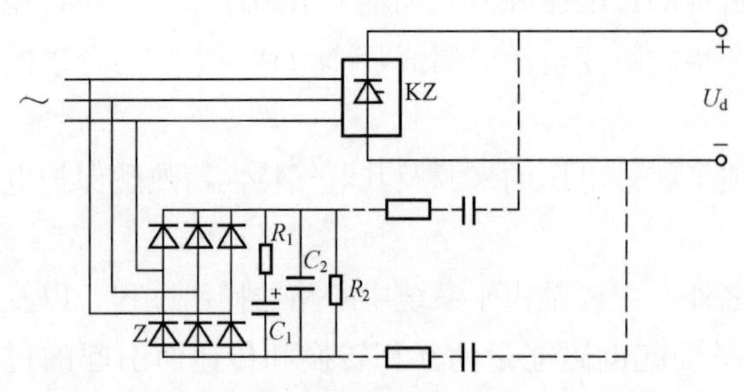

图 5-16　反向阻断式阻容保护及综合阻容网络图

为了防止硅元件关断过程引起的过电压，可以在每个硅元件的两端分别并接阻容保护 C_b、R_b，如图 5-15

(c) 所示，或者通过单相桥接入反向阻断式阻容保护，并尽量靠近被保护元件，引线宜短。

总之，阻容保护应用相当广泛，性能也可靠。但是正常运行时阻容保护的电阻消耗功率，发热厉害。特别是由交流励磁机供电的励磁方式，由于交流励磁机电压波形的畸变，使得阻容保护的电阻发热很厉害。一般阻容保护还增大晶闸管导通时的电流上升率，只有采用反向阻断式的阻容保护，才可避免这一不利影响。此外，阻容保护还有容易使波形畸变，以及作为大容量装置的保护时体积过大等缺点。故在许多情况下，可采用压敏电阻浪涌吸收器来代替交流侧或直流侧的阻容保护。

七、灭磁

灭磁就是把转子励磁绕组中的电流尽快地减小到零。

主要有以下两种方法：

(1) 直接将励磁回路断开，强迫转子回路的电流截断，使转子电流到零，称为灭磁开关耗能型灭磁方式。

(2) 在需要灭磁的时候，为转子电感回路接通一灭磁电阻旁路，强迫转子电流流经这一高阻值的灭磁旁路，将转子能量消耗在灭磁回路的电阻上，直到零而完成灭磁。灭磁电阻耗能型灭磁方式又称为移能型灭磁方式。

灭磁电阻的形式有非线性电阻氧化锌、非线性电阻碳化硅、线性电阻。

移能的方式有直流开关移能灭磁（灭磁开关装设在直流侧）、交流开关移能灭磁（灭磁开关装设在交流侧）、跨接器移能灭磁（不使用灭磁开关而使用跨接器）。

八、低频振荡原理

发电机电磁力矩可分为同步力矩和阻尼力矩，同步力矩与 $\Delta\delta$ 同相位，阻尼力矩与 $\Delta\omega$ 同相位。如果同步力矩不足，将发生滑行失步；如果阻尼力矩不足，将发生振荡失步。

低频振荡是发生在弱联系的互联电网之间或发电机群与电网之间，或发电机群与发电机群之间的一种有功振荡，其振荡频率在 0.2～2Hz 之间，低频振荡发生有四种可能的原因：

(1) 系统弱阻尼时，在受到扰动后，其功率发生振荡且长时间才能平息。

(2) 系统负阻尼时，系统发生扰动而振荡或系统发生自激而引起自激振荡。这种振荡，振荡幅度逐渐增大，直至达到某平衡点后，成为等幅振荡，长时间不能平息。

(3) 第三种是系统振荡与某种功率波动的频率相同，引起特殊的强迫振荡，这种振荡随功率波动的原因消除而消除。

(4) 由发电机转速变化引起的电磁力矩变化和电气回路耦合产生的机电振荡，其频率约为 0.2～2Hz。

低频功率振荡发生可能会引起联络线过电流跳闸或造成系统与系统或机组与系统之间的失步而解列，造成电网事故扩大化，解决低频振荡问题是电网安全运行的重要课题。研究表明，大型弱联系的电力系统本身的固有自然阻尼小，现代电力系统中，大容量发电机组普遍使用快速励磁调节器或使用自并励晶闸管快速励磁系统，这些设备的大量使用，其作用常常是削弱了系统阻尼，甚至使系统产生负阻尼，为提高系统稳定性，在励磁系统中利用附加控制，产生附加阻尼转矩，增加正阻尼抑制低频振荡，这就是使用电力系统稳定（PSS）的目的所在。

第二节　MEC-5330励磁系统

一、MEC-5330微机励磁系统

MEC-5330微机励磁调节系统为自并励晶闸管静态励磁方式，励磁调节器采用MEC-5330微机励磁调节器，励磁系统硬件框图如图5-17所示。整个系统由接于发电机机端的励磁变压器、励磁调节器、浪涌吸收回路、灭磁开关、晶闸管整流装置等设备共同构成。整流方式为四组晶闸管并列运行，采用直流220V电源作为启励电源。晶闸管整流装置冷却风扇采用励磁变压器低压侧经变压器降压后的三相200V电源。如图5-18所示，整流回路由两个晶闸管整流柜组成，每个晶闸管整流柜共有六个晶闸管插件（为两个三相整流桥）和两台风机。两台风机正常运行一台，另外一台备用，运行风扇发生故障，备用风扇自动启动。正常情况下四组整流桥并联运行，一组整流桥退出运行时，能够继续稳定运行。二组整流桥退出运行时，强励动作后能提供10s的强励电压时间。

（一）直流侧电涌吸收柜SAB1

此柜内除直流侧电涌装置（包括阻容和硅堆）外，还装有转子温度变送器、转子一点接地报警检测用电容、转子电压和转子电流变送器（共8个变送器）及励磁柜的报警继电器等，此柜中还装有励磁系统的初始励磁回路，初励电源采用直流220V，启励方式采用直流串电阻启励方式。当发电机启动并达到90%的正常转速时，在灭磁开关闭合的同时，向发电机提供初励电源，当发电机机端电压达到正常值的30%左右时，晶闸管励磁系统通电并产生输出电压，当发电机电压建立时，励磁电流自动从初始励磁电路转至晶闸管励磁电路，当发电机机端电压达到正常值的60%时，初励励磁电路断开。

（二）灭磁开关柜FCB

灭磁开关柜FCB包括灭磁开关、分流器（实际是一个阻值特别小的标准电阻，用于将转子回路的大电流信号转换为对应的弱电压信号，对应关系是7000A/100mV）。

（三）晶闸管整流柜THY1、THY2

共有两个晶闸管整流柜，每个晶闸管整流柜共有六个晶闸管插件（为两个三相桥）和两个风机（三相200V/2.2kVA），两个风机电源变压器（890/200V）。电源取自励磁柜交流母线（励磁变压器二次侧），冷却晶闸管元件采用强制空气冷却方法，为了提供良好的可靠性，两台风机中一台正常使用，另一台作为备用，如果其中一台工作异常而停运，则自动切换到另一台工作。

（四）交流侧电涌吸收柜

交流侧电涌吸收柜包括交流侧电涌吸收装置（阻容和ZNR），该柜为励磁变压器二次侧母线通入端。由AVR来的晶闸管触发脉冲在此柜端子接入。

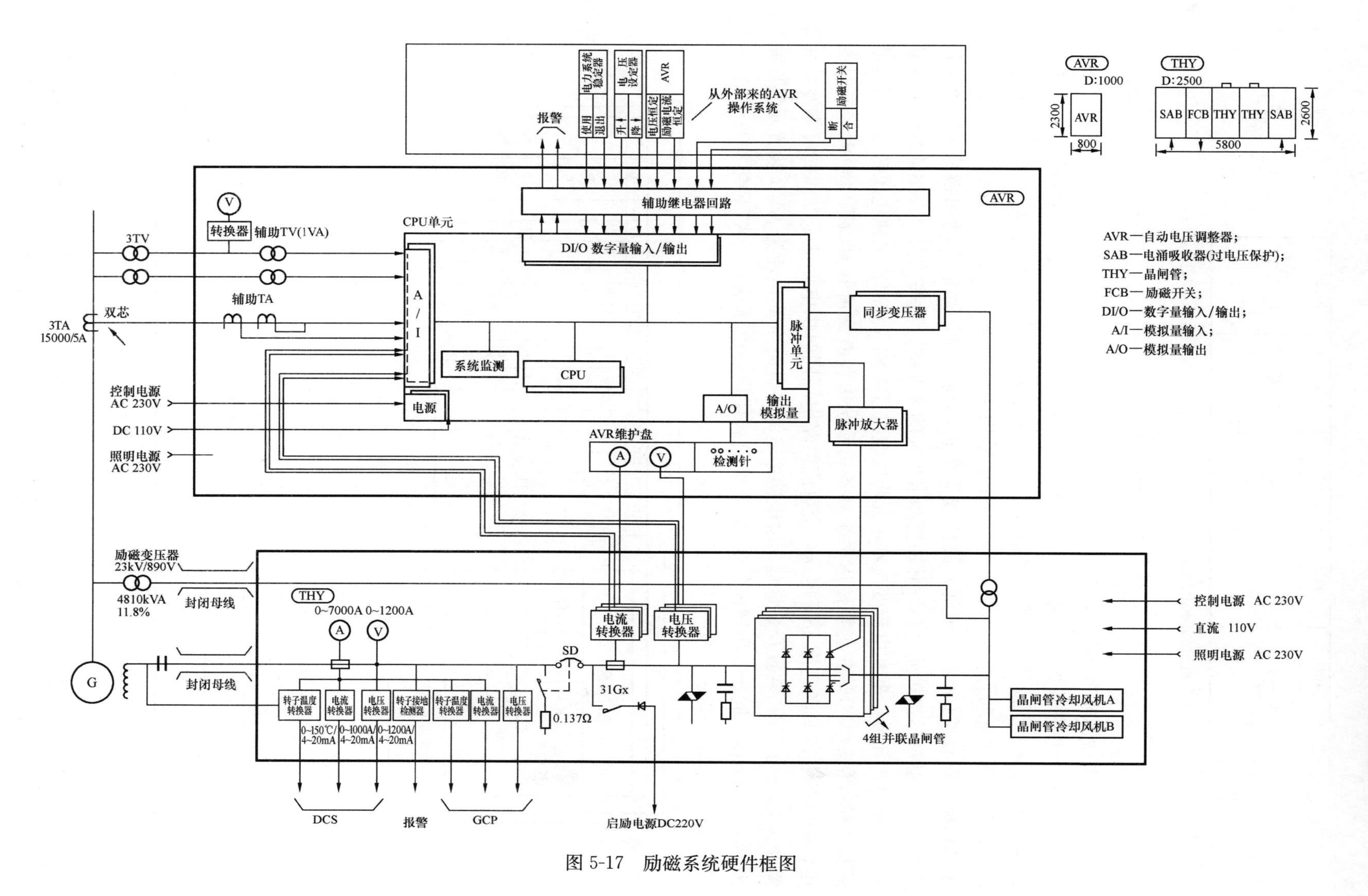

图 5-17 励磁系统硬件框图

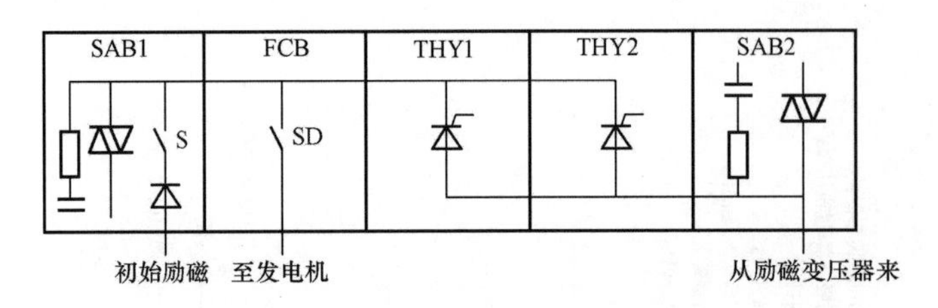

图 5-18　励磁机柜布置原理图

（五）励磁调节器（AVR 柜）

AVR 柜元件布置如图 5-19 所示。CPU 卡、模拟量输入卡、触发脉冲控制卡、开关量输入/输出卡分别设计为正常和备用各一块。模拟量输出卡、模拟量输入卡设计为各一块。电源卡有交流和直流各一块。两个 CPU 采用主从控制方式，主、备 CPU 不能人为手动切换，只有当 CPU1（正常）故障或人为退出运行时，才能自动切换为 CPU2（备用）运行。脉冲输出单元将触发脉冲控制卡生成的脉冲进行功率放大后去驱动励磁柜的晶闸管。辅助电压变压器和电流变流器单元将发电机 TA 和 TV 二次电流电压转变为弱电量后接入模拟量输入卡。在正常使用系统和备用系统中各有交流和直流两个电源卡同时供电，输出直流 24V 和直流 48V 电压，交直流两路电源同时供电保证了电源的可靠性。直流 24V 电压为 AVR 装置开关量输出继电器用电源，直流 48V 电压为 AVR 装置开关量输入继电器用电源。同步变压器模件为 AVR 装置提供同步电压信号。AVR 维护盘由 AVR 故障指示灯和状态指示灯及一些测试孔组成。

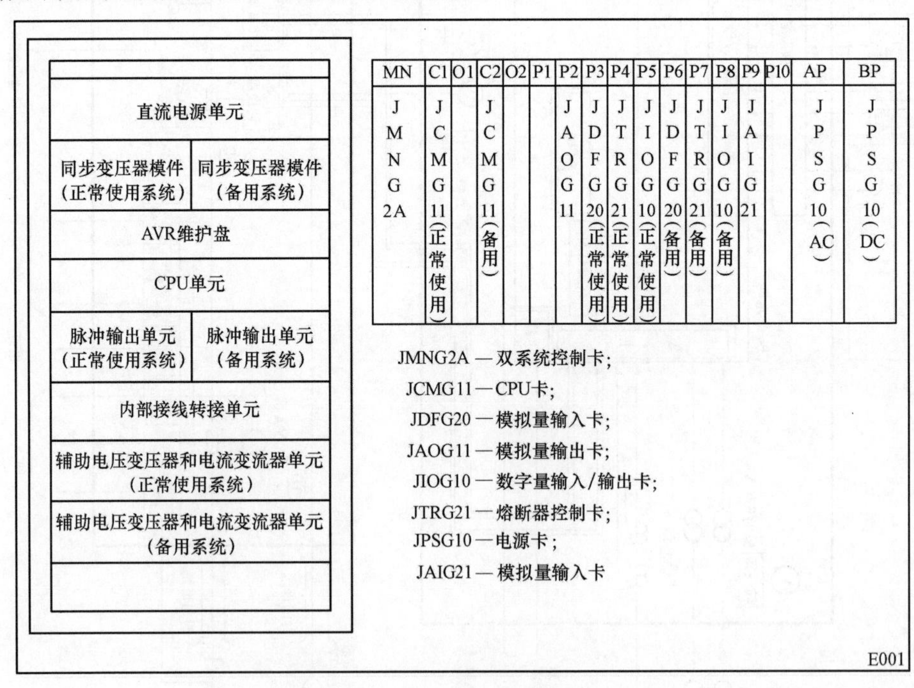

图 5-19　AVR 柜元件布置图

CPU 单元由双系统控制卡、CPU 卡（正常和备用各一块）、模拟量输出卡、模拟量输入卡（正常和备用各一块）、触发脉冲控制卡（正常和备用各一块）、开关量输入/输出

卡（正常和备用各一块）及电源卡（交流和直流各一块）。两个CPU采用主从控制方式，主、备CPU不能人为手动切换，只有当CPU1（正常）故障或人为退出运行时，才能自动切换为CPU2（备用）运行。CPU单元的其他正常和备用卡件切换与CPU卡一样，也为主从控制关系。AVR的两个CPU卡均含有过励限制（OEL）、过励磁限制（VFL）和低励限制（MEL）功能。

脉冲输出单元将触发脉冲控制卡生成的脉冲进行功率放大后去驱动励磁柜的晶闸管。辅助电压变压器和电流变流器单元将发电机TA和TV二次电流电压转变为弱电量后接入模拟量输入卡。在正常使用系统和备用系统中各有交流和直流两个电源卡同时供电，从而保证电源的可靠性。

脉冲输出单元将触发脉冲控制卡JTRG-21生成的脉冲进行功率放大后去驱动励磁柜的晶闸管。辅助电压变压器和电流变流器单元将发电机TV和TA二次电流电压转变为弱电量后接入模拟量输入卡JDFG-20。FTSG-10为脉冲输出卡，JPSG-20为电源卡，在正常使用系统和备用系统中各有交流和直流两个电源卡同时供电，从而保证电源的可靠性。

二、MEC-5330励磁系统电气回路

（一）电源回路

1. AVR柜电源回路

AVR交、直流电源回路如图5-20所示，AVR直流电源取为DC 110V，交流电源为

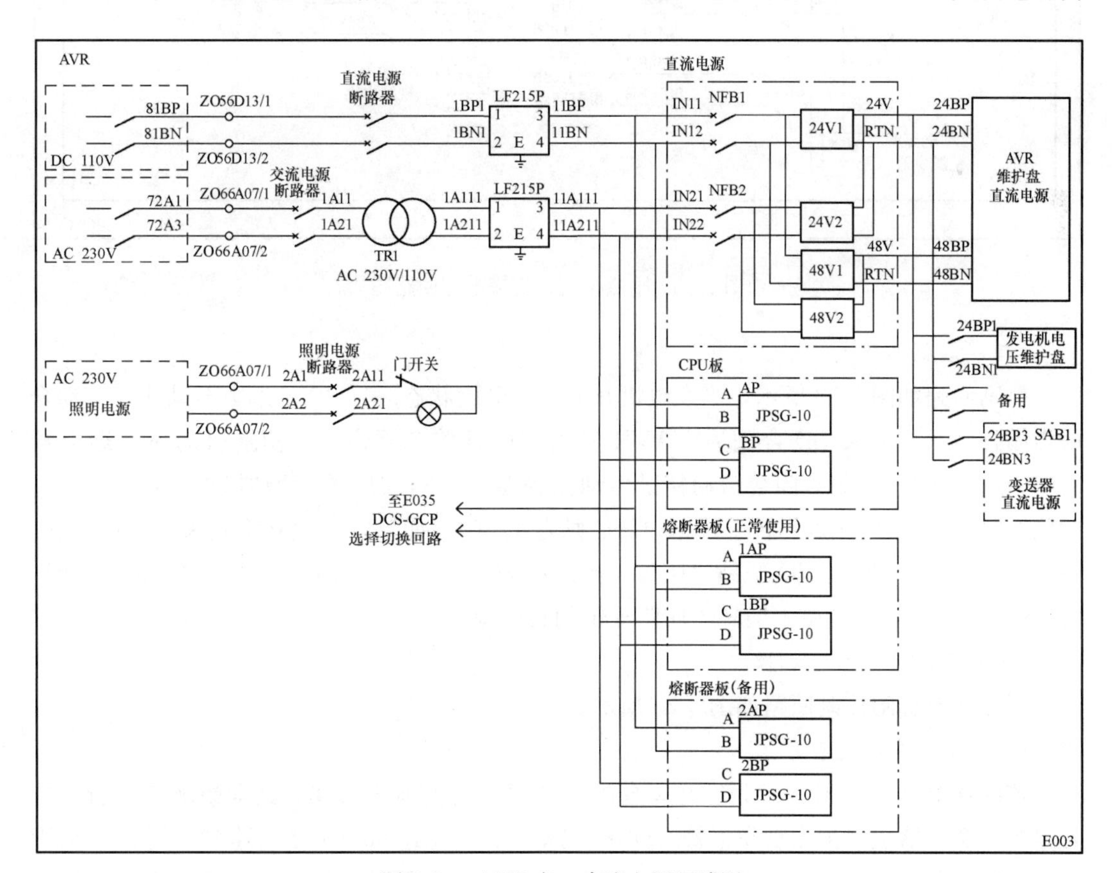

图5-20 AVR交、直流电源回路图

AC 230V，AC 230V 经过变压器转换为 AC 110V，交、直流电源均经过隔离模块 LF215P，送入 AVR 装置的直流电源板、CPU 板，直流电源板输出 DC 24V、DC 48V。

2. 励磁柜电源回路

励磁柜交、直流电源回路如图 5-21 所示。80X 和 27X 分别为励磁柜内的直流控制电源、交流控制电源监视继电器，当直流控制电源或交流控制电源失电时，该继电器动作发出报警信号。

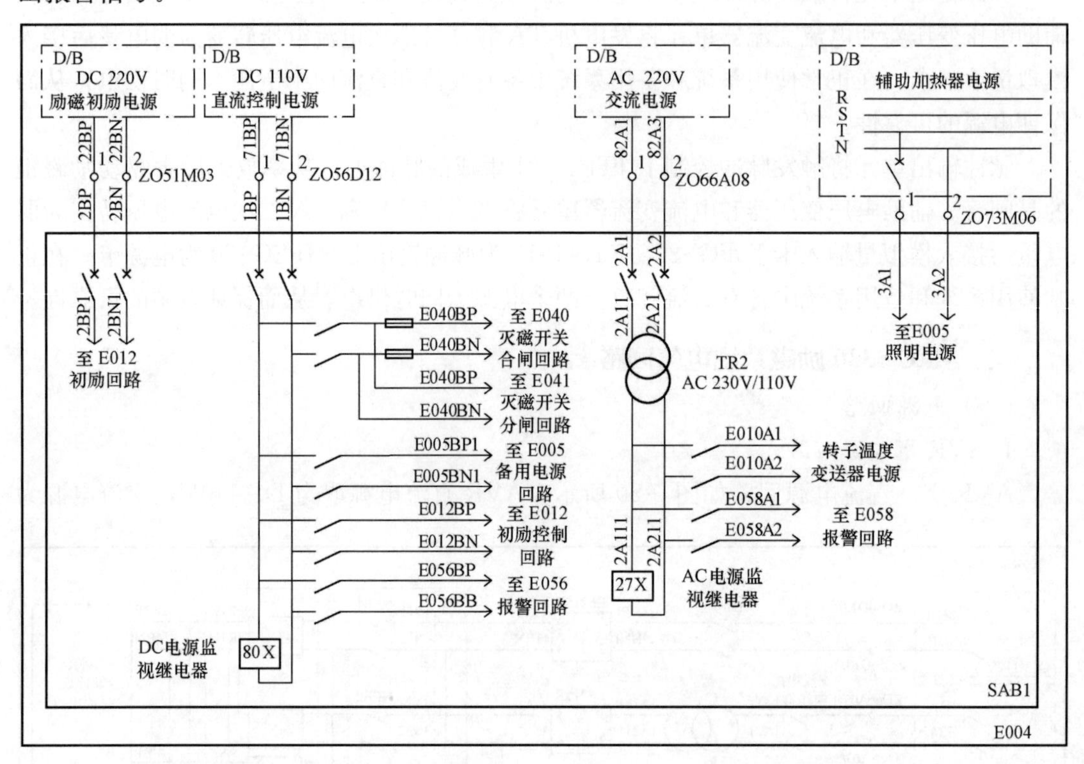

图 5-21　励磁柜交、直流电源回路图

（二）启励回路

启励回路如图 5-22 所示，当发电机开关处于分闸状态时，52XY 继电器动作，其动合触点闭合。灭磁开关 SD 合闸后，AVR 发出初励开关合闸命令，初励启动命令继电器 31CX 动作，其动合触点闭合启动初励启动接触器 31GX，31GX 接触器吸合后取自 E004 初励电源 DC 220V 加入到转子回路中。启励合上 30s，如果电压建立不起来，则由 31T1 跳灭磁开关 SD，同时 SD 联跳 31GX。当发电机出口电压升高大于 60％额定电压时，31GX 自动断开，由励磁柜向转子回路提供励磁电源。

（三）灭磁开关控制回路

灭磁开关合闸控制回路如图 5-23 所示。

1. 灭磁开关合闸条件

辅助继电器屏（ARY）灭磁开关合闸允许联锁继电器未动作，其动断触点闭合，即发电机—变压器组保护无动作报警、DEH 汽轮机转速超过 95％额定转速触点闭合、AVR 屏的 AVR 就绪触点闭合，选择 GCP 方式时，按下 GCP 屏上的 SD 合闸按钮（或选择

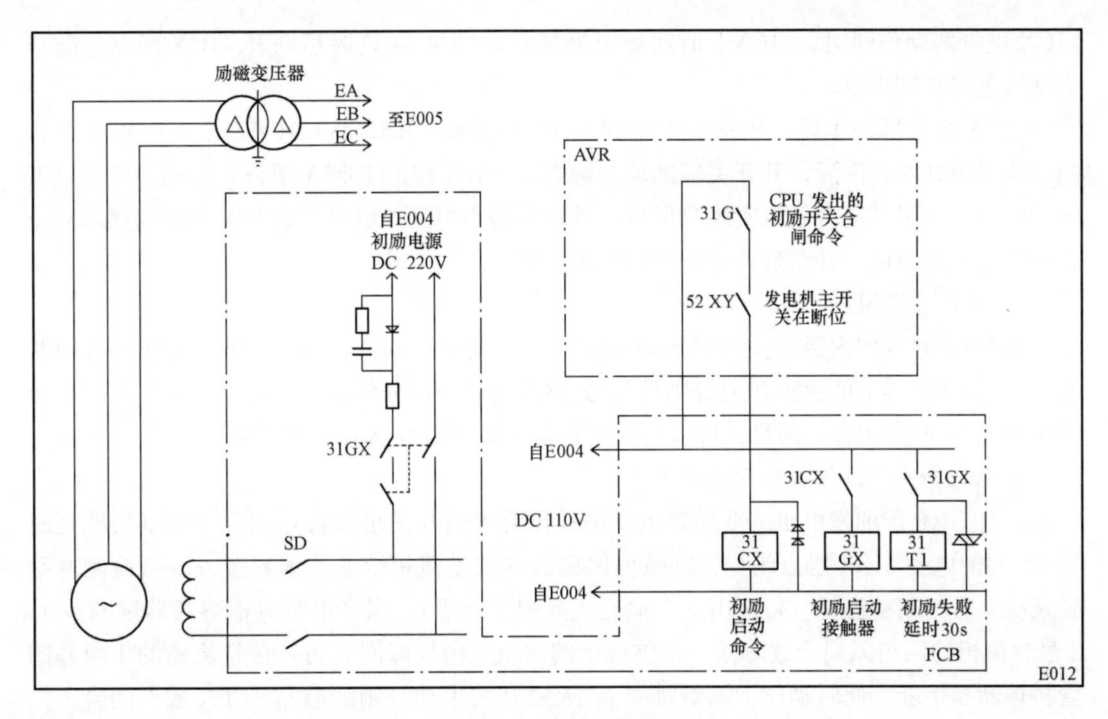

图 5-22　启励回路图

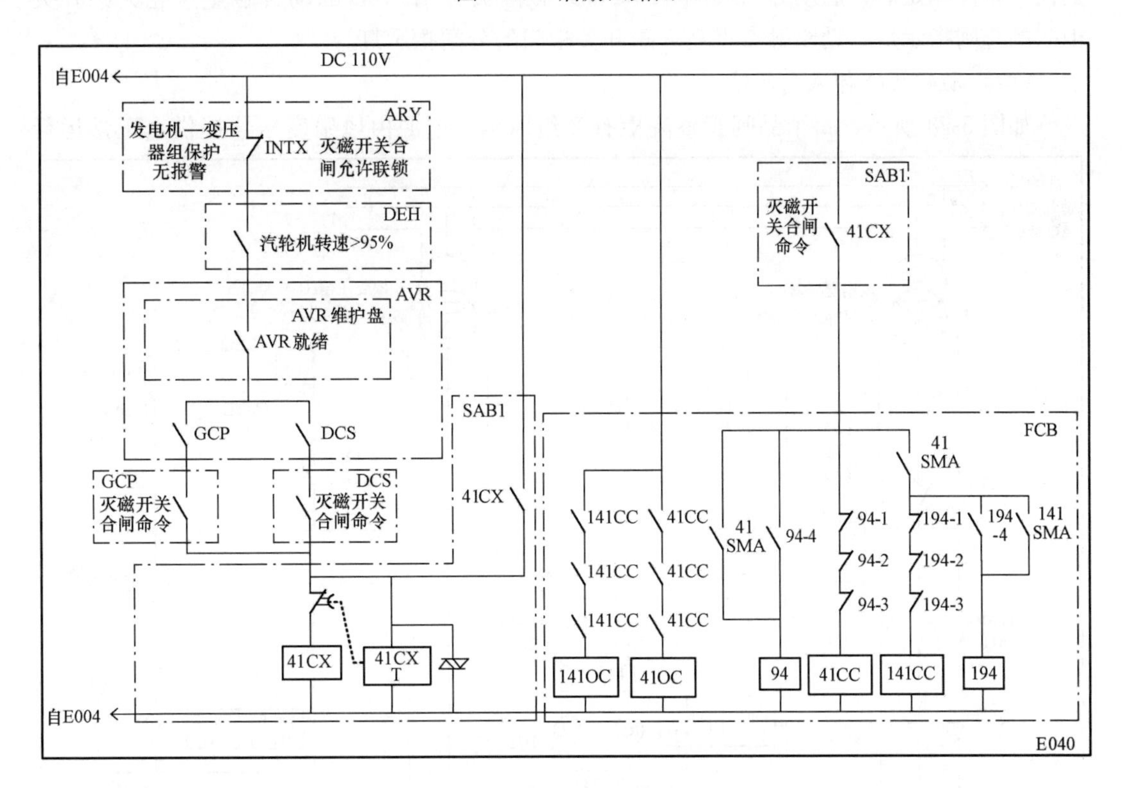

图 5-23　灭磁开关合闸控制回路图

DCS 方式时，运行人员操作单击 SD 合闸）。满足上述条件后，41CX 继电器动作，并通过 41CX 的动合触点实现 41CX 继电器自保持，可以看出 SD 合闸命令只需要脉冲信号。

41CX 继电器动作同时，41CXT 时间继电器动作，经过 5s 延时后断开 41CX 回路，防止合闸继电器长期带电。

41CX 继电器动作后，其触点接通 SD 的合闸线圈 41CC 和 141CC，实现灭磁开关合闸。当灭磁开关合闸后，其开关辅助动合触点 41SMA 和 141SMA 闭合，启动防跳继电器 94 和 194，通过其动合触点实现自保持，其动断触点打开，断开灭磁开关合闸回路，防止合闸线圈长期带电，并实现灭磁开关的防跳功能。

2. 灭磁开关 SD 手动分闸条件

取自 GCP 屏的灭磁开关分闸允许触点闭合，即 220kV 发电机出口开关处于分闸状态、按动 GCP 屏上的灭磁开关分闸按钮或 DCS 发出 SD 分闸命令或由 AVR 发出 TV 故障延时 3.9s 触点闭合，满足条件后启动灭磁开关跳闸命令继电器 41TX。

3. 灭磁开关 SD 保护动作跳闸条件

取自 GRP 屏的发电机—变压器组保护动作跳灭磁开关出口触点闭合、初励失败延时 30s 时间继电器 31T1 触点闭合、励磁柜风扇故障或整流柜熔断器熔断造成励磁跳闸［励磁系统共有 4 组整流桥（每组由 3 个抽屉式晶闸管组成），当 3 组整流柜熔断器熔断或 1、2 号整流柜的两组风扇全故障或一台整流柜的两组风扇故障同时另一台整流柜的 1 组晶闸管桥熔断器熔断，此时动作于励磁跳闸］、灭磁开关手动分闸继电器 41TX 触点闭合，以上任一条件满足后，启动分闸线圈 41TC，灭磁开关分闸，SD 的动合触点点亮灭磁开关柜门的合闸指示灯，动断触点点亮灭磁开关柜门的分闸指示灯。

（四）励磁柜冷却风扇回路

如图 5-24 所示，每个晶闸管整流柜有 2 组风扇，电源由风扇变压器提供，正常运行

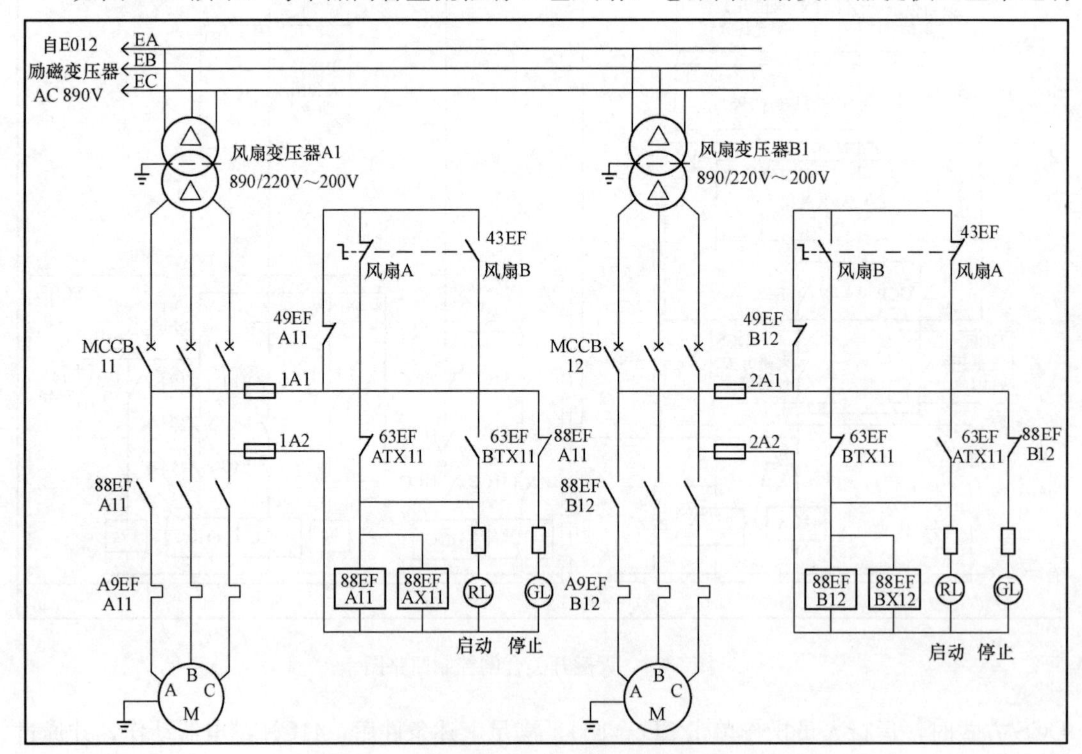

图 5-24 晶闸管整流柜风扇控制回路图

时，A、B风扇电源开关MCCB11、MCCB12均闭合，当风扇选择开关打至风扇A时，A风扇热耦未动作且A风扇无故障63EFATX11动断触点闭合时，接触器88EFA11线圈带电，A风扇启动运行；当风扇选择开关打至风扇B时，B风扇热耦未动作且B风扇无故障63EFBTX11动断触点闭合时，接触器88EFB12线圈带电，B风扇启动运行。

A风扇运行时，风扇选择开关在A风扇位置，当A风扇故障时，63EFATX11动断触点打开，断开A风扇电源回路88EFA11接触器启动回路，A风扇停运，同时63EFATX11动合触点闭合，B风扇电源回路88EFB12接触器线圈带电，B风扇启动运行，实现A风扇故障停运时，自动切换B风扇运行；B风扇运行时，风扇选择开关在B风扇位置，当B风扇故障时，63EFBTX11动断触点打开，断开B风扇电源回路88EFB12接触器启动回路，B风扇停运，同时63EFBTX11动合触点闭合，A风扇电源回路88EFA11接触器线圈带电，A风扇启动运行，实现B风扇故障停运时，自动切换A风扇运行。风扇回路故障时，其报警回路如图5-25所示。

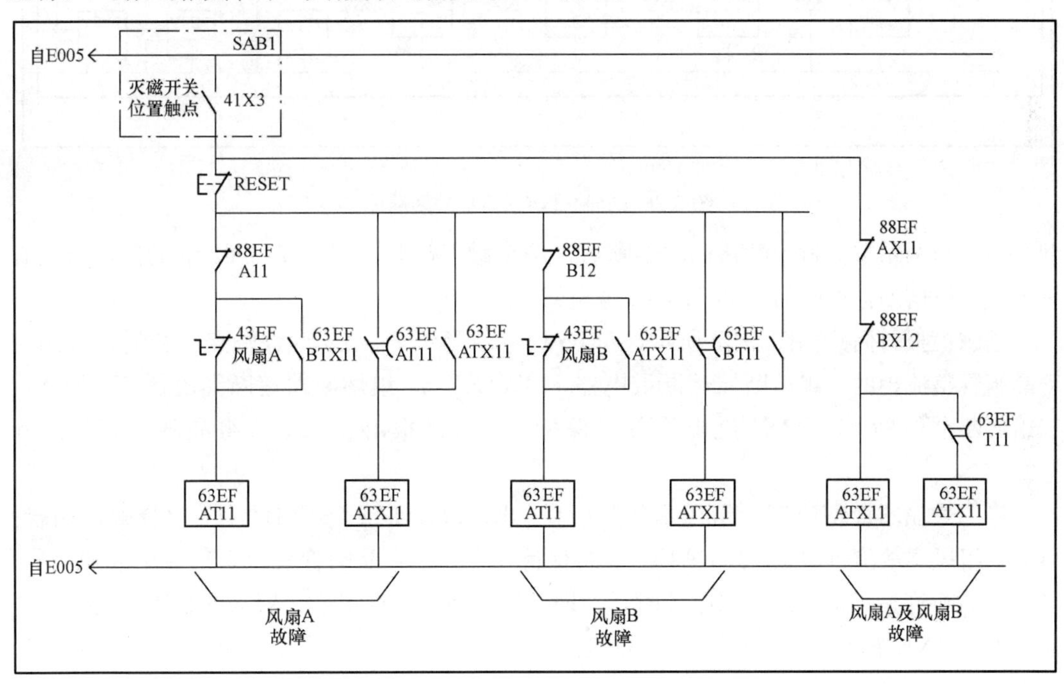

图5-25　晶闸管整流柜风扇故障报警回路图

当SD在合位，接触器88EFA11失电，A风扇停运，风扇选择开关在A风扇位置或B风扇故障（63EFBTX11动作）时，时间继电器63EFAT11带电，经过1s延时63EFATX11（A风扇故障）继电器带电并自保持。B风扇故障继电器动作同A风扇。A或B风扇故障继电器动作后，必须通过整流柜的复位按钮进行复位。

当SD在合位，接触器88EFAX11、88EFBX12同时失电，A、B风扇同时停运，时间继电器63EFT11带电，经过20s延时，启动63EFTX11，A、B风扇同时故障。

（五）励磁柜报警回路

晶闸管熔断器熔断报警回路如图5-26所示，四组整流桥熔断器熔断后分别启动71TX1～71TX4继电器。当三组整流桥熔断器同时熔断后（三个触点串联）启动71TY3

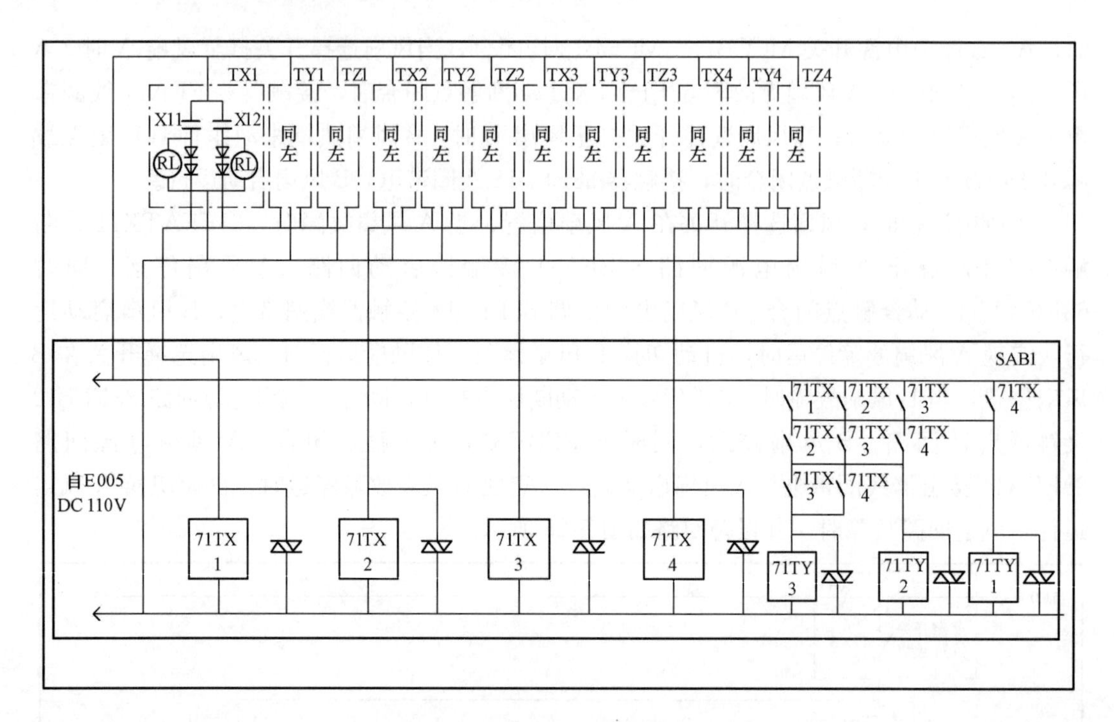

图 5-26　晶闸管熔断器报警回路图

继电器，当两组整流桥熔断器同时熔断后（两个触点串联）启动 71TY2 继电器，当只有一组整流桥熔断器熔断后启动 71TY1 继电器。

励磁柜报警回路如图 5-27 所示，71TY1、71TY2、71TY3 动合触点闭合后，分别启动晶闸管整流柜的一组熔断器熔断继电器 71TY1X1、二组熔断器熔断继电器 71TY2X1、三组熔断器熔断 71TY3X1 继电器并自保持，并分别报出 1、2、3 组晶闸管熔丝熔断报警。

当 1 号晶闸管整流柜一组风扇故障时，63EFATX11 或 63EFBTX11 动合触点闭合，启动一组风扇故障继电器 63EFA1X1 并自保持，报出 1 号晶闸管机柜 1 组风扇故障信号；当 1 号晶闸管整流柜两组风扇故障时，63EFTX11 动合触点闭合，启动两组风扇故障继电器 63EFA2X1 并自保持，报出 1 号晶闸管机柜 2 组风扇故障信号；同理 2 号晶闸管整流柜报出 1、2 组风扇故障信号。

初励失败时间继电器触点 31T1 启动 31GX1 继电器通过并自保持，报出初始励磁故障信号。

励磁系统共有 4 组晶闸管整流桥，当 3 组整流桥熔断器熔断或 1、2 号整流柜的两组风扇全故障或一台整流柜的两组风扇故障同时另一台整流柜的 1 组晶闸管桥熔断器熔断后，启动 EXTRIP 励磁跳闸继电器。励磁跳闸继电器触点作为发电机—变压器组保护开入量启动励磁系统严重故障保护，动作于机组全停。

涌流吸收柜 SAB1 的复位按钮，按动后启动复位继电器 RST，其动断触点打开后，可以断电复位自保持的故障信号继电器。

报警继电器触点分别点亮涌流吸收柜 SAB1 的晶闸管桥熔断器熔断、整流柜风扇故障、初始励磁故障及交、直流电源失电报警信号灯。

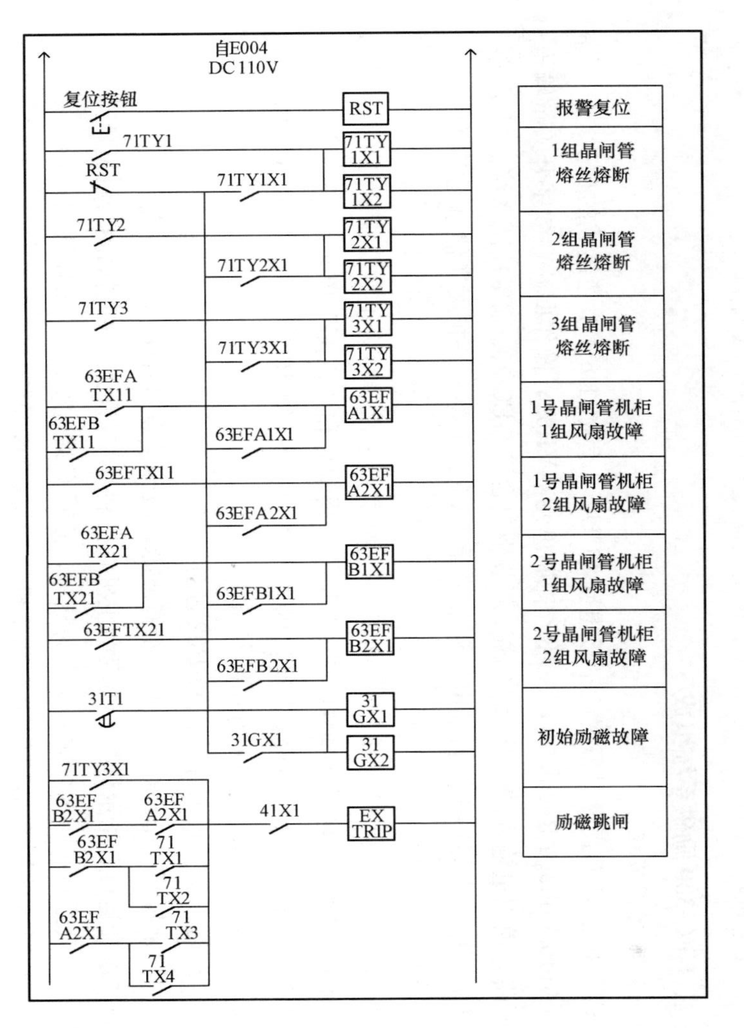

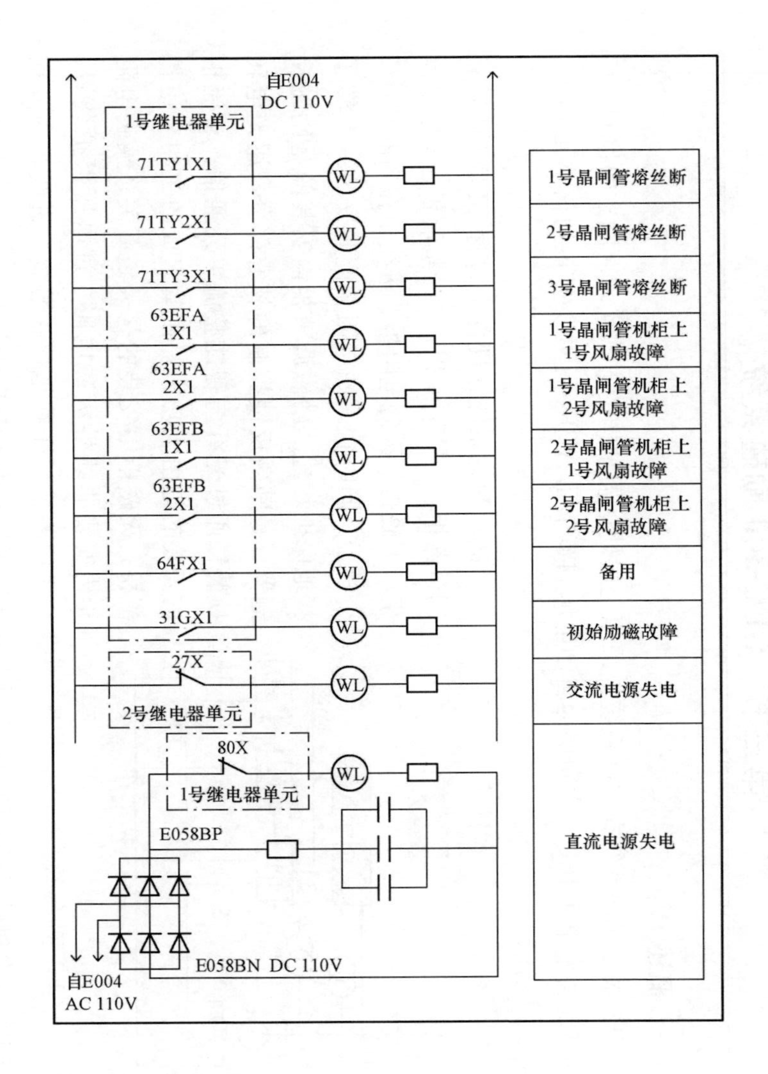

图 5-27 励磁柜报警回路图

第三节　GEC-300励磁系统

一、概述

GEC-300励磁系统在控制系统上采用三层处理器结构的方式实现对励磁的控制：底层为智能功率单元IPU、中间层为自动电压调节单元AVR、上层为扩展通信单元ECU，如图5-28所示。

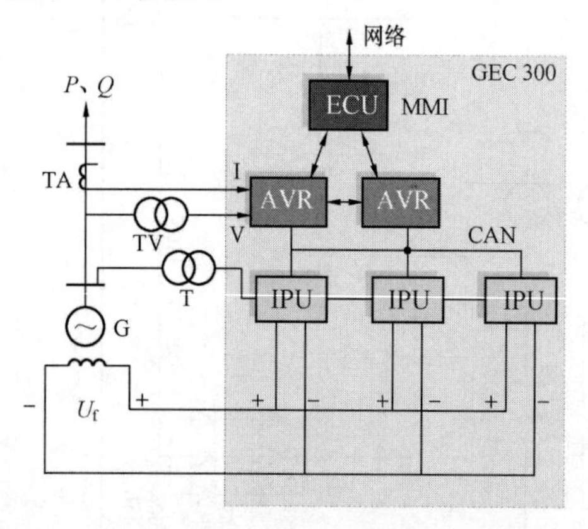

图5-28　GEC-300励磁系统三层式控制方式图

该套励磁系统在硬件上包含GEC-300励磁调节器柜、1号整流柜、2号整流柜、3号整流柜、灭磁柜、灭磁电阻柜、进线柜在内的共计7个柜子，同时在灭磁电阻柜配套安装一套转子接地保护装置。励磁调节柜内安装的是励磁控制器，是励磁反馈控制的核心部分，用光电转换装置通过光纤与智能整流单元通信；整流柜内安装的是由大功率晶闸管组成的三相全控整流桥；灭磁柜中安装的是灭磁开关；灭磁电阻柜内安装非线性灭磁电阻、过电压保护装置、启励回路及转子接地保护装置；进线柜内分别装有去往发电机转子的直流母线和从励磁变压器低压侧出来的交流母线。

二、GEC-300励磁系统组成

（一）励磁调节柜

AVR柜由触摸式大屏幕智能平板电脑ECU、2套标准6U机箱组成的自动电压调节单元（Auto Voltage Regularor，AVR）控制单元AVR32、操作回路、数字开关量输入/输出回路、模拟量输入/输出回路构成。调节柜包含了GEC-300励磁控制系统的三层式结构的其中两层：中间层——自动电压调节单元AVR、上层——扩展通信单元ECU。

1. AVR柜布置

（1）柜门分布。AVR柜门布置如图5-29所示，包括“运行正常”指示灯、“异常报警”指示灯、“A套运行”指示灯、“B套运行”指示灯和“ECU”单元。

1）“运行正常”指示灯亮：GEC-300控制器（简称AVR32，CPU为32位DSP单片机）硬件正常，可以闭环调节和跟踪热备用。

2）“运行正常”指示灯灭：AVR32硬件故障。

3）“异常报警”指示灯亮：调节柜有故障，故障信息可在ECU中查询。

4）“A套运行”指示灯亮：A套为主机，控制CAN总线（控制晶闸管触发角）。

5）“A套运行”指示灯灭：A套为从机，监听CAN总线（热备用状态）。

6）“B套运行”指示灯亮：B套为主机，控制CAN总线。

7）“B套运行”指示灯灭：B套为从机，监听CAN总线。

8）“ECU”单元：是一台触摸式大屏幕智能平板电脑，安装Windows系统；通过扩

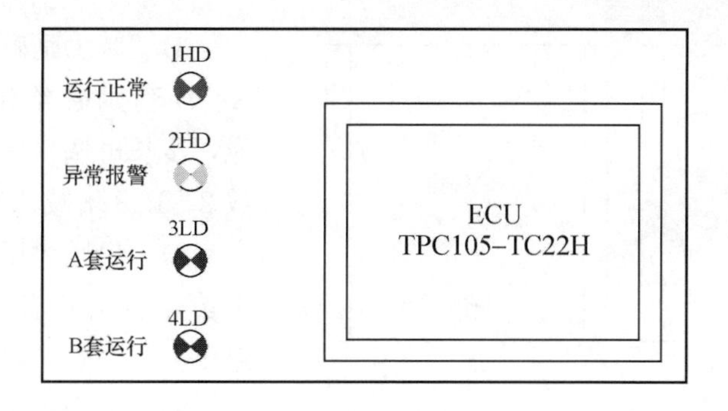

图 5-29　AVR 柜门布置示意图

展通信单元 ECU 可以了解调节器的所有状态和对调节器的所有操作，如图 5-30 所示。

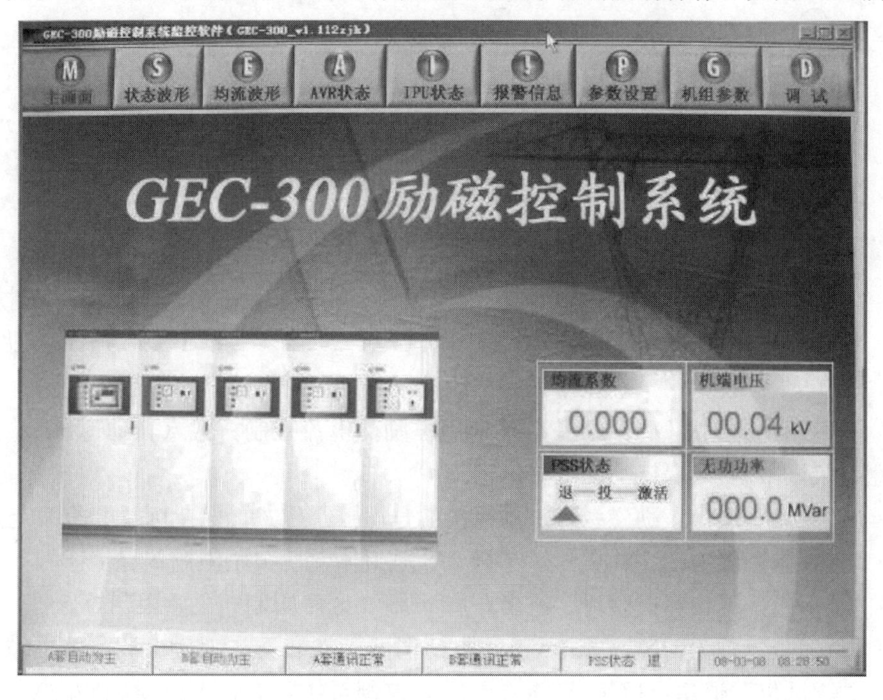

图 5-30　扩展通信单元 ECU 示意图

9）正常状态：“A 套运行”和“B 套运行”指示灯有且只有一个灯亮。

10）主状态控制器：即主机，主机根据当前状态，计算出控制电压 U_c，通过 CAN 总线（controller area network，现场控制总线网络）把 U_c 下发到智能整流柜控制器（简称 IPU，CPU 为 16 位单片机），IPU 根据收到的 U_c 计算出晶闸管控制角 α。

11）从状态控制器：即从机，跟踪主机 U_c，保持热备状态。

（2）柜内分布。柜内布置如图 5-31 所示。

1）“AVR 控制器”：采用标准 6U 半宽控制机箱，背插板式结构，每套控制器包括两块 AC/DC 电源板、1 块 CPU 板、1 块 TV/TA 交流板；励磁调节器为 A、B 两套双重化配置。

2）“增加励磁”按钮：同时增加 A、B 套励磁给定（机端电压或励磁电流），具有防粘连功能，步长可调（参数设置：电压环参数 2，P15 增减速率）。

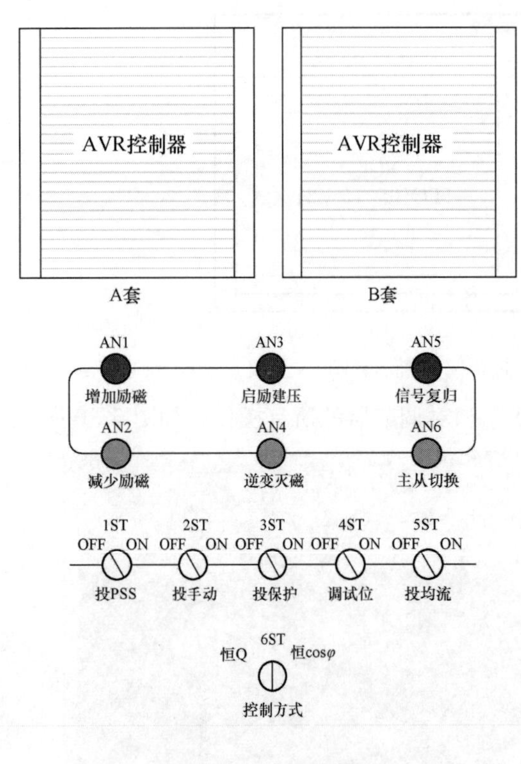

图 5-31 柜内布置图

3）“减少励磁”按钮：同时减少A、B套励磁给定，具有防粘连功能，步长可调（参数设置：电压环参数2，P15增减速率）。

4）“启励建压”按钮：发电机额定转速后按“启励建压”按钮启励建压。

5）“逆变灭磁”按钮：发电机空载时，按“逆变灭磁”按钮逆变灭磁。

6）“信号复归”按钮：复归调节柜的报警信号。

7）“主从切换”按钮：A、B套控制器都正常时，切换A、B套控制器主、从状态。

8）“投PSS”置为ON：励磁系统AVR采用PSS+PID控制规律。

9）“投PSS”退出：励磁系统AVR采用PID控制规律。

10）“投手动”置为ON：励磁系统采用恒励磁电流控制方式（自动退出U/f限制、强励限制、欠励限制），保持励磁电流恒定。

11）“投手动”退出：励磁系统采用恒机端电压控制方式，保持机端电压恒定。

12）“投保护”置为ON：投入U/f限制、强励限制、欠励限制等保护。

13）“投保护”退出：试验时，退出U/f限制、强励限制、欠励限制等保护。

14）“调试位”置为ON：调试状态，方便调试，ECU可以对励磁调节器操作。

15）“调试位”退出：ECU只能查看励磁控制系统状态，不能对励磁AVR柜进行操作。

16）“投均流”置为ON：IPU柜允许均流。

17）6ST置为“恒无功”：“投手动”退出，且6ST置位；励磁系统采用恒无功功率控制方式，保持无功功率恒定。

18）6ST置为“恒$\cos\varphi$”：“投手动”退出，且6ST置位；励磁系统采用恒功率因数控制方式，保持功率因数不变。

19）正常运行时：“投保护”转换开关应在“ON”位置，“投手动”“调试位”转换开关应在退出位置。

说明：其中“增加励磁”“减少励磁”“启励建压”“逆变灭磁”“信号复归”“投PSS”“投手动”的操作必须在操作电源开关61DK（在灭磁柜内）为合位且电压正常时才有效。

2. 励磁调节器ECU单元

GEC-300励磁控制系统监控软件是安装在平板电脑上的一套监控软件，平板电脑和

监控软件构成了扩展通信单元（ECU）。通过单击桌面图标 ECU300soft.exe 即可进入 GEC-300 的人机界面主控窗口。监控软件共有 9 个界面：主画面、状态波形、均流波形、AVR 状态、IPU 状态、报警信息、参数设置、机组参数、调试。

每个界面的下方是状态栏，显示当前 A、B 套控制器的运行方式、通信状态及当前时间。除主画面外，每个界面的右侧都有两个表计和一个水平条。表计分别显示主套机端电压和无功功率，水平条显示给定电压值。表计的下方有一些按键，每个页面的操作按键会略有不同；“并网阶跃”“停机逆变”“信号复归”“正阶跃”“负阶跃”和“参数修改”的按键必须在“调试位”置为“ON”时有效；“逆变灭磁”和“信号复归”定义同上面柜内分布，正、负阶跃阶跃量可在参数设置页面中修改（励磁操作参数：阶跃步长 P100），默认值为 5%。

（1）主画面。主画面如图 5-32 所示，是程序运行时的默认页面，包含 GEC-300 励磁控制系统的基本信息——主套调节器的机端电压、无功功率、均流系数，以及 PSS 状态。

图 5-32　ECU 主画面图

（2）状态波形。ECU 状态波形页面如图 5-33 所示，有两个波形窗口，可以分别显示机端电压、励磁电流、有功功率、无功功率和机组频率五个波形，波形的时间长度是 20s。程序实时计算波形的超调量并在波形窗口中显示。

波形窗口左侧是五个波形的数值显示，包括最大值、最小值和当前值。单击横纵坐标

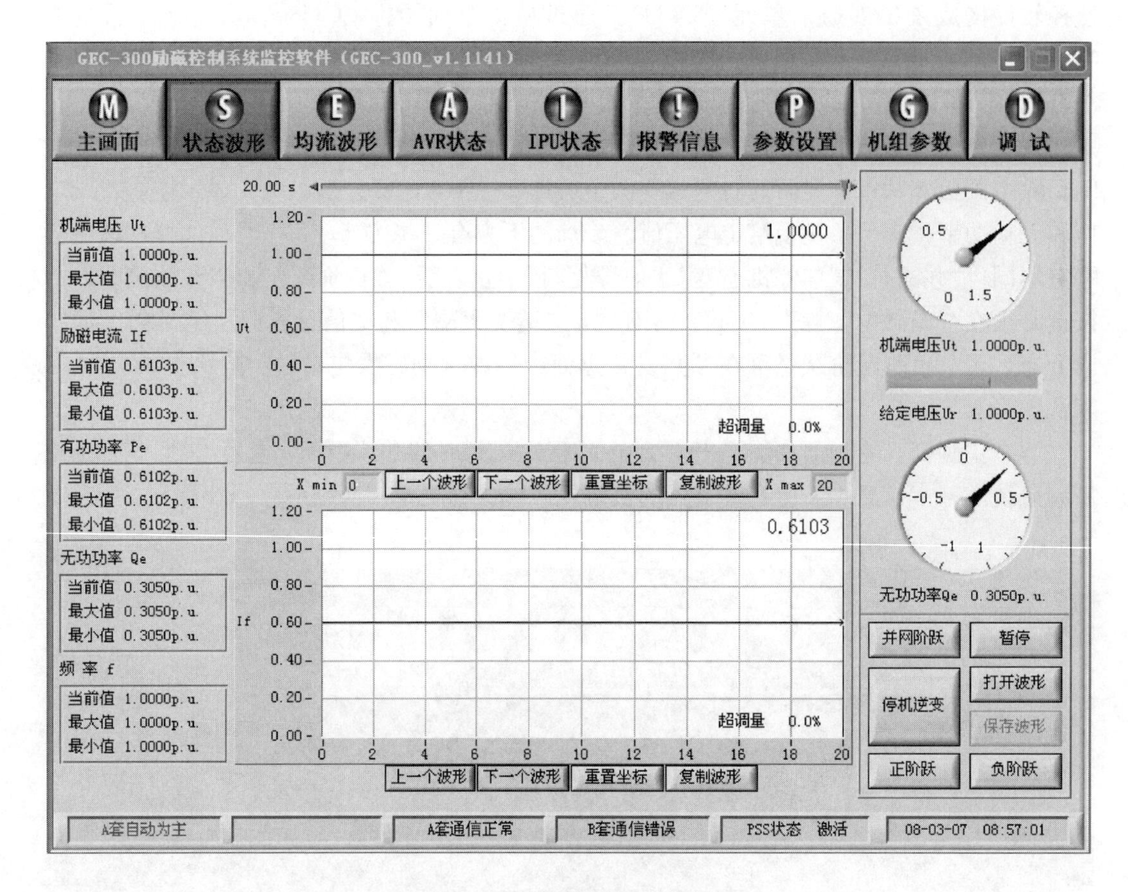

图5-33 ECU状态波形页面图

数值可以修改波形的横纵坐标值，用以放大或缩小波形。

1）“上一个波形”：切换波形。依次是机端电压－励磁电流－有功功率－无功功率－机组频率－机端电压，循环显示。

2）“下一个波形”：切换波形。顺序与上一个波形相反。

3）“重置坐标”：恢复波形窗口坐标为默认值。

4）“复制波形”：将当前波形以图片方式复制到剪切板，方便其他程序中粘贴使用。

5）“并网阶跃”：调试状态下并网阶跃试验，阶跃步长由参数P100设定，单位为标么值；阶跃时间由参数P101设定，单位为s，时间到后电压给定自动返回阶跃前的值。

6）“暂停”：停止波形刷新，此时可以“保存波形”，以数据文件保存当前静止波形，如不保存，再点“刷新”可恢复波形刷新。

7）“打开波形”：打开状态波形数据文件。可以打开多个不同的波形文件，其波形将在波形窗口内重叠显示。

8）“保存波形”：将当前5种波形保存到指定文件。默认保存格式是＊.rcd，这种格式占用较少的磁盘空间；若存为＊.dat格式，可以直接用记事本打开。

9）“停机灭磁”：即逆变灭磁，空载状态下，按下该按键可以将机端电压将为0。

10）“正阶跃”：调试状态下正阶跃试验，自动阶跃步长由参数P100设定，单位为标

幺值。手动阶跃步长是设定步长的一半。

11）“负阶跃”：调试状态下负阶跃试验，自动阶跃步长由参数 P100 设定，单位为标幺值。手动阶跃步长是设定步长的一半。

“并网阶跃”“停机灭磁”“正阶跃”“负阶跃”在“调试位”置为“ON”时有效。

强励限制、欠励报警、U/f 报警、TV 断线、解列、启励建压、逆变灭磁、正负阶跃、跳灭磁开关等条件下监控软件自动启动录波。录波时间为启动前 4.0s，启动后 16s。自动录波功能保存波形时，按 000～999 命名循环保存。录波文件保存在硬盘上，可以通过 U 盘拷贝至台式机进行分析。

（3）均流波形。智能反馈均流页面如图 5-34 所示，是 GEC-300 励磁控制系统独创的领先技术之一，在不增加硬件的基础上做到了各个整流柜 IPU 之间输出电流的动态平衡，可以在均流波形界面上观察智能均流的效果。

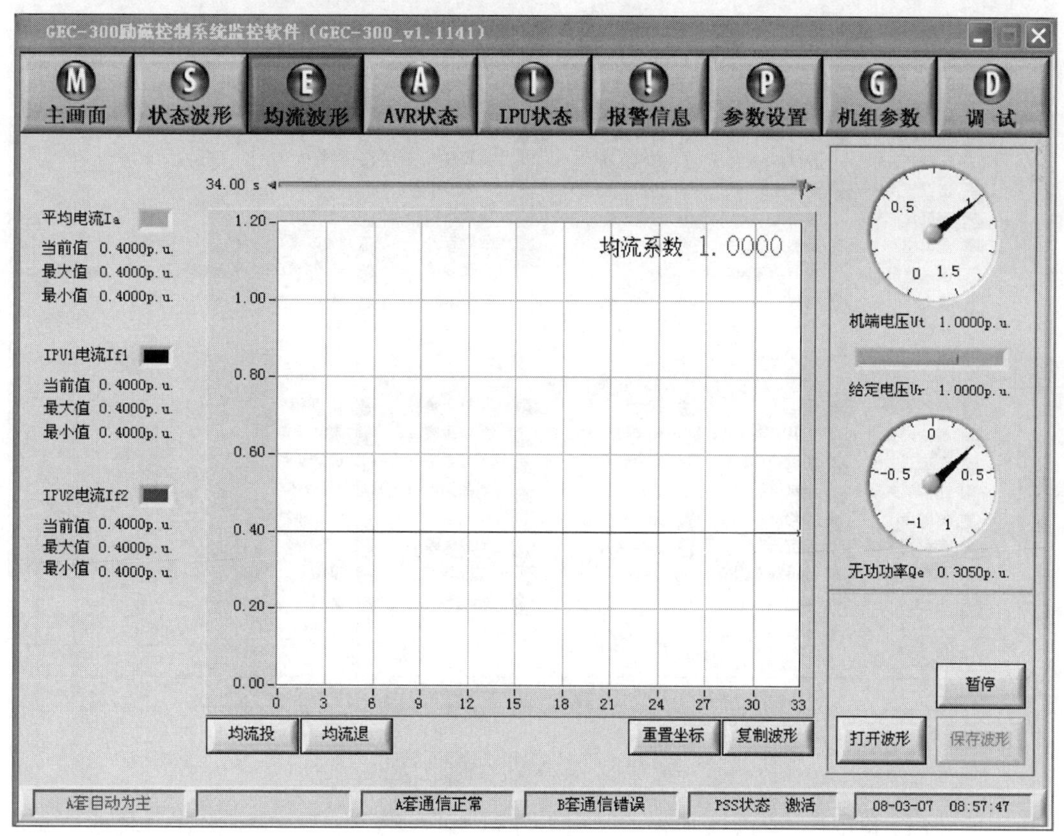

图 5-34　智能反馈均流页面图

在波形窗口内可以同时看到每个整流柜的励磁电流波形以及每个整流柜的励磁电流给定值波形，同时在波形的右上方可以观察到当前的均流系数。

1）“均流投”：控制智能均流的投入。

2）“均流退”：控制智能均流的退出。

3）“重置坐标”：恢复波形窗口坐标为默认值。

4）“复制波形”：将当前波形以图片方式复制到剪切板，方便其他程序中粘贴使用。

5）“暂停”：停止波形刷新，此时可以“保存波形”，以数据文件保存当前静止波形，如不保存，再点“刷新”可恢复波形刷新。

6）“打开波形”：打开均流波形数据文件。

7）“保存波形”：将当前均流波形保存到指定文件。默认保存格式是 *.rcd，这种格式占用较少的磁盘空间；若存为 *.dat 格式，可以直接用记事本打开。

“均流投”“均流退”在“调试位”置为“ON”时有效。

（4）AVR 状态。AVR 状态页面如图 5-35 所示，可以查看到所有调节柜的数字开入量和开出量。

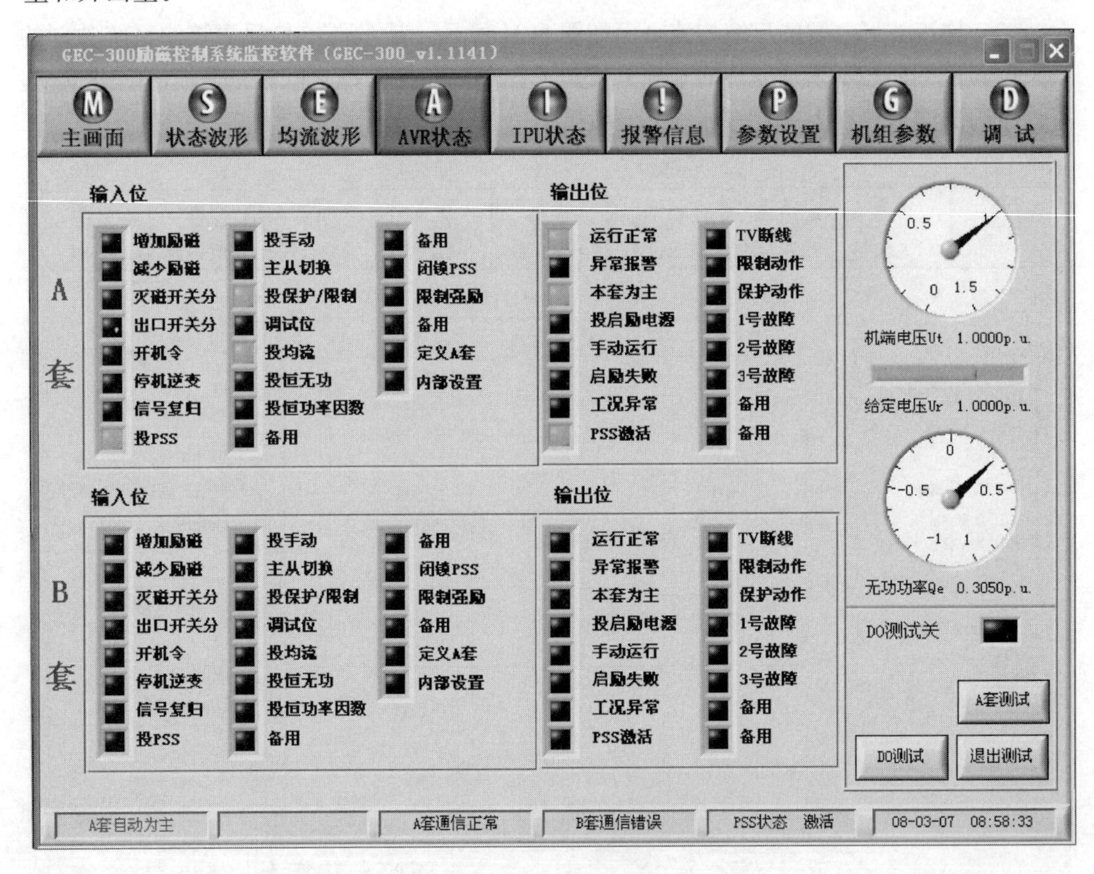

图 5-35 AVR 状态页面如图

1）“DO 测试”：单击该按键后，开启 DO 测试，显示“DO 测试开”状态，当前 AVR 的输出位无效，单击相应 AVR 的输出位可以测试该输出位是否正常输出。

2）“退出测试”：退出 DO 测试。单击该按键后，关闭 DO 测试，显示“DO 测试关”状态。

3）“A 套测试”：单击该按键后切换 A、B 套的 DO 测试。

“DO 测试”和“退出测试”在“调试位”置为“ON”时有效。

注意：DO 测试完成后，一定要按“退出测试”按键，以退出 DO 测试，否则调节器数字量开出不正确。

AVR 柜控制器开关量说明见表 5-1。

表 5-1 AVR 柜控制器开关量说明

开入量		
位	定义	意义
1	增加励磁	增加励磁给定（期望值）
2	减少励磁	减少励磁给定（期望值）
3	灭磁开关分	灭磁开关处于分状态，AVR 给定置为最小
4	空载	发电机处于空载状态
5	启励建压	AVR 接收到启励建压信号
6	逆变灭磁	AVR 接收到逆变灭磁信号
7	信号复归	复归 AVR 和 IPU 报警信号
8	投 PSS	AVR 采用 PSS+PID 控制规律，PSS 功能投入
9	投手动	AVR 采用恒励磁电流控制方式，保护自动退出
10	主从切换	双套控制器正常时，A、B 套主从切换
11	投保护	投入强励限制、欠励限制、U/f 限制，TV 断线保护
12	调试位	AVR 处于调试状态，ECU 对用户全部开放
13	投均流	IPU 柜允许均流
14	投恒无功	投手动退出时：AVR 采用恒无功控制方式
15	投恒功率因数	投手动退出时：AVR 采用恒功率因数控制方式
16	备用	—
17	备用	—
18	AGC 闭锁 PSS	AGC 操作时闭锁调节柜 AVR 的 PSS 输出
19	备用	—
20	备用	—
开出量		
位	定义	意义
1	运行正常	AVR 柜硬件正常
2	异常报警	综合报警：TV 断线，限制动作，保护动作，整流桥故障，启励失败，电源故障，CAN 异常等
3	本套为主	本套控制器为主状态控制器
4	投启励电源	空载，启励建压有效
5	手动运行	励磁控制系统运行在恒励磁电流控制方式下
6	启励失败	投启励电源 10s 后，机端电压未达到启励成功设定值
7	工况异常	包括欠励报警、强励报警、U/f 报警等
8	PSS 激活	PSS 功能参加控制
9	TV 断线	本套励磁 TV 或仪表 TV 有断线
10	限制动作	欠励限制、强励限制、U/f 限制等模块正参加控制
11	保护动作	励磁 TV 断线及其他退出或切换通道的相关保护
12	IPU1 故障	1 号整流柜（桥）有异常
13	IPU2 故障	2 号整流柜（桥）有异常
14	IPU3 故障	3 号整流柜（桥）有异常
15	备用	—
16	备用	—

（5）IPU状态。IPU状态页面如图5-36所示，可以查看各个整流柜的状态，由每个整流桥的智能控制单元IPU通过通信上传到调节器。

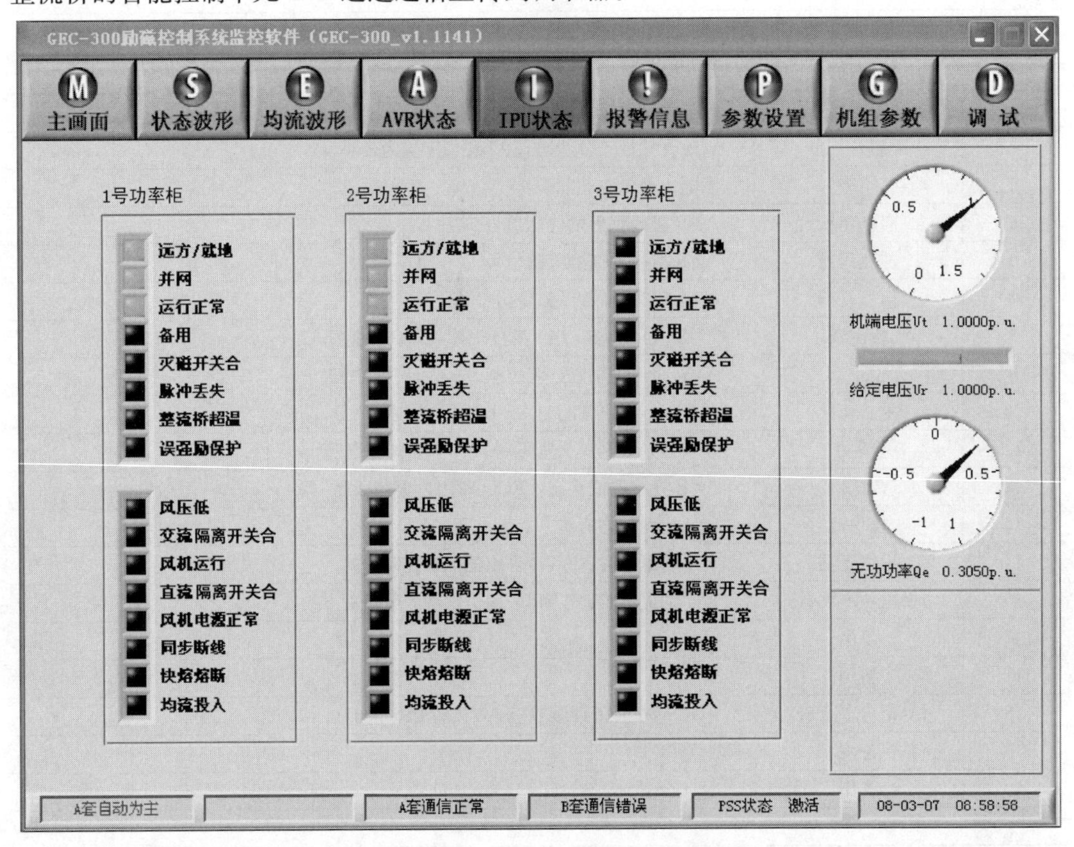

图5-36 IPU状态页面图

（6）报警信息。报警信息页面如图5-37所示，当调节柜面板上的异常报警指示灯点亮时，可单击报警信息窗口，查看具体的报警信息。在报警信息页面的左侧，显示程序运行的日志。每次运行程序的日志文件都存放在程序安装目录下/Log文件夹内。

（7）参数设置。参数设置页面如图5-38所示，可以查看和修改调节柜AVR的控制参数，修改参数在“调试位”置为“ON”时有效。参数设置页面将GEC-300励磁控制系统的内部参数分为15组，分别为电压环参数1、电压环参数2、电流环参数、PSS参数1、PSS参数2、PSS参数3、强励限制参数、欠励限制参数、U/f限制参数、励磁配置参数1、励磁配置参数2、励磁修正参数、转子测温参数、电流限制参数和功角参数。

GEC-300励磁控制系统中励磁调节器AVR有90个参数，存放在三个地方。存储在FLASH中的参数叫默认参数，存储在EEPROM中的参数叫保存参数，存储在RAM中的参数叫运行参数。AVR上电后先将保存参数取出作为运行参数，如果发现保存参数有错或者EEPROM中没有参数就会将默认参数取出作为运行参数。修改参数首先修改的是上位机内存中的参数值，当确定待修改的参数就是期望值后可以单击按键“确定修改”，这样修改后的参数就传送到下位机的RAM中，可以对调节器起控制作用。用户也可以采用立即修改方式，将“立即修改”左边的方框选中，修改后的参数无需用户单击“确定修

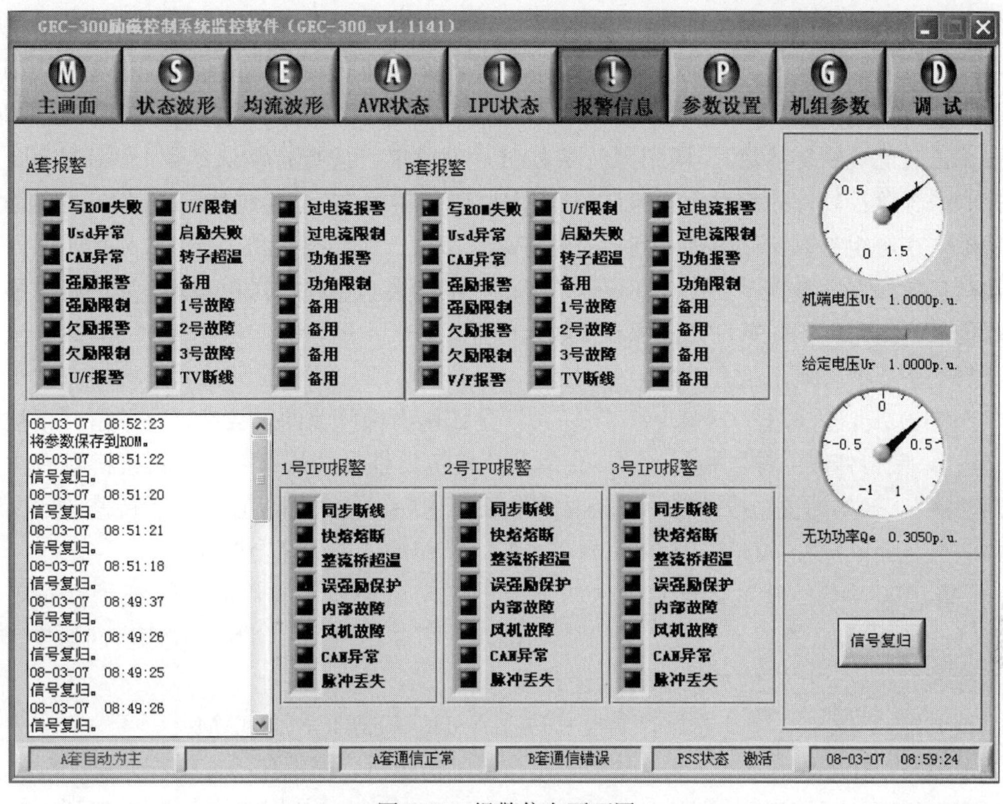

图 5-37 报警信息页面图

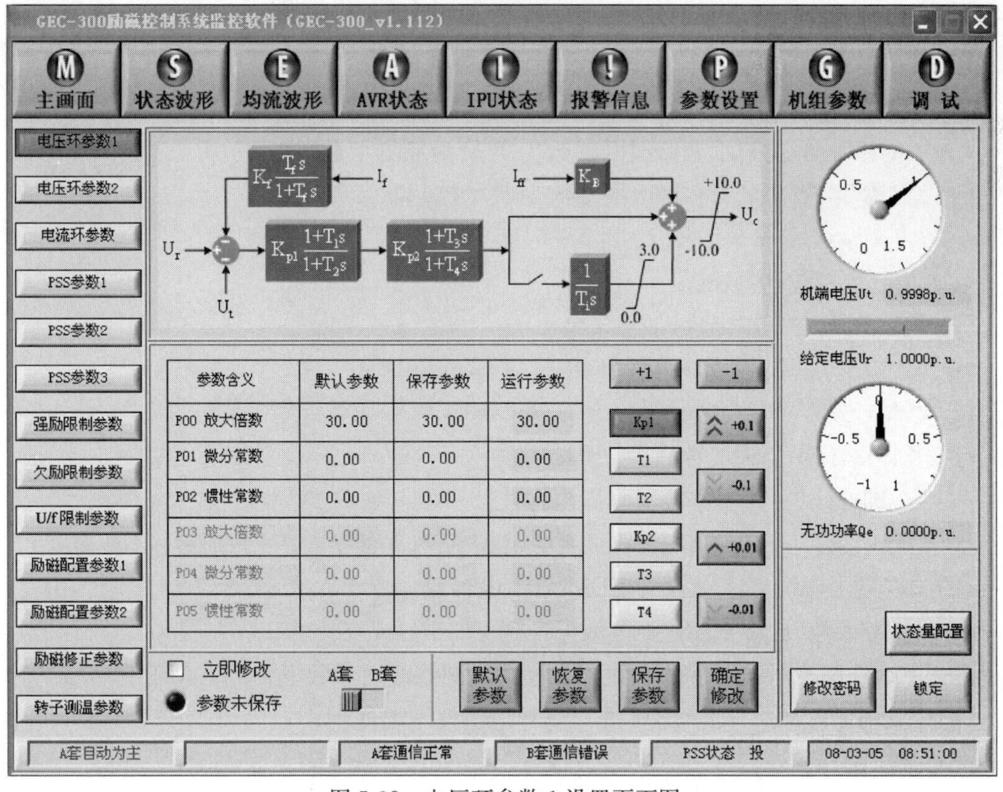

图 5-38 电压环参数 1 设置页面图

改”就可以下传到AVR的内存中。当确定运行参数正确并希望该参数保存时，单击按键“保存参数”，这样修改后的参数将保存起来，下次断电重启后无需用户重新设置参数调节器就可以自动运行在设定的状态。当希望快速将运行参数恢复到以前保存起来的参数时，可以单击按键“恢复参数”。调用默认参数时，可以单击按键“默认参数”。GEC-300励磁控制系统监控软件的参数设置窗口中，AVR调节器的90个参数分成15组，每组含6个参数。在每组参数窗口中有三列，分别将默认参数、保存参数和运行参数显示出来。如果运行参数和保存参数不一致，则在运行参数一列中会自动将与保存参数不同的运行参数用绿色显示出来，同时黄灯亮提示有参数未保存。

每个参数的可调步长有三挡，分别是1、0.1和0.01。调整参数的六个按键有“+1”“-1”“+0.1”“-0.1”“+0.01”“-0.01”。如选中待修改的参数后，每单击一下按键“+0.1”，则待修改的参数增加0.1，其余五个按键类推。另外这五个步长按键具有“防粘连功能”，换句话说，按键连续单击时间最长可达5s，超过防粘连时间后待修改的参数不再改变，必须放开被按住的按键后再单击它，待修改的参数才会改变。

GEC-300励磁控制系统监控软件的参数设置窗口中显示和修改操作都是针对单套AVR的操作，需要查看和修改A套或B套的参数需要用“A/B滑块”在两套间切换。修改参数前务必确定操作的对象是A套还是B套。

调节柜AVR有3个地方保存参数——FLASH、EEPROM、RAM。

FLASH中的参数：出厂默认参数，出厂后不能更改，断电保持，显示为默认参数。

EEPROM中的参数：每次上电时RAM调用EEPROM中的参数，断电保持，显示为保存参数。

RAM中的参数：调节柜AVR当前使用的参数，断电不保持，显示为运行参数。

通过参数选择按键，可以选定需要修改的参数。

(a)“A套”：当前显示和修改的参数为A套控制器参数。

(b)“B套”：当前显示和修改的参数为B套控制器参数。

(c)“+1”：当前参数增加1。

(d)“-1”：当前参数减少1。

(e)“↑0.1”：当前参数增加0.1。

(f)“↓0.1”：当前参数减少0.1。

(g)“↑0.01”：当前参数增加0.01。

(h)“↓0.01”：当前参数减少0.01。

(i)“立即修改”：参数修改后立即参加控制，保存到RAM中。

(j)“默认参数”：EEPROM、RAM都使用FLASH中的参数，出厂后最好不要使用。

(k)“恢复参数”：RAM调用EEPROM中参数。

(l)“保存参数”：将RAM中参数保存到EEPROM。

(m)“确认修改”：没有选中“立即修改”，把修改后参数下发到RAM中。

(n)“状态量配置”：对状态量进行配置，建议不要使用。

(o)“修改密码”：修改进入“参数设置”界面的密码。

(p)“锁定”：退出“参数设置”界面。

如果有未保存的参数（保存参数和运行参数不一致），“参数未保存”指示灯会闪烁；退出该页面时，程序将会提示是否保存参数。

1）电压环控制参数 1 整定。电压环参数 1 设置页面如图 5-38 所示。

a. 放大倍数 K_{p1}。一阶电压环控制规律的比例放大倍数，无量纲。K_{p1} 是负反馈调节的基础，增大 K_{p1} 加快系统响应速度，减小稳态误差，过大则不利于系统稳定。

b. 微分时间常数 T_1。单位为 s，一阶电压环控制规律的超前环节时间常数。增大 T_1，可以减小系统超调量，加快动态响应速度。

c. 惯性时间常数 T_2。单位为 s，一阶电压环控制规律的滞后环节时间常数。增大 T_2，有利于系统动态稳定。

d. 放大倍数 K_{p2}。二阶电压环控制规律的比例放大倍数，无量纲（用于三机/两机励磁，自并励无此参数）。K_{p2} 是负反馈调节的基础，增大 K_{p2} 加快系统响应速度/减小稳态误差，过大则不利于系统稳定。

e. 微分时间常数 T_3。单位为 s，二阶电压环控制规律的超前环节时间常数（用于三机/两机励磁，自并励无此参数）。增大 T_3，可以减小系统超调量，加快动态响应速度。

f. 惯性时间常数 T_4。单位为 s，二阶电压环控制规律的滞后环节时间常数（用于三机/两机励磁，自并励无此参数）。增大 T_4，有利于系统动态稳定。

2）电压环控制参数 2 整定。电压环参数 2 设置页面如图 5-39 所示。

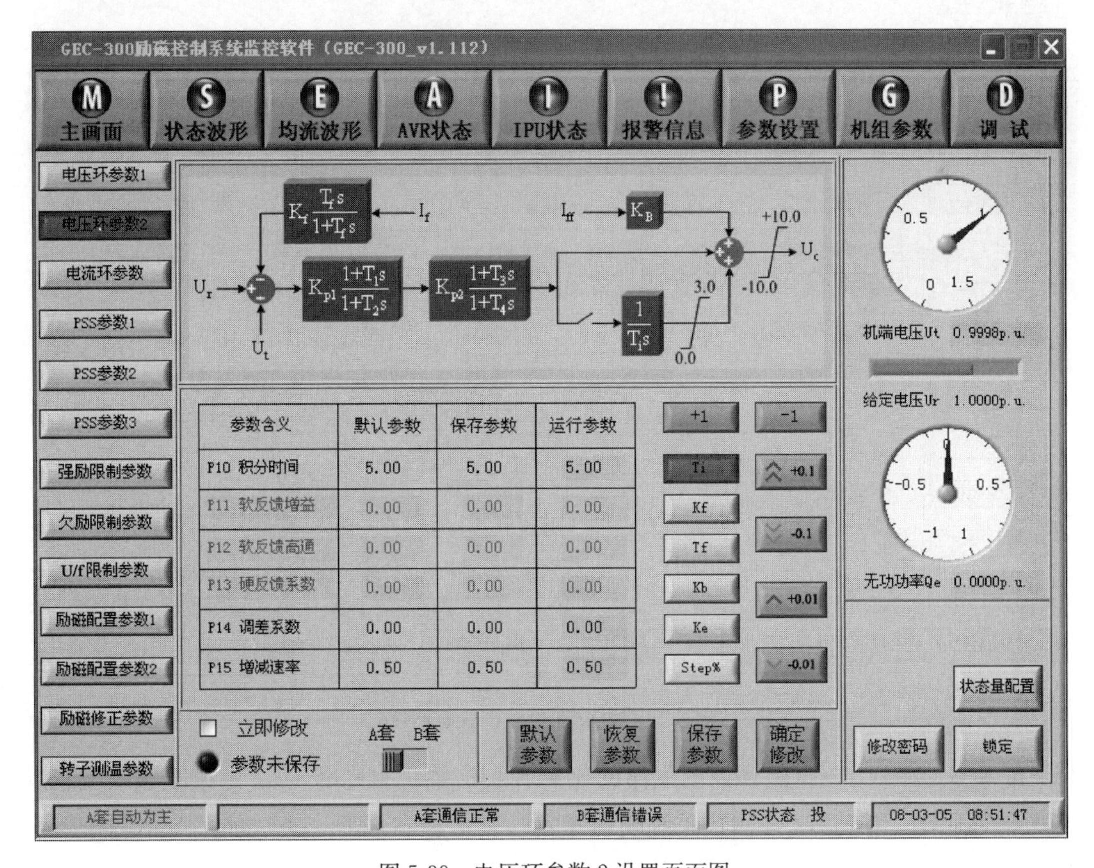

图 5-39 电压环参数 2 设置页面图

a. 积分时间常数 T_i。单位为 s，自并励电压环控制规律的积分时间常数。增大 T_i，有利于减小系统稳态误差，但会减缓系统响应速度。

b. 软反馈增益 K_f。转子软反馈放大倍数，无纲量（用于三机/两机励磁，自并励无此参数）。增大 K_f，转子软反馈的效果增加，软反馈的输出直接叠加到自动环的给定上。

c. 软反馈高通 T_f。单位为 s，转子软反馈高通滤波环节中的隔直时间常数。

d. 硬反馈系数 K_b。转子硬反馈放大倍数，无纲量。硬反馈的输出直接叠加到 U_c 上（用于三机/两机励磁）。

e. 调差系数 K_e。无量纲，乘以无功叠加到给定值上，零值使调节器具有无调差特性，正数使调节器具有正调差特性，负数使调节器具有负调差特性，一般设为 −0.1～0.1。

f. 增减磁步长 Step%。指长时间按住增减磁操作按键，一秒内调节器自动增减电压给定的幅值，标幺值，对应机端电压的百分比，如：1.0 表示连续增减磁 1s，电压给定增减 1.0%。

3）电流环控制参数整定。电流环参数设置页面如图 5-40 所示。

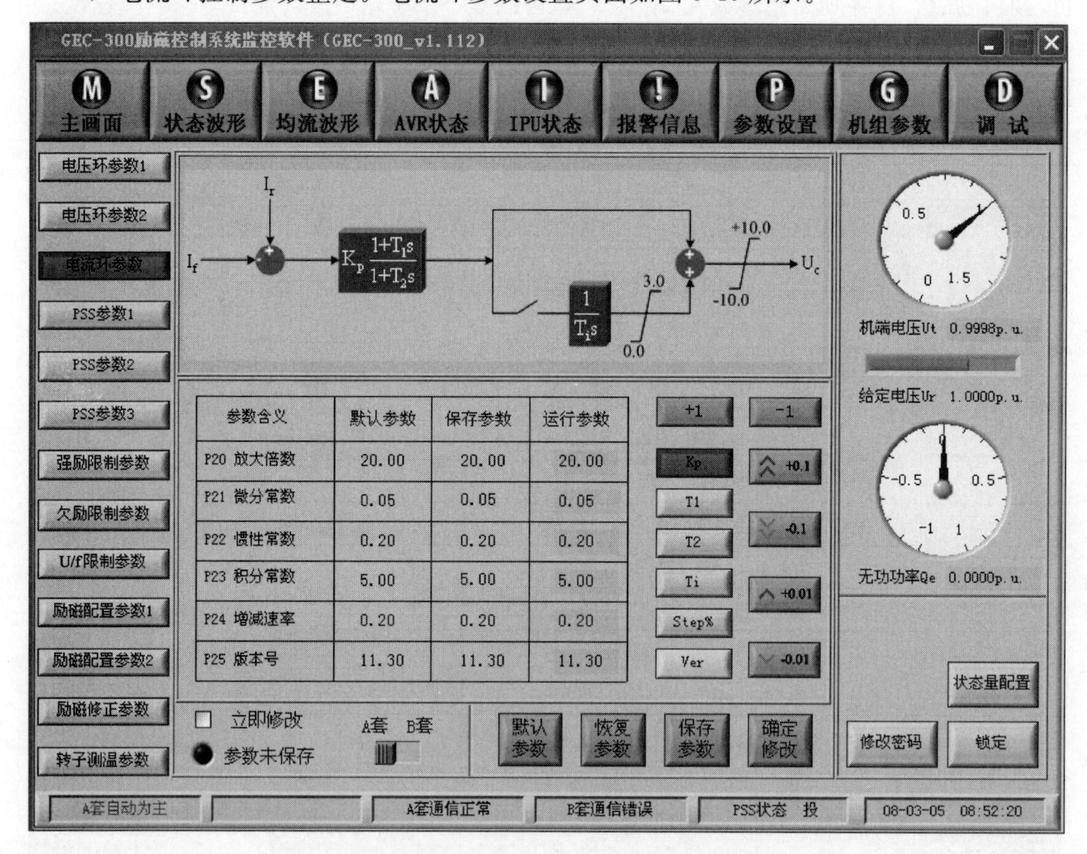

图 5-40 电流环参数设置页面图

a. 放大倍数 K_p。电流环控制规律的比例放大倍数，无量纲。K_p 是恒励磁电流负反馈调节的基础，增大 K_p 可加快系统响应速度，减小稳态误差，但是过大将不利于系统稳定。

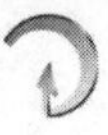

b. 微分时间常数 T_1。单位为 s，电流环控制规律的超前环节时间常数。增大 T_1，可以减小系统超调量。

c. 惯性时间常数 T_2。单位为 s，电流环控制规律的滞后环节时间常数。增大 T_2，有利于系统动态稳定。

d. 积分时间常数 T_i。单位为 s，电流环控制规律的积分时间常数。

e. 程序版本号 Ver。显示 AVR 程序的版本号。

4）PSS 参数 1 整定。PSS 参数 1 设置页面如图 5-41 所示。

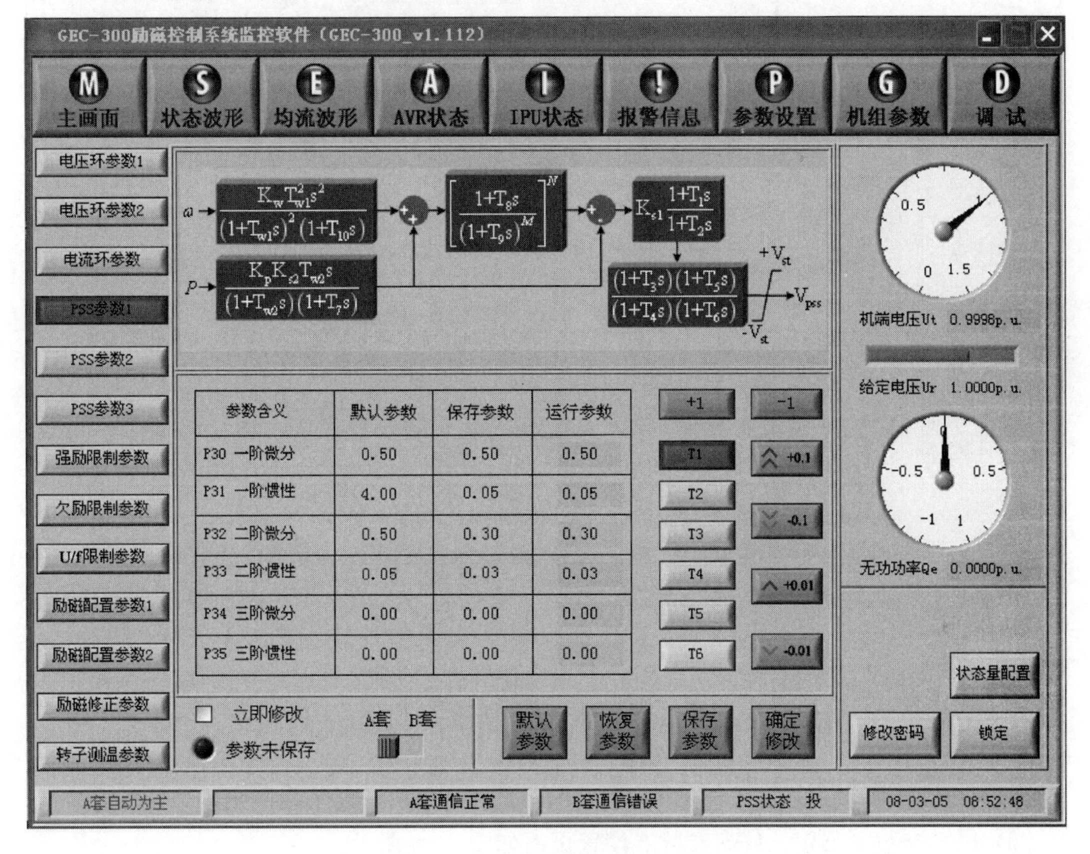

图 5-41　PSS 参数 1 设置页面图

a. 微分时间常数 T_1。单位为 s，PSS 控制规律的一阶超前环节时间常数。

b. 惯性时间常数 T_2。单位为 s，PSS 控制规律的一阶滞后环节时间常数。微分时间常数 T_3 二阶超前环节时间常数。

c. 惯性时间常数 T_4。单位为 s，PSS 控制规律的二阶滞后环节时间常数。

d. 微分时间常数 T_5。单位为 s，PSS 控制规律的三阶超前环节时间常数。

e. 惯性时间常数 T_6。单位为 s，PSS 控制规律的三阶滞后环节时间常数。

5）PSS 参数 2 整定。PSS 参数 2 设置页面如图 5-42 所示。

a. PSS 放大倍数 K_p。PSS 控制规律的比例放大倍数，无量纲。

b. 输出限幅 M。PSS 输出幅值限制值，标幺值，一般设定为±5%或±10%。

c. 有功分支系数 K_{s2}。PSS 控制规律的有功输入环节的有功分支系数。在 PSS2A 中使用。

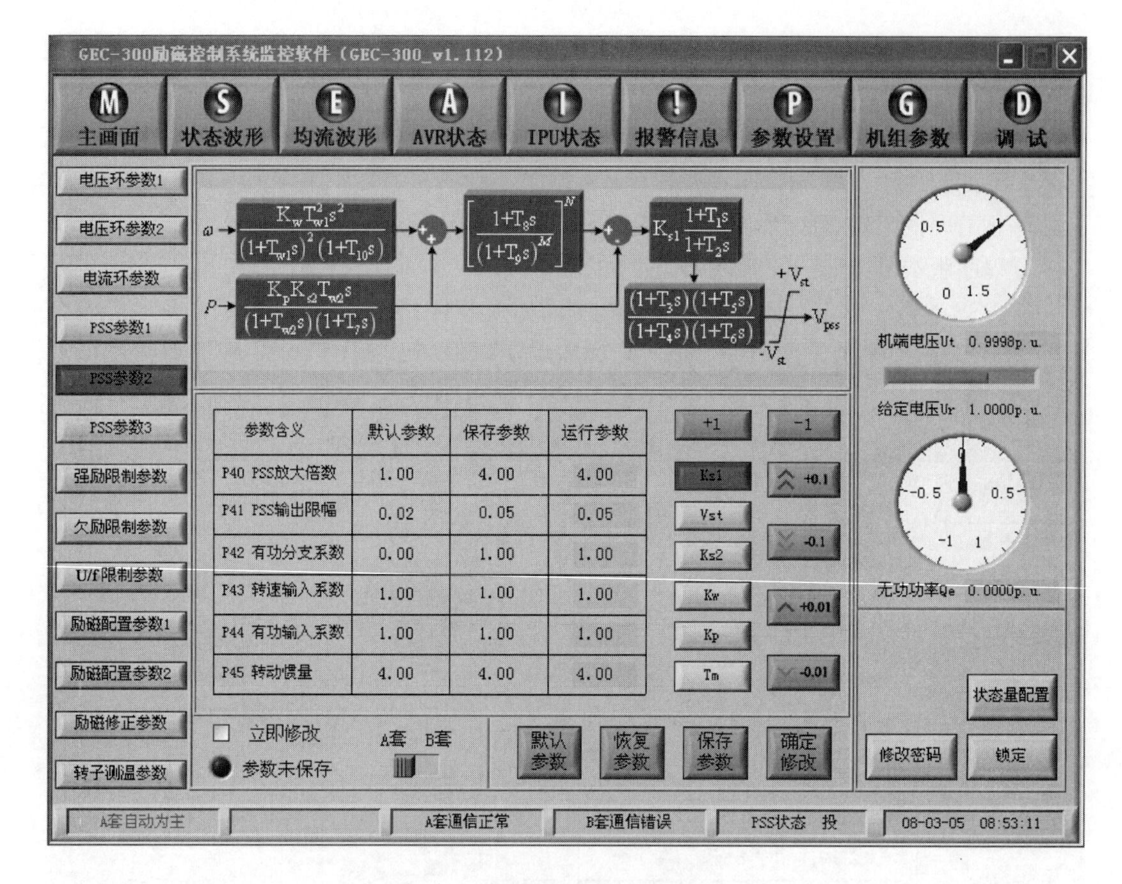

图 5-42 PSS 参数 2 设置页面图

d. 转速输入系数。PSS 控制规律的发电机转速输入环节的输入系数，无纲量。在 PSS2A 中使用。

e. 有功输入系数。PSS 控制规律的发电机有功输入环节的输入系数，无纲量。在 PSS2A 中使用。

f. 转动惯量 T_m。标幺值，发电机转子的转动惯量。在 PSS2A 中使用。

6）PSS 参数 3 整定。PSS 参数 3 设置页面如图 5-43 所示。

a. 转速隔直时间 T_{w1}。单位为 s，转速高通滤波时间常数。在 PSS2A 中使用。

b. 有功隔直时间 T_{w2}。单位为 s，有功高通滤波时间常数。

c. 有功惯性时间 T_7。单位为 s，PSS 控制规律的有功输入环节滞后时间常数。在 PSS2A 中使用。

d. 斜坡跟踪微分 T_8。单位为 s，PSS 控制规律限波器环节的超前时间常数。在 PSS2A 中使用。

e. 斜坡跟踪惯性 T_9。单位为 s，PSS 控制规律限波器环节的滞后时间常数。在 PSS2A 中使用。

f. 转速惯性时间 T_{10}。单位为 s，PSS 控制规律转速输入环节滞后时间常数。在 PSS2A 中使用。

7）强励限制参数整定。强励限制参数设置页面如图 5-44 所示。

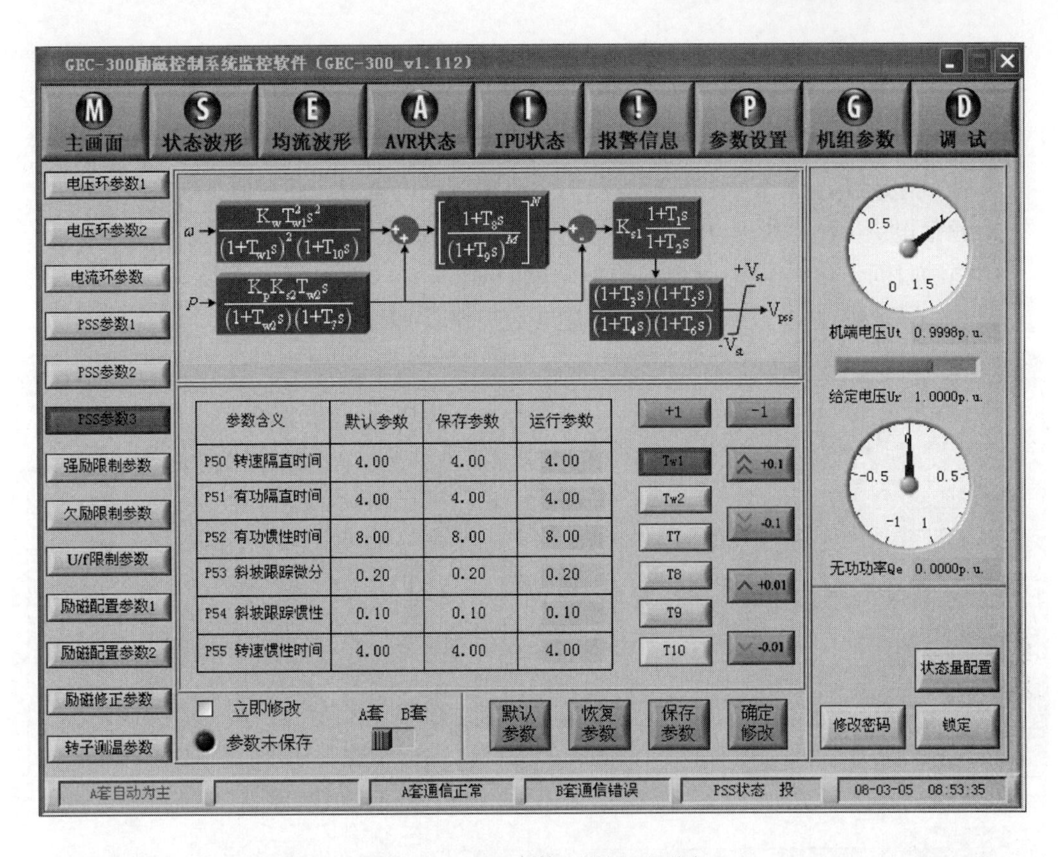

图 5-43 PSS 参数 3 设置页面图

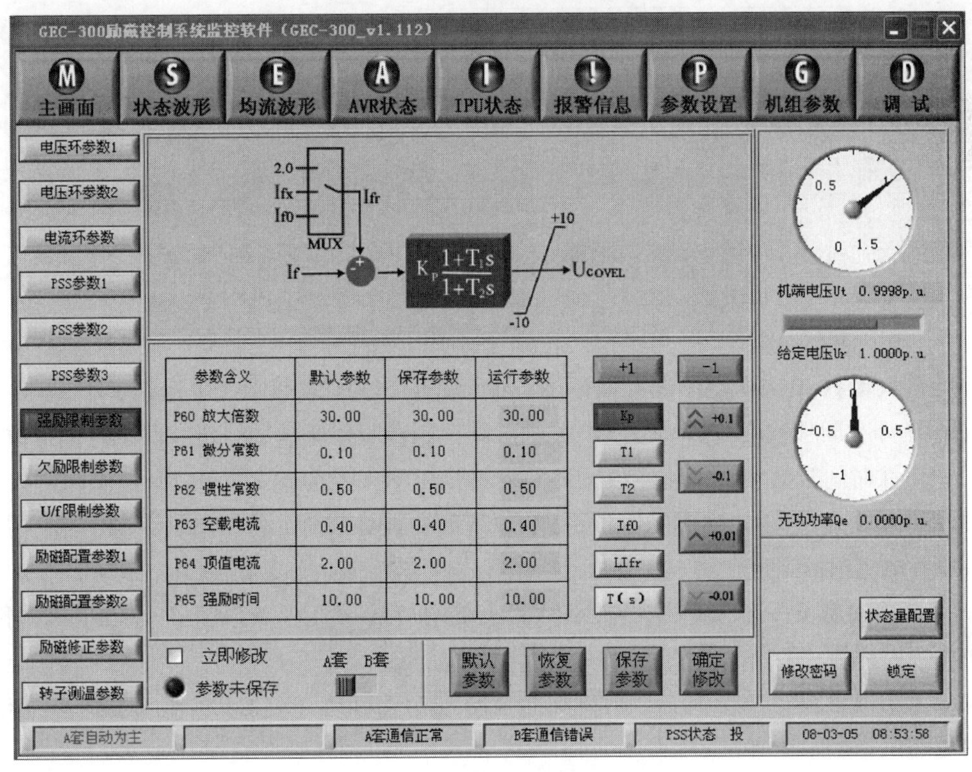

图 5-44 强励限制参数设置页面图

a. 放大倍数 K_p。强励限制控制环节传递函数的比例放大倍数，无量纲。

b. 微分时间常数 T_1。单位为 s，强励限制控制环节传递函数的超前环节时间常数。

c. 惯性时间常数 T_2。单位为 s，强励限制控制环节传递函数的滞后环节时间常数。

d. 空载电流 I_{f0}。指发电机空载运行时允许的转子电流值，标幺值。默认值为 0.4。

e. 顶值电流 LI_{fx}。指发电机强励时的顶值电流，标幺值。一般此值设为 2.0。

f. 强励时间 T。单位为 s，指发电机强励的时间。

8）欠励限制控制参数整定。欠励限制参数设置页面如图 5-45 所示。

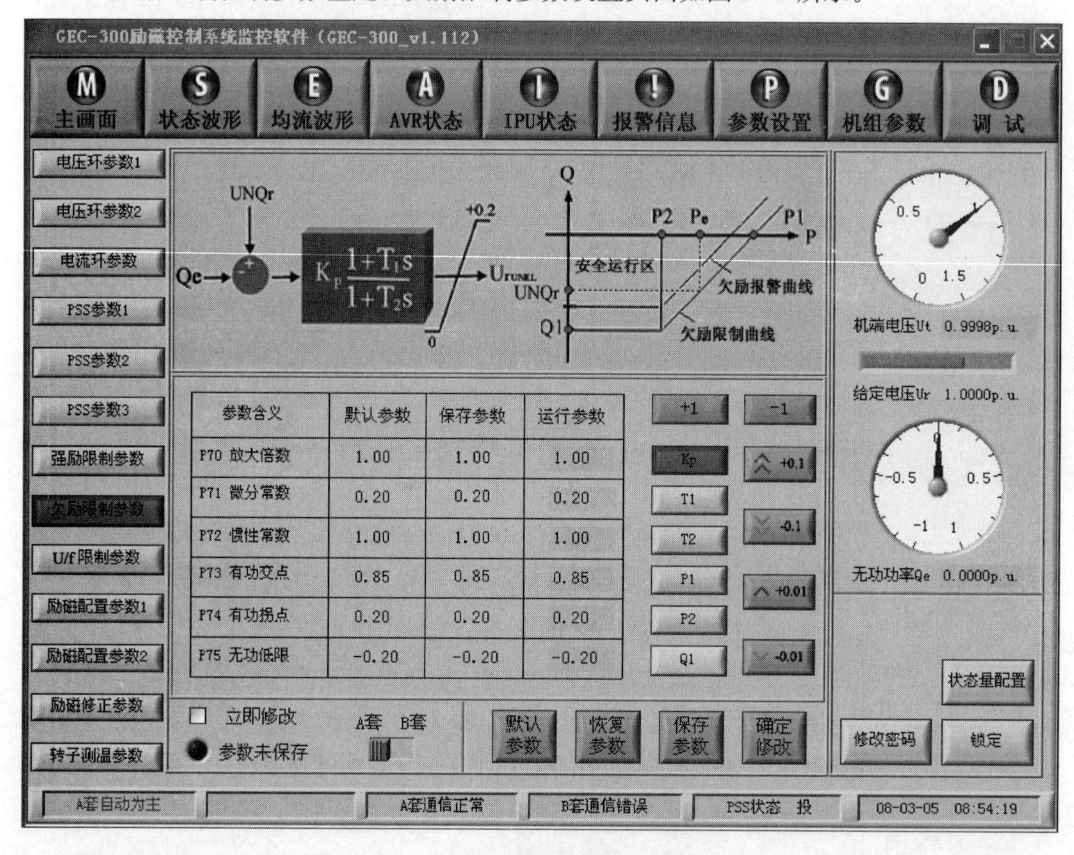

图 5-45 欠励限制参数设置页面图

a. 放大倍数 K_p。欠励限制控制环节传递函数的比例放大倍数，无量纲。

b. 微分时间常数 T_1。单位为 s，欠励限制控制环节传递函数的超前环节时间常数。

c. 惯性时间常数 T_2。单位为 s，欠励限制控制环节传递函数的滞后环节时间常数。

d. 有功交点 P_1。欠励限制特性曲线与 P 轴交点处的 P_e 值，如图 5-45 所示，标幺值，以发电机组额定视在功率为基值。

e. 有功拐点 P_2。欠励限制特性曲线拐点处对应的 P_e 值，标幺值，以发电机组额定视在功率为基值。

f. 无功低限 Q_1。发电机在较低有功负荷时进相运行允许的无功，标幺值，以发电机组额定视在功率为基值。

9）U/f 限制控制参数整定。U/f 限制参数设置页面如图 5-46 所示。

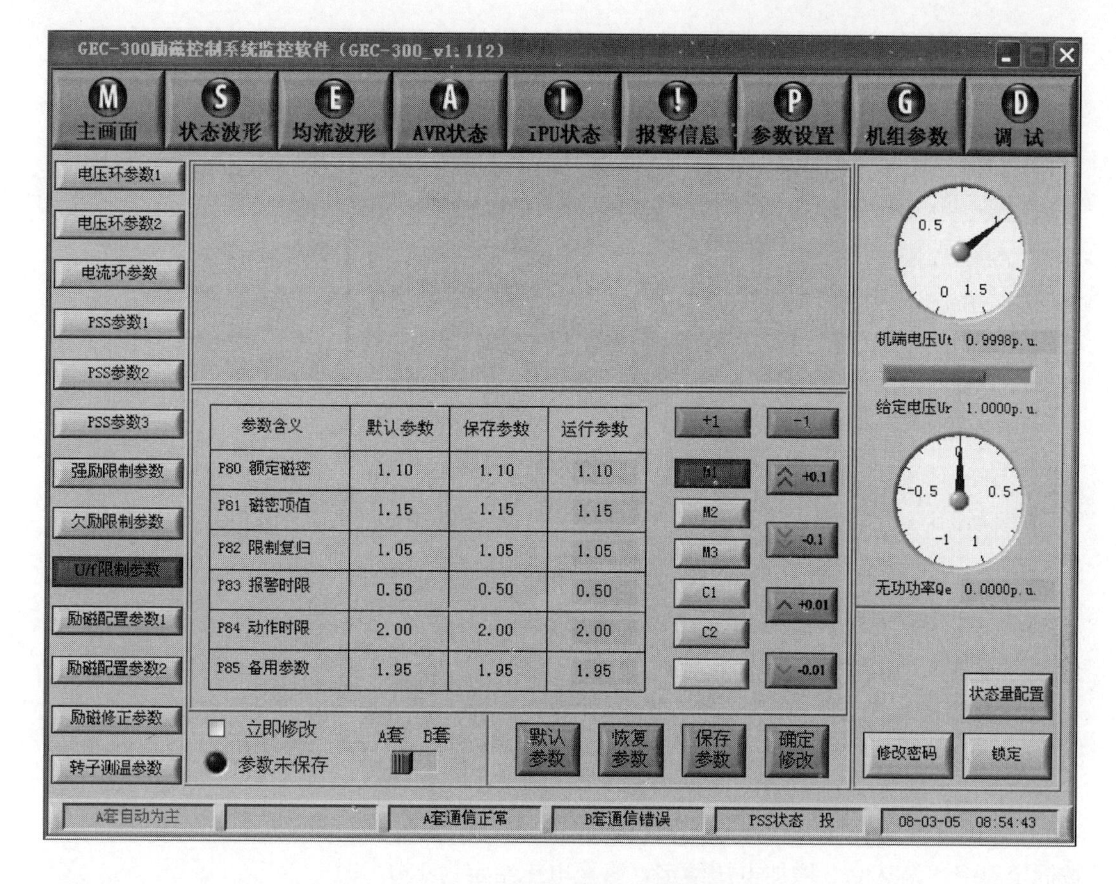

图 5-46　U/f 限制参数设置页面图

发电机磁通密度的含义是指发电机定子电压标幺值和频率标幺值的比值，用 M 表示。

a. 额定磁密 M_1。额定磁通密度，无量纲，发电机设计允许的磁通密度。只有当发电机磁通密度超过该值时 U/f 限制才可能动作。

b. 磁密顶值 M_2。发电机磁通密度顶值，无量纲。当发电机磁通密度达到该值时，调节器的 U/f 限制延时 2s 动作。

c. 限制复归 M_3。U/f 限制动作复归信号，无量纲。U/f 限制动作后，调节器会自动将电压给定逐点降低，当 $M=M_3$ 后，调节器自动停止电压给定下压动作。

d. 报警时限 C_1。单位为 s，指 $M-M_1=0.05$ 时 U/f 限制的延时报警时间。如 $C_1=0.5$s，$M_1=1.1$，则当 $M=1.15$ 时延时 0.5s 调节器的 U/f 报警动作。在 M 和 M_1 的差值不等于 0.05 时，则按反时限规律调节器 U/f 报警延时动作。

e. 动作时限 C_2。单位为 s，指 $M-M_1=0.05$ 时 U/f 限制的延时动作时间。如 $C_2=2.0$s，$M_1=1.1$，则当 $M=1.15$ 时延时 2.0s 调节器的 U/f 限制动作。

在 M 和 M_1 的差值不等于 0.05 时，则按反时限规律调节器 U/f 限制延时动作。

10）励磁配置参数 1 整定。励磁配置参数 1 设置页面如图 5-47 所示。

a. U_r 限幅 U_{rmax}。标幺值，自动电压给定的最大限幅。

b. 自动给定 U_{r0}。标幺值，对应机端电压，自动方式下调节器收到启励建压后设置的电压给定顶值。如 $U_{r0}=1.0$，则调节器先将电压给定设为 0.2，在设定的软启给定时间内

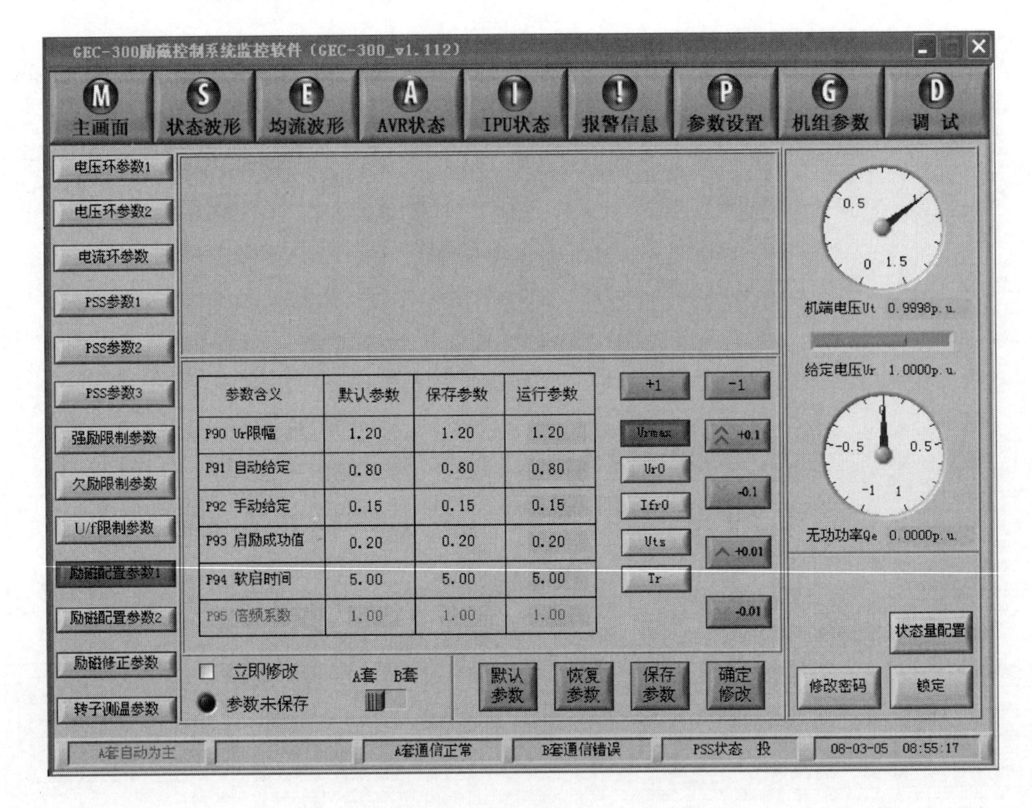

图 5-47　励磁配置参数 1 设置页面图

按固定斜率逐渐从 0.2 增加电压给定，直至电压给定为 1.0。

c. 手动给定 I_{fr0}。标幺值，对应励磁电流，手动方式下调节器收到启励建压后设置的电流给定顶值。如 I_{fr0}=0.30，则调节器先将电流给定设为 0.05，在设定的软起给定时间内按固定斜率逐渐从 0.05 增加电流给定，直至电流给定为 0.30。

d. 启励成功值 U_{ts}。标幺值，对应机端电压，用于判断是否投启励电源，同时作为启励失败判断依据。调节器收到启励命令后，如果机端小于 U_{ts}所设值，调节器自动投启励电源，10s 后如果定子电压仍然小于 U_{ts}设置值，调节器则报启励失败。

e. 软启时间 T_r。单位为 s，软启励建压的总启励时间，给定值从 0 到给定顶值 U_{r0}的时间。

f. 倍频系数。无纲量，自并励默认为 1，三机励磁为永磁机的频率对基频的倍频数。

11）励磁配置参数 2 整定。励磁配置参数 2 设置页面如图 5-48 所示。

a. 阶跃步长 Step%。标幺值，对应机端电压或励磁电流，阶跃操作命令对应的给定增减步长。一般设为 0.01～0.20。手动方式下给定增减步长是所设值的一半。

b. 阶跃时间 T_{ls}。单位为 s，指并网阶跃试验时阶跃后状态维持的时间，时间到后，电压给定自动回到并网阶跃前的值。

c. 噪声比率 K_{se}。无纲量，PSS 试验时白噪声输入系数。默认为 0.1，指输入 1.5V 对应电压给定变化 0.1。

d. 补偿特性。无纲量，PSS 试验时的有补偿特性和无补偿特性的开关。例如当该值为 1 时，可以进行无补偿特性试验，当该值为 2 时，可以进行有补偿特性试验，当该值为

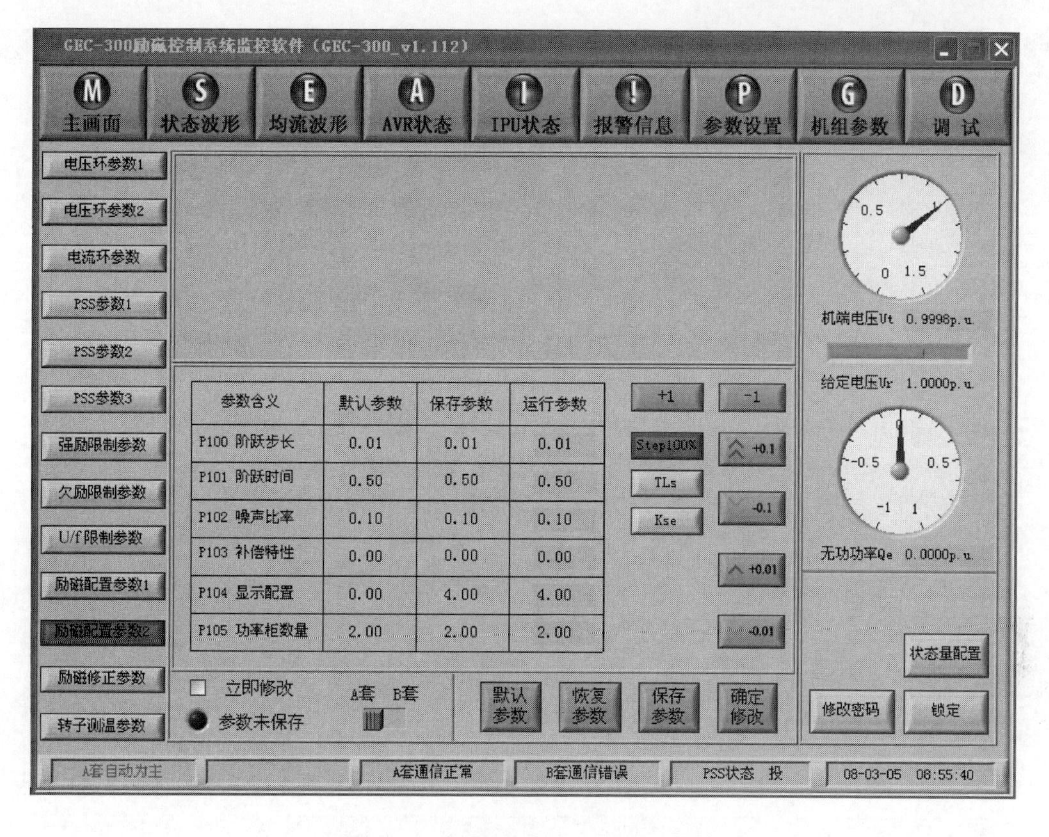

图 5-48　励磁配置参数 2 设置页面图

0 时，白噪声的输入对调节器无效。

e. 显示配置。无纲量，可以选择录波的第五通道的量，默认为频率 f。

可以选择的量有 U_c（主控制环 U_c）、U_r（自动给定）、U_{se}（白噪声输入）、U_{rp}（PSS 输出）、U_{ru}（欠励限制附加给定输出）、U_{ca}（自动环 U_c）、U_{cm}（手动环 U_c）、U_{cl}（限制环 U_c）。

f. 功率柜个数。选择调节器所带 IPU 的数量，可以从 1～4 进行选择，一般为 2～3。如果设置数量与实际数量不一致会报 CAN 异常。

12）励磁修正系数整定。励磁修正参数设置页面如图 5-49 所示。修正系数主要是用来补偿系统测量误差，通过修改修正系数，可以使系统参量和实际输入量一致。

修正前后值的关系式可表示为

$$A=A'\times P_{11x}，x=0、1、2、3、4$$

$$P=P'\times\cos\theta+Q'\times\sin\theta$$

$$Q=P'\times\sin\theta+Q'\times\cos\theta$$

其中 θ 为电压与电流之间的偏移角度，θ=P115/10.0。

调试说明：

a. 调节器定子电压输入 100.0V，调整 P110，使 U_t 显示为 1.0000p.u.。

b. 调节器仪表电压输入 100.0V，调整 P111，使 U_1 显示为 1.0000p.u.。

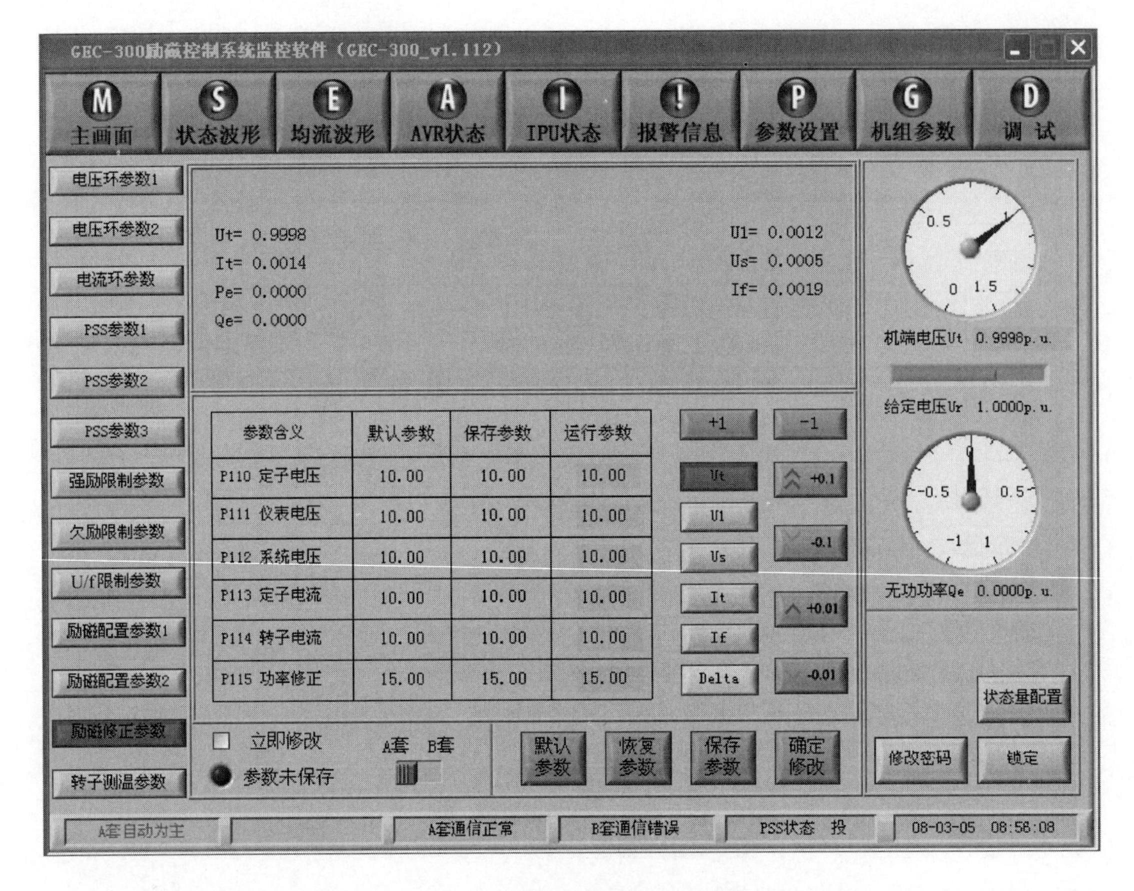

图 5-49 励磁修正参数设置页面图

c. 调节器系统电压输入 100.0V，调整 P112，使 U_s 显示为 1.0000p.u.。

d. 调节器定子电流输入 3.5A，调整 P113，使 I_t 显示为 1.0000p.u.。

e. 调节器励磁电流输入 2.0A，调整 P114，使 I_f 显示为 1.0000p.u.。

f. 调节器定子电压和定子电流均在额定工况下，功率因数为 0.85 时，调整 P115，使有功功率显示为 0.85p.u.，无功功率显示为 0.53p.u.。

13）转子测温参数整定。转子测温参数设置页面如图 5-50 所示。

a. 转子电压 U_f。发电机转子电压输入额定值，调整 P120，使 U_f 显示为 1.0000p.u.；一般转子电压采样使用 40～20mA 电压电流变送器，电流进入 CPU 板后经过 150Ω 电阻后转变为 0.6～3V 电压，转子额定电压对应 1.1V。

b. 转子电流 I_f。发电机转子电流输入额定值，调整 P121，使 U_f 显示为 1.0000p.u.；一般转子电流采样使用 40～20mA 电压电流变送器，电流进入 CPU 板后经过 150Ω 电阻后转变为 0.6～3V 电压，转子额定电流对应 1.1V。

c. 额定温度 T_{re}。标幺值，转子在额定电压和额定电流下的温度为 1。实际显示有名值暂为 100℃。

d. 温度修正 T_{rx}。无纲量，转子在额定电压和额定电流下修正该参数使转子温度标幺值显示为 1。

e. 温度报警 T_{rw}。无纲量，当转子电压与转子电流的标幺值的比值超过该值时发出转

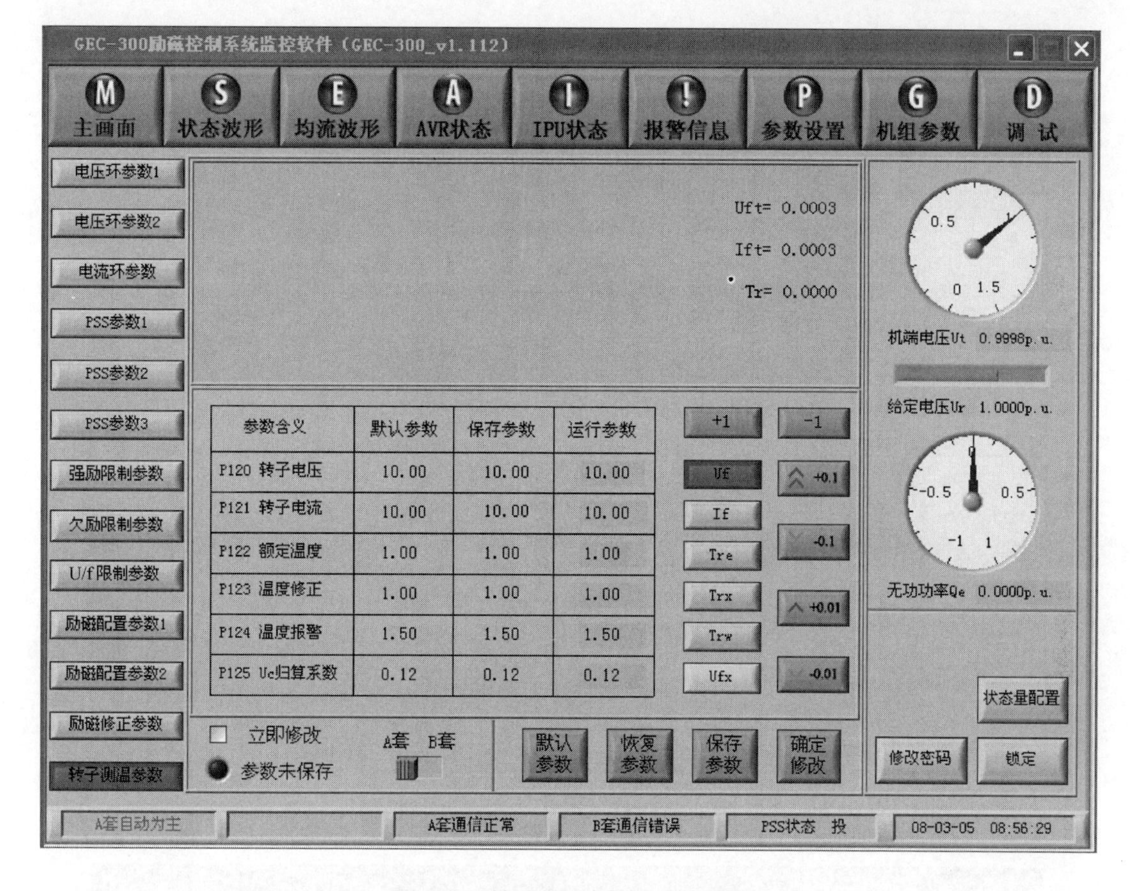

图 5-50　转子测温参数设置页面图

子超温报警。当显示为有名值时，有名值＝标幺值×100。

f. U_c 归算系数 U_{fx}。AVR 就有跟踪 IPU 的功能，用该参数与从 IPU 传输的晶闸管导通角计算 U_c。U_c 归算系数设置应与 IPU 的归算系数相同，否则 AVR 计算的 U_c 值与 IPU 的 U_c 值不相等。

14）电流限制参数整定。电流限制参数设置页面如图 5-51 所示。

a. 放大倍数 K_p。最小励磁电流限制控制环节传递函数的比例放大倍数，无量纲。

b. 微分时间常数 T_1。单位为 s，最小励磁电流限制控制环节传递函数的超前环节时间常数。

c. 惯性时间常数 T_2。单位为 s，最小励磁电流限制控制环节传递函数的滞后环节时间常数。

d. 最小励磁电流 I_{frm}。最小励磁电流限制控制环的允许的最小励磁电流值，标幺值。

e. 定子动作时限 I_{tt}。单位为 s，定子电流限制功能中从定子报警到限制动作的时间。

f. 备用参数。调节器备用参数。

15）功角参数整定。功角参数设置页面如图 5-52 所示。

a. 交轴电抗 X_q。标幺值，发电机的交轴电抗，可以按照发电机的同步电抗近似计算：火电 0.9～1.0X_d，水电 0.6～0.7X_d。

b. 系统电抗 X_n。标幺值，发电机连接电网的系统电抗，可以取默认值。

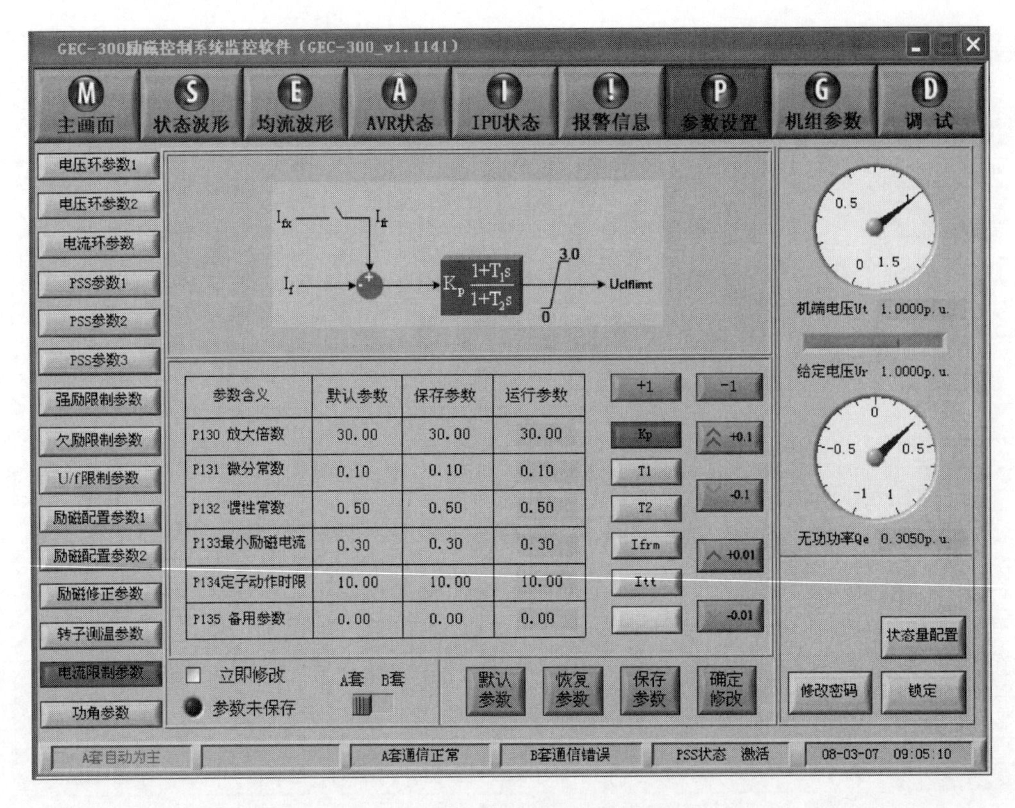

图 5-51　电流限制参数设置页面图

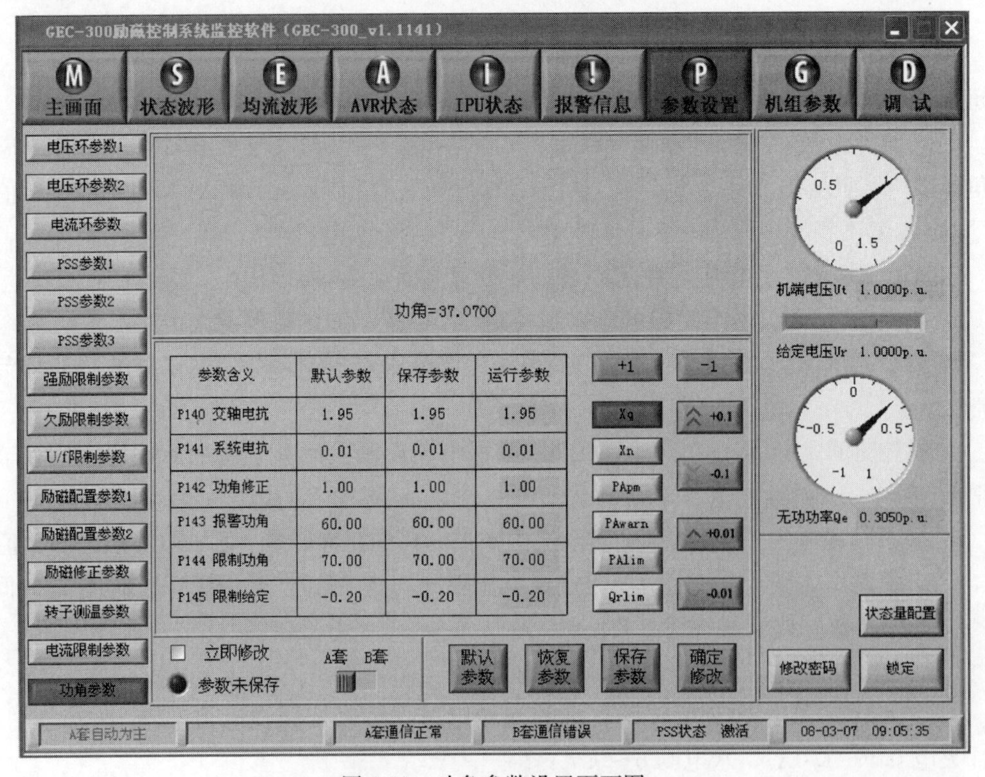

图 5-52　功角参数设置页面图

c. 功角修正 PA_{pm}。无纲量，对功角的计算值进行修正，表示实际测量功角的倍数。

d. 报警功角 PA_{warn}。单位度，角度值。功角报警的功角值。

e. 限制功角 PA_{lim}。单位度，角度值。功角限制动作的功角值。

f. 限制给定 Q_{rLim}。标幺值，功角限制动作后的无功给定值。

(8) 机组参数。机组参数页面用来设置机组参数和 DCS 从站地址（1～255），并选择是以“标幺值”还是以“有名值”显示状态量，如图 5-53 所示。单击任一参数，都会弹出数字键盘，用户输入要修改的参数后单击“确定”，即可修改。单击“确定修改”按键，则用修改后的机组参数替换当前机组参数，同时将其保存到设置文件中。

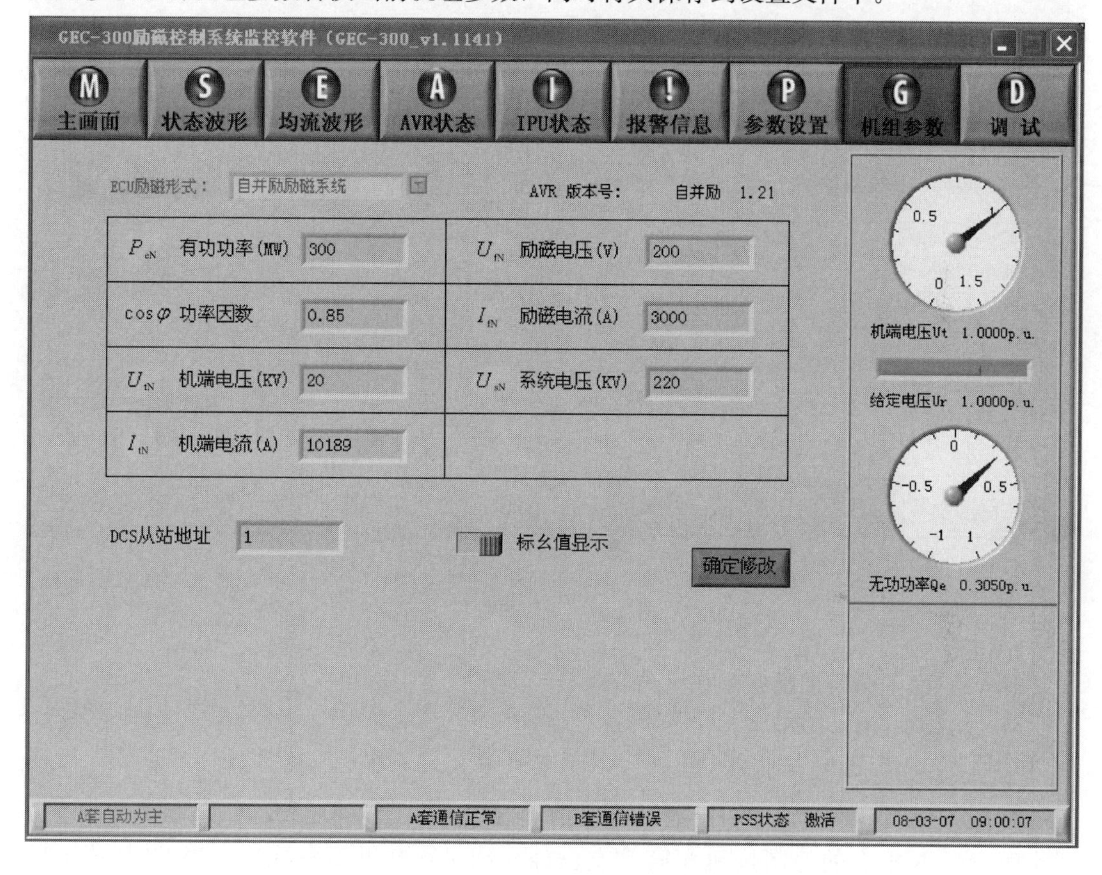

图 5-53 机组参数设置页面图

(9) 调试。在调试窗口内可观察到双套调节器的所有模拟量信息，如图 5-54 所示。系统图中的 ECU 是指扩展通信单元（TPC 工业用平板电脑及监控软件），AVR 为励磁调节柜控制单元，IPU 为智能整流柜。其中 ECU 与 AVR 之间通过串行口通信，AVR 和 IPU 之间通过 CAN 总线通信。

1) 在系统图中还显示一些运行状态：A、B 套 AVR 和整流柜的运行情况，灭磁开关、主油断路器、整流柜直流隔离开关和交流隔离开关的分合情况。

设备运行中，检修维护人员可以观察此页面，但需注意，柜内“调试位”应置为“OFF”。观察完毕后，切回主画面。

2)“停机逆变”：即逆变灭磁，空载状态下，按下该按键可以将机端电压降为 0。

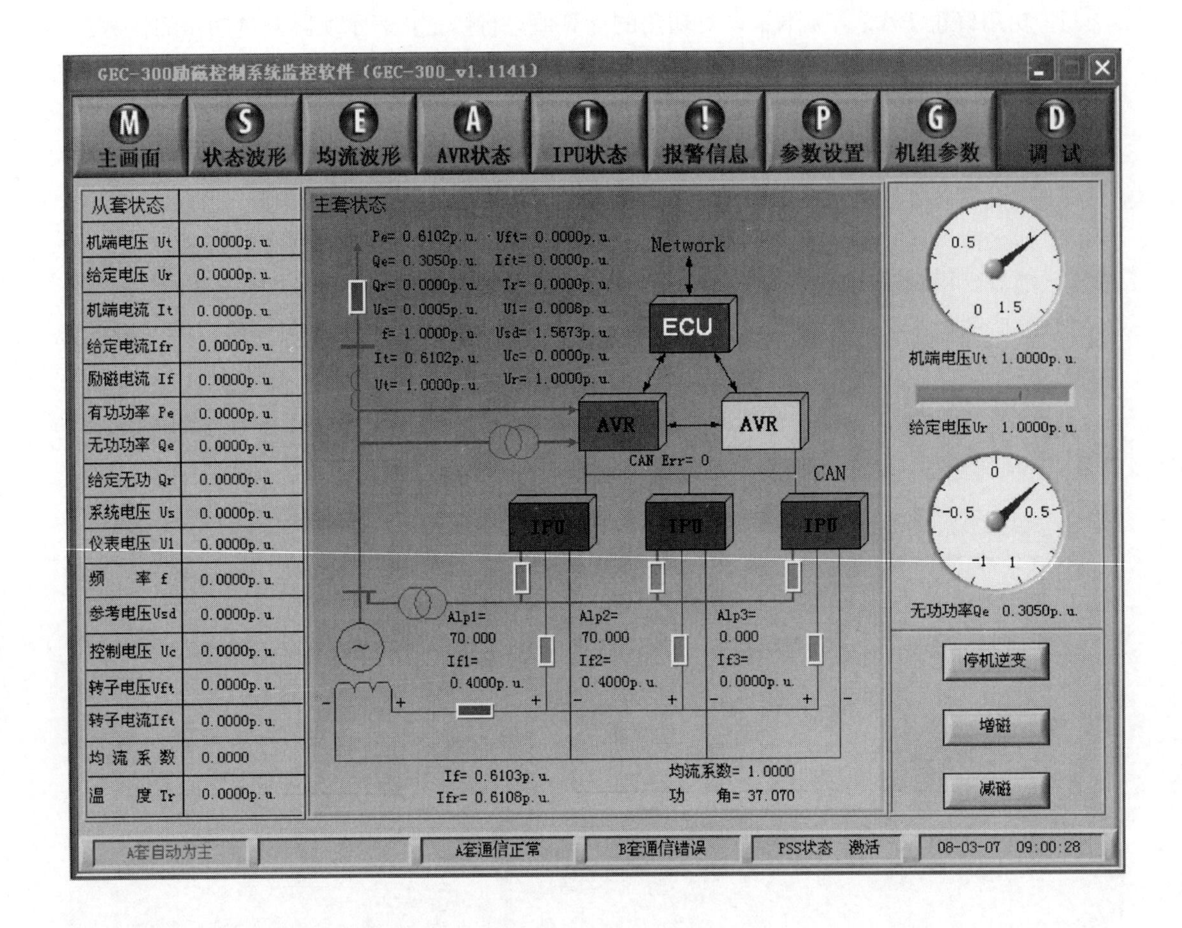

图 5-54　调试页面图

3）“增磁”：微增加励磁。

4）“减磁”：微减少励磁。

3. GEC-300 励磁调节器控制方式

对 GEC-300 励磁调节器的控制可通过 DCS 控制、GCP 屏控制和 AVR 柜控制三个方式实现。AVR 柜上的控制按钮在第 1 点已经介绍过，这里不再陈述。当 GCP 屏上的 GCP/DCS 控制把手打在 DCS 位置时，DCS 的指令生效，可以通过 DCS 对 AVR 进行增磁、减磁、AVR 投手动、投入 PSS、灭磁开关合闸、灭磁开关分闸控制。当 GCP/DCS 控制把手打在 GCP 位置时，GCP 的指令生效，可以通过 GCP 屏上的控制按钮对 AVR 进行增磁、减磁、启励建压、逆变灭磁、灭磁开关合闸、灭磁开关分闸控制。当在 GCP 或 DCS 方式下对灭磁开关进行合闸控制时，必须满足 201 开关在分位且汽轮机转速大于 95%，进行分闸控制时必须满足 201 开关在分位的条件。

励磁调节器的控制回路的电源取自灭磁开关柜操作电源开关（61DK）下口，只有当该开关合上，控制电源带电时控制指令才能生效。

（二）GEKL 智能整流柜

GEKL 智能整流柜简称 IPU 柜；由智能控制单元 IPU、双套电源、脉冲放大、大功

率晶闸管功率元件、风机及操作回路组成。完成将励磁变压器二次侧交流电压整流输出为直流转子电压、电流的功能。智能整流柜包含了GEC-300励磁控制系统的三层式结构的底层——智能功率单元IPU。IPU通过CAN总线与AVR（励磁调节器）通信，接收调节器的控制指令，完成本柜的脉冲触发、手动运行、电流限制、智能监测（快熔熔断、超温报警、温度监测、风机投入切换）、智能均流等功能，同时IPU采集本柜实时的电流、电压及开关量状态信号并上传给AVR，实现AVR对整流柜的闭环控制。当AVR或CAN通信网出现故障时，单个整流柜也可以独立运行，完成手动调节，避免发生失磁事故。IPU同时自动检测双路风机电源是否正常，电源低报警并实现电源切换。

1. 柜门布置

GEKL智能整流柜柜面布置如图5-55所示。

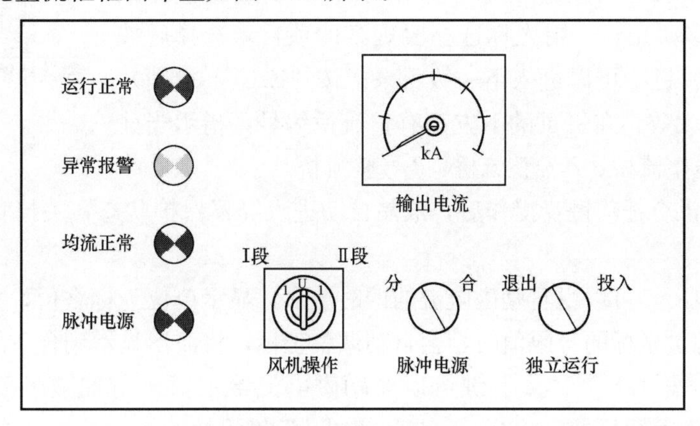

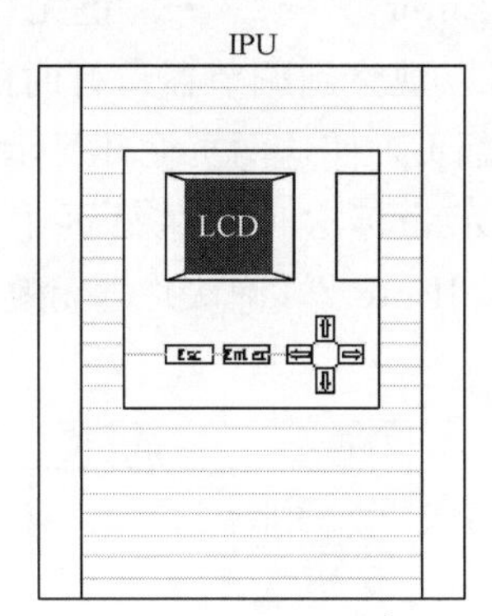

图5-55　整流柜布置图

（1）“运行正常”指示灯亮：智能整流柜IPU运行正常，能正常发脉冲。

（2）“异常报警”指示灯亮：整流柜有故障，故障信息可在IPU单元或ECU单元中查询。

（3）“均流正常”指示灯亮：均流系数≥95%。

（4）“脉冲电源”指示灯亮：整流柜脉冲电源回路正常。

（5）“输出电流”电流表：指示整流柜输出励磁电流的大小。

（6）“IPU”单元：IPU单元配有LCD液晶显示的人机界面，可以对本整流柜（IPU）进行就地操作、查看以及修改参数等操作。“脉冲电源”开关：脉冲放大电源控制开关。

（7）“风机操作”开关：就地投风机控制开关。

(8)“独立运行”开关：不受AVR控制、单整流柜IPU独立运行控制开关。

2. 智能整流柜IPU控制箱操作

每个智能整流柜（桥）都有一个IPU控制箱进行控制，通过IPU控制箱面板上的按键，可对IPU的运行状况进行监控，包括励磁电流的波形、状态量显示、开关量观察以及简单操作。IPU控制箱面板上一共有6个操作按键，分别是“↑”（上）、“↓”（下）、“←”（左）、“→”（右）、“Esc”（取消）、“Enter”（确认）。

当IPU控制箱上电后，LCD液晶屏自动上电，当调节器运行正常时，按任意键可进入目录页（如图5-56所示）。

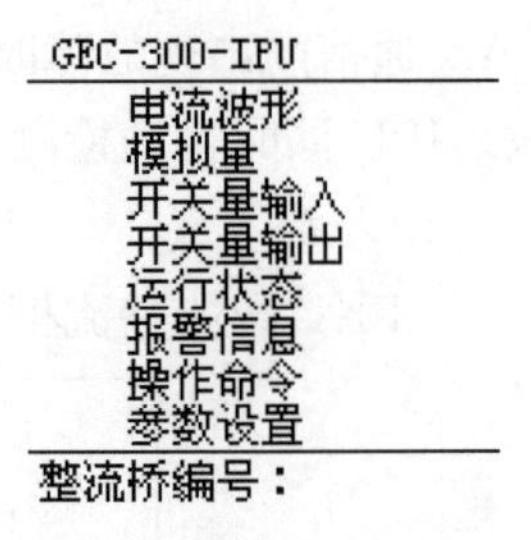

图5-56　菜单目录示意图

可以看到八个目录项：电流波形、模拟量、开关量输入、开关量输出、运行状态、报警信息、操作命令和参数设置。按“↑”“↓”键移动光标，用光标选择要观察的项目，选择后按“Enter”（确认）键，可以进入下一级目录。按“Esc”（取消）、“←”、“→”键无效。在每页的下方都有整流桥编号，指示当前所看内容是1号整流桥、2号整流桥、3号整流桥。

当3min内没有任何键盘操作后，液晶自动进入屏幕保护状态，关掉背光，显示屏幕保护图案。

(1) 电流波形。可以观看励磁电流的即时波形，显示单位为标幺值，如图5-57所示。当励磁电流值超过坐标的容限值时，会自动调整坐标，将波形显示到合适的坐标内。在就地运行方式下，按“↑”“↓”键可以对励磁电流给定值进行加减千分之一操作。按“Esc”（取消）键返回目录页，“Enter”“→”“←”键无效。

(2) 模拟量（见表5-2）。可以观察到调节器运行时的所有模拟量。分两页显示，可以用“↑”“↓”“→”“←”键翻页，使这两页循环显示（如图5-58所示）。其中的模拟量显示也是0.5s刷新一次，显示为标幺值。在每页中都显示机端电压的有效值。按“Esc”（取消）键将退回目录页，“Enter”（确认）键无效。

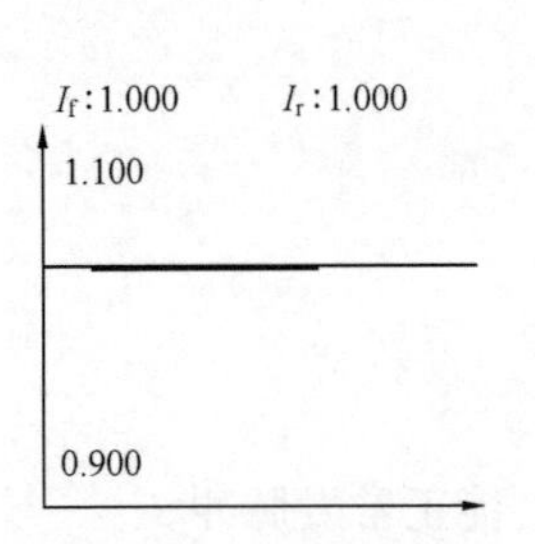

图5-57　电流波形图

模拟量：　第一页	模拟量：　第二页
电流给定： 控制电压： 控制补偿： 触发角度： 机组频率： 同步电压： AVR控制：	均流给定： 风机电源1： 风机电源2： 基准电压： 电压给定：
整流桥编号：	整流桥编号：

图5-58　模拟量显示图

表5-2　**模拟量**

模拟量名称	模拟量符号及实际意义
电流给定	I_r：就地运行时电流给定值
控制电压	U_c：反余弦时的控制电压，叠加均流投入后的U_c
控制补偿	DU_c：均流计算出的U_c偏差量

续表

模拟量名称	模拟量符号及实际意义
触发角度	A_{lp}：触发晶闸管的脉冲角度
机组频率	F_w：同步电压频率，相当于机组频率
同步电压	U_t：晶闸管阳极电压，等同于机端电压
AVR 控制	U_{cR}：AVR 下发的控制电压
均流给定	I_{fR}：AVR 下发的均流给定值
风机电源 1	FU_{10}：风机Ⅰ段电源电压
风机电源 2	FU_{20}：风机Ⅱ段电源电压
基准电压	U_{sd}：IPU 内部用监测 A/D 正常的基准源
电压给定	U_r：就地运行时电压给定值

（3）开关量输入（见表 5-3）。可以观察与整流柜相连的开关量输入状态。共 2 页，按“↑”“↓”“→”“←”键可以翻页，使这 2 页循环显示（如图 5-59 所示）。短接 IPU 开关量输入节点，可以看到相应的开关量左侧实心方框闪动。按“Esc”（取消）键将退回目录页，“Enter”（确认）键无效。

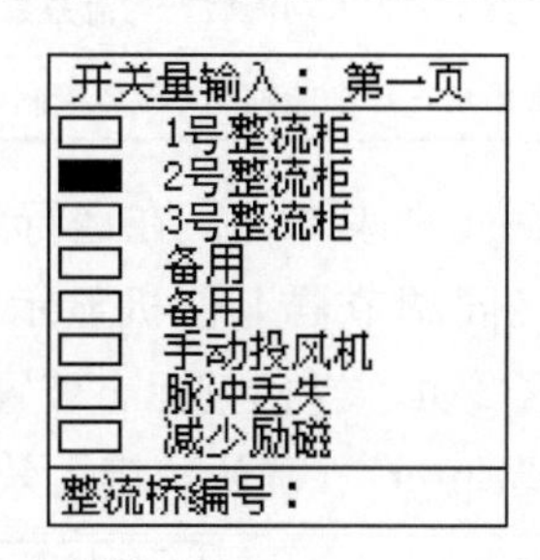

图 5-59 开关量输入示意图

表 5-3 开关量输入

开关量名称	开关量代表意义及点亮条件
1 号整流柜	指示当前 IPU 编号为 1 号，可通过参数设置
2 号整流柜	指示当前 IPU 编号为 2 号，可通过参数设置
3 号整流柜	指示当前 IPU 编号为 3 号，可通过参数设置
手动投风机	风机操作开关在“手动”方式时，风机操作开关置“手动”位置
脉冲丢失	智能整流柜带脉冲检测板时，触发晶闸管脉冲有丢失，脉冲检测板输出脉冲丢失触点输入到 IPU 控制器
减少励磁	减少励磁给定值，就地或远方减少励磁触点吸合
增加励磁	增加励磁给定值，远方或就地增加励磁触点吸合
风压低	指示风机运行状态，风机未转或风机转动后风压触点未断开
快熔熔断	晶闸管快速熔断保护触点指示，晶闸管任意一快熔熔断，会引起 IPU 控制器退出运行
整流桥超温	整流桥温度过高，整流桥内温度继电器由于温度过高吸合
交流隔离开关分	指示整流柜内交流隔离开关状态
直流隔离开关分	指示整流柜内直流隔离开关状态
独立运行	IPU 运行在就地指示，独立运行开关置“投入”位置，IPU 控制器 LCD“独立运行”左侧实心方框闪动为就地独立运行，不是实心方框则为远方控制（AVR 控制）
灭磁开关分	灭磁开关未闭合，此时晶闸管触发角度 140°

(4) 开关量输出（见图 5-60 和表 5-4）。可以观察与整流柜相关联的开关量输出状态。当有异常报警或投风机等需要开出触点时，相应左侧实心方框闪动。按“Esc”(取消) 键将退回目录页，“Enter”(确认) 键无效。

表 5-4　　开关量输出

开关量名称	代表意义及点亮条件
异常报警	出现异常报警后，调节柜控制器开出触点“IPU 故障”报至中控室，报警信息窗口中异常报警指示点亮，当异常报警指示灯点亮时，可通过 ECU 上“IPU 状态”或 IPU 上的“开关量输出”看到具体异常报警信息
清除脉冲丢失	清除脉冲丢失信号，出现脉冲丢失报警后，按下则复归自保持的脉冲丢失信号
均流正常	均流效果指示，投入均流后，均流系数 95%以上
运行正常	运行正常指示，IPU 能够受 AVR 控制或独立运行发脉冲

(5) 运行状态（见图 5-61 和表 5-5）。在运行状态目录下，可以看到 IPU 的运行状态标志，此运行状态标志含义同调节器上位机显示的 IPU 状态，共 2 页，按“↑”“↓”“→”“←”键可切换显示这 2 页。当相应标志被置位，其左侧实心方框会闪动。按“Esc”(取消) 键将退回目录页，“Enter”(确认) 键无效。

图 5-60　开关量输出示意图

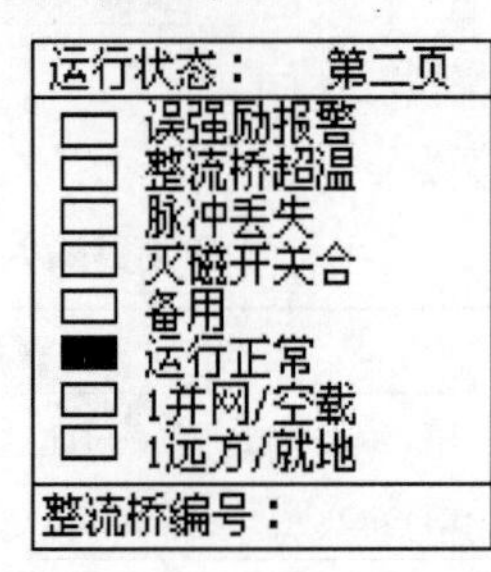

图 5-61　运行状态示意图

表 5-5　　IPU 运行状态

运行状态名称	代表意义及点亮条件
远方/就地（独立运行）	指示整流柜 IPU 是运行在 AVR 远方控制还是就地 IPU 控制器独立运行，试验中可将整流柜远方/就地开关置“就地”位置或运行时整流柜因故障转为就地独立运行
并网/空载	主油断路器闭合，发电机并网运行/主油断路器分断，发电机空载运行
运行正常	IPU 控制器正常运行，无 A/D、测频、EEPROM 等错误，无快熔熔断、同步断线、误强励等故障或报警，IPU 处于能够正常发脉冲状态
灭磁开关合	灭磁开关触点闭合
脉冲丢失	脉冲检测回路检测到有脉冲丢失现象，以触点方式输入到 IPU
整流桥超温	整流桥内温度继电器由于温度过高而吸合
误强励保护	由于发电机励磁回路短路等原因，致使整流柜出现误强励，IPU 检测到误强励后使此 IPU 控制器退出运行（不发脉冲）
交流隔离开关分	交流隔离开关未合上

续表

运行状态名称	代表意义及点亮条件
直流隔离开关分	直流隔离开关未合上
同步断线	输入到 IPU 内部的双路同步电压不平衡
快熔熔断	保护晶闸管的任意一个快熔熔断
均流投入	AVR 下发均流投入指令，IPU 接收到并且投入均流

（6）报警信息（见图 5-62 和表 5-6）。当 IPU 面板上异常报警指示灯被点亮或远方收到 IPU 开出的报警信号后，可以查看报警信息目录内的具体报警信息，共有 8 种报警信息。左侧实心方框闪动，代表相应的报警信息。按“Esc”（取消）键将退回目录页，“↑”“↓”“→”“←”“Enter”（确认）键无效。

表 5-6　　IPU 报警信息

报警信息名称	点亮条件
同步断线	输入到 IPU 内部双路的同步电压不平衡
快熔熔断	保护晶闸管的任意一个快熔熔断
整流桥超温	整流桥内温度继电器由于温度过高而吸合
误强励保护	由于发电机励磁回路短路等原因，致使整流柜出现误强励
内部故障	测频、发脉冲、A/D 等故障 1s 内连续出现 10 次
风机故障	包括风机电源消失、风压低等故障
CAN 异常	调节柜 AVR 在一定时间内收不到 IPU 信息
脉冲丢失	脉冲检测回路检测到有脉冲丢失现象，以触点方式输入到 IPU

（7）操作命令（见图 5-63 和表 5-7）。在操作命令中设有 8 种常用操作命令，当调节器退出运行或 IPU 转为就地运行后，可以对 IPU 进行励磁操作。按“↑”“↓”键选择要进行的操作，按“Enter”（确认）键确认操作。按“Esc”（取消）键将退回目录页，“→”“←”键无效。

报警信息：
□ 脉冲丢失
□ CAN异常
□ 风机故障
□ 内部故障
□ 误强励保护
■ 整流桥超温
□ 快熔熔断
□ 同步断线
整流桥编号：

图 5-62　报警信息示意图

操作命令：Ir=
信号复归
增加励磁0.5%
减少励磁0.5%
逆变灭磁
整流桥编号：

图 5-63　操作命令示意图

表 5-7　　操作命令

命令名称	命令意义	说明
信号复归	复归错误信号	—
增磁励磁 0.5%	增加励磁电流给定 0.5%	就地运行时起作用
减少励磁 0.5%	减少励磁电流给定 0.5%	步长可设定
逆变灭磁	将励磁电流给定至零	就地独立运行时起作用

（8）参数设置（如图 5-64、图 5-65 所示）。在目录页，选中参数设置后，连续按下“Enter”（确认）键 6 次，可以进入到参数修改页面，参数共分 2 页显示，按“↑”“↓”键选择要修改的参数，按“Enter”（确认）键进入修改选定的参数，进入参数修改页，按“↑”“↓”键可以选择加减“0.001、0.01、0.1”的操作，选中要操作的参数后，按“Enter”（确认）键确认操作（此时参数已经被修改起作用，只不过放在断电丢失的 RAM 中，所以当确认所有参数后，不要忘记保存参数）。

图 5-64　参数设置示意图

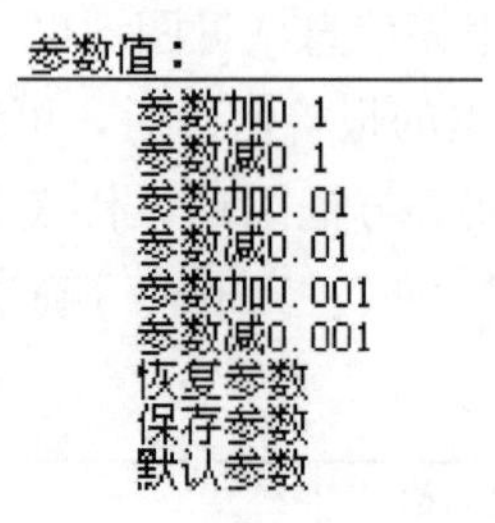

图 5-65　参数修改示意图

1）保存参数：把修改后的参数写入 EEPROM 中。

2）恢复参数：是修改后放在 RAM 中运行的所有参数恢复到上电时 EEPROM 中的参数。

3）默认参数：则是将厂家预设的所有参数写到 EEPROM 中。

4）参数值：当前操作的参数数值，按增、减操作后，可以看到修改后的参数。

（9）参数含义及整定范围。

1）整流桥编号：多个 IPU 系统中每个 IPU 的编号，同一个励磁系统中不能有两个相同编号的 IPU 存在，取值范围 1～4。在一柜双桥励磁系统中，取值为 1、2。

2）励磁电流基值：直流励磁电流基值，默认值 20.48，从分流器（75mV）取励磁电流直流，经变送器变至 0～5V 直流信号，直接被采样，因此，分流器应取额定励磁电流 1.5～2 倍（强励倍数）左右，以满足强励 2 倍时测量不超出 A/D 范围左右。

设分流器变比为 2000A/75mV，发电机额定励磁电流为 1200A，变送器变比为 75mV/5V，当前基值为 20.48 时，新的基值为 1200/2000×20.48＝12.29。

3）滤波时间：IPU 对本柜励磁电流进行滤波，上传至 AVR，再由 AVR 下传回本柜作为均流参考值，滤波时间的长短决定均流效果，根据实际情况定。默认值 5s。

4）放大倍数：PI 调节的放大倍数，取值范围 0～30。默认值 20。

5）积分时间：PI 调节的积分时间，默认值为 5s。

6）电压给定最大：运行期间电压给定最大值，标幺值，默认值 1.100 对应实际 1.1p.u.（标幺值）。

7）U_c 整定系数：U_c 归算系数。此参数在动态试验中比较关键，GEC 励磁调节器运行在空载额定时的控制电压应该为 1.000 左右，通过调整此参数实现。当机组运行在空载额定时，调整归算系数，使 U_c 为 1.000；取值范围 0～0.3。

$$归算系数=U_{f0}/1.35U_z$$

其中：U_{f0} 为空载额定励磁电压，U_z 为晶闸管阳极电压（励磁变压器二次侧电压）。

设置完归算系数，计算当前触发角度值＝arccos（归算系数）。

例如：空载额定励磁电压为100V，晶闸管阳极电压为580V，则

$$归算系数=100/1.35/580=0.13$$

当前触发角度＝arccos（0.13）＝82.5°，调整修正角度，使得当前触发角度与计算值相等。

8）同步电压基值：用于同步电压的标幺化，默认值7.5，电压100V（线压）对应标幺值1.000p.u.。

实测法：设当前机端电压显示值为$U_{t1}=0.780$，实际测量TV二次侧电压$U_{tx}=80V$，发电机空载额定的TV二次侧电压为$U_{t0}=100V$，当前电压基值$U_{BB}=7.5$，则新的电压基值为

$$U'_{BB}=U_{BB}\times U_{t1}/U_{tx}\times U_{t0}=7.5\times0.780/80\times100=7.313$$

9）风机电压基值：用于风机电压的标幺化。归算方法与同步电压基值相同。

注：此基值影响到风机自动投切，调整时应将风机电源基值调整到0.8以上。

10）角度修正：修正由于硬件上引起的触发角滞后。默认值5°。

11）均流运算时间：均流运算的时间间隔，影响到均流效果，根据实际情况调整。默认值5s。

12）超温给定限制：当IPU出现超温后，励磁电流给定限制值，标幺值。默认值0.2p.u.。

13）增减磁幅度：改变增减磁的幅度，显示数值为结点每短接1s励磁电流给定增减的数值（标幺值），默认值为0.5%。

14）版本号：IPU的程序版本号。

（三）灭磁电阻柜

灭磁电阻柜由非线性灭磁电阻及转子过电压保护回路、转子一点接地保护装置和启励回路组成。分别完成以下功能：在事故停机时吸收转子反向过电压（FR1指灭磁过电压保护组件回路）；转子发生一点或两点接地时及时往DCS发送报警或启动发电机—变压器组保护动作于灭磁停机；启励回路为发电机初励时提供初励电源。

（四）灭磁开关柜

灭磁开关柜主要由灭磁开关及其操作回路组成。负责断开励磁电流通路，实现灭磁能量向灭磁电阻转移的功能。

（五）进线柜

在进线柜内，励磁变压器低压侧过来的交流母线和智能整流柜汇集过来的直流母线通过进线柜分别进入了智能整流柜和发电机转子回路。

三、原理图介绍

（一）GEC-300励磁系统原理图

由图5-66可以看出，GEC-300励磁系统取励磁变压器低压侧电源为励磁电源，经晶闸管组建整流后进入发电机转子。同时励磁系统引入发电机出口TV电压和TA二次侧电流以及励磁变压器低压侧电流实时对机组状态进行监控，并通过各个整流柜内的同步变压

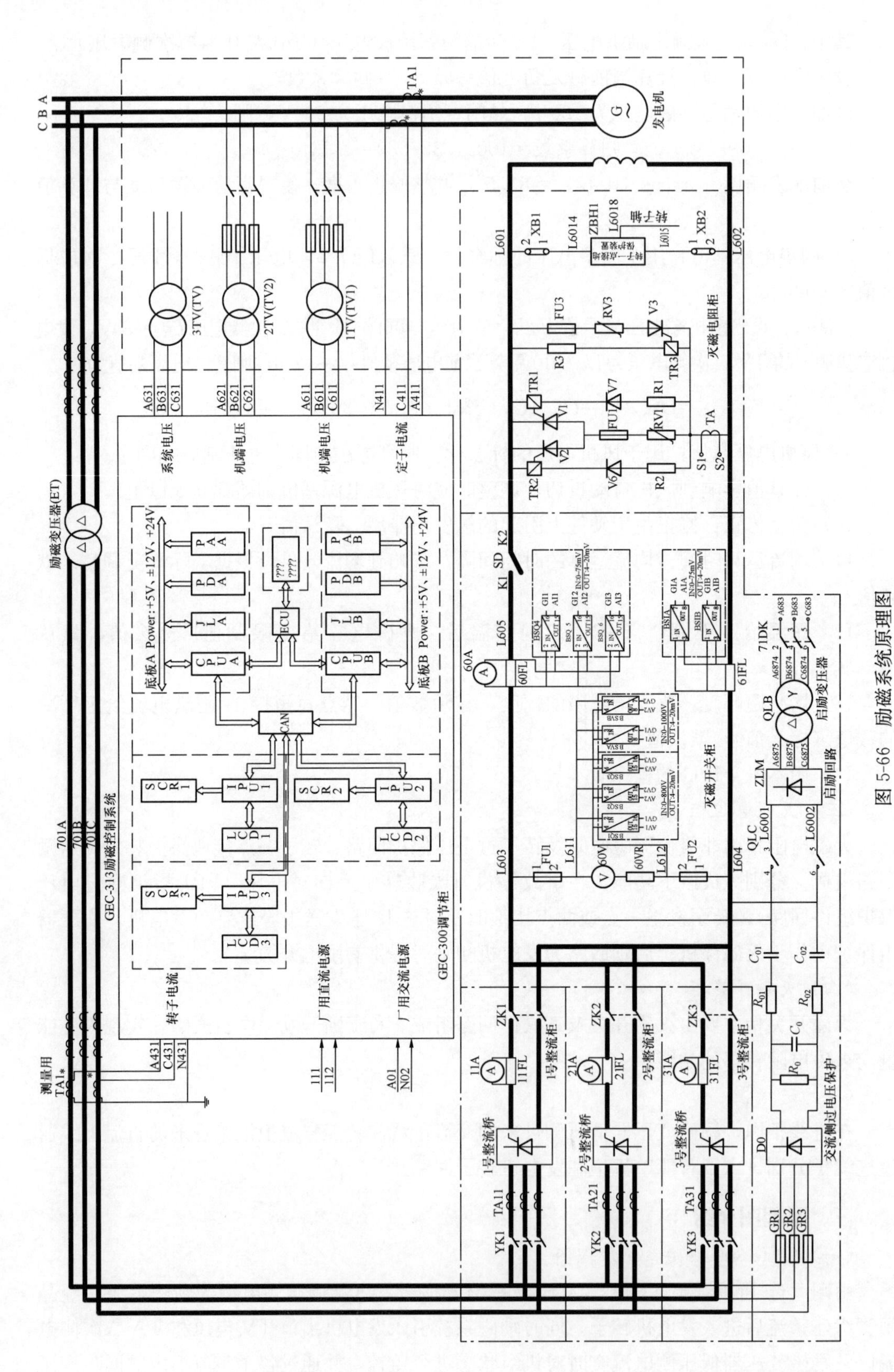

图 5-66 励磁系统原理图

器和电流互感器以及转子电流二次值的反馈信号，实现对励磁系统的实时闭环控制。同时，配置了转子过电压用的非线性电阻，在事故停机时拉开灭磁后将转子上的能量释放到非线性电阻回路，避免造成转子过电压对转子绕组造成损害。在机组正常停机时通过对晶闸管组建的控制使晶闸管反向导通将转子回路的能量传递至交流侧，使励磁回路免受冲击。

（二）GEC-300励磁系统电源系统

GEC-300励磁系统的电源系统如图5-67所示，共包括以下几个内容：两组400V交流电源，分别取自400V厂用电保安段，用于风扇电源和启励电源的供给。直流110V电源和交流220V电源各两组，就地励磁柜接入一组直流110V电源和交流220V电源，用于操作电源的供给和IPU电源的供给。AVR柜接入一组直流110V电源和交流220V电源，用于AVR装置电源的供给和控制回路及通信回路电源的供给。

（三）AVR柜原理图

图5-68为AVR柜控制回路图，从图上可以看出，所有的控制信号均开入到AVR柜的操作回路中，回路的控制电源取自灭磁开关柜，控制信号启动中间继电器，中间继电器的辅助触点再分别开入至A套AVR和B套AVR中。同时AVR采集机组的实时电流电压信号和晶闸管整流回路的同步电流和电压信号，实现对励磁系统的动态控制。AVR通过串口与上层管理单元ECU管理单元链接，通过CAN网络经光电转换后经光缆与IPU实现通信，实现对智能整流柜的控制。AVR装置采用双套电源接入，保证AVR稳定运行。

（四）晶闸管原理图

GEC-300励磁系统共三个智能整流柜，每个智能整流柜包括两套晶闸管组件，图5-69为一套的原理图。从图上可以看出，交流电源经隔离开关后进入晶闸管组件，每个组件含6组晶闸管。IPU发出的脉冲控制信号经脉冲放大装置放大后加到晶闸管控制极对晶闸管进行控制。经晶闸管整流出来的直流电源经熔断器后汇总到一条直流母线上，母线经隔离开关隔离后进入转子母排。每组晶闸管组建上分别采集交流电源同步电压、电流信号及整流出的直流电流信号，反馈给IPU，实现对晶闸管组件的动态监控。

（五）IPU与AVR的通信及控制回路

从图5-70、图5-71可以看出，AVR发出的脉冲信号经CAN网络传输至IPU，IPU经转化后将脉冲信号传输给脉冲放大装置，由脉冲放大装置对晶闸管进行直接控制。同时IPU收集晶闸管组件实时的同步电压、电流信号、直流电流信号及开关量信号，并将信号经CAN网络反馈给AVR。

（六）智能整流柜冷却系统及晶闸管开关量回路

由图5-72可以看出反映晶闸管回路状态的交、直流隔离开关状态、灭磁开关位置信号等经开入至开关量回路，并启动中间继电器，通过中间继电器的辅助触点将这些信号输送至IPU模块；智能整流柜的冷却系统采用的是单风扇双电源的配置。两路交流电源分别取自400V保安段。当一路电源消失后控制回路自动将另一路电源切入，当两路电源均消失后将向DCS发送报警，以便及时处理。

（七）灭磁开关控制回路图

图5-73是该套系统的灭磁开关的控制回路图，从图上可以看出对灭磁开关的控制可以通过DCS、GCP和就地柜来实现。GCP和DCS合闸时需满足201跳位和汽轮机转速大

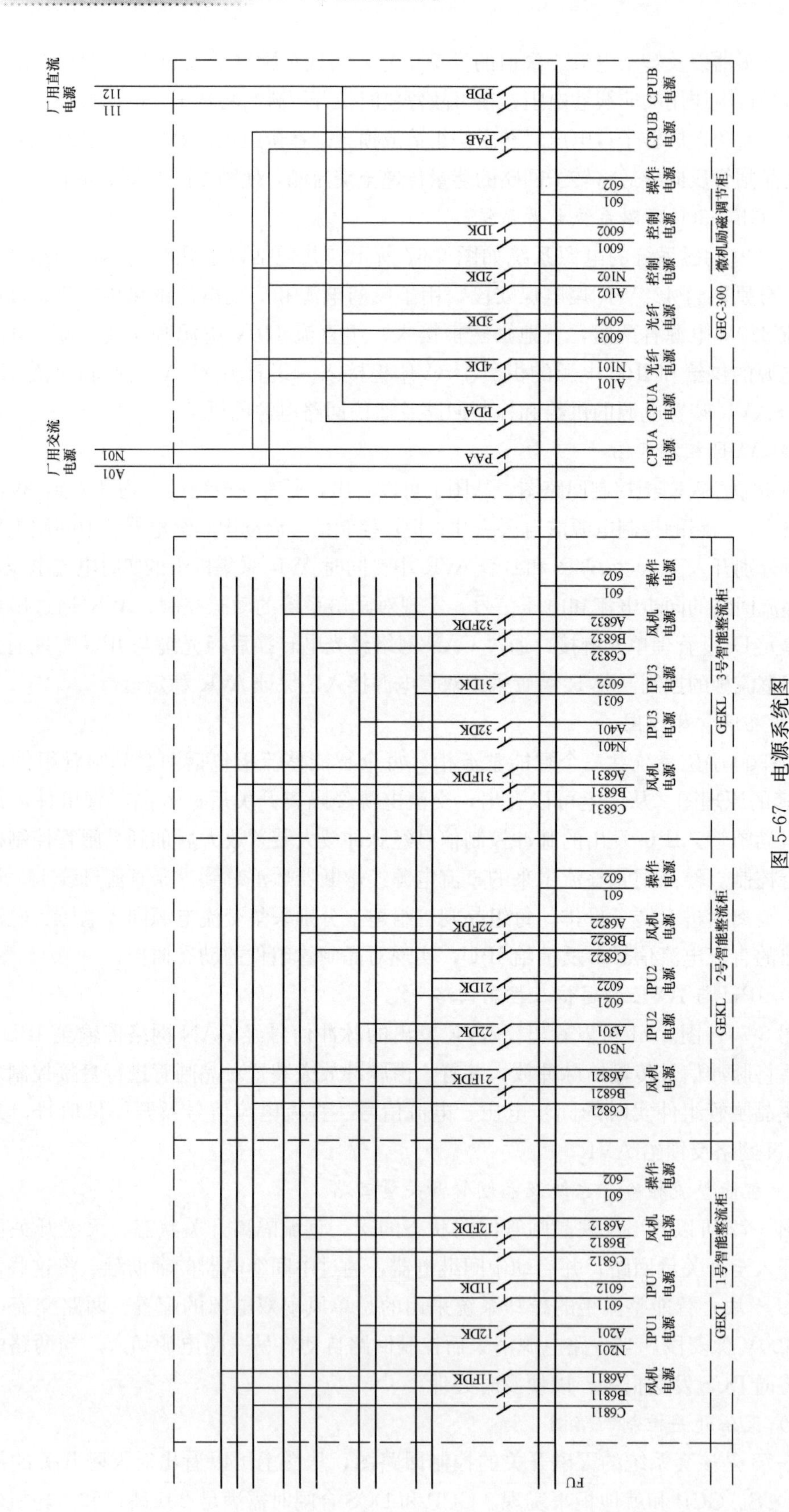
厂用直流电源
111
112
厂用交流电源
10A
10N
PDB
PAB
PDA
PAA
1DK
2DK
3DK
4DK
601
602
6001
6002
6003
6004
A101
N101
A102
N102
CPUA 电源
CPUB 电源
操作电源
控制电源
光纤电源
GEC-300 微机励磁调节柜
11FDK
12DK
11DK
12FDK
21FDK
22DK
21DK
22FDK
31FDK
32DK
31DK
32FDK
C6811
B6811
A6811
N201
A201
6011
6012
C6812
B6812
A6812
C6821
B6821
A6821
N301
A301
6021
6022
C6822
B6822
A6822
C6831
B6831
A6831
N401
A401
6031
6032
C6832
B6832
A6832
风机电源
IPU1 电源
IPU2 电源
IPU3 电源
GEKL 1号智能整流柜
GEKL 2号智能整流柜
GEKL 3号智能整流柜
FU

图 5-67 电源系统图

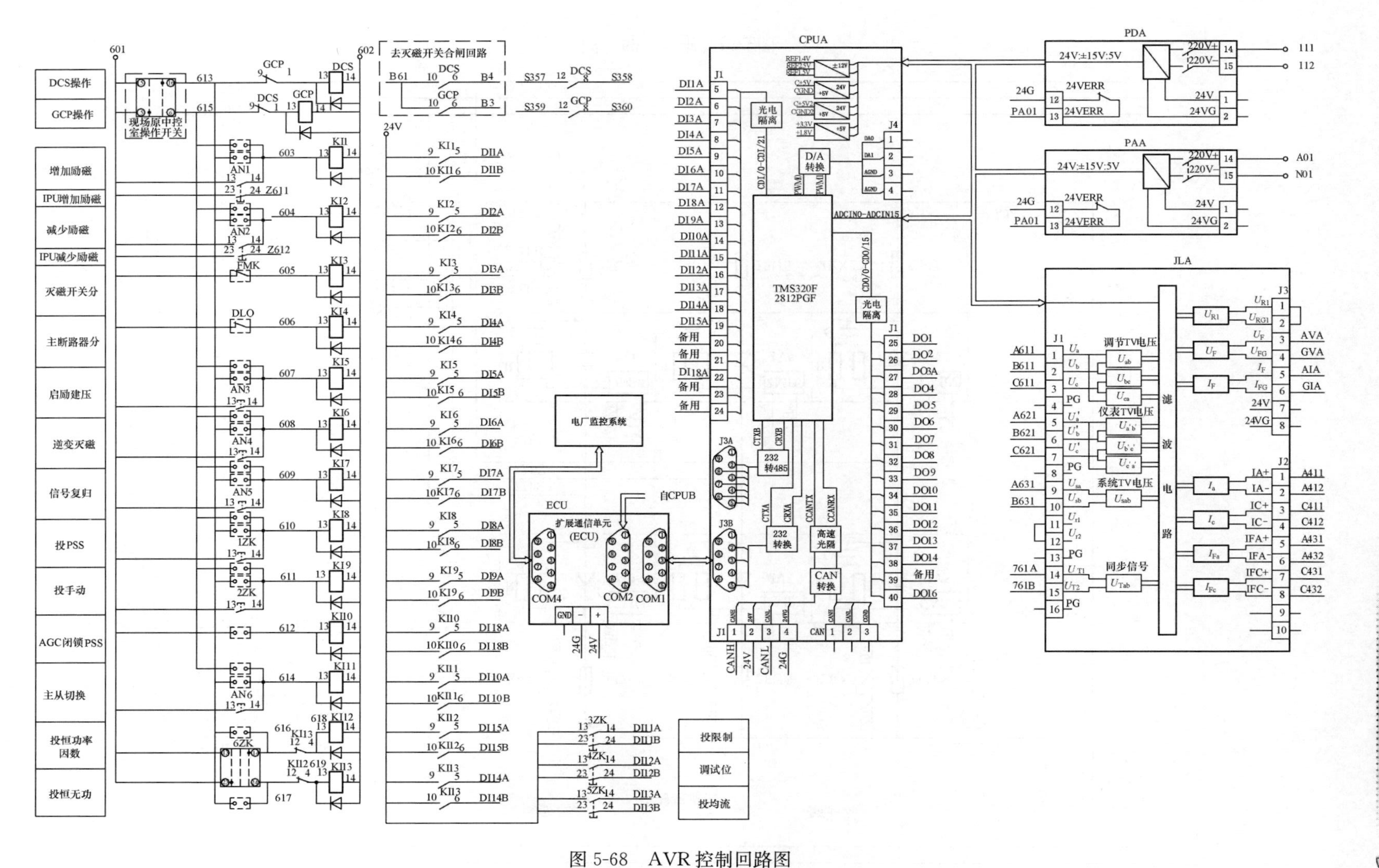

图 5-68　AVR 控制回路图

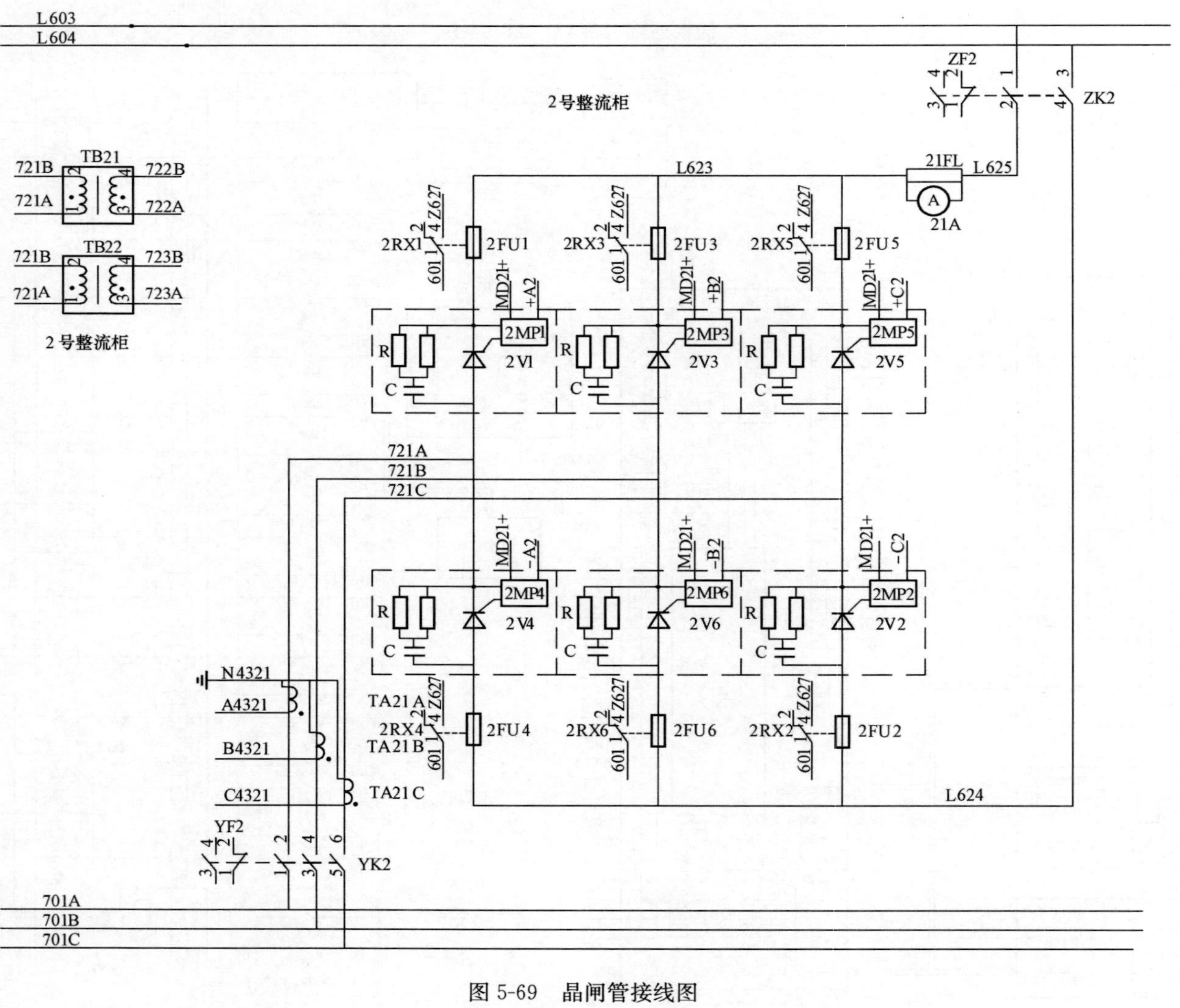
L603
L604
ZF2
ZK2
2号整流柜
TB21
721B
721A
722B
722A
TB22
721B
721A
723B
723A
2号整流柜
L623
21FL
L625
21A
2RX1
2FU1
2RX3
2FU3
2RX5
2FU5
601
Z627
MD21+
+A2
+B2
+C2
2MP1
2MP3
2MP5
2V1
2V3
2V5
R
C
721A
721B
721C
-A2
-B2
-C2
2MP4
2MP6
2MP2
2V4
2V6
2V2
N4321
A4321
B4321
C4321
TA21A
TA21B
TA21C
2RX4
2FU4
2RX6
2FU6
2RX2
2FU2
L624
YF2
YK2
701A
701B
701C

图 5-69 晶闸管接线图

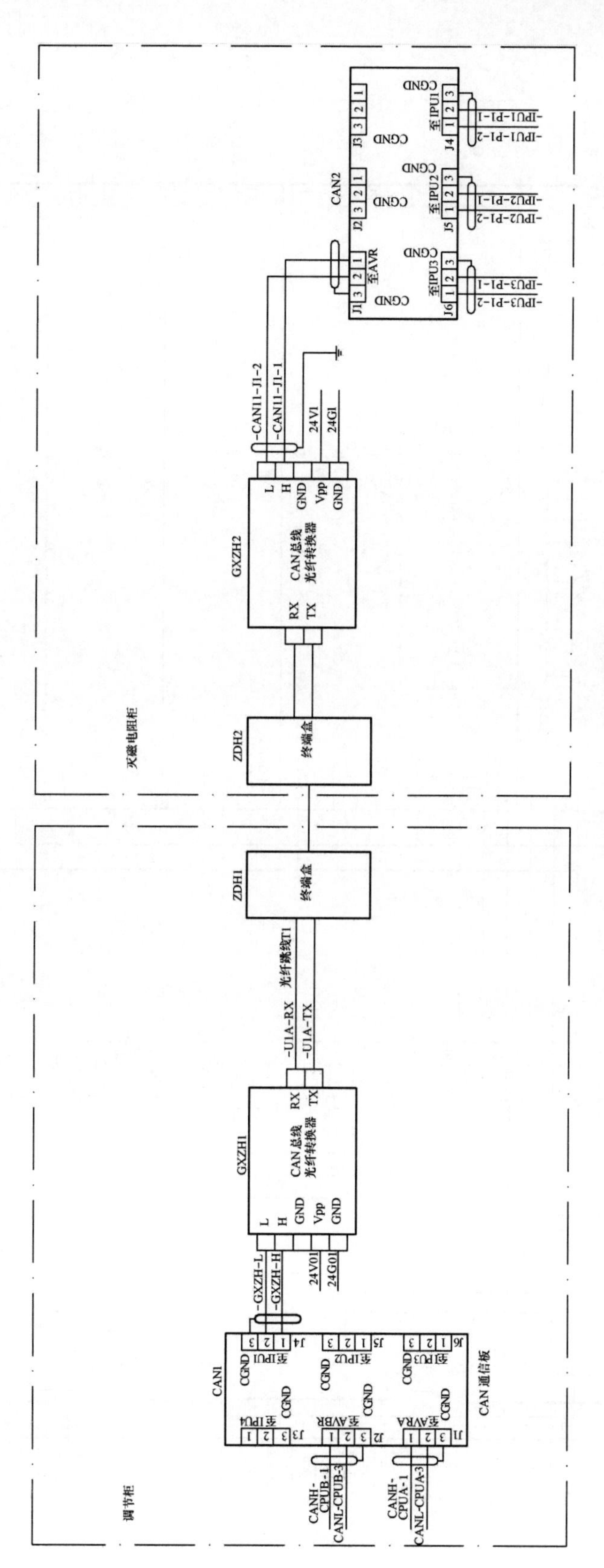

图 5-70　AVR与IPU通信原理图

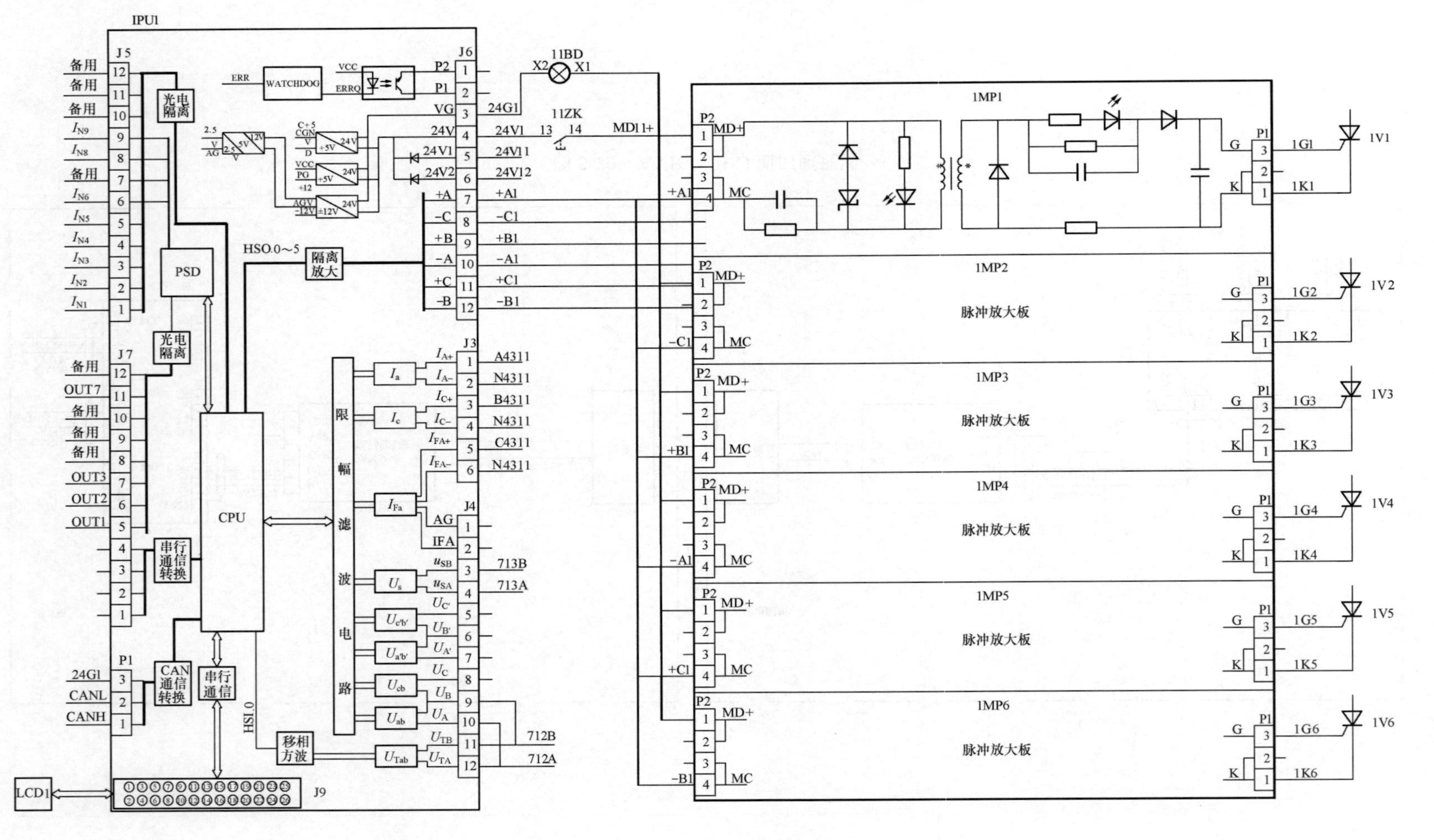

图 5-71 IPU控制原理图

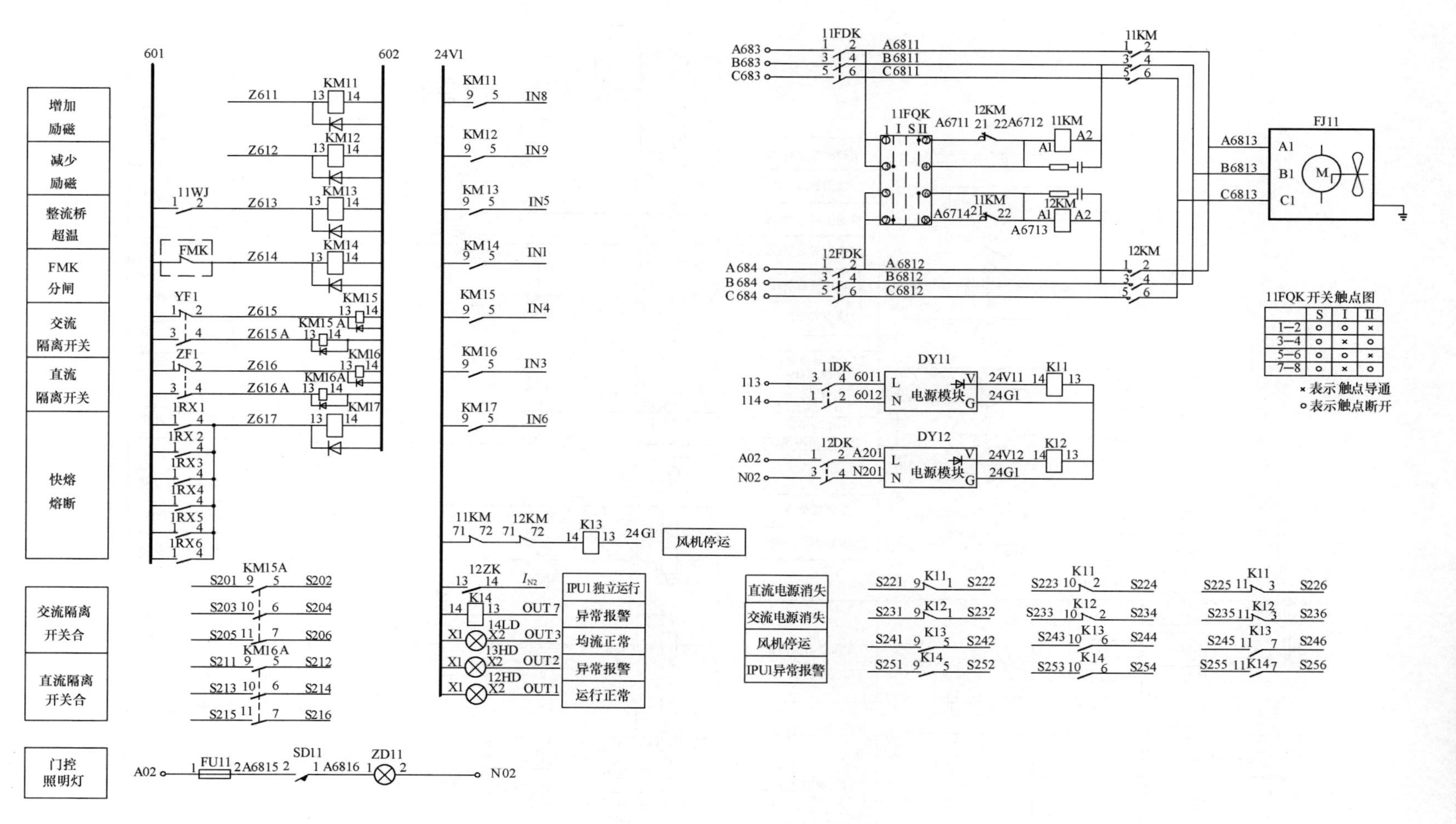
增加励磁
减少励磁
整流桥超温
FMK分闸
交流隔离开关
直流隔离开关
快熔熔断
交流隔离开关合
直流隔离开关合
门控照明灯
601
602
24V1
11WJ
FMK
YF1
ZF1
1RX1
KM11
KM12
KM13
KM14
KM15
KM16
KM17
KM15A
KM16A
FU11
SD11
ZD11
A02
N02
11KM
12KM
K13
24G1
风机停运
12ZK
K14
IPU1独立运行
异常报警
均流正常
异常报警
运行正常
直流电源消失
交流电源消失
风机停运
IPU1异常报警
A683
B683
C683
A684
B684
C684
11FDK
12FDK
11FQK
FJ11
A6813
B6813
C6813
11FQK 开关触点图
× 表示触点导通
○ 表示触点断开
DY11
DY12
电源模块
11DK
12DK
113
114
K11
K12

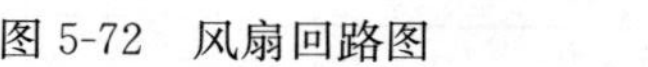

图 5-72 风扇回路图

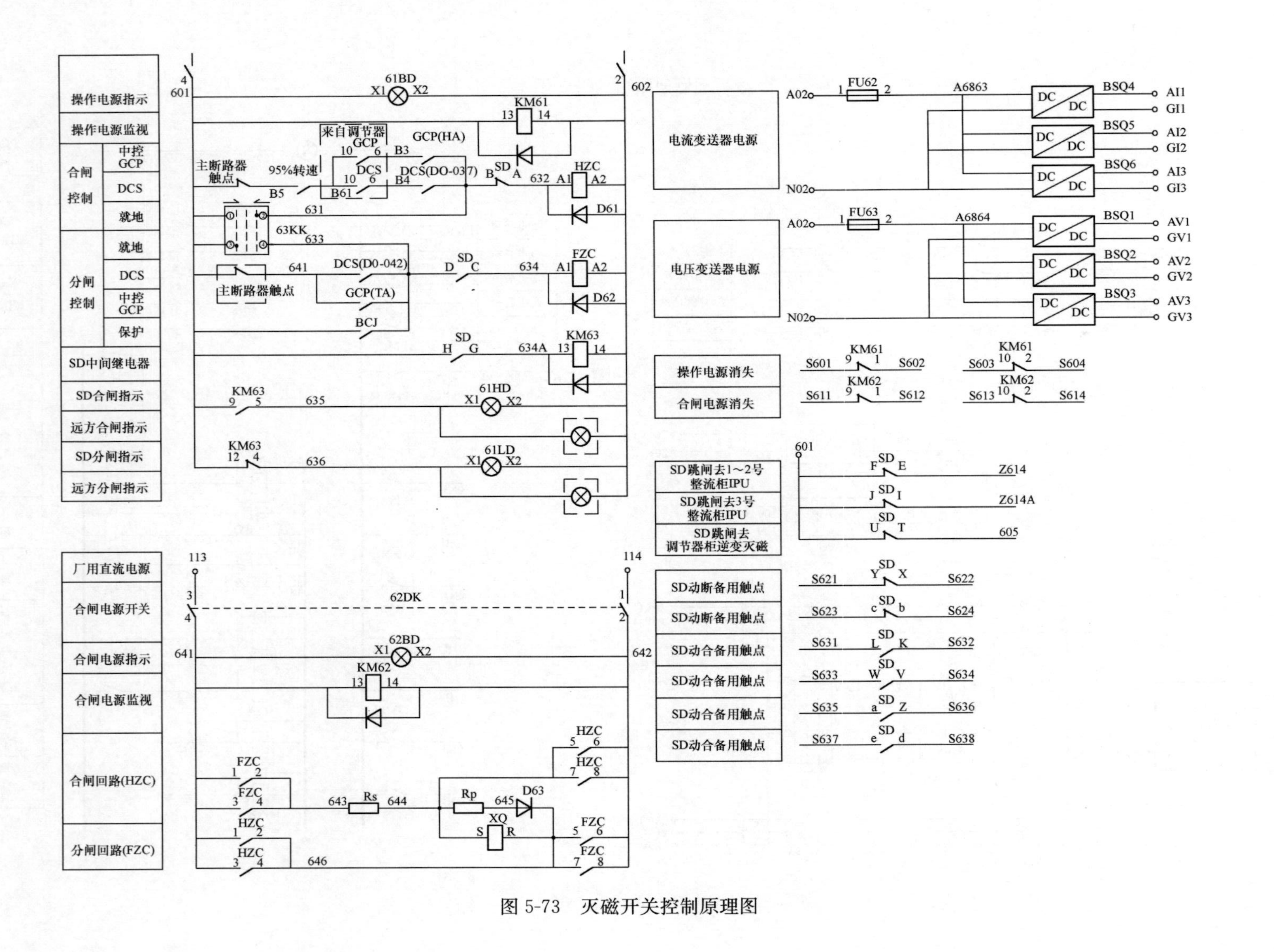

图 5-73 灭磁开关控制原理图

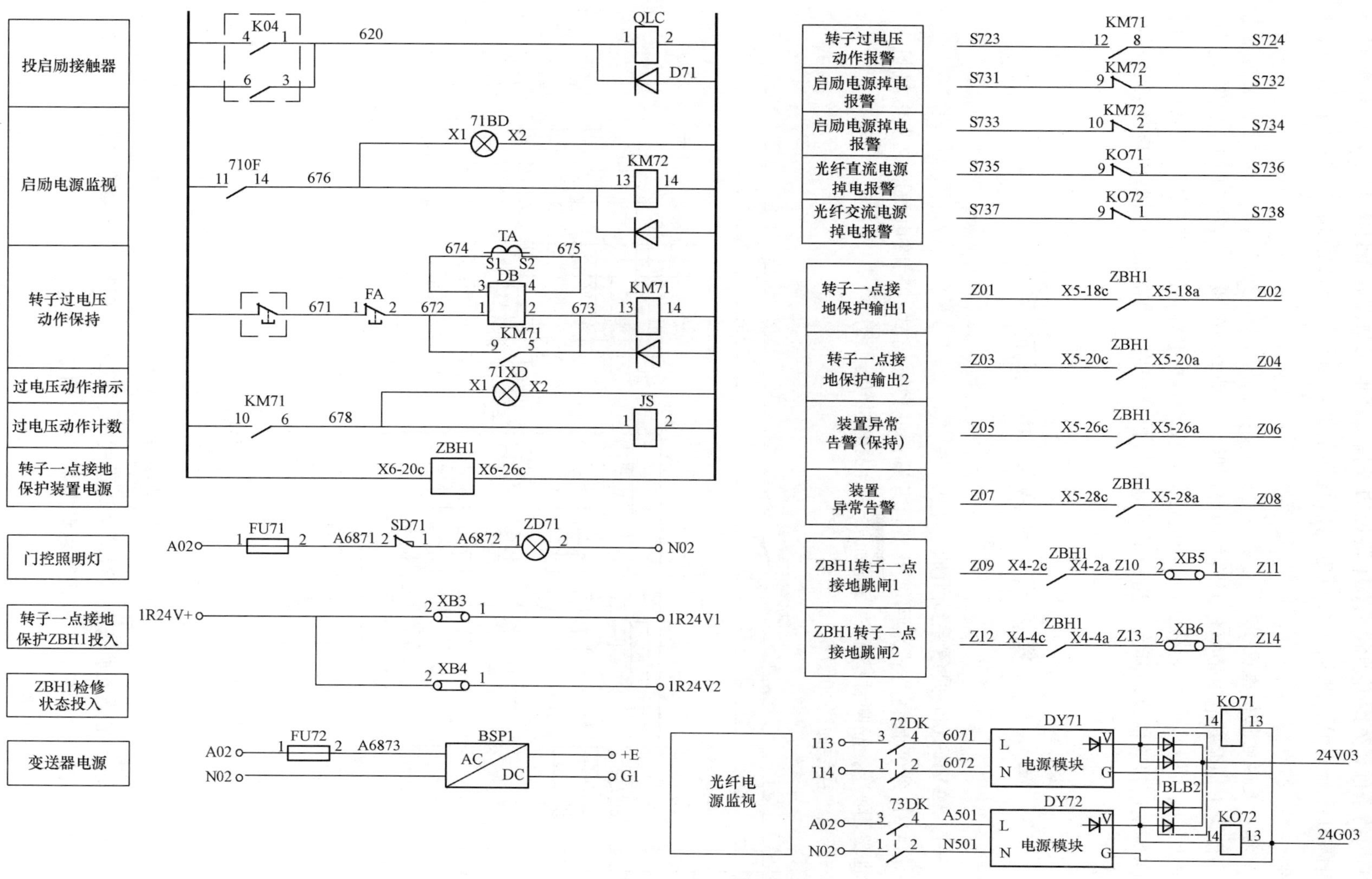

图 5-74　灭磁电阻柜操作回路图

于 95%的条件，分闸必须满足 201 跳位的条件。就地控制没有条件限制。灭磁开关的控制电源为直流 110V，回路中设有电源监视继电器，当直流电源消失时往 DCS 发送报警信息。

（八）灭磁电阻柜原理图

图 5-74 是灭磁电阻柜操作回路、信号回路，启励电源的投入，由 IPU 发出控制命令，经由灭磁电阻柜的操作回路启动启励接触器，投入启励电源，同时监控启励电源，断电时往 DCS 发送报警信息。其次，当转子过电压保护动作后，也由操作回路保持并发送报警信息。

第四节　SAVR-2000 励磁系统

一、SAVR-2000 励磁系统组成

SAVR-2000 励磁方式采用微机型自并励静止励磁方式，励磁电源取自发电机机端，经励磁变降压、晶闸管整流装置整流后供给发电机转子绕组。

其典型接线原理如图 5-75 所示。

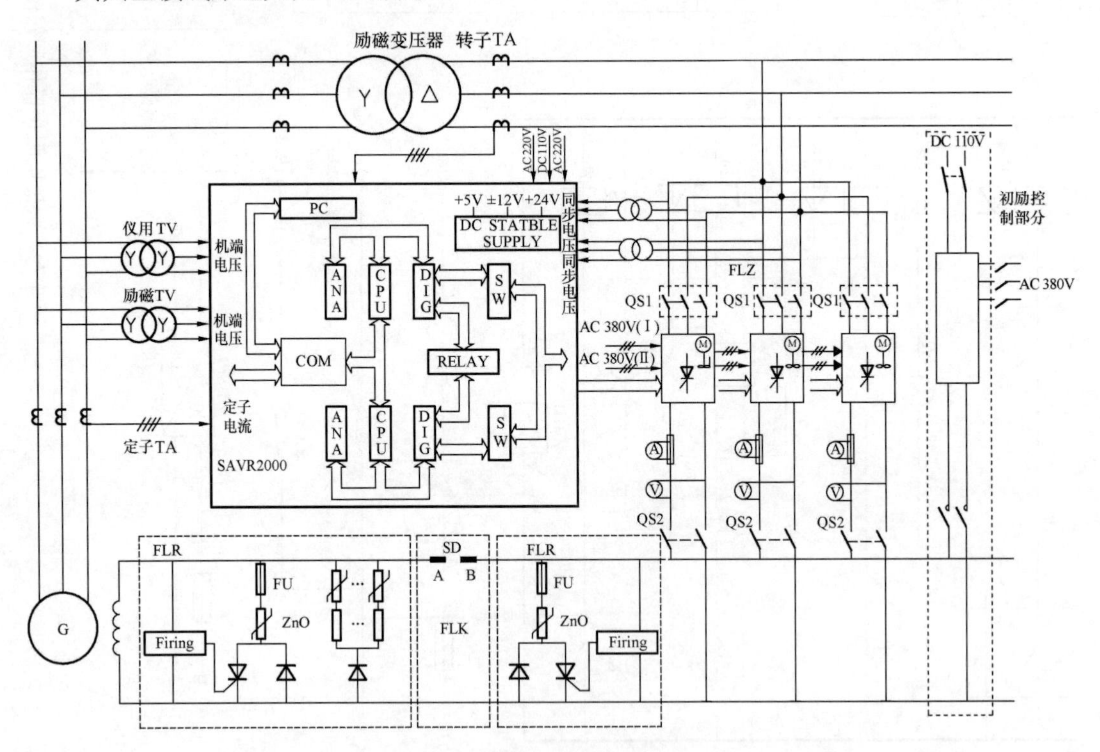

图 5-75　励磁系统接线原理图

自并励系统主要由励磁变压器、交流进线柜、FLZ 晶闸管整流装置、FLK 灭磁开关柜、FLK 非线性电阻柜、发电机励磁调节器 AVR 组成。

（一）励磁变压器

励磁变压器将机端电压降至整流器所需求的电压值，起到隔离机端和励磁绕组的作

用，为励磁系统提供励磁能源。树脂浇铸式干式变压器，额定容量 3150kVA，变比 20000/750V，横流式冷却风机冷却方式。励磁变压器设置差动保护、过电流保护、温度保护。

（二）FLZ 晶闸管整流装置

SAVR-2000 励磁系统单机配置了三台 FLZ 晶闸管整流装置，每台晶闸管整流装置配置了六组晶闸管 SCR1～SCR6，构成三相晶闸管整流桥，整流桥将励磁变压器提供的交流电源整流为可控的直流。自动电压调节器通过控制晶闸管整流装置的导通角，从而控制发电机的励磁电流。

SAVR-2000 励磁系统采用了 3 个整流桥并联运行的方式，正常运行时，并联运行各整流桥的输出电流大小基本一致，均流目的是防止某一支路的负载电流大于允许值，引起过负荷损坏。均流系数指并联运行各支路电流的平均值与最大支路电流之比。标准规定功率整流装置各支路的均流系数不小于 0.85。

晶闸管整流柜内的辅助控制回路包括风机控制回路、测温元件、风压低报警回路。在强迫风冷的运行方式下，风机运转的可靠性至关重要，冷却风机控制回路由双路电源供电，两路电源自动切换，当一路电源消失时，自动切换到另一路电源工作，并有告警信号输出。在三相风机的电动机控制回路中，加设热继电器进行保护，防止缺相运行而烧毁风机。在风道内设置风压继电器，当风压降低到某一值时，风压继电器动作，报出“风压消失”故障。整流柜配备两台风机，为了保证可靠性，平时一台工作，另一台作为备用。

（三）FLK 灭磁开关柜

SAVR-2000 励磁系统采用的灭磁形式为直流开关移能灭磁。

1. 直流开关灭磁接线原理图

直流开关移能灭磁接线原理图如图 5-76 所示。

图 5-76 中 SD 为灭磁开关，SCR 为晶闸管装置；R 为灭磁电阻；灭磁电阻可为线性电阻，也可以为非线性电阻。一般地，直流灭磁开关总是配合非线性灭磁电阻使用，特别在自并励励磁系统中。

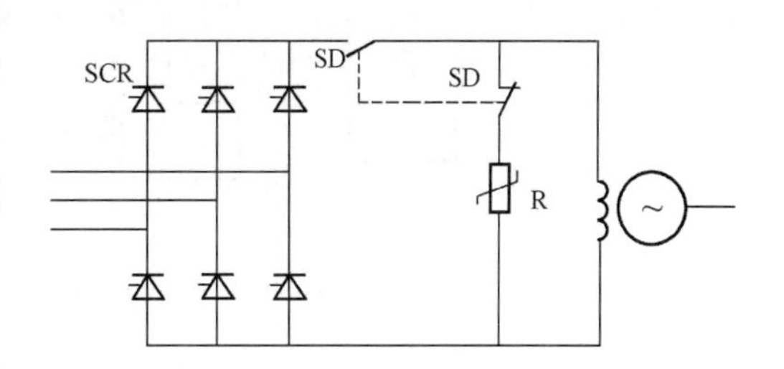

图 5-76 直流开关灭磁接线原理图

2. 直流开关移能灭磁原理

直流开关灭磁原理为：灭磁时，跳开灭磁开关 SD，灭磁开关断口间产生电弧，电弧压降与晶闸管 SCR 输出的电压共同加在灭磁电阻两端，即

$$U_{R}=U_{SD}-U_{SCR}$$

当灭磁两端电压 U_R 超过非线性灭磁电阻导通电压时，发电机励磁电流从灭磁开关转移到灭磁电阻中，灭磁开关断口间电弧随之熄灭，发电机励磁绕组能量主要在灭磁电阻中消耗。

3. 直流开关移能灭磁条件

直流开关移能灭磁条件是：必须保证发电机在任何工况下灭磁时，灭磁开关断口弧压足够高，使得灭磁电阻上电压超过需要值。

4. 直流开关移能灭磁特点

直流开关移能灭磁优点是灭磁时无需外部逻辑配合，操作简单。直流开关移能灭磁缺点是灭磁时对灭磁开关断口弧压要求较高，导致灭磁开关制造较困难，造价较高；使用维护工作量大。

（四）FLK 非线性电阻柜

1. 灭磁动作原理

如图 5-77 所示，发电机正常运行时，灭磁开关 SD 合闸，发电机励磁电压经过晶闸管整流后加在非线性电阻 60Rf、61Rf、62Rf，对于灭磁回路中的非线性电阻 60Rf，发电机转子上正相的电压加在 60Rf、60R′f、60D 上，因为 60D 的反向逆止作用，此回路不能导通，晶闸管提供的整流电源负半波时，由于电感的整流作用，会被削弱一部分，另外此时的电压负值较小（小于氧化锌 10mA 的动作值），因为氧化锌的特性也仅会有较小的漏电流通过。对于过电压保护回路中的非线性电阻 61Rf、62Rf，虽有正向晶闸管 61SCR、62SCR，在达到过电压动作触发之前，晶闸管关断，回路无正向电流，同时反向晶闸管 61D、62D 截止，也无反向电流。所以在发电机正常运行时，60Rf、61Rf、62Rf 不流过电流，不消耗能量，不影响主回路工作；当灭磁开关 SD 跳开时，由于转子电感的特性，会产生一反向的电压，此时加在 60Rf、60R′f、60D 灭磁回路上的电压是相反的，当电压上升到 60Rf 的设计值时，回路完全导通，完成灭磁。

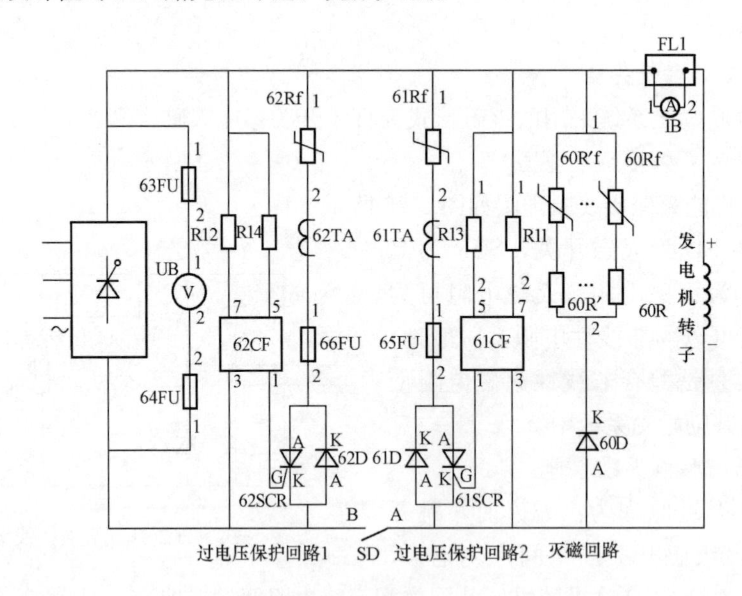

图 5-77　灭磁及过电压保护主回路接线原理图

2. 过电压动作原理

过电压保护的作用是当回路中有较高的尖峰毛刺时，启动该保护回路，吸收能量，从而平抑尖峰过电压。

发电机正常运行中，过电压保护非线性电阻 61Rf、62Rf 工作点在图 5-78 的 A_1 处，如果产生过电压能量，如正向过电压，则当该能量积累使得正向过电压超过过电压动作整

定值后，61CF、62CF发出触发脉冲，使正向晶闸管61SCR、62SCR导通，非线性电阻61Rf、62Rf两端所加的电压，因超过非线性电阻的压敏电压值而快速导通，消耗转子过电压能量，这时非线性电阻61Rf、62Rf的工作点由A_1点移至A_2点，当过电压能量被释放后，过电压值下降，则工作点又回复到正常工作点A_1，这时发电机转子电压恢复正常；当反向过电压值超过61Rf、62Rf动作压敏电压拐点后，61Rf、62Rf经反向晶闸管61D、62D反向导通，运行工作点在A_3，当过电压能释放完毕后，过电压降低直至消失，非线性电阻61Rf、62Rf的工作点又由A_3点移回至A_1点，由上面的分析可知，因发电机转子过电压能量有限，只要61Rf、62Rf能量足够大，发电机转子的电压就被有效地限制在$-U_{LM}\sim+U_{LM}$之间，这就保护了转子的绝缘。

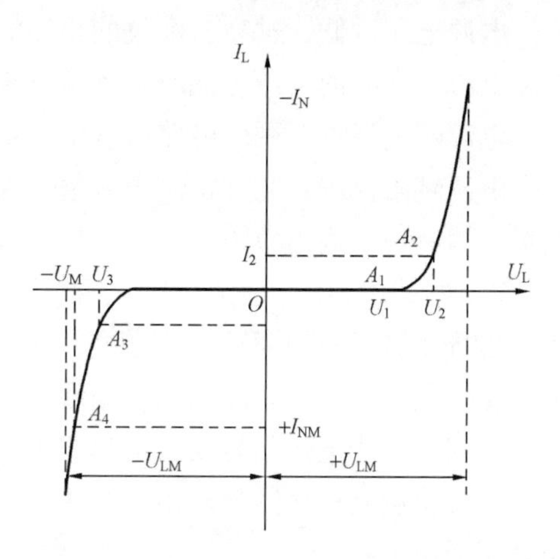

图5-78 非线性电阻伏/安特性及工作点

非线性电阻柜中设置有初励回路，自并励静态励磁系统的发电机组，机组启动刚投入励磁时，发电机出口不能提供电压供整流器建立发电机电压，为此需要一个启励回路，从380V系统引接经过隔离变压器及晶闸管整流后作为启励电源。

（五）发电机励磁调节器

SAVR-2000发电机励磁调节器测量发电机机端电压，并与给定值进行比较，当机端电压高于给定值时，增大晶闸管的控制角，减小励磁电流，使发电机机端电压回到设定值。当机端电压低于给定值时，减小晶闸管的控制角，增大励磁电流，维持发电机机端电压为设定值。

1. 励磁调节器主要功能

励磁调节器的根本任务是维持发电机的机端电压恒定，因此，它的基本功能是调节及控制机端电压；同时，具有实时故障诊断及容错功能，智能调试及计算机辅助分析功能。

（1）调节及控制功能。具有控制结构自适应和参数自适应的调节功能，配备在线专家系统；全中文信息集成显示，模拟、数字显示一体化；具备实时数据库及历史数据库，能够进行事件录波辅助分析，并给出有效提示；保证发电机按要求升压、并网、增减无功负荷及逆变停机；保证发电机稳定运行于空载、发电、调相、停机等工况；可按要求选择启励方式：① 100%额定电压启励；② 零起升压；③ 软启励。保证机组在突甩负荷时机端电压迅速稳定在额定电压；保证无冲击地进行手动/自动的切换及双击切换；可任意设定正、负调差方式，且调差率大小可选择；软件数字整定和比较功能；可通过串行通信方式或其他通信方式将调节过程中的数据实时传送至上位机，并接受上位机的控制命令；恒发电机机端电压的PID调节规律；恒发电机转子电流的PID调节规律；电力系统稳定器(PSS)。

（2）实时故障诊断。励磁调节器可及时检测下列故障，并在故障发生时做相应的处理。

电源电压过低、过高、消失的检测：直流稳压电源的硬件、软件双重自检，实时监视多路电源，电源消失或过低时自动调整控制方式，保证机组稳定运行。

电源断电保护：硬件电路监视电源消失，自动切换至备用通道。

电源越限保护：软件检测电源值，在电源值发生较大变化超出设定值上下限，还没影响设备运行前，输出故障信号，切换至备用通道。

TV 断线的检测：励磁调节器采用发电机机端两路 TV 电压，一路来自励磁专用 TV，一路来自测量仪表用 TV，当励磁专用 TV 高压侧熔丝熔断时，调节器通过比较两路交流采样值的大小，即可判断出 TV 断线故障。

晶闸管同步电压信号及发电机机端电压相序的检测：CPU 从同步电路取得同步相量，通过软件检测其相序及信号电平是否正常，如发现断相或相序错时，记录故障并自动切换至备用通道。

晶闸管脉冲丢失的检测：励磁调节器脉冲检测回路读回脉冲，并与输出脉冲相比较，检查脉冲是否有丢失或异常，触发脉冲由 CPU 进行周期性检查，如发现有异常，励磁调节器从工作通道自动切换至备用通道，并发出报警信号。

控制角的检测：CPU 回读发出的脉冲控制角度值，并和 CPU 发出的角度比较，如发现不一致，则切换至备用通道。

硬件看门狗功能：用硬件电路监视软件的运行，被监视硬件不再运行时，硬件电路计数溢出，从而输出故障信号，并自动切换至备用通道。

软件看门狗功能：用软件计数器监视软件的运行，当被监视软件不再运行时，软件计数溢出，从而输出故障信号，并自动切换至备用通道。

（3）异常状态的限制功能。励磁调节器可及时检测发电机的下列异常运行工况，并做相应的处理，以确保发电机组的安全。

欠励瞬时限制及保护；过励延时限制及保护；发电机强励的反时限限制及保护；最大励磁电流瞬时限制及保护；晶闸管整流柜快速熔断器熔断、停风、部分柜切除时的励磁电流限制；U/f 限制及保护：当机组转速下降时，如仍维持发电机电压恒定将引起转子过磁通，为保护机组安全，调节器将自动降低发电机电压；如转速过低，调节器将自动逆变灭磁；空载过压限制及保护。

（4）调节器模拟量及开关量的容错。当调节器由于某种原因测量发生错误时，计算机可自动进行识别，从而保证调节器不发生误调节，避免由此引发的正当或其他灾难性后果。

机端电压容错：DSP 实时自动诊断机组三相电压，可自动辨别是 TV 断线还是机端短路，并做出故障类别提示以保证全部调节任务的正常完成且不造成负荷冲击；定子电流容错；转子电流容错；发电机频率容错；有功功率及无功功率容错。

当控制命令发生错误时，计算机也可以自动进行识别，从而保证调节器不发生误动作，例如，当调节器在欠励动作时收到减磁令，调节器将不执行减磁命令。

开机令及停机令容错；增、减磁信号容错；调节器具有软件数字整定和比较功能，能够防止电压峰值在 2000V 以下宽度小于 40ms 的干扰信号，并具有数字滤波功能，能够防止增减触点粘连，避免失磁和误强励；油断路器信号容错。

（5）调节器维护时系统自检查功能。存储系统（FLASH RAM、RAM）检查诊断；闭环系统功能块检查诊断；输出功能检查诊断；数字给定检查诊断；开关量输入检查诊断；内部参数检查诊断；通信检查诊断。

2. 励磁调节器的系统配置

SAVR-2000 励磁调节器配置 A、B、C 三套调节器主机及一台工控机，其中 A、B 调节器主机是两套完全独立的可以互换的控制插箱，两套插箱之间依靠同步串行口进行通信，以实现互为跟踪、互为热备用的功能，当 A、B 套调节器均正常工作时，按任一套上的切换按钮，即将此套定为主套，另一套为从套，当某一套出现故障时，即自动切换至另一套，同时两套系统间的操作电源及脉冲电源通过外部端子并联输出。正常运行时，A 调节器为主套运行，B 调节器为从套运行，C 套作为备用调节器，当 A、B 调节器出现故障无法运行时，可以切至 C 调节器对发电机进行手动励磁调节。

（1）调节器主机插件层。插件面板如图 5-79 所示。

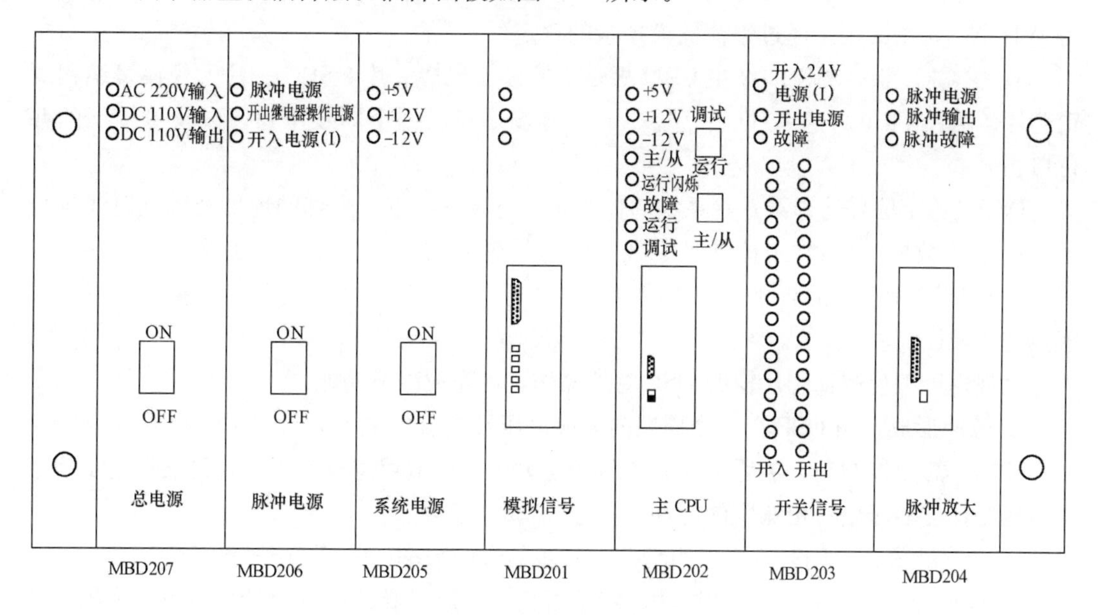

图 5-79 励磁调节器插件面板图

1）总电源板。MBD207 为交直流供电板，通过 J2 口输入 DC 110V 及 AC 220V 电源，AC 220V 经隔离变压器隔离后进行整流，与 DC 110V 并联后经过滤波器输出，确保当 DC 110V 及 AC 220V 电源任一路输入电源断电时均可输出无扰动的 DC 110V 电源，面板上的开关用于控制脉冲电源板（MBD206）、主机电源板（MBD205）的输入电源，自上而下三个灯分别表示：AC 220V 输入、DC 110V 输入、DC 110V 输出。

2）脉冲电源板。MBD206 脉冲电源板输出 5 路相互隔离的电源：①脉冲电源：该电源为 DC 24V、50W。②脉冲检测电源 DC 24V：该电源与脉冲电源共地，当脉冲电源也为 DC 24V 时，两电源可以并接。③开入电源Ⅰ、Ⅱ：提供开入信号的 DC 24V 电源；开入电源Ⅰ用于开入量继电器 I1～I8，开入电源Ⅱ用于开入量继电器 I9～I16。④开出电源：提供操作逻辑电源及开出继电器与光耦的电源。

面板上的开关用于控制脉冲电源及开入、开出电源的输出，自上而下三个灯分别表示：脉冲电源，开出继电器操作电源，开入电源Ⅰ、Ⅱ。

3）系统电源板。MBD205系统电源板提供＋5V及±12V三路电源，其中＋5V与±12V不共地。＋5V主要为DSP、大规模可编程逻辑芯片等数字芯片提供电源；±12V主要为运放等模拟芯片提供电源，最后在A/D芯片上与三个电源的地连接。

面板上的开关用于控制主机电源的输出，自上而下的三个灯分别表示：＋5、－12、＋12V。

4）模拟信号板。MBD201模拟信号板的主要作用是进行电平隔离及变换，通过48芯的J2口将100V电压及5A电流信号、同步信号引入隔离变压器，在变压器二次侧通过运算放大器将信号放大为电压信号；再通过96芯J1口将上述弱电信号传输至主机，同时将同步信号整型成为方波，共主CPU产生脉冲。

面板上的三个灯表示＋5、＋12、－12V，在灯的下方有一个测试窗，打开盖板后，可见一个并行口，通过专用测试盒可以测量各点信号，还可见五个可调电位器，自上而下为W1～W5，主要用于经过整流的模拟量的整定。

5）主CPU板。MBD202主CPU板是主控板，包括一片DSP、一片大规模可编程逻辑芯片、两片14位高速A/D转换器、一个异步串口、一个同步串口，以及可扩展的并行口。

DSP（数字信号处理器）是系统的核心，具有以下特点：内部的地址及数据总线各自独立；32位数据总线和24位地址总线；并行处理方式；具有硬件乘法器及循环寻址方式。由于DSP所特有的高速大容量特点，因此可以实现实时快速傅里叶变换，可以完成多点交流采样。

大规模可编程逻辑芯片辅助DSP对外操作，可完成以下功能：

a. 脉冲形成：当DSP在一个周期内完成电压及电流的测量及计算后，将它与给定值进行比较，算出控制角。然后将控制角传送至大规模可编程逻辑芯片，它将根据同步信号进行延时，然后送出一定宽度的脉冲。

b. 频率测量：可同时测量机组频率及同步信号的频率，并传送至DSP。

c. 脉冲回读及计数：外界的脉冲回路是否正常可通过脉冲回读及计数检查，大规模可编程逻辑芯片可以实现对每一个脉冲进行检测，这在通常的计算机调节器中是办不到的。

d. 主/从切换操作：由于取消了继电器回路，因而其切换更迅速、更可靠。

e. 手/自动切换：调节器处于手动方式时，大规模可编程逻辑芯片将不理会DSP发出的控制角。这在DSP受到严重干扰或程序跑飞不能正常工作时显得尤为可贵。只要有工作电源和同步信号，调节器即可正常发出脉冲。

f. A/D模/数转换器：模/数转换是计算机系统的一个重要部分，它将外部模拟信号（如电压、电流）转换为计算机可识别的数字信号。它的转换精度直接关系到调节器的调节精度与稳定性，而它的转换速度则决定了调节器是否可进行多点交流采样；对于一个三相50Hz交流电系统，如在一个周期内（0.02s）对每相电压及电流均采集32个点，则至少要转换32×6×50次/s；为了保证有功及无功的测量精度，需要对电压及电流“同时”采样，即同步采样。因此，A/D的精度、速度及同步性是调节器的一个极重要指标。

MBD202面板上共有8只灯，分别表示：＋5、＋12、－12V，主/从、运行闪烁、故障、运行、调试。

a.“主/从”表示该套是主套还是从套，亮表示主套。

b.“运行闪烁”表示CPU运行状态，其闪烁的频率随运行状态的不同而变化。通常，负载运行时为1次/3s，空载运行时为1次/s，待机运行时为3次/s。常亮或常灭表示CPU不运行。

c.“故障”表示该套运行不正常或外界回路有故障。

d.“运行”及“调试”分别表示该套是自动运行状态还是人工调试状态，它由面板上的“运行/调试”开关位置决定。通常应置于“运行”。

除了灯以外，MBD202板上的主从切换按钮用于两套间的人工切换。该按钮为自复位式按钮，当该套正常运行时，按下切换按钮即可设置该套为主机方式。

打开测试窗的罩盖，可见一个DB9芯的插头，它主要用于调试时通信；在其下方的按钮是复位按键，它可以复位CPU。

6）开关信号板。MBD203开关信号板通过J2口将外部16路开入量引入，通过光隔进行电气隔离，并通过J1口传送至主CPU板；同时主CPU板发出的16路开出信号由J1口输入，经光电隔离后传送至J2口。

开关信号板上还有两套串口，一套用于与上位机通信，另一套用于与工控机通信。

时钟：该时钟实时显示运行时间，供DSP记录并分析故障用。

面板上面三个灯分别表示：开入24V电源（Ⅰ）、开出电源及故障。当主CPU板检测到调节器故障及硬件看门狗动作时，该故障灯亮。

下面两排灯分别表示开入开出的状态，亮表示通，灭表示断。

X1～X16为开入信号，Y1～Y16为开出信号。

7）脉冲放大板。MBD204脉冲放大板由J1口将主CPU板上形成的小脉冲通过光电隔离及电平转换送至6片CMOS管放大，通过J2输出。脉冲切换继电器主要控制脉冲是否输出。动断触点可保证在操作电源消失时仍然能输出脉冲。该板的另一功能是将发出的脉冲进行取样，并回读至主CPU板，以检查脉冲是否丢失。

由于脉冲放大板是直接与高压大电流的晶闸管系统相连接的，对它的保护是极其重要的。除常规的阻容吸收电路外，还采用了TVS元件。

面板上的三个灯分别表示脉冲电源、脉冲输出和脉冲故障。其中脉冲输出灯亮表示该套为主套，脉冲由此套供给；脉冲故障表示该插件输入的未经放大的脉冲信号故障或脉冲电源有问题。

（2）工控机层。工控机层安装一台液晶显示工控机作为装置与用户的人机界面。该软件系统以Window NT为操作系统，配以三维中文图形化界面，为用户提供了十分友好的人机接口。

SAVR-2000发电机励磁调节器的运行界面由5个窗口组成，分别为主控窗、设置窗、信息窗、开关量窗和报警窗。通过单击窗口下方的分页栏可以选择相应的窗口。

1）主控窗。主控窗如图5-80所示。

主控窗是运行时的主窗口，缺省显示A套调节器的信息，想显示B套调节器的信息，请单击开关量区的第一项“A为主机”或“A为从机”。其中：

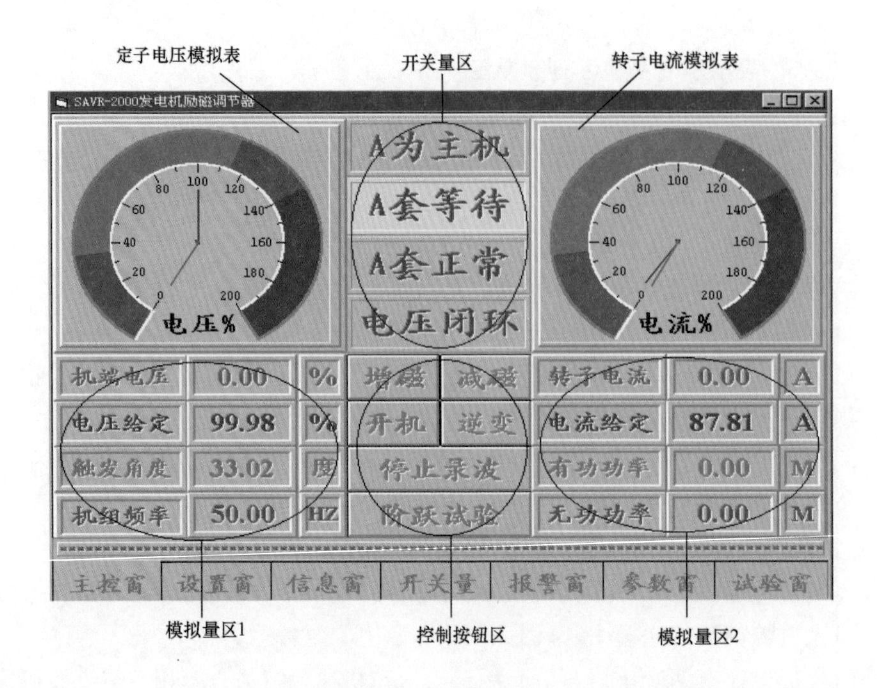

图 5-80　主控窗界面图

a. 定子电压模拟表：表计中蓝针指示发电机定子电压 TV1 的测量值，红针指示发电机定子电压的给定值。单位为“%”。

b. 转子电流模拟表：表计中蓝针指示发电机转子电流的测量值，红针指示发电机转子电流的给定值。单位为“%”。

c. 模拟量区 1：

(a)“机端电压”表示发电机定子电压 TV1 的测量值，缺省单位为“%”，单击“%”则单位转换为“kV”。

(b)“电压给定”表示发电机定子电压的给定值，缺省单位为“%”，单击“%”则单位转换为“kV”。

(c)“触发角度”表示晶闸管的触发角，单位为“(°)”。

(d)“机组频率”表示发电机机端频率的测量值，单位为“Hz”。

d. 模拟量区 2：

(a)“转子电流”表示发电机转子电流的测量值，缺省单位为“A”，单击“A”则单位转换为“%”。

(b)“电流给定”表示发电机转子电流的给定值，缺省单位为“A”，单击“A”则单位转换为“%”。

(c)“有功功率”表示发电机有功功率的测量值，单位为“MW”。

(d)“无功功率”表示发电机无功功率的测量值，单位为“Mvar”。

e. 开关量区：四个信息从上到下依次表示“调节器的主从状态”“调节器的运行状态”“调节器的故障状态”和“调节器的控制方式”。

f. 控制按钮区：单击按钮可以向 A、B 套调节器下发相应的命令。(注：只有在设置

窗的“控制使能”命令投入后，该区控制按钮才有效）

（a）“增磁”表示向A、B套调节器下发增磁命令，可以单击该按钮，也可以通过敲击键盘上的“+”键。控制按钮为白色表示命令投入，为绿色表示命令退出。

（b）“减磁”表示向A、B套调节器下发减磁命令，可以单击该按钮，也可以通过敲击键盘上的“—”键。控制按钮为白色表示命令投入，为绿色表示命令退出。

（c）“开机”表示向A、B套调节器下发开机命令。控制按钮为白色表示命令投入，为绿色表示命令退出。

（d）“停机”表示向A、B套调节器下发停机命令。控制按钮为白色表示命令投入，为绿色表示命令退出。

（e）“停止录波/启动录波”表示向试验窗中选中的该套调节器下发停止录波或启动录波命令。

（f）“阶跃试验/阶跃返回”表示向试验窗中选中的该套调节器下发阶跃试验或阶跃返回命令。只有在设置窗的“控制使能”和“阶跃使能”命令投入后，该命令才有效。

2）设置窗。设置窗如图5-81所示。

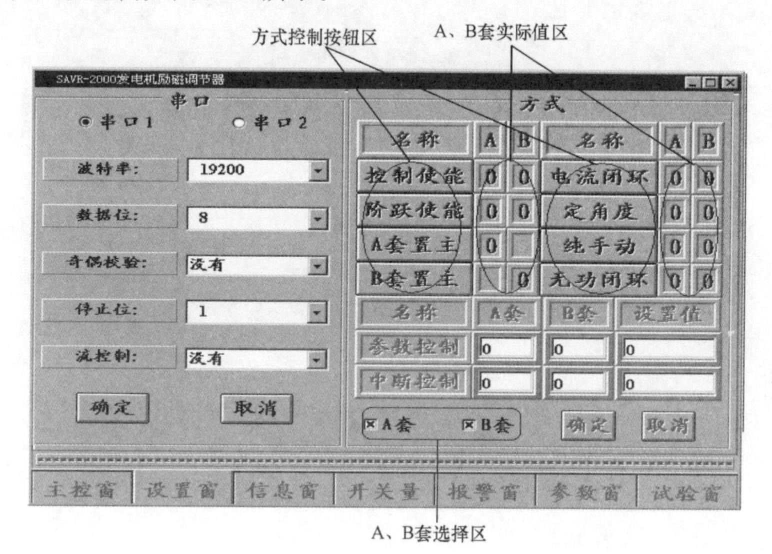

图5-81　设置窗界面图

设置窗运行时，不要修改该窗口的任何数据。

a. 串口区：用来对工控机串行口的各项参数进行设置，一般情况下各项参数不许改变。

b. 方式区：用来设置调节器的各种控制方式。其中：

（a）A、B套选择区：想要选择某套调节器的控制方式，可以单击该套调节器的选择框为“☒”；否则，可以单击该套调节器的选择框为“□”。

（b）方式控制按钮区：想要投入某种控制方式，可以点击相应的控制按钮为“白色”；想要退出某种控制方式，可以单击相应的控制按钮为“红色”。

想要使调节器当前的参数采用相应区域的参数，可以在“设置值”中写入相应的区域值。

想要使调节器在确定的中断下运行，可以在“设置值”中写入相应的中断值。

选择好相应的控制命令后，单击“确定”按钮，将向选择好的调节器下发相应的命令；单击“取消”按钮，将取消相应的命令控制。

注意：只有在投入“控制使能”命令后才能投入方式控制按钮区的其他命令。

(c) A、B套实际值区：“1”表示该套调节器的某种控制方式投入，“0”表示该套调节器的某种控制方式退出。

注意：如果由于调节器或工控机断电等原因造成运行方式的实际值和设置值不符时，单击“确定”按钮，将向选择好的调节器下发相应设置值；单击“取消”按钮，将使设置值等于相应的实际值。

3）信息窗。信息窗如图5-82所示。

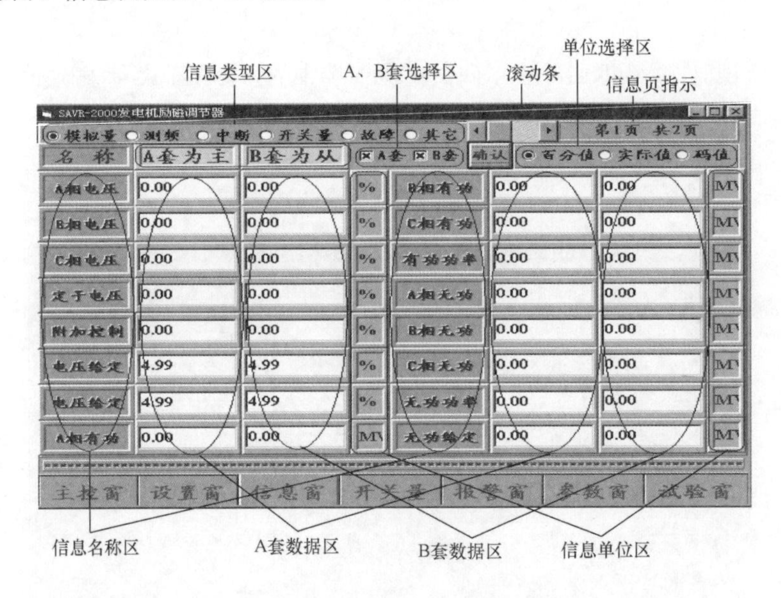

图5-82 信息窗界面图

信息窗用来显示系统的主要测量值及控制量当前值。窗口左右对称，分别显示A、B两套系统较为详细的状态信息。

a. A、B套选择区：想要显示某套调节器的信息，可以单击该套调节器的选择框为“☒”；否则，可以单击该套调节器的选择框为“□”。注意：当该套未选时，该套的信息不同步显示。

b. 信息类型区：选择好想要显示的信息类型后，单击“确认”按钮，将向选择好的调节器下发相应的命令，调节器收到命令后，将上送工控机所需信息。

c. 滚动条：可以点动滚动条显示不同页的信息。

d. 信息页指示：当要显示的信息多于一页时，信息页指示将显示“第×页 共×页”。

e. 单位选择区：想要改变显示信息的单位，单击相应选择项即可。

f. 信息名称区：所要显示信息的名称。

g. A套数据区：显示A套调节器的信息。

h. B套数据区：显示B套调节器的信息。

i. 信息单位区：所要显示信息的单位。

4）开关量窗。开关量窗如图 5-83 所示。

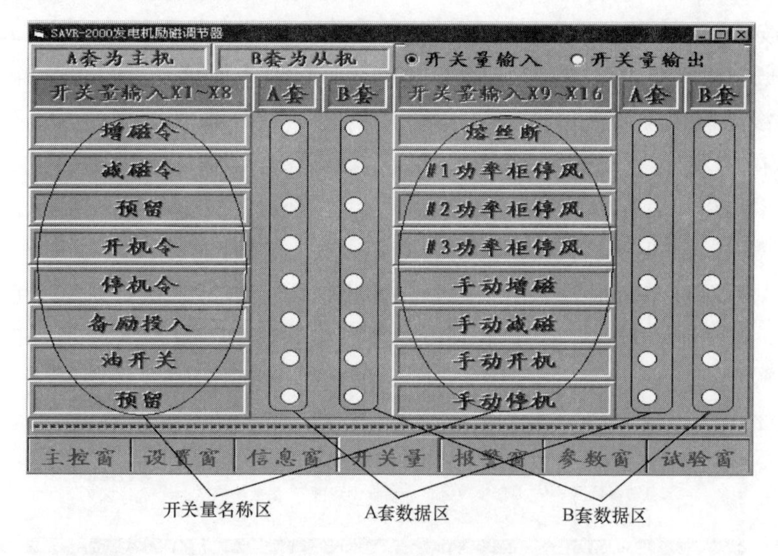

图 5-83　开关量窗界面图

a. 选择“开关量输入”后，开关量名称区将显示 X1～X16 共十六个输入开关量的名称，A 套数据区将显示 A 套调节器的 X1～X16 的开关量输入值，B 套数据区将显示 B 套调节器的 X1～X16 的开关量输入值。显示灯为绿色表示开关量输入值为“1”，为白色表示开关量输入值为“0”，此显示灯和开关量板的 X1～X16 灯相对应。

b. 选择“开关量输出”后，开关量名称区将显示 Y1～Y16 共十六个输出开关量的名称，A 套数据区将显示 A 套调节器的 Y1～Y16 的开关量输出值，B 套数据区将显示 B 套调节调节器的 Y1～Y16 的开关量输出值。

5）报警窗。报警窗如图 5-84 所示。

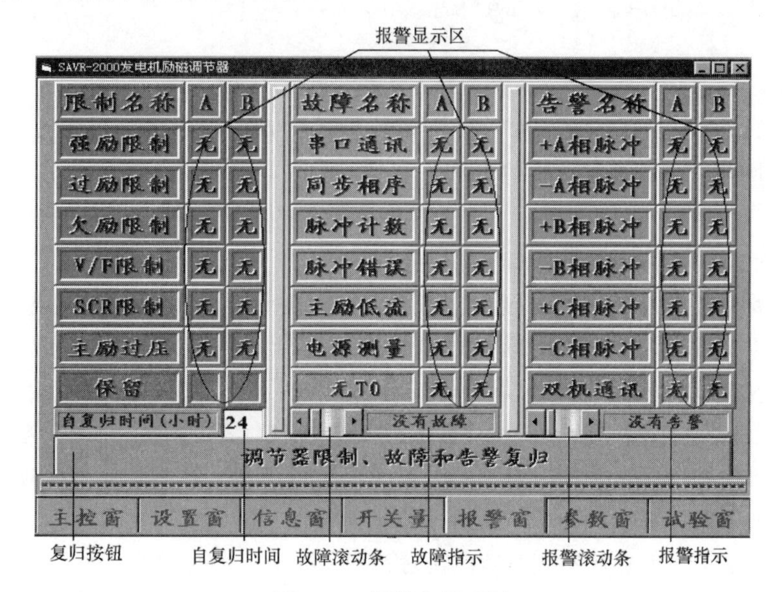

图 5-84　报警窗界面图

报警窗用来显示故障报警和调节器限制动作，并给出故障诊断处理信息。故障一旦被检测到，即使立刻消失，在窗口显示中仍将一直保持报警，直到单击窗口下方的“调节器故障复归”按键后，当前所有的故障显示才被清除。这样，即可实现对偶发故障的记录。

a. 自复归时间：可以设置自复归时间的长短，单位为小时。

b. 故障滚动条和故障指示：A、B套调节器检测到故障信号后，在故障指示中显示“共有×处故障”，通过点动故障滚动条可以查看具体故障名称。

c. 告警滚动条和告警指示：A、B套调节器检测到告警信号后，在告警指示中显示“共有×处告警”，通过点动告警滚动条可以查看具体告警名称。

d. 报警显示区：单击报警显示区后，将弹出故障分析定位窗口，其中包括故障详细名称、动作时间、返回时间、动作原因和处理措施等信息。单击“确定”按钮后关闭该窗口。

6）参数窗。参数窗如图5-85所示。

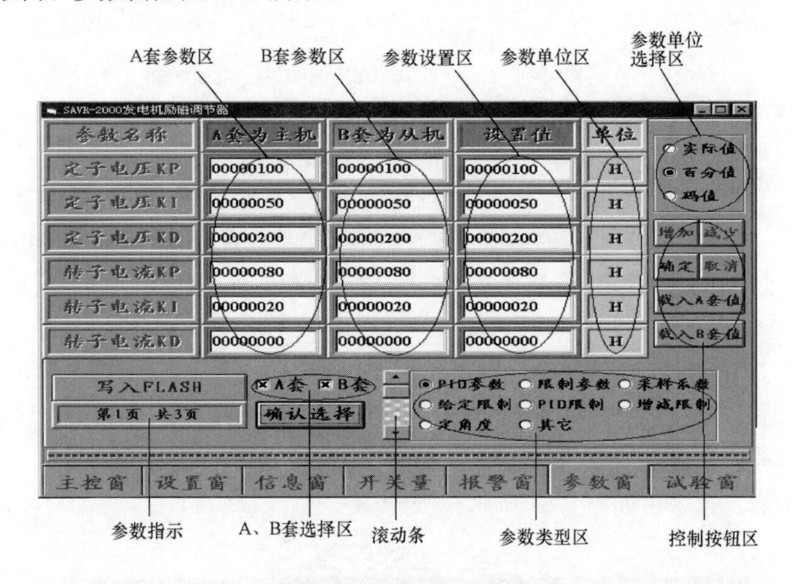

图5-85　参数窗界面图

参数窗运行时，不要修改该窗口的任何数据。注意：每次进入参数窗后，必须单击“确认选择”按钮后才能显示所需参数。

a. A、B套选择区：想要显示、修改某套调节器的参数，可以单击该套调节器的选择框为“☒”；否则，可以单击该套调节器的选择框为“□”。

b. 参数类型区：选择好想要显示、修改的参数类型后，单击“确认选择”按钮，将向选择好的调节器下发相应的命令，调节器收到命令后，将上送工控机所需参数。

c. 滚动条和参数指示：当要显示、修改的参数多于一页时，参数指示将显示“第×页 共×页”，可以点动滚动条显示、修改不同页的参数。

d. 参数单位选择区：想要改变显示、修改参数的单位，单击相应选择项即可。

e. A套参数区：显示A套调节器的参数。

f. B套参数区：显示B套调节器的参数。

g. 参数单位区：所要显示、修改参数的单位。

h. 参数设置区：在此区域点中想要修改的参数，通过键盘键入所需参数，最后键入“回车”键或单击控制按钮区的“确定”按钮，工控机将向选择好的调节器下发相应的参数设置值，调节器将修改RAM中的参数值。

(a) 如果单击控制按钮区的“取消”按钮，将取消本次修改。

(b) 如果单击控制按钮区的“增加”按钮，工控机自动将参数设置值加1，然后将向选择好的调节器下发相应的参数设置值。

(c) 如果单击控制按钮区的“减少”按钮，工控机自动将参数设置值减1，然后将向选择好的调节器下发相应的参数设置值。

注意：在修改参数之前，必须先选择参数类型区的“其他”，单击“确认选择”按钮，然后单击滚动条翻至第2页，将参数设置区的“刷新标志”由“1”改为“0”，键入“回车”键或单击控制按钮区的“确定”按钮，将A、B套参数区的“刷新标志”由“1”改为“0”。否则将不能修改其他参数。

i. 按钮控制区：单击“载入A套值”按钮，参数设置区的各项参数设置值等于A套参数值。单击“载入B套值”按钮，参数设置区的各项参数设置值等于B套参数值。其余按钮功能在参数设置区已有介绍。

j. 写入FLASH：修改后的参数只是保存在RAM中，如果想要保存该参数成为以后的运行参数，必须单击“写入FLASH”按钮，将修改后的参数保存在参数FLASH中。

注意：一次只能在A、B套选择区选择一套调节器写入，并且只有当该套调节器为从机或未发出脉冲时才能写入。

二、SAVR-2000励磁系统原理图

（一）非线性电阻柜

非线性电阻柜初励控制回路如图5-86所示，电源取自集控DC 110V直流分屏负荷开关，经灭磁柜转接后，接至非线性电阻柜，当励磁调节器发出初励启动命令或就地非线性电阻柜按动启励按钮62AN，初励继电器62ZJ动作，其动合触点闭合后，启动初励接触器62HC。

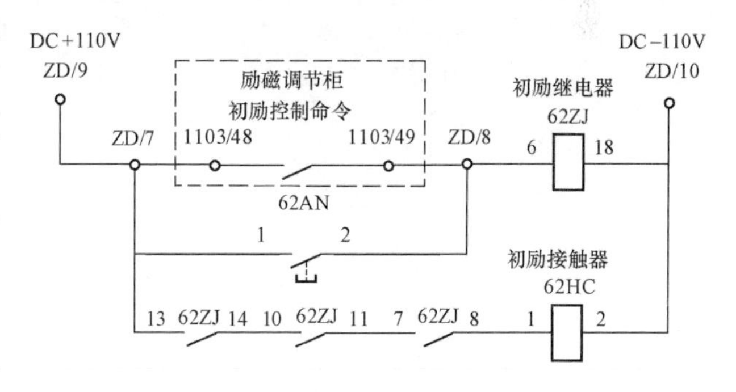

图5-86　初励控制回路图

初励主回路如图5-87所示，AC 380V电源取自厂用400V母线，当初励电源开关67S合闸后，初励电源加至初励变压器60T的一次侧，二次侧输出经过三相整流桥60ZZ整流后，通过初励接触器62HC的触点分别加至灭磁开关柜转子正极柱和灭磁开关主触头B。

（二）灭磁开关柜

灭磁开关控制回路如图5-88所示，电源取自集控DC 110V直流分屏负荷开关，合闸控制可以通过按灭磁开关柜内的合闸按钮61SA实现手动合闸，热工DCS发出合闸命令实现远方合闸，启动合闸继电器KC1，启动合闸接触器KM1，启动合闸延时接触器

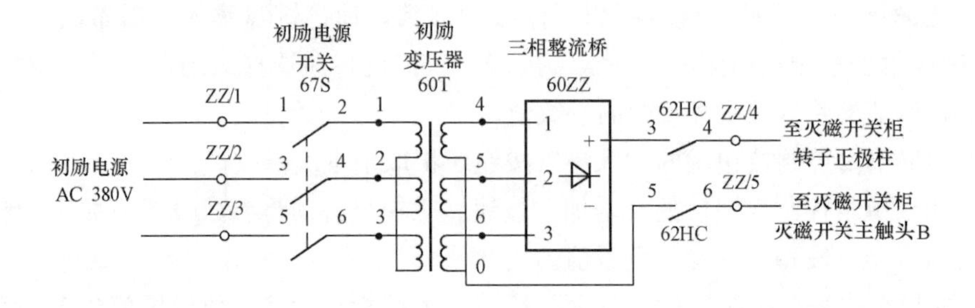

图 5-87　初励主回路图

KM2，经过 KM2 瞬时闭合延时打开动合触点及 KM1 动合触点，启动分合灭磁开关电动机，实现灭磁开关合闸；分闸控制可以通过按灭磁开关柜内的分闸按钮 61SA 实现手动分闸，热工 DCS 发出分闸命令实现远方分闸及发电机—变压器组保护动作后发出跳灭磁开关命令实现发电机—变压器组保护动作分闸，启动分闸继电器 KC2，启动分灭磁开关延时接触器 KM2，经过 KM2 瞬时闭合延时打开动合触点及 KM1 动断触点，启动分合灭磁开关电动机，实现灭磁开关分闸。

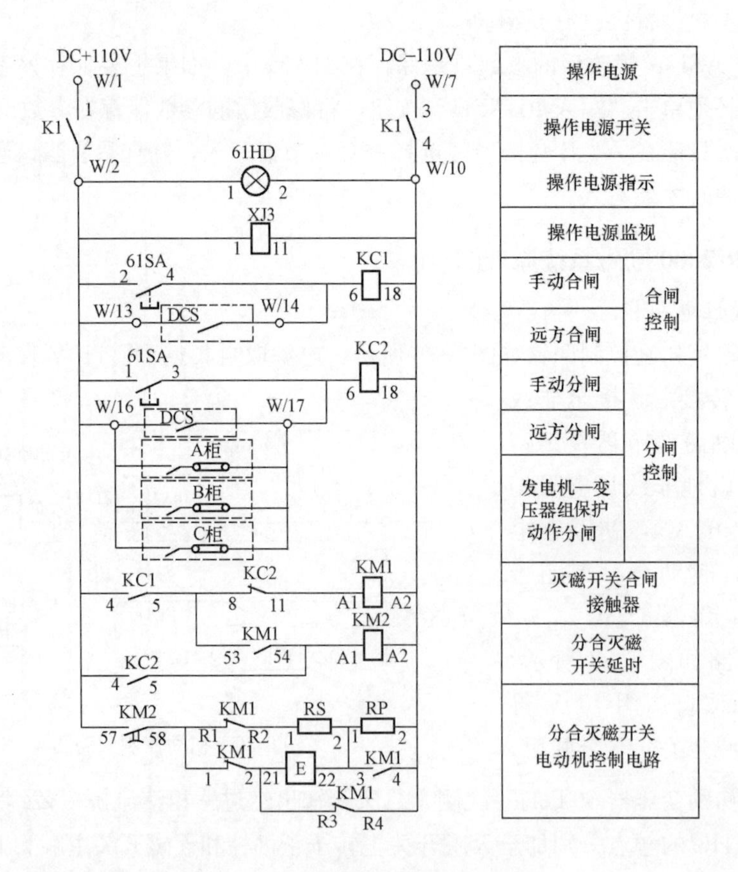

图 5-88　灭磁开关控制回路原理图

灭磁开关过电压保护原理如图 5-89 所示，当灭磁开关 SD 合闸时，其动合触点闭合点亮合闸位置指示灯 62HD，当灭磁开关 SD 分闸时，其动断触点返回点亮分闸位置指示灯 61LD；当发电机正常运行时，机端仪用 TV 正常带电，启动电压继电器 61KV，其动合触

点闭合，当灭磁开关分闸时，启动计数器 61PC，进行灭磁开关跳闸计数；当非线性电阻柜中，转子侧过压回路 61TA 和电源侧过压回路 62TA 由于过电压而感应出电流时，分别启动转子侧过压模块 JS01 和电源侧过压模块 JS02，其动作输出触点并接后接至灭磁开关柜中过电压动作回路，启动过电压动作继电器 K1，其动合触点启动计数器 62PC，进行过电压动作计数；当过电压现象消失后，可以通过按灭磁开关柜内的过压复归按钮 61AN 复位过电压报警，也可由热工 DCS 过压动作复归指令启动继电器 K2，其动断触点打开后复位过电压报警；灭磁开关动合、动断触点启动双位置继电器 DLS 的两个线圈，作为灭磁开关扩展触点。

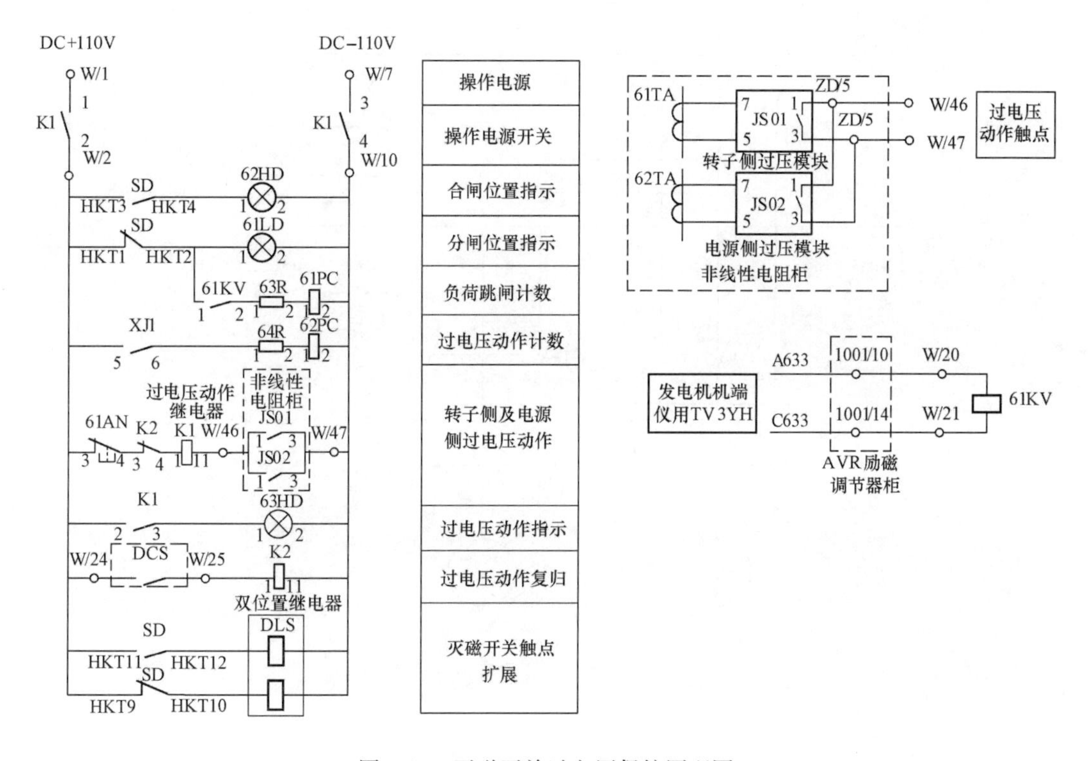

图 5-89 灭磁开关过电压保护原理图

（三）晶闸管整流柜

晶闸管整流柜风机控制回路如图 5-90 所示，电源由两路电源提供，主电源取自厂用 400V 段负荷开关，备用电源取自另一厂用 400V 段负荷开关，双路电源可以实现自动切换，正常运行时两路电源都送电。合上主电源开关 QM1，电源经接触器 KM2 的动断触点启动接触器 KM5，KM5 动合触点闭合启动接触器 KM1，其三相主电源回路触点导通，合上备用电源开关 QM2，因 KM5 动断触点已打开，从而闭锁备用电源，当主电源失电时，KM5 动断触点因接触器线圈失电返回，同时启动接触器 KM6，其动合触点闭合后启动接触器 KM2，其三相备用电源回路触点导通，实现主电源与备用电源之间的事故切换。

当风扇启动继电器触点 K4 闭合后，启动接触器 KM7，其三相主回路触点闭合。

电源开关 QM3 合闸后，将主回路电源的 A、C 相接至整流变压器 WY11 的一次侧，二次侧输出 DC 24V，作为晶闸管整流装置的操作和显示电源。

当晶闸管整流柜门启动第一组风扇转换开关打至投入位置时，启动接触器 KM3，其

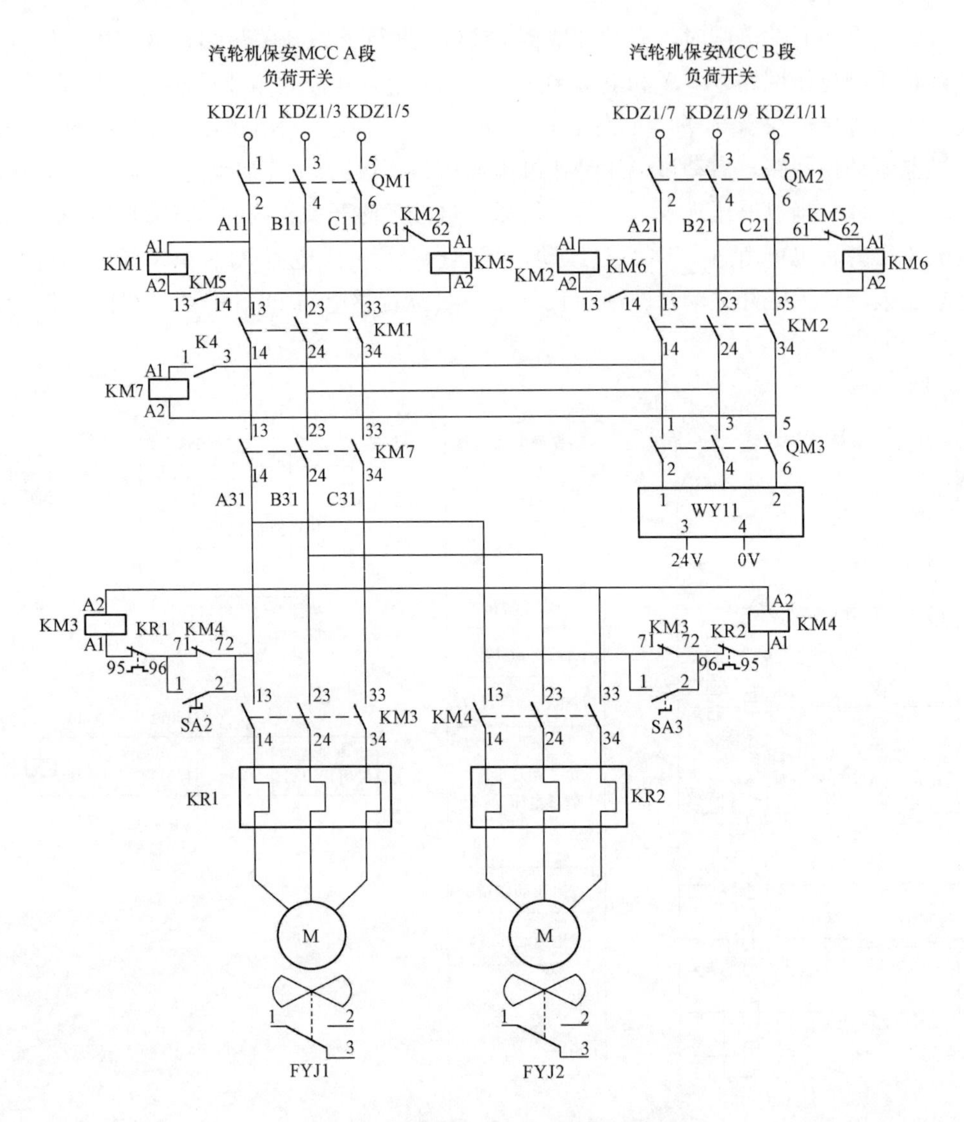

图 5-90　晶闸管整流装置风机控制原理图

三相电源回路触点闭合第一组风扇启动，由于KM3动断触点打开，从而闭锁第二组风扇的启动回路，当第一组风扇故障停运，接触器KM3失电返回时，其动断触点返回，同时启动接触器KM4，其三相电源回路触点闭合第二组风扇启动，实现第一、二组风扇之间故障自动切换。

第五节　检 修 与 维 护

一、MEC-5330励磁系统检修与维护

（一）AVR专用维护工具

励磁系统检修校验、进行启动试验时均要使用专用的维护工具，专用维护工具相当于一台后台机，实现人机对话功能，便于维护人员检查实际运行参数、检查修改逻辑和修改

参数设置值。

1. 维护工具开机、关机操作步骤

（1）确认工作电源为交流 110V。

（2）检查 ONLINE/OFFLINE 开关在 OFFLINE 位置。

（3）检查 LOCK/UNLOCK 开关在 UNLOCK 位置。

（4）在左前方插入钥匙右旋转开机。

（5）出现“初始化命令时”输入“Y”。

（6）出现年月日时，输入当前日期：例如 2009 年 9 月 2 日，依次输入 09（年）回车，09（月）回车，02（日）回车。

（7）进入菜单界面，使用鼠标，就可以操作各菜单功能。

（8）完后直接关机即可。

2. 使用维护工具修改 AVR 参数步骤

机组检修后进行电气启动试验，励磁系统在使用临时电源进行短路试验时需要修改 AVR 参数，具体步骤如下：

（1）程序备份。

1）软盘格式化。联机—FLEXIBLE。DISK—INITIALIZE 等出现 COMMET 时输入 SXHJ＊＃机。

2）用 SAVE 命令把 CPU1 程序写入软盘。

准备：选 FLEXIBLE。DISK 选 SAVE（保存内容包括 SYSTEM 和 LOOP0、1、4、15）。

保存：输入 ID 号和 COMMENT 名。（一般 CPU1 的 ID 号输入为 0，CPU2 的 ID 号输入为 1。如需要保存其他的信息可输入其他号 2、3、4 等。保存内容包括 SYSTEM 和 LOOP0、1、4、15。）

检查已保存的数据：选 FLEXIBLE。DISK 选 LIST 来确认所有的数据已保存。

3）把软盘的数据与 CPU1 比较。选 FLEXIBLE。DISK 选 VERIFY。

SYSTEM 校对（选 SYSTEM 输入 ID NO＝0，输入 CANCEL＝N 即开始校验，如结果正确显示为“IDENTICAL”；如显示为“NOT　IDENTICAL”，则检查 ID 号或另保存）。

LOOP0、1、4、15 校对与 3）方法一致。

（2）参数修改。

1）停 CPU 电源，把 CPU1 切换至 RAM 模式即将 SW1-1 置 OFF 位。

注意：插拔插件时必须戴防静电手套。

2）送上电源，把 CPU1 运行模式切换至 IPL 方式，复位一次等 AL5（红色）灯亮。

3）连好维护工具，打开电源，出现“INITINEL”时输入“Y”（把 RAM 的内容格式化，RAM 的内容完全被擦除）。

4）将软盘的内容写入 RAM 中。用 LIST 命令检查软盘中程序 ID 号，用 LOAD 命令将程序依次写入 RAM 中，用 VERIFY 命令校验 CPU 中程序与软盘是否一致。

5）进行参数修改。把 CPU1 运行模式切换至 RUN 方式复位一次等运行正常。进入程序监视状态修改相应的参数。进入MAINTENCE使用SHORT命令单击LOOP15运行，再回程序监视状态确认定值已修改。

6）将修改完参数的程序存入软盘并进行核对校验。

（3）程序固化。

1）停CPU电源，把CPU1切换至ROM模式即将SW1-1置ON位。

2）送上电源，把CPU1运行模式切换至IPL方式复位一次等AL5（红色）灯亮。

3）连好维护工具，打开电源，出现“INITINEL”时输入“Y”（把ROM的内容格式化，ROM的内容完全被擦除）。

4）将软盘的内容写入RAM中。

a. 用LIST命令检查软盘中程序ID号。

b. 用LOAD命令将程序依次写入RAM中。

c. 用VERIFY命令校验CPU中程序与软盘是否一致。

5）把CPU1运行模式切换至RUN方式复位一次，等运行正常再进入程序监视检查参数修改正确。

（4）用同样方法对CPU2参数进行修改。

1）把程序从软盘写到RAM或ROM的过程为先把程序从软盘写到维护工具里（执行LOAD命令），再把程序从维护工具写到RAM或ROM中，即在该环节中出现“CANCEL”时要选“N”继续把程序传到RAM中，如选“Y”则取消该过程，程序传不到RAM中。

2）一般我们把CPU1的ID号标成0，把CPU2的标成1，当然该号可以随意输入。

3）联机后出现“INITIALZE”，如输入“Y”则把相应的ROM或RAM初始化，程序完全丢失。

4）LOAD把程序从软盘下载至AVR，SAVE把AVR里的程序保存至软盘。

（二）励磁系统A级检修主要检修项目及试验方法

1. 励磁系统A级检修主要检修项目

励磁系统二次回路清扫、绝缘检查、接线端子紧固，AVR装置校验（包括电源插件检查、功能校验），小电流试验，励磁柜冷却风扇传动试验，A级检修后电气启动试验。

2. 模拟量输出及开关量输出测试方法

（1）AVR初始化至正常状态。

（2）进入监控下线控状态，将M0351由OFF置为ON。

（3）进入RUN/STOP模块，STOP LOOP1。

（4）在线控方式依次加入测量值进行测量（OW0001～OW0010）。

（5）测试结束后RUN LOOP1。

（6）进入监控下线控状态，将M0351由ON置为OFF。

（7）测孔均在维护面板，其中OW0011测量时需STOP LOOP4，OW0012需从测孔加入测量值，OW0014为盘表。

（8）开关量测试方法同模拟量测试，分常用及备用两套系统测量。

3. 模拟量输入及开关量输入测试

（1）模拟量输入测试可直接加入标准信号进行测试。

（2）开入量测试可直接模拟开关量动作进行测试。

4. 励磁系统小电流试验

（1）试验目的：检查验证经过整流器的输出电压能正常调节控制。

（2）试验电路如图 5-91 所示。其中，试验电源电压 $U_{ac}=397.8$V；输出电压 $U_f=U_{ac}\times1.35\times\cos\alpha$。

（3）试验方法：在励磁柜后交流母线上加入交流 400V 三相电压，注意加入的交流三相电压相序和交流母线相序一致。

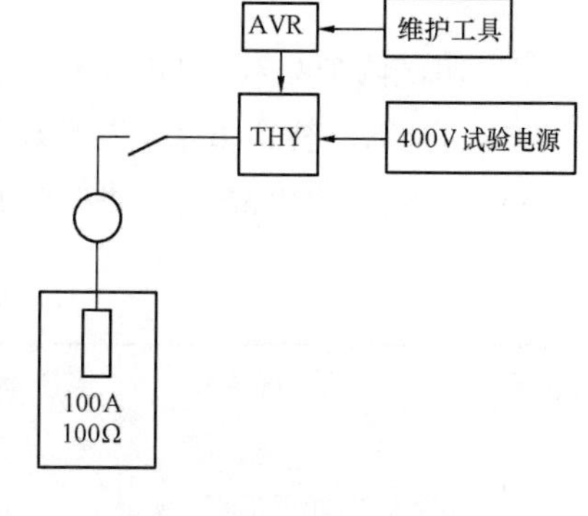

图 5-91 试验电路示意图

拉出三组整流器，对一组整流器进行试验，试验时通过依次修改 70E 输出值，在励磁柜后直流母线上测量整流后的输出电压。按照该方法，分别测试四组整流器的输入、输出特性。

（4）参数设置方法。

1）选择 70E 方式。

2）选择监控方式，进入【LOOP1 SHEET21】，采用线控方式输入表 5-8 参数。

表 5-8 线控方式输入参数

通道名称	参数名称	原始值	设置值	功能说明	备注
MW0134	KF-	0.0028	0	—	设置
MW0138	KZ-	3.0	1.0	—	设置
MW0145	RAMDA	3.0	1.0	—	设置
MW0126	70E INT-	0.5851	−5	初值设定	设置
MW0127	70E MIN	−0.6159	−5～+5	输入值	输入
MW0062	70E OUTP	0.5851	−5～+5	输出值	监控
OW0067	—	—	—	角度值	监控

按照上述参数设置后，OW0067 显示为 100°，分别输入−5～+5，测量转子接入负载侧电压，测试结束后进行参数恢复。

5. 电气启动时试验参数设置

（1）设置 70E 输出限制，见表 5-9。

表 5-9 设置 70E 输出限制参数

通道名称	参数名称	原始值	设置值	功能说明	备注
MW0126	70E INT-	0.5851	−5	初值设定	设置
MW0127	70E MIN	−0.6159	−5～+5	输入值	输入
MW0062	70E OUTP	0.5851	−5～+5	输出值	监控
OW0067	—	—	—	角度值	监控

（2）报警解除，见表 5-10。

表 5-10　　报警解除参数

通道名称	参数名称	原始值	设置值	功能说明	备注
MW0107	VF-TR-	35	0	解除报警	设置
MW0108	IF-TR-	6	0	解除报警	设置

（3）切记两个 CPU 均要修改参数。

（三）AVR、整流柜异常及处理措施

AVR、整流柜异常及处理措施分别见表 5-11、表 5-12。

表 5-11　　AVR 异常及处理措施

故障显示	设备状况显示	系统表现	可能原因	检查项目
常用系统 AI 信号异常	CPU 单元的 JMNG-2A 卡上“IG 异常”红灯亮	当模拟输入插件从常用系统切换到备用系统时，系统不受影响	（1）TA 电路更换接地异常。 （2）连接到 JDFG-2 插件的插头连接有故障	（1）检查插入辅助 TV 和 TA 单元的 TA 测试端子。 （2）检查插头是否松动
	CPU 单元的 JMNG-2A 卡上“VG 异常”红灯亮	当模拟输入插件从常用系统切换到备用系统时，系统不受影响	（1）相位失衡和移位，TV 接地松动。 （2）辅助 TV 异常。 （3）错误连接 JDFG-20 卡	（1）检查辅助 TV 和 TA 单元的接线端子，并检查相位是否失衡或移位。 （2）用电压表测量辅助 TV 的输出。 （3）检查连接卡是否有松动
	CPU 单元的 JMNG-2A 卡上“Vf 异常”红灯亮	当模拟输入插件从常用系统切换到备用系统时，系统不受影响	（1）励磁电压转换器出错。 （2）错误连接 JDFG-20 卡	（1）用电压表测量励磁电压转换器的输出。 （2）检查连接卡是否有松动
	CPU 单元的 JMNG-2A 卡上“If 异常”红灯亮	当模拟输入插件从常用系统更换到备用系统时，系统不受影响。如果两个系统都失效，OEL 转为退出	（1）励磁电流转换器故障。 （2）错误连接 JDFG-20 卡	（1）用电压表测量励磁电压变换器的输出。 （2）检查连接卡是否有松动
电源故障	直流供电单元上的指示灯熄灭	双路供电，系统不受影响	直流供电电源故障	检查直流供电电源是否异常，接线端子是否有松动或虚接现象

表 5-12　　整流柜异常及处理措施

序号	报警	现象	处理措施
1	1个晶闸管熔断器烧毁	晶闸管检测保护用的一个熔断器烧毁	用备用熔断器更换
2	2个晶闸管熔断器烧毁	晶闸管检测保护用的一个熔断器烧毁	用备用熔断器更换
3	3个晶闸管熔断器烧毁	晶闸管检测保护用的一个熔断器烧毁	用备用熔断器更换
4	在晶闸管1号柜上1个风机有故障	晶闸管面板1的1个晶闸管冷却风机停止	检查风机电路或风机。用备用风机更换
5	在晶闸管1号柜上2个风机有故障	晶闸管面板1的2个晶闸管冷却风机停止	检查风机电路或风机。用备用风机更换
6	在晶闸管2号柜上1个风机有故障	晶闸管面板2的1个晶闸管冷却风机停止	检查风机电路或风机。用备用风机更换
7	在晶闸管2号柜上2个风机有故障	晶闸管面板2的两个晶闸管冷却风机停止	检查风机电路或风机。用备用风机更换
8	初始励磁故障	初始励磁没有在30s内完成	检查初始励磁电路

（四）AVR 插件更换

1. 更换 CPU 插件（CPU 单元）的步骤

在维护盘上确认“CPU CARD FAILURE”报警。

（1）确认红色 LED（在插件正面的 ERR 到 AL7）发亮。

（2）红色的 LED 亮（作为故障之后的分析资料）。

（3）在检查红色的 LED 同时，将 NORMAL-RESET 开关切换到 RESET 位置。

（4）拉出插件。

（5）确保插件的名称和插件上的 DIP 开关匹配，插入备用插件，在此时，将 NORMAL　RESET 开关转至 RESET。

（6）将 NORMAL-RESET 开关转至 NORMAL，确认没有任何 LED 发光。

（7）压下在双系统控制插件上的复位按钮。

2. 更换 PIO 插件（CPU 单元）的步骤

在维护面板上确认“PIO CARD FAILURE”。

（1）确认在插件正面的红 LED 亮。

（2）操作 INC-DEC 开关及选择“F.”在此状态下，记录从 0 到 F 时发亮 LED 的状态（作为故障之后的分析资料）。

（3）在检查红 LED 1 的同时，将 EN-DIS 开关切换到“DIS”。

（4）拆掉插件插头。

（5）拉出插件。

（6）确保在插件上的插件名称与 DIP 开关匹配；插入备用插件，在此时，将 EN-DIS 开关转到“DIS”。

（7）安装插件插头。

(8) 将EN-DIS开关转到"EN"，确认没有任何红LED亮。

(9) 如果有故障的插件是正常使用系统的，那么在按动按钮(P.B)之前，确认维护面板的"NORMAL PIO RESET"按钮闪烁。

3. 更换电源插件(CPU单元)的步骤

在维护面板上确认"P.S插件故障"。

(1) 确认红色的LED"DWN"发亮或绿色的LED"140V""5V"熄灭。

(2) 在检查红色LED的同时，切断电源开关。

(3) 拆下插头。

(4) 拉出插件。

(5) 确保卡件上的名称和卡件上的倾斜开关匹配，以及内部的插头连接，而后插入备用插件，在此时，将POWER开关转到OFF。

(6) 安装插头。

(7) 接通电源开关并确认红色的LED"DWN"熄灭而绿色的LED"140V" "5V"发亮。

(8) 用DC电压表确认下列：

在5VA和PSC之间为4.85～5.15V。

在5VB和PSC之间为4.85～5.15V。

(9) 如果发现超出上述范围，则操作VADJ(电压调节)按钮调节到上述范围。

4. 更换触发脉冲输出(FTSG-10)插件(触发单元)的步骤

确认在维护面板上的"PIO CARD FAILURE"。

(1) 确认在触发脉冲插件(JTRG-21)正面上的"ERR"LED(红色的)。

(2) 操作INC-DEC开关(LED显示切换开关)和选择"F."。

(3) 关掉两个电源插件(FPSG-20)且等待30s。

(4) 拆下插件(FTSG-10)的插件。

(5) 拉出插件(FTSG-10)。

(6) 确保插件名称匹配，且插入备用插件。

(7) 安装插头。

(8) 接通在2个电源插件上的POWER开关，确认红色的LED熄灭。

5. 更换电源(FPSG-20)插件(触发单元)的步骤

确认在维护面板上的"PIO CARD FAILURE"。

(1) 确认在触发脉冲控制插件(JTRG-21)正面的"ERR"LED(红色)。

(2) 操作INC-DEC开关(LED显示切换开关)和选择"F."。

(3) 关掉两个电源插件并等待30s。

(4) 拆去插件的插头(FPSG-20)。

(5) 拉出插件(FPSG-20)。

(6) 确保插件的名称匹配，插入备用插件。

(7) 安装插头。

(8) 接通在2个电源插件上的POWER开关，确认红色的LED熄灭。

二、GEC-300 励磁系统检修与维护

（一）运行操作

1. 开机准备

（1）检查 GEC-300 励磁控制系统无报警信号。

（2）检查 GEC-300 调节柜：

1）“投 PSS”“投均流”转换开关位置是否正确投入。

2）“投保护”转换开关应在“ON”位置。

3）“投手动”“调试位”转换开关应在退出位置。

4）“恒无功/恒功率因数”转换开关应在运行方式设定位置。

5）ECU 单元应正常运行。

6）控制器电源开关，即 A 套交、直流电源开关，B 套交、直流电源开关应在合位。

（3）检查智能整流柜相关开关及隔离开关：

1）“脉冲电源”开关应在合位。

2）“风机操作”开关应在“Ⅰ段”或“Ⅱ段”位置，“独立运行”开关应在分位。

3）整流桥交、直流侧隔离开关 ZK1、ZK2、ZK3、ZK4、YK1、YK2、YK3、YK4 应在合位。

（4）检查 GEC-300 灭磁柜：

1）操作电源、合闸电源、启励电源应在合位。

2）灭磁开关应在合位。

2. 正常开机操作

（1）合励磁 TV 与仪表 TV 隔离开关，检查一次、二次熔断器。

（2）发电机额定转速，按励磁调节器“启励建压”按钮启励（水电 95%转速自动启励）。

（3）增、减励磁调整机端电压，准同期并网。

（4）增、减励磁调整无功。

用“启励建压”按钮启励升压后，GEC 进入励磁闭环反馈调节。若有异常情况或某套控制器发生故障，可用“逆变灭磁”按钮停机，然后进行检修。

开机启励条件：空载时，灭磁开关在合位，无“启励失败”报警，“启励建压”有效。

若启励成功，则 AVR 控制器进入励磁闭环反馈调节控制的运行状态；若启励失败（在 10s 内发电机机端电压 U_t 小于设定的启励成功电压 U_{ts}），则报“启励失败”，这时应检查相关的回路，特别是启励回路，然后用“信号复归”按键清除报警信号后再启励。

3. 正常停机操作

（1）减有功、无功到零。

（2）解列。

（3）用励磁控制系统“逆变灭磁”按钮停机。

（4）分灭磁开关。

（5）分整流桥交流侧隔离开关 YK1、YK2、YK3、YK4，直流侧隔离开关 ZK1、ZK2、ZK3、ZK4。

（6）分励磁系统各个电源开关。

停机逆变的条件：GEC-300 励磁系统在运行状态并且满足以下条件之一者逆变灭磁停机：灭磁开关分闸，在空载状态下“逆变灭磁”有效，在空载状态下发电机的频率小于 45Hz。

4. 事故停机操作

（1）分灭磁开关。

（2）分整流桥交流侧隔离开关 YK1、YK2、YK3、YK4，直流侧隔离开关 ZK1、ZK2、ZK3、ZK4。

（3）分励磁系统各个电源开关。

（4）GEC-300 励磁系统停机逆变时将触发角推至 140°逆变区。

（二）故障报警及处理措施

故障报警及处理措施见表 5-13。

表 5-13　故障报警及处理措施

报警指示	含义		处理措施
调节柜异常报警（就地）	调节柜故障		从 ECU 中查出具体故障进行相应处理
	异常报警	写 ROM 出错	重启控制器，无效则更换 CPU 板
		U_{sd}异常	重启控制器，无效则更换 CPU 板
		CAN 通信故障	检查 CAN 连线，按“信号复归”按钮消除
		强励报警	减少励磁，使励磁电流小于等于 1.1p.u.（标幺值），按“信号复归”按钮消除
		强励限制	减少励磁，使励磁电流小于等于 1.1p.u.（标幺值），按“信号复归”按钮消除
		欠励报警	增加励磁，按“信号复归”按钮消除
		欠励限制	增加励磁，按“信号复归”按钮消除
		U/f 报警	减少励磁或增加发电机转速，按“信号复归”按钮消除
		U/f 限制	减少励磁或增加发电机转速，按“信号复归”按钮消除
		启励失败	检查启励回路及各个开关及隔离开关位置，按“信号复归”按钮消除
		AC 故障	检查厂用交流电源及调节器交流电源回路，按“信号复归”按钮消除
		DC 故障	检查厂用直流电源及调节器直流电源回路，按“信号复归”按钮消除
		IPU1 故障	同“1 号柜（桥）故障处理”
		IPU2 故障	同“2 号柜（桥）故障处理”
		IPU3 故障	同“3 号柜（桥）故障处理”
		TV 断线	检修 TV 及相关回路和熔断器，按“信号复归”按钮消除

续表

<table>
<tr><th>报警指示</th><th colspan="2">含义</th><th>处理措施</th></tr>
<tr><td>启励失败（远方）</td><td colspan="2">空载启励后，10s 内没有到达启励成功设定值</td><td>检查启励回路及各个开关及隔离开关位置，按“信号复归”按钮消除</td></tr>
<tr><td>综合报警（远方）</td><td colspan="2">包括强励报警、欠励报警和 U/f 报警</td><td>处理方法同“调节柜异常报警”</td></tr>
<tr><td>TV 断线（远方）</td><td colspan="2">励磁 TV 和仪表 TV 之差大于等于 0.125p.u.（标幺值）</td><td>检修 TV 及相关回路和熔断器，按“信号复归”按钮消除</td></tr>
<tr><td>限制动作（远方）</td><td colspan="2">包括强励限制、欠励限制和 U/f 限制</td><td>处理方法同“调节柜异常报警”</td></tr>
<tr><td>保护动作（远方）</td><td colspan="2">励磁 TV 断线：转手动，如本套为主则主从切换</td><td>检修 TV 及相关回路和熔断器，按“信号复归”按钮消除后，切换“投手动”转换开关 OFF→ON→OFF</td></tr>
<tr><td>1 号柜（桥）故障（远方）</td><td colspan="2">包括同步断线、快熔熔断、整流桥超温、误强励保护、内部故障、风机故障、CAN 异常、电源故障</td><td>就地从 ECU 单元或 IPU 液晶显示中查看具体报警信息，检查 1 号整流柜（整流桥）相应回路，处理方法同“整流柜异常报警”</td></tr>
<tr><td>2 号柜（桥）故障（远方）</td><td colspan="2">包括同步断线、快熔熔断、整流桥超温、误强励保护、内部故障、风机故障、CAN 异常、电源故障</td><td>处理方法同“整流柜异常报警”</td></tr>
<tr><td>3 号柜（桥）故障（远方）</td><td colspan="2">包括同步断线、快熔熔断、整流桥超温、误强励保护、内部故障、风机故障、CAN 异常、电源故障</td><td>处理方法同“整流柜异常报警”</td></tr>
<tr><td rowspan="9">整流柜异常报警（远方和就地）</td><td colspan="2">智能整流柜故障</td><td>从 ECU 或 IPU 液晶显示中查出具体故障进行相应处理</td></tr>
<tr><td rowspan="8">异常报警</td><td>同步断线</td><td>检查阳极电压及同步变压器一次、二次电压，按“信号复归”按钮消除</td></tr>
<tr><td>快熔熔断</td><td>检查整流柜，更换熔断的快速熔断器</td></tr>
<tr><td>整流桥超温，IPU 自动转为就地运行</td><td>检查风机运行情况，检查励磁电流是否过高，检查整流桥超温触点，进行相应处理，按“信号复归”按钮消除</td></tr>
<tr><td>误强励保护，整流桥自动退出运行</td><td>检查整个励磁系统状态，正常后按“信号复归”按钮消除</td></tr>
<tr><td>内部故障包括测频出错，A/D 故障</td><td>更换 IPU 控制板</td></tr>
<tr><td>风机故障</td><td>检查风压（IPU 液晶显示：F10 和 F20 应大于等于 0.8）、整流柜熔断器及风机相应回路，按“信号复归”按钮消除</td></tr>
<tr><td>CAN 异常</td><td>检查 CAN 连线，按“信号复归”按钮消除</td></tr>
<tr><td>脉冲丢失</td><td>检查 IPU 发出脉冲及晶闸管控制极与阴极之间脉冲情况，检查 IPU 控制板，如确有脉冲丢失现象，需更换 IPU 控制板，否则按“清脉冲丢失”按钮消除</td></tr>
</table>

续表

报警指示	含义	处理措施
灭磁柜过电压报警（远方和就地）	转子出现了正向或反向过电压	查明原因，处理后，按“信号复归”按钮消除
灭磁柜尖峰熔断报警（远方）	SPA 回路熔断器熔断	用备品更换熔断器或联系厂家
浪涌熔断器熔断报警（远方）	RSA 回路熔断器熔断	用备品或相同型号熔断器更换
电源故障（远方）	励磁系统电源回路有故障	检查调节柜A套电源、B套电源、控制电源； 检查智能整流柜交流电源、直流电源、开出继电器，检查柜后熔断器； 检查灭磁柜操作电源、合闸电源、启励电源空气开关及厂用电

当GEC-300励磁控制系统发出报警光字牌时，只要发电机的有功、无功运行稳定，则可以不进行任何调整；然后根据表5-13各报警进行相应处理。若GEC-300励磁控制系统报警时发电机有功、无功剧烈摆动（强励、欠励）并不能返回稳定状态，运行人员需根据具体情况减负荷或准备停机。励磁控制系统报警信号都是保持的，需要按“信号复归”按钮消除。

（三）大小修试验内容

由于大气环境和现场工况的影响，电子元件和整流装置中可能会存在污物；长时间运行和振动可能使电触点松动。因此，定期清理和维护励磁系统是很有必要的。

1. 励磁系统每一年的维护工作

励磁系统设备每年的维护工作要求在每年机组停机小修期间完成。

（1）励磁变压器。对励磁变压器外观进行检查；停机状态下，清除励磁变压器表面污物；用干布或真空吸尘器或压缩空气（低压）来清洁，不能使用溶剂。

（2）调节柜。

1）清除柜内污物。

2）用刷子或真空吸尘器或压缩空气（低压）清理柜内、空气过滤网上灰尘。

3）紧固端子排上各个电气触点。

4）检查各个电源开关，分、合是否正常（各分、合3次）。

5）检查各个开入量是否正确动作，检查继电器动作是否正常、指示灯是否正常。

6）检查远方报警信号是否正常。

7）检查熔断器有无熔断。

（3）整流柜。

1）清除柜内、风机上、散热器上的所有污物和灰尘。

2）检查风机是否有不正常噪声，一般要求风机运行40 000小时以上应更换。

3）检查各个电源开关、隔离开关分、合是否正常，接触是否良好。

4）紧固端子排上各个电气触点。

5）检查各个开入是否正确动作，检查继电器接触器动作是否正常、指示灯是否正常。

6）小电流试验检查脉冲波形、检查整流柜输出波形。

7）检查熔断器有无熔断。

（4）灭磁电阻柜和灭磁柜。

1）清除柜内、磁场断路器上的所有污物和灰尘。

2）检查电弧罩，用压缩空气清除污物。

3）检查各个电源开关、磁场断路器分、合是否正常，接触器是否良好。

4）用砂纸清除磁场断路器上接触面炭化的磨损物。

5）所有的滑动表面均涂上合适的润滑油。

6）检查灭磁开关端口接触是否良好，表面有无氧化或熔化。

7）检查灭磁电阻阀片熔丝有无熔断（如熔断，取下即可，超过总量的30%需更换全部灭磁电阻阀片）。

8）检查熔断器有无熔断。

（5）整套装置。

1）检查并拧紧所有螺栓、母线连接及支持板。

2）简单检查整体特性。

2. 大修时励磁控制系统维护工作

除励磁控制系统每年维护工作外，建议再进行以下维护。

（1）调节器整组试验和调节器限制、保护功能检查。

（2）整流柜风机检测。

（3）校验变送器、表计，TA、TV校验。

（4）灭磁柜非线性氧化锌电阻组件测试，测试方法和步骤如下：

1）非线性氧化锌电阻组件绝缘电阻测试。断开灭磁开关，断开灭磁开关与转子回路的连接电缆或铜排，取下非线性氧化锌电阻上串联的快速熔断器，在非线性氧化锌电阻组件两侧用绝缘电阻表做绝缘检测。测试电压参考非线性电阻设计值。

试验结果：绝缘电阻大于1MΩ为正常。

2）非线性氧化锌电阻组件漏电流测试。确认非线性氧化锌电阻组件绝缘电阻正常后，在非线性氧化锌电阻组件两端施加$0.5U_{10mA}$电压，测试非线性氧化锌电阻组件漏电流（取下快速熔断器，每组单独测试）。

U_{10mA}电压：非线性电阻在流过10mA电流时对应的电压。

试验结果：漏电流不大于50μA为正常。

如果漏电流大于100μA，说明非线性氧化锌电阻已经老化，必须停止使用，取下与老化氧化锌电阻串联的快速熔断器。若老化氧化锌电阻超过整体30%，则必须更换氧化锌电阻组件。

（四）元件的更换方法

1. GEC-300调节柜

（1）A套CPU板（CPU32）更换。

1）记录A套控制器参数。

2）打开GEC-300调节柜后门，关闭A套交、直流电源板（PWR24 _ A，PWR24 _ D）SW开关。

3）拔出CPU板两排端子（可借助小一字螺丝刀），拔出CAN通信接插件。

4）用十字螺丝刀打开CPU板上下两个固定螺钉。

5）拔出CPU板，更换CPU板。

6）紧固CPU板上下螺钉。

7）安上两排端子，安上CAN通信接插件。

8）合A套交、直流电源板SW开关，关调节柜门。

9）恢复控制器参数，切换A套为主，检查U_F、U_r、I_L、P、Q等运行参数是否正常。

（2）A套接口板（TV/TA16）更换。为防止TA开路，交流板更换必须在停机状态下进行。

1）打开GEC-300调节柜后门，关闭A套交、直流电源板SW开关。

2）用小一字螺丝刀解开TV/TA 16端子固定螺钉，拔出两排端子。

3）用十字螺丝刀打开接口板上下两个固定螺钉。

4）把TA板稍微拔出一点，解开TA接线，然后更换接口板，参考配线图接好TA线。

5）紧固接口板上下螺钉。

6）安上两排端子，紧固端子固定螺钉。

7）合A套交、直流电源板SW开关，关调节柜门。

8）上电检查。

（3）A套交流电源板（PWR24 _ A）更换。

1）打开GEC-300调节柜后门。

2）断开交流电源A（PAA）开关。

3）用小一字螺丝刀解开端子固定螺钉，拔出两排端子（可借助小1字螺丝刀）。

4）用十字螺丝刀打开交流电源板上下两个固定螺钉。

5）拔出交流电源板，更换交流电源板。

6）紧固交流电源板上下螺钉。

7）安上端子，紧固端子固定螺钉。

8）合交流电源A（PAA）开关。

9）A套直流电源板（PWR24 _ D）更换可参考交流电源板更换。

10）B套控制器板件更换参考A套控制器板件更换。

2. GEKL智能整流柜

（1）一柜双桥IPU1控制板（IPU）更换。

1）记录IPU1控制板参数。

2）切1号桥脉放电源开关，切1号桥电源开关。

3）切1号桥直流输出隔离开关ZK1、交流输入隔离开关YK1。

4）用小一字螺丝刀解开端子固定螺钉，拔出所有端子。

5）解开 IPU1 控制板后面板上的 4 个螺钉，取下后面板，取下数据线。

6）解开 IPU1 控制板的 4 个固定螺钉，取下并更换 IPU1 控制板。

7）紧固 IPU1 控制板的 4 个固定螺钉，安好数据线。

8）安上 IPU1 控制板的后面板，紧固 IPU1 后面板固定螺钉。

9）安上 IPU1 端子，紧固端子螺钉。

10）合 1 号桥交流输入隔离开关 YK1、直流输出隔离开关 ZK1。

11）合 1 号桥电源开关，合 1 号脉放电源开关。

12）恢复 IPU1 参数，检查各个模拟量是否正常。

运行中更换 IPU1 板时，J4 端子有 AC 220V 电压，稍加注意即可。

一柜单桥的 IPU 更换更简单，停所有隔离开关和电源开关，然后更换，可参考一柜双桥 IPU 的更换。

（2）风机的更换。

1）断开风机电源开关（11FDK、12FDK 或 21FDK、22FDK 或 31FDK、32FDK 或 41FDK、42FDK）或拉开熔断器 2X-FUSE1 和 2X-FUSE。

2）拆除风机与整流柜顶部端端子连线。

3）打开 6 个风机罩紧固螺钉，取下风机罩即可更换。

4）连接好风机端子连线。

5）合风机电源开关（11FDK、12FDK 或 21FDK、22FDK 或 31FDK、32FDK 或 41FDK、42FDK）或熔断器 2X-FUSE1 和 2X-FUSE2。

6）检查风机运转正常。

（3）1 号柜（桥）快速熔断器更换。

1）分隔离开关 ZK1、YK1。

2）打开快速熔断器至晶闸管紧固螺钉。

3）打开快速熔断器至母排紧固螺钉即可更换。

4）紧固快速熔断器至母排、快速熔断器至晶闸管螺钉。

5）合隔离开关 ZK1、YK1。

（4）1 号柜（桥）晶闸管更换。晶闸管组件包括晶闸管、散热器、阻容吸收元件、脉冲放大板。

1）分隔离开关 ZK1、YK1。

2）柜后：打开晶闸管至快速熔断器紧固螺钉。

3）柜后：打开晶闸管至母排紧固螺钉。

4）柜后：打开晶闸管与脉冲放大板的连线。

5）柜前：打开晶闸管组件与柜体的连接螺钉或拧开航空插头，即可抽出晶闸管组件。

6）柜前：紧固晶闸管组件与柜体的连接螺钉或拧紧航空插头。

7）柜后：紧固晶闸管与脉冲放大板的连线。

8）柜后：紧固晶闸管至母排紧固螺钉。

9）柜后：紧固晶闸管至快速熔断器紧固螺钉。

10）合隔离开关 ZK1、YK1。

2、3 号柜（桥）快速熔断器、晶闸管更换参考 1 号柜（桥）相应元件更换。

三、SAVR-2000 励磁系统检修与维护

（一）故障维护及处理措施

故障维护及处理措施见表 5-14。

表 5-14　　故障维护及处理措施

故障名称	详细名称	处理措施
串口通信	SAVR 和工控机串口通信故障	（1）检查 SAVR 和工控机通信连线。 （2）检查 SAVR 开关量板上的串口设置。 （3）检查工控机的串口设置
同步相序	同步相序错误	（1）检查“信息窗”中“其他”中同步相序显示是否正确。 （2）检查输入励磁调节器的同步电压。 （3）检查输入主 CPU 板的同步电压
脉冲计数	主机板发出的小脉冲个数错误	（1）检查“信息窗”中“其他”中小脉冲显示是否正确。 （2）可能是主 CPU 板程序错误，更换主 CPU 板程序。 （3）可能是主 CPU 板故障，更换主 CPU 板
脉冲错误	脉冲回路错误	（1）检查“信息窗”中“其他”中＋A、－B 脉冲显示是否正确。 （2）检查励磁调节器的脉冲输出端子排接线是否可靠。 （3）检查脉冲放大板的输出和回路脉冲电压是否一致
主励低流	主励转子电流低于限制值	（1）检查主励转子电流限制值是否正确。 （2）可能转子主回路接线不可靠。 （3）可能励磁调节器有问题，联系厂家处理
电源测量	＋5、＋12、－12V 测量错误	（1）检查“信息窗”中“其他”中电源测量显示是否正确。 （2）检查系统电源输出的＋5、＋12、－12V 电源电压是否正常。 （3）检查输入主 CPU 板 A/D 的＋5、＋12、－12V 电源电压是否正常
MAIN 计数	主程序次数错误	可能是主 CPU 板故障，更换主 CPU 板
参数校验	FLASH 中的参数错误	（1）检查“试验窗”中“上送参数”的参数值设置是否正确。 （2）检查参数 FLASH 设置
TV 断线	TV1 电压小于 TV2 电压	（1）检查“信息窗”的“模拟量”中“电压测量”显示是否正确。 （2）检查测量输入励磁调节器的励磁专用 TV 和仪表 TV 电压是否正常
采样死值	多点采样为死值	（1）检查“信息窗”的“模拟量”中三相定子电压值显示是否正确。 （2）查看试验窗中上传的多点采样值是否正常。 （3）可能 A/D 板故障，更换主 CPU 板

（二）告警维护及处理措施

告警维护及处理措施见表 5-15。

表 5-15 告警维护及处理措施

告警名称	产生原因	处理措施
＋A 相脉冲	＋A 相脉冲断线	(1) 检查"信息窗"的"其他"中"＋A 相脉冲"显示是否正常。 (2) 检查励磁调节器的脉冲输出端子排接线是否可靠。 (3) 检查脉冲放大板的输出和回路脉冲电压是否正常
－A 相脉冲	－A 相脉冲断线	(1) 检查"信息窗"的"其他"中"－A 相脉冲"显示是否正常。 (2) 检查励磁调节器的脉冲输出端子排接线是否可靠。 (3) 检查脉冲放大板的输出和回路脉冲电压是否正常
＋B 相脉冲	＋B 相脉冲断线	(1) 检查"信息窗"的"其他"中"＋B 相脉冲"显示是否正常。 (2) 检查励磁调节器的脉冲输出端子排接线是否可靠。 (3) 检查脉冲放大板的输出和回路脉冲电压是否正常
－B 相脉冲	－B 相脉冲断线	(1) 检查"信息窗"的"其他"中"－B 相脉冲"显示是否正常。 (2) 检查励磁调节器的脉冲输出端子排接线是否可靠。 (3) 检查脉冲放大板的输出和回路脉冲电压是否正常
＋C 相脉冲	＋C 相脉冲断线	(1) 检查"信息窗"的"其他"中"＋C 相脉冲"显示是否正常。 (2) 检查励磁调节器的脉冲输出端子排接线是否可靠。 (3) 检查脉冲放大板的输出和回路脉冲电压是否正常
－C 相脉冲	－C 相脉冲断线	(1) 检查"信息窗"的"其他"中"－C 相脉冲"显示是否正常。 (2) 检查励磁调节器的脉冲输出端子排接线是否可靠。 (3) 检查脉冲放大板的输出和回路脉冲电压是否正常
双机通信	主通道无法发出错误、从通道收到值错误	(1) 检查"信息窗"的"其他"中双机通信是否正常。 (2) 检查励磁调节器的双机通信配线是否可靠。 (3) 检查主机板双机通信光隔的输入、输出是否正常
机端相序	机端相序错误	(1) 检查"信息窗"的"其他"中"机端相序"是否正常。 (2) 检查输入励磁调节器的机端电压是否正常。 (3) 检查输入主 CPU 板的机端电压是否正常
机端频率	A、B、C 三相机端电压频率中有越限	(1) 检查"信息窗"的"测频"中三相机端频率显示是否正常。 (2) 可能是主 CPU 板程序错误，更换主 CPU 板程序。 (3) 可能是主 CPU 板故障，更换主 CPU 板
机端相位	机端电压 AB、BC、CA 相位中有越限	(1) 检查"信息窗"的"测频"中机端电压相位显示是否正常。 (2) 可能是主 CPU 板程序错误，更换主 CPU 板程序。 (3) 可能是主 CPU 板故障，更换主 CPU 板
同步频率	A、B、C 三相同步电压频率中有越限	(1) 检查"信息窗"的"测频"中三相同步频率显示是否正常。 (2) 可能是主 CPU 板程序错误，更换主 CPU 板程序。 (3) 可能是主 CPU 板故障，更换主 CPU 板
同步相位	同步电压 AB、CA 相位中有越限	(1) 检查"信息窗"的"测频"中同步电压相位显示是否正常。 (2) 可能是主 CPU 板程序错误，更换主 CPU 板程序。 (3) 可能是主 CPU 板故障，更换主 CPU 板

续表

告警名称	产生原因	处理措施
INT1 间隔	中断 1 间隔错误	(1) 可能是主 CPU 板程序错误，更换主 CPU 板程序。 (2) 可能是主 CPU 板故障，更换主 CPU 板
INT2 间隔	中断 2 间隔错误	(1) 可能是主 CPU 板程序错误，更换主 CPU 板程序。 (2) 可能是主 CPU 板故障，更换主 CPU 板
INT3 间隔	中断 3 间隔错误	(1) 可能是主 CPU 板程序错误，更换主 CPU 板程序。 (2) 可能是主 CPU 板故障，更换主 CPU 板
T1 间隔	定时中断 T1 间隔错误	(1) 可能是主 CPU 板程序错误，更换主 CPU 板程序。 (2) 可能是主 CPU 板故障，更换主 CPU 板
采样计数	多点采样次数小于 32 次	(1) 可能是主 CPU 板程序错误，更换主 CPU 板程序。 (2) 可能是主 CPU 板故障，更换主 CPU 板
U_F 不平衡	三相定子电压不平衡	(1) 检查“信息窗”的“模拟量”中三相定子电压显示是否正常。 (2) 检查励磁调节器的定子电压输入端子排接线是否可靠。 (3) 可能是主 CPU 板的 A/D 模块故障，更换主 CPU 板
I_F 不平衡	三相定子电流不平衡	(1) 检查“信息窗”的“模拟量”中三相定子电流显示是否正常。 (2) 检查励磁调节器的定子电流输入端子排接线是否可靠。 (3) 可能是主 CPU 板的 AD 模块故障，更换主 CPU 板
P 不平衡	三相有功功率不平衡	(1) 检查“信息窗”的“模拟量”中三相有功功率显示是否正常。 (2) 可能是主 CPU 板的 DSP 板故障，更换主 CPU 板
Q 不平衡	三相无功功率不平衡	(1) 检查“信息窗”的“模拟量”中三相无功功率显示是否正常。 (2) 可能是主 CPU 板的 DSP 板故障，更换主 CPU 板
RAM 自检	自检时 RAM 错误	(1) 检查“信息窗”的“故障”中“RAM 自检”有无报警指示。 (2) 可能是主 CPU 板的 RAM 存储故障，更换主 CPU 板。 (3) 可能是主 CPU 板的 DSP 故障，更换主 CPU 板
ROM 自检	自检时 ROM 错误	(1) 检查“信息窗”的“故障”中“ROM 自检”有无报警指示。 (2) 可能是主 CPU 板的 RAM 存储故障，更换主 CPU 板。 (3) 可能是主 CPU 板的 DSP 故障，更换主 CPU 板
油断路器	油断路器空载时合上或负载时分开错误	(1) 检查油断路器辅助触点是否良好。 (2) 检查“开关量”窗口中的油断路器信号指示是否正常

(三）一般故障排除方法

1. 励磁调节器电源故障

(1) 调节器由两路电源供电，当调节器输出“交流电源消失”信号同时伴随 MBD207 电源板输入电源指示灯熄灭时，则检查调节器外部送入的电源电压和调节器 DK1、DK2、DK3 电源开关及 1004 电源熔断器，确定电源输入是否正常，若以上均正常，则检查或更换 MBD207 电源板。

(2) 调节器输出“内部电源故障”信号同时伴随调节器插件板 24V 电源指示灯熄灭，而 MBD207 电源板指示正常，则将调节器断电，测量 24V 电源的负载电阻有无短路现象，若以上正常，则检查或更换 MBD206 板。

（3）调节器主CPU板MBD202和开关量板MBD203报出“故障”信号，调节器插件5V或12V指示灯熄灭，而MBD207板工作正常，则将调节器断电，测量5V和12V电源负载电阻有无短路现象，若以上正常，则检查或更换MBD205板。

2. 励磁调节器“TV断线”故障

调节器报出“TV断线”故障，检查工控机界面“信息窗”显示TV电压是否异常，若无异常，再检查现场TV回路的熔丝是否熔断，若熔丝正常，则检查1001端子输入、300/400-J5、FB-J5等输入通道，若以上均正常，则检查或更换MBD205板（MBD205板内装有TV回路变压器）、MBD201板（模拟量转换）和MBD202板（A/D转换）。

3. 励磁调节器“同步相序”故障

调节器报出“同步相序错误”故障，检查工控机界面“信息窗”显示同步相序是否异常，若无异常，再检查励磁阳极电压、同步变压器、1005端子输入、同步背板、300/400-J5、FB-J5等输入通道，若以上均正常，则检查或更换MBD205板（MBD205板内装有TV回路变压器）、MBD201板（模拟量转换）和MBD202板（同步信号输入至FPGA）。

4. 励磁调节器“脉冲错误”故障

调节器报出“脉冲错误”故障，检查工控机界面“信息窗”显示脉冲回读“42H、06H、0CH、18H、30H、60H”是否异常，若调节器切换为从通道后脉冲故障消失，为主通道则报出脉冲故障，检查或更换主机的脉冲放大板MBD204和主CPU板MBD202；若调节器切换为从通道也出现脉冲故障，则说明故障发生在调节器脉冲输出的公共通道，检查1104端子、晶闸管整流柜的脉冲回路（包括脉冲端子、脉冲切换开关、脉冲变压器）是否出现断线等现象。

5. 励磁调节器“双机通信”故障

检查“信息窗”的“其他”中“双机通信”、调节器的双机通信配线、主CPU板MBD202双机通信光隔的输入输出，更换MBD202主CPU板。

6. 励磁调节器“与工控机通信”故障

检查励磁调节器和工控机通信、工控机的串口设置、励磁调节器开关量板MBD202上的串口设置是否正确。

7. 励磁调节器“中断”故障

（1）励磁调节器报出主CPU板故障信号，同时开关量板报出故障信号，通过调节器监控“报警窗”界面观察出现“INT1_FAULT：没有中断1错误”或“INT2_FAULT：没有中断2错误”或“INT3_FAULT：没有中断3错误”，此时一般观察调节器是否同时报出“TV断线”故障，在调节器监控界面“信息窗”中检查本套调节器专用TV电压是否正常，若检查异常，则检查现场TV回路的熔丝是否熔断，1001端子输入、300/400-J5等输入通道是否正常，查明TV断线原因后，中断故障应消除。若无“TV断线”则说明TV信号进入MBD201后正常，检查或更换MBD202主CPU板、MBD201模拟量板（INT1、INT2、INT3中断的源方波形成）。

（2）励磁调节器报出主CPU板故障信号，同时开关量板报出故障信号，通过调节器监控“报警窗”界面观察出现“没有定时中断T0错误”“没有定时中断T1次数错误”，可判断为主 CPU 板 MBD202 中 DSP 出现了故障，检查或更换主 CPU 板 MBD202。

8. 励磁调节器主 CPU 板故障

若调节器监控界面中出现“MAIN _ FAULT：主程序次数错误”或“FLASH _ FAULT：FLASH 中的参数错误”或“WR _ FLASH _ FAULT：参数写入 FLASH 时错误”或“RAM _ FAULT：自检时 RAM 错误”或“ROM _ FAULT：自检时 ROM 错误”或“STACK _ FAULT：自检时 DSP 堆栈错误”，判断为主 CPU 板中 DSP、FLASH、RAM 中某项或多项出现了故障，检查或更换主 CPU 板 MBD202。

9. 励磁调节器“模拟量采样死值”故障

若调节器监控界面中出现“SAMPLE _ DEAD：多点采样为死值”，检查“信息窗”的“模拟量”中三相定子电压值并查看“试验窗”的“上送多点采样值”，此现象基本为 MBD202 板中的 A/D 错误，检查或更换主 CPU 板 MBD202。

10. 功率部分故障

（1）晶闸管整流阳极三相电流不平衡。检测出三相阳极电流出现不平衡后，结合电流不平衡时调节器的控制角度，可以判断为主回路母排螺钉连接出现问题或某相晶闸管不导通或超前导通，或是某相的脉冲回路出现故障，在机组停机后或退出运行后紧固主回路连接，再做小电流试验，确定调节器正常后，根据晶闸管输出直流电压的波形可以较准确地进行判断，再处理出现故障的脉冲回路或晶闸管。

（2）功率柜快速熔断器故障。当功率柜报出“快熔熔断”故障信号时，根据功率柜前指示确定具体熔断的快速熔断器，进行更换处理，快熔熔断属于功率柜保护性动作，一般伴随调节器或系统出现故障，应结合起来分析故障的具体原因。

（3）功率柜风机故障。当风机不能运行时，则检查风机手动是否可以运行，若可以，则检查风机自动启动回路是否正确；检查风机电源输入回路，若电源消失，则恢复风机电源；检查风机启动接触器线圈是否正确动作，若不正确，则检查接触器接线是否可靠有无脱线或损坏；检查热继电器是否动作，检查风机三相电源接线是否可靠，有无脱线或虚接现象。

11. 灭磁开关回路故障

当灭磁开关不能正常分合时，检查灭磁开关就地是否可以正常分合，若可以，则检查远方分合回路是否正常；检查灭磁开关电源输入回路，若电源消失，则恢复灭磁开关电源；检查灭磁开关分、合闸线圈是否烧断，若烧断则更换；检查灭磁开关分、合闸回路接线是否正常，回路中有无接线脱落或虚接现象；检查灭磁开关机构本身有无故障。

参 考 文 献

[1] 王维俭. 电气主设备继电保护原理与应用. 北京：中国电力出版社，1998.

[2] 廖小君，杨先义. 现场运行人员继电保护实用技术. 北京：中国电力出版社，2013.

[3] 竺士章. 发电机励磁系统试验. 北京：中国电力出版社，2005.

[4] 李玉海，刘昕，李鹏. 电力系统主设备继电保护试验. 北京：中国电力出版社，2005.

[5] 王维俭. 发电机变压器继电保护应用. 2版. 北京：中国电力出版社，2005.

[6] 刘万顺. 电力系统故障分析. 2版. 北京：中国电力出版社，2006.

[7] 苏玉林，刘志民，熊森. 怎样看电气二次回路图. 北京：中国电力出版社，2013.